新一代气象卫星定量遥感及数值天气预报应用

鲍艳松　陆其峰　朱柳桦　许冬梅　著

内容简介

本书介绍了著者有关新一代气象卫星定量遥感地球系统若干敏感参数，以及卫星资料在天气、环境和气候模式中的同化应用相关研究成果。内容涉及：风云三号气象卫星土地利用和土地覆盖遥感制图、风云三号气象卫星地表温度遥感、美国 EOS 卫星土壤湿度遥感、风云三号气象卫星土壤湿度微波遥感、地基微波辐射计大气温湿度廓线遥感、风云三号气象卫星大气柱水汽总量遥感、风云四号气象卫星大气温湿度廓线遥感、静止轨道气象卫星云参数遥感、风云三号气象卫星大气温度垂直探测仪资料同化、风云三号气象卫星大气湿度垂直探测仪资料同化、极轨气象卫星资料在暴雨预报中的同化应用、静止轨道气象卫星资料在暴雨预报中的同化应用、红外大气垂直探测仪卫星资料在台风预报中的同化应用、微波大气垂直探测仪卫星资料在台风预报中的应用、微波成像仪资料全空同化在飓风预报中的应用、卫星 AOD 资料在空气质量预报中的应用、臭氧和甲烷卫星产品在气候模式中的同化应用。这些内容有利于读者系统掌握地球系统敏感参数遥感反演方法，以及卫星资料在数值预报模式中的应用方法，为推动卫星遥感技术发展及提升卫星资料应用提供技术基础。

本书适用于大气遥感、大气环境、天气预报、气候变化等专业领域，可为气象、环境、生态、水文等科技工作者、教学人员和研究生提供参考。

图书在版编目(CIP)数据

新一代气象卫星定量遥感及数值天气预报应用 / 鲍艳松等著. — 北京 ：气象出版社，2021.3(2022.1 重印)

ISBN 978-7-5029-7406-0

Ⅰ.①新… Ⅱ.①鲍… Ⅲ.①气象卫星-卫星遥感-应用-数值天气预报-研究 Ⅳ.①P456.7

中国版本图书馆 CIP 数据核字(2021)第 055629 号

新一代气象卫星定量遥感及数值天气预报应用

Xinyidai Qixiang Weixing Dingliang Yaogan Ji Shuzhi Tianqi Yubao Yingyong

---

出版发行：气象出版社

地　　址：北京市海淀区中关村南大街 46 号　　**邮政编码：**100081

电　　话：010-68407112(总编室)　010-68408042(发行部)

网　　址：http://www.qxcbs.com　　**E-mail：**qxcbs@cma.gov.cn

责任编辑：黄红丽　　**终　　审：**吴晓鹏

责任校对：张硕杰　　**责任技编：**赵相宁

封面设计：刀　刀

印　　刷：北京建宏印刷有限公司

开　　本：787 mm×1092 mm　1/16　　**印　　张：**15

字　　数：400 千字　　**彩　　插：**5

版　　次：2021 年 3 月第 1 版　　**印　　次：**2022 年 1 月第 2 次印刷

定　　价：100.00 元

前　言

地球系统重要因子——温度、湿度、气溶胶、云水、云冰等是陆面过程、天气过程、气候变化的关键参数，准确探测多尺度大气和陆地参数对于天气预报、环境预报、气候预报至关重要；另外，陆面和近地层温度和湿度信息也是植被生长过程、地表水文过程、生态系统过程的重要参数。获取地球系统参数的主要方法有地面探测、地基遥感探测、无线电探空、卫星探测。卫星探测方法由于其空间覆盖范围广和数据一致性好，已被广泛用于地表和大气探测。随着探测技术进步，卫星遥感得到了飞速发展，卫星地表和大气探测的时空分辨率和光谱分辨率越来越高，探测要素越来越丰富。卫星遥感技术发展极大地推动了数值预报技术发展，目前卫星资料在数值预报模式中的同化应用已成为改进天气、气候、环境预报的关键技术。本书正是作者及其团队成员在该领域多年来的成果总结，针对目前在轨运行的新一代气象卫星（中国极轨气象卫星风云三号、静止气象卫星风云四号、美国静止卫星 GOES-13、欧洲极轨气象卫星 MetOp-A 卫星等），系统介绍了地球系统若干敏感参数卫星遥感反演及其资料模式应用的新理论、新方法和新技术。

本书分为 15 章，详细阐述地球系统敏感参数（地表温度、土壤湿度、地表覆盖、大气温度、大气湿度、云参数）的最新多源卫星资料反演方法、试验流程、反演结果检验和评估及具体应用实例。结合最新的全天空资料同化方法、静止卫星资料同化方法、中尺度数值预报技术等，着重介绍卫星资料在台风、降雨、空气质量、气候预测等模式应用中的最新基础理论、试验方法、结果检验和评估方法及具体应用实例。

本书的出版得到国家重点研发计划项目“超大城市综合观测试验数据融合、评估与应用示范”（2017YFC1501704）、国家重点研发计划项目“中国北方地区极端气候的变化及成因研究”（2016YFA0600700）、国家自然科学基金项目（40701130）、上海航天科技创新基金项目（SAST2020-032）、中国气象局中国遥感卫星辐射测量和定标重点开放实验室项目、南京信息工程大学校教材建设基金项目、江苏高校优势学科建设工程的共同资助。

特别感谢求学生涯的导师张友静教授、李小文院士、王纪华教授、刘良云教授，以及我的博士后导师高炜教授、闵锦忠教授、黄向宇教授、徐建军教授、曲建和教授教导。感谢陆其峰研究员、朱柳桦博士、许冬梅博士、徐康、李紫甜、严婧、毛飞、钱程、周爱明、蔡僖、王晓丽、殷佳研、张同、宋丽芳、蒋维东、董亚宁、林利斌、陶正达等为本书的编写做出的贡献。感谢帮助过我的老师、朋友、同事及各位同仁。最后，特别感谢我的家人在背后的支持和付出。

由于作者水平有限，书中难免有错误之处，希望读者批评指正。

鲍艳松
2020 年 12 月

目 录

第 1 章 风云三号气象卫星土地利用和土地覆盖遥感制图

土地一般是指地球表面上的陆地面积,包括陆地、岛屿和内陆水域。土地是一个综合定义,它包括各种自然因素的自然综合体,也包括人类活动的作用和影响(郭焕成,1984)。土地覆盖的定义是从土地概念的基础上发展起来,并随着遥感航天技术的发展应用而得到重视。土地覆盖是指覆盖在地面上的植被和人工设施,这些物体覆盖在地球的表面。

土地覆盖有其特定的时间、空间属性,可在多种时空尺度上转化其形态和状态,有着复杂多样的变化的原因(杨立民等,1999)。土地覆盖研究首先是与研究区域的空间尺度联系在一起。由于空间尺度的不同,覆盖类型、分类系统、研究方法各不相同。处理不同尺度上的土地覆盖分类,是一个复杂的问题。由于不同国家、不同学科之间存在着不同的分类系统,所以只能进行相应的土地覆盖分类、建模和预测(陈佑启等,2000)。正是因为土地覆盖和人类的生产生活相关,所以,土地覆盖研究是自然科学研究的重要组成部分(柳海鹰等 2001)。土地覆盖研究作为全球变化研究的重要内容,是研究生物圈过程模型和陆地生态系统动态变化的基本变量之一(刘勇洪等,2004)。通过了解我国土地覆盖的情况,对于从宏观尺度上进行土地资源规划、环境保护等具有十分重要的意义。

地表类型识别是研究土地覆盖的关键内容,它是地气物质、能量传输模型、陆地生态系统过程及机制研究的重要输入参数,高精度和实时的地表类型同样是陆地碳循环模型的必要输入参数(Defries et al. ,1994),借助遥感方法来研究全球及区域范围的土地覆盖是基础性的重要研究课题。传统的土地覆盖绘图依靠地面调查、实地考察等手段,工作量大、实时性差。遥感是新兴方便的信息获取技术,可以连续或周期性地观测地球表面信息,对全球性和区域性土地覆盖研究的开展提供了新的途径(骆成凤,2005)。

为适应我国气象事业的发展,我国在山西太原卫星发射中心于 2008 年 5 月 27 日成功发射了我国新一代极轨气象卫星 FY-3A。FY-3A 携带了 11 台探测仪器,仪器探测波段包括紫外、可见光、红外和微波,能全天候进行大气探测,250 m 分辨率的可见光、红外波段资料可用于环境监测。其携带的中分辨率光谱成像仪 MERSI(medium resolution spectral imager)主要探测海色、云特性、植被、地面特征、表面温度等,并实现了云和地表特征宽视场和高分辨率的监测,可以获取云和地表特征影像图谱。其光谱范围从 0.41～12.5 μm,有 20 个光谱通道,其中 250 m 分辨率有 5 个(包括 4 个可见光通道和 1 个红外通道,波段 1～5),1000 m 分辨率有 15 个(波段 5～20),量化等级为 12 bit。风云三号气象卫星的成功发射,在气象、气候、环境等自然灾害的监测上发挥了重要作用,对我国在防灾减灾方面产生了巨大的经济效益和社会效益。

在此背景下，本研究的主要目的就是利用 FY-3A MERSI 资料的 250 m 4 个可见光、近红外通道数据及 1 个热红外通道数据，并结合植被指数数据和 DEM(digital elevation model)数据，对土地覆盖分类方法进行系统研究，通过分类特征的选择和提取以提高分类精度，利用支持向量机法进行分类，并与其他分类方法进行对比分析，对支持向量机法应用在整个中国区域地表类型识别进行可行性研究，以推动中国区域大尺度土地覆盖研究的发展。

1.1 研究区概括

为比较分类算法的优劣，在全国范围内挑选出有代表性的 5 个省份(东北吉林省、华东江苏省、华南广东省、华中湖北省、西部青海省)，作为算法比较的典型试验区。

1.1.1 吉林省试验区

吉林省位于 121°38′～131°19′E、40°52′～46°18′N 之间，地势由东南向西北倾斜，呈东南高、西北低的特征，以中部大黑山为界，可分为东部山地和中西部平原两大地貌区。全省东部多为山地和丘陵，中部分布着平原，西部分布着草甸、湖泊、湿地和沙地。

吉林省地处北半球的中纬地带，属于温带湿润半干旱季风气候，冬季长而寒冷，夏季短而温暖，春秋风大，天气多变。东部气候湿润多雨；西部远离海洋而接近干燥的蒙古高原，气候干燥。吉林省四季分明，气温变化显著，雨热同季。境内年平均气温为－3～7 ℃，山区偏低。全省年平均降水量一般在 350～1000 mm，长白头山天池一带和老岭以南地区较多。全省东部高山森林资源丰富，中部平原适宜农业发展，西部为草原。

1.1.2 江苏省试验区

江苏省位于 116°18′～121°57′E、30°45′～35°20′N 之间，是长江三角洲地区的重要组成部分。江苏省是我国地势最低的一个省份，境内以平原、河湖为主，绝大部分地区在海拔 50 m 以下，低山丘陵集中在西南部。

江苏省属于温带向亚热带的过渡性气候，基本以淮河为界。江苏省气候温和，四季分明，季风显著，冬冷夏热，春温多变，秋高气爽，雨热同季，雨量充沛，降水集中，梅雨显著，光热充沛。境内年平均气温为 13～16 ℃，由西南向东北逐渐降低。全省年降水量为 704～1250 mm，降水分布是北部少于南部，内陆少于沿海。与同纬度地区相比，全省雨水充沛，南北差异不大，年际变化小。江苏省境内典型植被以阔叶林为主，平原地区为农业用地，以耕地为主。

1.1.3 湖北省试验区

湖北省位于 108°22′～116°08′E、29°53′～33°07′N 之间，处于中国地势第二级阶梯向第三级阶梯过渡地带，湖北省地势呈现三面高起、中间低平、向南敞开、北有缺口的特点。湖北地貌类型多样，分布着山地、丘陵和平原，省内平原主要是江汉平原和鄂东沿江平原。

湖北地处亚热带，全省除高山地区外，大部分地区属于亚热带季风性湿润气候，光热充足，无霜期长，降水充沛，雨热同季。境内年平均气温在 15～22 ℃之间，鄂西北山区昼夜温差较大。全省年平均降水量在 800～1600 mm 之间，由于受地形影响，神农架南部等地多雨，江汉平原易发生洪涝灾害。湖北省海拔高低悬殊，树木垂直分布层次分明，境内多分布着森林植被。

1.1.4　青海省试验区

青海省位于89°35′～103°04′E、31°39′～39°19′N之间，境内有全国最大的内陆咸水湖——青海湖。青海省是青藏高原的一部分，为欧亚大陆腹地，全省平均海拔在3000 m以上，最高海拔6860 m，最低海拔1600 m。境内地形复杂多样，既有大山，也有盆地，既有高原丘陵，也有草原。省内湖泊众多，地表径流从东南到西北递减，西部高山冰川广布。

青海省海拔高，广布寒漠，远离海洋，深居内陆，空气稀薄，形成了独特的高原大陆性气候。全省平均气温低，气温日较差较大，冬季寒冷，夏季温凉，太阳辐射强烈，日照时数多，雨热同期。境内年平均气温在－5.7～8.5 ℃之间，年降水量在500 mm以下。全省草地面积大，占全省总土地面积的一半，是全国五大牧区之一；宜农林土地少，但分布集中，主要集中在东南部地区。

1.1.5　广东省试验区

广东省位于109°39′～117°19′E、20°13′～25°31′N之间，地势北高南低，全境为一向海倾斜的斜坡，山脉走向以东北—西南为主，山脉之间分布着大大小小的谷地和盆地，平原以珠江三角洲平原最大。全省平均海拔在100 m以下，最高海拔为石坑崆，海拔高度为1902 m。

广东省气候为亚热带—热带湿润季风气候，北回归线横穿本省大陆中部。全省高温多雨为主要气候特征。全省年平均气温为19～26℃，大致南高北低。大部分地区终年不见霜雪，仅粤北山区有10 d左右的冬天。全省年平均降水量多在1500 mm以上。4—9月为雨季，夏季降水占全年降水量的40%，沿海地区每年5—11月常受台风侵袭，偶见的强寒流可危害热带作物。东北—西南山地多覆盖阔叶林，沿海沿河地区多耕地区。

1.1.6　整个中国研究区

中国位于北半球，在亚洲的东部和中部，太平洋的西岸，东南面向海洋，西北面伸向内陆。中国国土面积约占亚洲陆地面积的1/4。疆域南起南海南沙群岛中的曾母暗沙(3°51′N，112°16′E)，北至黑龙江省漠河附近的黑龙江主航道中心线(53°33′N，124°20′E)，南北相距约5500 km；西自新疆帕米尔高原一座海拔5000 m以上的雪峰(39°15′N，73°33′E)，东到黑龙江和乌苏里江主航道汇流处(48°27′N，135°05′E)。中国领土总面积为1430多万平方千米，其中陆地面积960万平方千米，内海和边海的水域面积为470多万平方千米。东部和南部大陆海岸线1.8万多千米，中国的大陆边境线长2万多千米。中国岛屿有7600多个，绝大部分分布在长江口以南的海域。中国所濒临的海洋，从北到南，依次为渤海、黄海、东海、南海。

我国幅员辽阔，地形复杂，气候类型多样，造就了我国植被类型丰富多彩、种类繁多。就全国来言，植被分布规律是从东南向西北递变，依次出现森林、草原、荒漠和裸露荒漠。综合地形、气候、水系等情况，我国的植被分布主要分为八大植被区域：大兴安岭北部寒温带落叶针叶林区域、东北—华北温带落叶阔叶林区域、华中—西南常绿阔叶林区域、华南—西南热带雨林和季雨林区域、内蒙古—东北温带草原区域、西北温带荒漠区域、青藏高原高寒草甸和草原区域、高寒荒漠区域。

1.2 数据集及数据预处理

1.2.1 数据集

(1)MERSI 数据:由于地表类型在短时间内变化不大,研究中选用 10 d 一次或 30 d 一次的 FY-3-MERSI 1～5 波段合成图像数据。MERSI 1～5 波段数据分别为蓝、绿、红、近红外和热红外波段数据,其分辨率为 250 m(表 1.1)。试验研究中,下载中国区域春夏秋冬四个季节 FY-3 MERSI 图像各一景。由于在一天的数据中云覆盖区域过大,因此,下载 MERSI 10 d 合成、月合成的产品。使用的 FY-3 MERSI 资料时间分别是:2012 年 2 月 1—29 日、2012 年 4 月 1—30 日、2012 年 8 月 1—31 日、2012 年 11 月 1—30 日。

表 1.1 MERSI 1～5 波段光谱范围与 MODIS 对应波谱比较

	波段 1	波段 2	波段 3	波段 4	波段 5
波长(nm)	470	550	650	685	11250
波段	蓝光	绿光	红光	近红外	热红外
分辨率(m)	250	250	250	250	250

(2)MCD12Q1:500 m 分辨率 MODIS 三级土地覆盖类型产品,该产品共有 5 种土地覆盖分类方案,信息提取技术为监督决策树分类。研究选用 IGBP 全球植被分类方案,将其重采样成 250 m,作为试验区选取样本和验证样本参考数据。

(3)FY-3 土地覆盖日产品:VIRR 三级土地覆盖类型 1000 m 产品,它采用 IGBP 17 类地表植被分类方案。下载春夏秋冬四个季节相对应的产品,重采样成 250 m,作为整个中国研究区选取样本和验证样本参考数据。

(4)SRTM 地形产品数据:即数字地形高程模型(DEM),由美国太空总署和国防部国家测绘局联合测量,分 SRTM1 和 SRTM3 格式,中国地区为 SRTM3 格式,分辨率为 90 m,将其重采样成 250 m,用于山地、丘陵等区域的土地覆盖分类。网址:http://srtm.csi.cgiar.org/SELECTION/inputCoord.asp

(5)中国农作物生长发育和农田土壤湿度旬数据集:根据中国农业气象台自 1991 年以来上报的农业气象旬、月报报文资料,按旬记录,共 778 个站点数据,但数据没有经过质量控制,使用前需进行质量控制,作为验证中国区域农用地精度的地面实测数据。

1.2.2 数据预处理

1.2.2.1 辐射定标

FY-3A/MERSI 可见光、近红外定标方法:

辐亮度转换公式如下:

$$R = A \times DN + B \tag{1.1}$$

式中,R 为辐亮度值(单位:$mW/(m^2 \cdot nm \cdot sr)$),$A$ 为斜率,B 为截距。DN 为 FY-3A/MERSI 可见光、近红外通道的对地观测计数值。A 和 B 的数值存放在 FY-3A/MERSI 通道光谱参数文件中,此文件可从风云卫星遥感数据服务网(fy3.satellite.cma.gov.cn)下载。

反射率转换公式如下：

$$\rho = \frac{\pi R d^2}{E_{SUN}\cos\theta} \tag{1.2}$$

式中，ρ 为反射率，d 为日地平均距离，E_{SUN} 为大气外界太阳常数(单位：mW/(m^2 · nm))，θ 为太阳天顶角。d 存放在 1000 m HDF 文件中，E_{SUN} 存放在 FY-3A/MERSI 通道光谱参数文件中，从 FY-3A/MERSI L3 级 NVI(normalized vegetation index)数据的科学数据集“250M_Monthly_Solar_Zenith”中读取并计算出 θ。

FY-3A/MERSI 红外定标方法：红外定标过程比较复杂，包括逐探元定标、多探元辐射响应差异的光谱补偿和图像消旋处理，但 FY-3/MERSI 存贮的是已经过定标的辐亮度值，只需通过普朗克定律逆求解，得到等效黑体亮温 T_E，进一步计算黑体亮温 T_B 即可。

FY-3A/MERSI L3 级数据红外通道科学数据集“250M_Monthly_CH5”直接为红外辐亮度，将它转换成黑体亮温可分两步：首先，以 875.1379 cm^{-1} 为中心波数，进行等效黑体亮温 T_E 计算；然后，将 T_E 转换为黑体亮温 T_B。

计算等效黑体亮温 T_E，公式如下：

$$T_E = \frac{c_2\nu}{\ln(1+\frac{c_1\nu^3}{R})} \tag{1.3}$$

式中，T_E 为等效黑体温度(K)，$c_1 = 1.1910427\times10^{-5}$ mW/(m^2 · sr · nm)，$c_2 = 1.4387752$ cm · K，ν 是地面标定得到的红外通道中心波数，$\nu = 875.1379$ cm^{-1}，R 为黑体辐亮度。

黑体亮温转换公式如下：

$$T_B = AT_e + B \tag{1.4}$$

式中，$A = 1.0103$，$B = -1.8521$。

1.2.2.2 图像几何纠正和拼接

由于 FY-3A/MERSI L3 级数据的经纬度以四个顶点的形式存储，使用 ENVI 软件的 GCPs(ground control points selection)功能，对 MERSI 图像进行几何纠正，转换成 WGS-84 坐标系、Lambert Conformal Conic 投影下的影像数据，并进行拼接，生成全国区域的 MERSI 图像。

1.2.2.3 计算植被指数

可见光、红外光谱可以反映地表的植被覆盖、植被含水量、土壤质地、土壤含水量和表面温度等信息，因而，可以作为地表类型识别的重要数据源。为了更好反映绿色植被覆盖，基于可见光、近红外数据，计算植被指数 NDVI、EVI。

$$\text{NDVI} = \frac{\rho_{nir} - \rho_{red}}{\rho_{nir} + \rho_{red}} \tag{1.5}$$

$$\text{EVI} = \frac{2.5(\rho_{nir} - \rho_{red})}{1 + \rho_{nir} + 6\rho_{red} - 7.5\rho_{blue}} \tag{1.6}$$

式中，NDVI、EVI 分别为归一化植被指数和增强型植被指数，ρ_{blue}、ρ_{red}、ρ_{nir} 分别为红光波段、蓝光波段和近红外波段的反射率，分别对应第 1、3、4 波段的图像。分类中，将植被指数数据与波段反射率和亮温数据作为分类的输入数据。

1.3　研究方法

1.3.1　分类方法

支持向量机 SVM(support vector machines)是 20 世纪 90 年代中期在统计学习理论基础上发展起来的一种新型机器学习方法。它在解决小样本、非线性和高维模式识别问题中表现出许多特有的优势,并在很大程度上克服了“维数灾难”和“过学习”等问题。贝尔实验室研究表明:相比于决策树和神经网络模式识别方法,支持向量机方法具有更高的识别精度。结合与神经网络和最大似然分类方法试验对比,本研究选用在分类精度上更有优势的支持向量机方法,开展中国区域地表类型识别工作。

1.3.2　精度验证

比较分析法是遥感数据产品精度验证的常用方法,即通过对比分析被验证数据和参考数据(通常假定为真实数据),估算被验证数据和参考数据的一致性或相似性。如果两类数据间吻合度高,那么认为被验证数据精度较高。

本研究以 FY-3 土地覆盖日产品数据为参考数据,利用比较分析法对分类结果数据进行精度验证。

1.3.2.1　类型面积相关分析

相关系数(R)表示的是两变量之间的线性关系,在本研究中,通过计算 4 景不同季节分类结果数据与 FY-3 土地覆盖日产品面积的相关性来评价分类结果数据类型面积相对参考数据的偏离程度。相关系数定义如下:

$$R_i = \frac{\sum_{k=1}^{17}(x_k-\bar{x})(y_k-\bar{y})}{\sqrt{\sum_{k=1}^{17}(x_k-\bar{x})^2\sum_{k=1}^{17}(y_k-\bar{y})^2}} \tag{1.7}$$

式中,i 为 1,…,4,分别代表 4 景分类结果数据;k 为 1,…,17,代表 17 种土地覆盖类型;x_k 为各类型的总面积;y_k 为参考数据各类型的总面积;$\bar{x}$ 为所要评价的 17 种类型土地覆盖数据面积的均值;$\bar{y}$ 为参考数据 17 种类型面积的均值。

1.3.2.2　空间面积误差矩阵分析

类型面积相关性仅能比较两者间的相似性,无法表达出两者在空间上的偏离程度。首先,将分类结果数据与参考数据进行空间叠加,如果 2 类数据同一像元的类型一致,则空间一致性良好;其次,统计研究区内所有像元,利用如下公式计算分类结果与 FY-3 土地覆盖日产品数据的空间一致性,即可生产参考数据与被验证数据的误差矩阵。

$$O = \frac{A}{N_k} \times 100\% \tag{1.8}$$

式中,N_k 表示 k 类地表类型真实参考像元数,A 表示分类结果数据上同一地表类型对应空间位置像元数。

1.3.2.3　混淆矩阵分析

混淆矩阵是土地覆盖分类后处理的重要方法之一。通常用来对分类结果进行验证。在本研究中，通过计算4景不同季节分类结果数据与FY-3土地覆盖日产品的混淆矩阵，来评价4类结果数据与参考数据的空间相似性。

混淆矩阵中的总体精度(overall accuracy)和Kappa系数定义如下：

$$OA = \frac{\sum_k X_k}{N} \tag{1.9}$$

$$K = \frac{N\sum_k X_k - \sum_k N_k X_k}{N^2 - \sum_k N_k X_k} \tag{1.10}$$

式中，N 表示所有真实参考的像元总数，X_k 表示 k 类地表类型被正确分类的像元数，N_k 表示 k 类地表类型真实参考像元数。

1.3.2.4　地面采样点精度分析

利用野外实测采样点，对分类结果进行精度验证，能提高分类结果的可信度。首先，利用2月、4月、8月和11月的中国农作物生长发育和农田土壤湿度旬数据集，剔除无农作物信息的数据，其次，将采样点与农用地进行空间叠加，提取采样点对应地表类型，统计与农用地类型一致的采样点数，最后，利用如下公式计算正确率。

$$A = \frac{N}{T} \times 100\% \tag{1.11}$$

式中，T 表示地面采样点总数，N 表示与农用地空间位置对应的地面采样点数。

1.3.3　研究技术思路

本研究的技术路线如图1.1所示。

1.3.3.1　源数据预处理

(1)几何纠正：下载的单景MODIS、FY-3数据分别为integerized sinusoidal (ISIN) grid投影和地理投影，需要转换为适合全国范围的平面投影。由于兰勃特等角(Lambert Conformal Conic)投影变形小且均匀，因而选择该投影作为投影转换后影像的投影。试验区兰勃特等角投影参数设置为：投影基准面为WGS84，中央经线的精度为110°，两条平行线的纬度分别为25°和47°。分别利用MRT和ENVI软件对单景MODIS和FY-3 MERSI图像进行投影变换，并最后用ENVI软件进行拼接，生成兰勃特等角投影的全国区域的MODIS 3～7波段的反射率图像和FY-3A 250 m分辨率的MERSI 1～5波段图像。

(2)计算植被指数图像：可见光、红外光谱可以反映地表的植被覆盖、植被含水量、土壤质地、土壤含水量和表面温度等信息，因而，可以作为地表类型识别和分类的重要数据源。为了更好反映绿色植被覆盖和植被含水量，基于可见光、近红外和短波红外数据，计算植被指数NDVI、NDWI、EVI和NDSI。

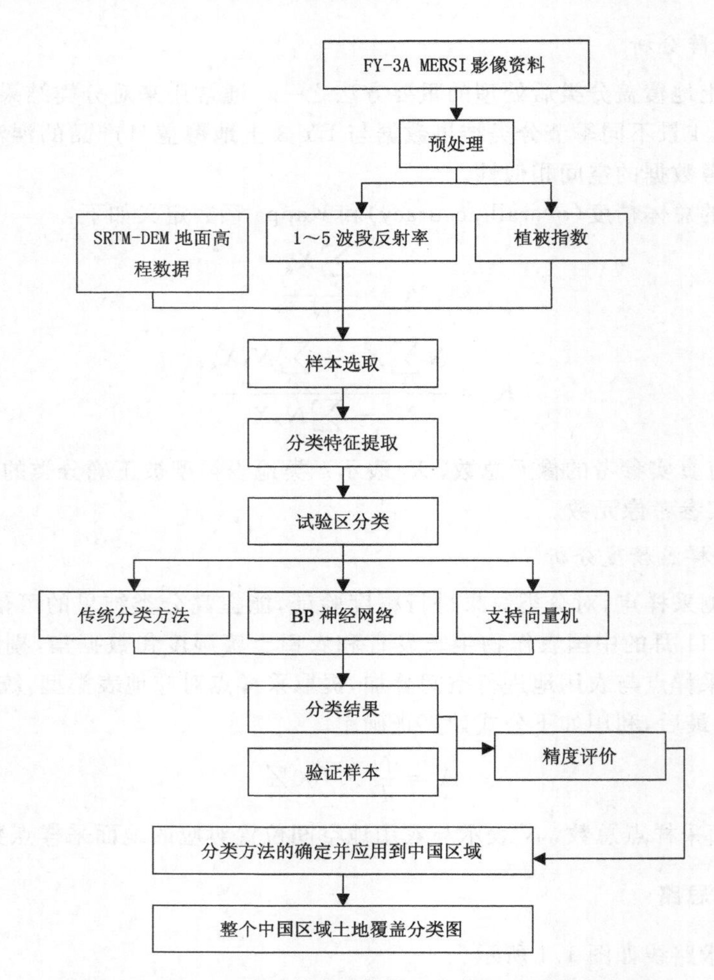

图 1.1 风云三号气象卫星资料地表类型识别技术流程

$$\mathrm{NDVI}=\frac{R_{\mathrm{nir}}-R_{\mathrm{red}}}{R_{\mathrm{nir}}+R_{\mathrm{red}}} \tag{1.12}$$

$$\mathrm{NDWI}=\frac{R_{\mathrm{nir}}-R_{\mathrm{sw}}}{R_{\mathrm{nir}}+R_{\mathrm{sw}}} \tag{1.13}$$

$$\mathrm{EVI}=\frac{2.5(R_{\mathrm{nir}}-R_{\mathrm{red}})}{(1+R_{\mathrm{nir}}+6R_{\mathrm{red}}-7.5R_{\mathrm{blue}})} \tag{1.14}$$

$$\mathrm{NDSI}=\frac{R_{\mathrm{green}}-R_{\mathrm{sw}}}{R_{\mathrm{green}}+R_{\mathrm{sw}}} \tag{1.15}$$

式中，NDVI、NDWI、EVI、NDSI 分别为归一化植被指数、归一化水分指数、增强型植被指数、归一化差分雪盖指数；R_{green}、R_{red}、R_{nir}、R_{sw} 分别为绿光波段、红光波段、近红外波段和短波红外波段的反射率，对于 MODIS 传感器分别对应第 4、1、2、6 波段图像，对于 FY-3 MERSI 分别对应第 2、3、4、6 波段的图像。这些植被指数图像与所选的波段反射率和波段亮温图像数据将作为分类的输入数据。

(3)噪声处理：利用 ENVI 软件提供的小波去噪功能对图像的噪声进行去除。

1.3.3.2　训练样区和验证区的确定

对应遥感监督分类，地表类型识别的精度很大程度上取决于样本选取是否准确。研究中，选择往年的地表类型分类数据（其次试验，选用2011年的MODIS分类产品）作为参考，结合地表高程数据，对原始彩色合成图像进行人工判别，确定17类地表类型的样本，每种地表类型样本个数在5000个像元左右。同时，我们另选一组样本，用于分类精度检验。

1.3.3.3　支持向量机的训练和分类

使用遥感数据图像处理软件ENVI，在图像中建立训练样本的感兴趣区，使用支持向量机的监督分类功能，对图像进行机器训练，找出支持向量，并进一步对图像进行支持向量机分类。

1.3.3.4　分类结果验证

利用验证样本对分类结果进行验证，计算正确识别和误分像元的比例，评价各类地表类型识别精度。

1.4　试验结果与分析

分别以吉林省、江苏省、湖北省、青海省和广东省5个省份为试验区，利用“最大似然法”“BP神经网络法”“支持向量机法”分类方法，对试验区进行地表类型识别。以统一的检验样本，采用“混淆矩阵分析”“面积一致性分析”“地面采样点精度分析”分类精度验证标准，对各个分类结果进行验证，对比其识别精度。最后确定“支持向量机法”为最优分类方法，并推广到中国整个区域的地表类型识别。

考虑到中国区域面积大，会有“同物异谱”“同谱异物”现象的存在，将全国区域分区块进行地表类型提取，采用IGBP土地覆盖分类系统，选取各个区块的样本，得到各区块的地表类型和冰雪覆盖识别图，最后将所有区块拼接起来，完成整个中国区域的地表类型和冰雪覆盖识别研究，并对得到的分类结果进行精度分析。

1.4.1　分类实验

利用支持向量机法对整个中国区域分区块进行地表类型识别，最终得到2012年2月、4月、8月和11月的地表类型识别图，如图1.2所示。

如图1.2所示，4个时段的地表类型识别图较好地体现了土地覆盖的区域分布：北部区域分布有针叶林、阔叶林、混交林，南部区域分布有阔叶林、灌丛，东部区域覆盖有大片农用地，西部区域分布有大片稀疏植被。4个不同时段的分类结果很好地反映了植被随季节的变化。冬季，由于植被凋谢枯萎，地表植被覆盖度降低；春季，万物复苏，地表植被覆盖度增加；进入夏季，植被生长茂盛，地表植被覆盖度达到一年中的最大；秋季时节，万物开始凋落，地表植被覆盖度慢慢减少，分类结果较好地描述了一年四季植被覆盖度的变化趋势。

为评价分类结果的精度，以FY-3土地覆盖日产品为验证数据，通过面积一致性和空间混淆矩阵两种方法进行分析。另外，利用中国农作物生长发育和农田土壤湿度旬数据集农作物地面采样点，对农用地的分类结果进行检验，评价地表类型分类结果精度。

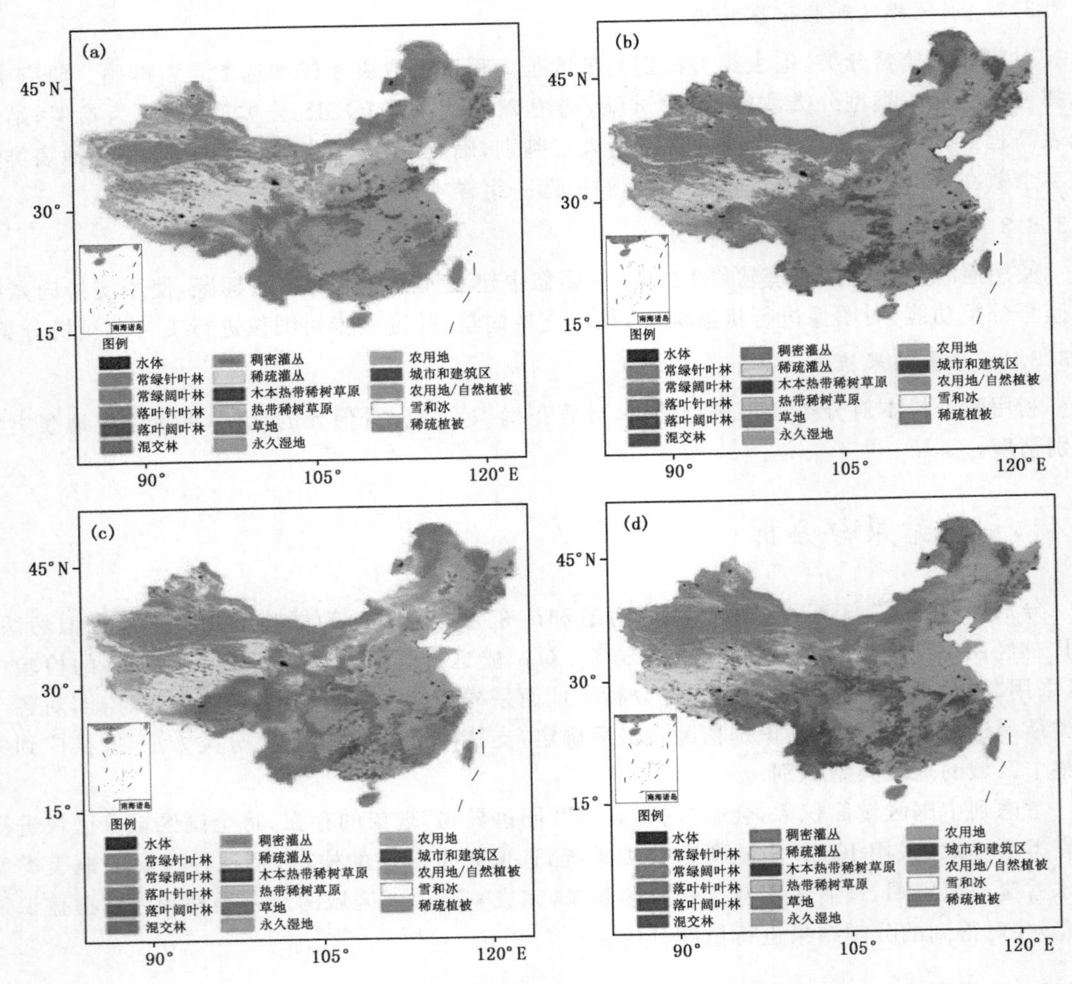

图 1.2　FY-3A/MERSI 地表类型识别图(附彩图)

(a)2012 年 2 月地表类型识别图;(b)2012 年 4 月地表类型识别图;

(c)2012 年 8 月地表类型识别图;(d)2012 年 11 月地表类型识别图

1.4.2　面积一致性分析

图 1.3 是分类结果与验证数据面积直方图。如图所示,各类面积具有较好一致性。对于水体和稀疏灌丛,由于在光谱上容易区分,分类结果和验证数据具有较高的一致性;对于农用地,分类结果的面积大于验证数据,但 11 月分类结果的农用面积最接近于验证数据;对于稀疏植被,分类结果面积少于验证数据,4 月分类结果最接近于验证数据。

统计各月份两类分类产品面积相关系数。4 月的分类结果与验证数据具有最高的面积相关性,R^2 为 0.9294;8 月分类结果次之,2 月最低。

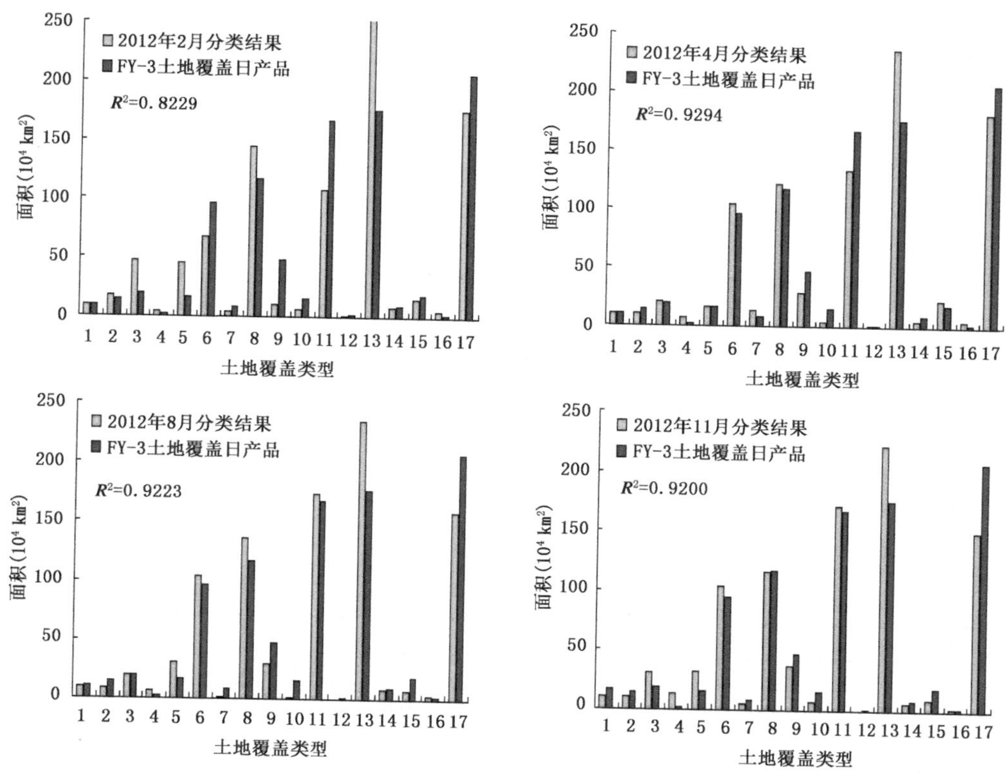

图 1.3　分类结果数据与验证数据类型面积的相关性对比

1.4.3　空间混淆分析

表1.2为分类结果与验证数据的混淆矩阵(表中数据为识别精度,%)。如表所示,4月分类结果与验证数据具有最好的一致性,总体精度为98.71%,Kappa系数为0.98,特别是农用地/自然植被、雪和冰的识别,分类精度都达到了100%。与验证数据一致性最差的是2月,总体精度为94.26%,Kappa系数为0.9305。8月和11月的总体精度相差不大,在各类型上表现为相似的分类精度。

表 1.2　2012年2月、4月、8月、11月分类结果与验证数据的混淆矩阵

(2月)种类	水体	常绿针叶林	常绿阔叶林	落叶针叶林	落叶阔叶林	混交林	稠密灌丛	稀疏灌丛	木本热带稀树草原	热带稀树草原	草地	永久湿地	农用地/自然植被	城市和建筑区	农用地/自然植被	雪和冰	稀疏植被	用户精度
编号	C1	C2	C3	C4	C5	C6	C7	C8	C9	C10	C11	C12	C13	C14	C15	C16	C17	
C1	94.7	0	0	0	0	0	0	0	0	0	0	0	0.16	11.5	0	0	0	99.6
C2	0	100	0	0	0	0	0	0	0	0	0	0	0	0	0	0	0	100
C3	0.01	0	97.6	0	1.67	0.56	0	0.04	0	0	0	0	0	0	0.66	0	0	98.7
C4	0.84	0	0	99.2	0	0	0	2.33	0	0	0	0	0	0	0	0	0	42.4
C5	0.03	0	0	0	95	0	0	0.34	0	0	0	0	0.18	0	0	0	0	89.5
C6	0.04	0	1.12	0	0.56	99.3	0.5	0	0	0	0	0	0	0	0	0	0	99.1
C7	0.09	0	0	0	0	0.1	99	0	0	0	0	0	0	0	0	0	0	93

续表

(2月)种类	水体	常绿针叶林	常绿阔叶林	落叶针叶林	落叶阔叶林	混交林	稠密灌丛	稀疏灌丛	木本热带稀树草原	热带稀树草原	草地	永久湿地	农用地/自然植被	城市和建筑区	农用地/自然植被	雪和冰	稀疏植被	用户精度
编号	C1	C2	C3	C4	C5	C6	C7	C8	C9	C10	C11	C12	C13	C14	C15	C16	C17	
C8	0.15	0	0	0	0	0	0	75.1	0	0	0	1.15	0	0	0	0	0.24	98.8
C9	0.03	0	0	0	2.78	0.07	0.5	1.64	95.8	0	0	0	0	0	0	0	0	71.5
C10	0.25	0	0	0.77	0	0	0	0	1.39	99.5	0.13	0	0.05	0	0	0	0	83.5
C11	0.02	0	0	0	0	0	0	0.61	0.69	0	98.2	0	0	0	0	1.45	0	36.1
C12	1.01	0	0	0	0	0	0	0	0	0	0	89.7	0	0	0	0	0	98.9
C13	0.12	0	0	0	0	0	0	0	0	0.48	1.64	1.15	99.4	0	0	0	0	82.1
C14	0.18	0	0	0	0	0	0	0	1.39	0	0	0	0	88.5	0	0	3.19	29.5
C15	0.13	0	1.29	0	0	0	0	10.9	0	0	0	0	0	0	99.3	0	2.01	19.9
C16	0.68	0	0	0	0	0	0	0.34	0	0	0	1.15	0.05	0	0	39.1	0.3	75.5
C17	1.74	0	0	0	0	0	0	8.73	0.69	0	0	0.69	0.13	0	0	59.4	94.3	98.7
生产者精度	94.7	100	97.6	99.2	95	99.3	99	75.1	95.8	99.5	89.6	99.4	88.5	99.3	39.1	94.3	98.2	0

注：总体精度＝94.26％；Kappa 系数＝0.9305

(4月)种类	水体	常绿针叶林	常绿阔叶林	落叶针叶林	落叶阔叶林	混交林	稠密灌丛	稀疏灌丛	木本热带稀树草原	热带稀树草原	草地	永久湿地	农用地/自然植被	城市和建筑区	农用地/自然植被	雪和冰	稀疏植被	用户精度
编号	C1	C2	C3	C4	C5	C6	C7	C8	C9	C10	C11	C12	C13	C14	C15	C16	C17	
C1	99.6	0	0	0.36	0	0	0	0	0	0	0	0	0	1.54	0	0	0	99.8
C2	0	82.9	2	0.55	0.1	0	0	0	0	0	0	0	0	0	0	0	0	95
C3	0	16.1	97	0.09	0	0	0.11	0	0	0	0	0	0	0	0	0	0	91.8
C4	0	0	0	99	0	0	0	0.08	0	1.82	0	0	0.1	0	0	0	0	98.2
C5	0.04	0.75	0	0	96.7	0.24	0.11	0	0	0.52	0	0	0	0	0	0	0	97.8
C6	0.03	0.09	0.2	0	3.12	99.8	0	0	0	1.69	0	0	0	0	0	0	0	97.6
C7	0	0	0.85	0	0	0	97.3	0	0	0	0	0	0	0	0	0	0	98.1
C8	0	0	0	0	0	0	0	99.9	0	0	0	0	0	0	0	0	0	100
C9	0	0		0	0	0	1.97	0	99.7	0.26	0.05	0	0.03	0	0	0	0	97.9
C10	0	0	0	0	0	0	0.22	0	0	93.1	0.03	0	0	0	0	0	0	99.6
C11	0	0	0	0	0	0	0	0	0	0	99.9	0	0.03	0	0	0	0	100
C12	0.3	0	0	0	0	0	0	0	0	0	0	99.5	0	0.05	0	0	0	87.8
C13	0	0	0	0	0.1	0	0	0	0.18	1.17	0.03	0	99.8	0	0	0	0	99.7
C14	0.01	0	0	0	0	0	0	0	0	0	0	0	0	98.4	0	0	0	100
C15	0.02	0.09	0	0	0	0	0.33	0	0.09	1.43	0.03	0	0.08	0	100	0	0	90
C16	0.03	0	0	0	0	0	0	0	0	0	0	0.5	0	0	0	100	0	99.5
C17	0	0	0	0	0	0	0	0	0	0	0	0	0	0	0	0	99.7	100
生产者精度	99.6	82.9	97	99	96.7	99.8	97.7	99.9	99.7	93.1	99.9	99.5	99.8	98.4	100	100	99.7	

注：总体精度＝98.71％；Kappa 系数＝0.98

(8月)种类	水体	常绿针叶林	常绿阔叶林	落叶针叶林	落叶阔叶林	混交林	稠密灌丛	稀疏灌丛	木本热带稀树草原	热带稀树草原	草地	永久湿地	农用地/自然植被	城市和建筑区	农用地/自然植被	雪和冰	稀疏植被	用户精度
编号	C1	C2	C3	C4	C5	C6	C7	C8	C9	C10	C11	C12	C13	C14	C15	C16	C17	
C1	91.6	0	0	0	0	0	0	0	0	0	0	0	0	10	0	5.26	0	95.1
C2	0.01	88.9	0	1.79	1.58	0	0	4	0	0	0	0.77	0	0.04	0.41	0	0	91.5
C3	0	6.89	96.3	0.01	0	0	0	0	0	0	0	0	0	0	0	0	0	8.7
C4	0	0	0.04	94	0	0.03	0	0	0.35	0	0	0	0	0	0	0	0	99.4
C5	0	1.97	0.71	3.13	75.6	0.48	0	0	4.06	0	0	0	0.25	0.23	0	0	0	85.2
C6	0	0.3	0.56	0	16.1	99	0	0	0	0	0	0	0	0	1.05	0	0	94.1
C7	0	1.18	2.09	0	5.42	0	97	0	0	8.33	0	0	0	0	0	0	0	74.2
C8	0.03	0	0	0.02	0	0	0	94.3	0	0	1.38	0	0	0	0	0	2.56	68.9
C9	0	0	0.02	0.89	0	0	0	0	93.8	0	0	0	0	0	0.35	0	0	98.3
C10	0	0	0	0	0	0	0	0	0	90.7	0	0	0	0	0	0	0	96.1
C11	0.21	0	0	0	0	0.33	0.15	0	0	0	98	2.06	0.03	0.07	0.93	0	0.04	99.2
C12	0	0	0	0	0	0	0	0	0	0	0	95.1	0	0	0	1.75	0	99.5
C13	0	0	0	0	1.28	0.05	1.52	0	0	0.93	0.63	0	99.7	0.11	0.64	0	0	98.6
C14	8.09	0	0	0	0	0	0	1.67	0	0	0	0.77	0	88.6	0	0	3.15	78.5
C15	0	0.79	0.33	0	0	0	0	0	1.76	0	0	0	0	0	96.6	0	0	97.9
C16	0.03	0	0	0	0	0	0	0	0	0	0	0	0	0	0	93	0	96.4
C17	0	0	0	0	0	0	0	0	0	0	0	1.29	0	0	0	0	94.3	99.9
生产者精度	91.6	88.9	96.3	94	75.6	99	97	94.3	93.8	90.7	98	95.1	99.7	88.6	96.6	93	94.3	

注：总体精度=96.06%；Kappa系数=0.95

(11月)种类	水体	常绿针叶林	常绿阔叶林	落叶针叶林	落叶阔叶林	混交林	稠密灌丛	稀疏灌丛	木本热带稀树草原	热带稀树草原	草地	永久湿地	农用地/自然植被	城市和建筑区	农用地/自然植被	雪和冰	稀疏植被	用户精度
编号	C1	C2	C3	C4	C5	C6	C7	C8	C9	C10	C11	C12	C13	C14	C15	C16	C17	
C1	94.7	0	0	0	0	0	0	0	0	0	0	0	0.16	11.5	0	0	0	99.6
C2	0	100	0	0	0	0	0	0	0	0	0	0	0	0	0	0	0	100
C3	0.01	0	97.6	0	1.67	0.56	0	0.04	0	0	0	0	0	0	0.66	0	0	98.7
C4	0.84	0	0	99.2	0	0	0	2.33	0	0	0	0	0	0	0	0	0	42.4
C5	0.03	0	0	0	95	0	0	0.34	0	0	0	0	0.18	0	0	0	0	89.5
C6	0.04	0	1.12	0	0.56	99.3	0.5	0	0	0	0	0	0	0	0	0	0	99.1
C7	0.09	0	0	0	0	0.1	99	0	0	0	0	0	0	0	0	0	0	93
C8	0.15	0	0	0	0	0	0	75.1	0	0	0	1.15	0	0	0	0	0.24	98.8
C9	0.03	0	0	0	2.78	0.07	0.5	1.64	95.8	0	0	0	0	0	0	0	0	71.5
C10	0.25	0	0	0.77	0	0	0	0	1.39	99.5	0.13	0	0.05	0	0	0	0	83.5
C11	0.02	0	0	0	0	0	0	0.61	0.69	0	98.2	0	0	0	0	1.45	0	36.1
C12	1.01	0	0	0	0	0	0	0	0	0	0	89.7	0	0	0	0	0	98.9
C13	0.12	0	0	0	0	0	0	0	0	0.48	1.64	1.15	99.4	0	0	0	0	82.1
C14	0.18	0	0	0	0	0	0	0	1.39	0	0	0	0	88.5	0	0	3.19	29.5
C15	0.13	0	1.29	0	0	0	0	10.9	0	0	0	0	0	0	99.3	0	2.01	19.9
C16	0.68	0	0	0	0	0	0	0.34	0	0	0	1.15	0.05	0	0	39.1	0.3	75.5
C17	1.74	0	0	0	0	0	0	8.73	0.69	0	0	0.69	0.13	0	0	59.4	94.3	98.7
生产者精度	94.7	100	97.6	99.2	95	99.3	99	75.1	95.8	99.5	89.6	99.4	88.5	99.3	39.1	94.3	98.2	

注：总体精度=94.26%；Kappa系数=0.9305

1.4.4　地面采样点精度分析

图 1.4 是农用地分类结果和中国农作物生长发育和农田土壤湿度旬数据集农作物采样点叠加图。农作物采样点主要分布在东北平原、华北平原、长江中下游平原、四川平原和华南平原，农用地分布区域与农作物采样点空间位置保持了良好的一致性。对比 VIRR 土地覆盖日产品和 MODIS 土地覆盖年产品，本研究分类结果得到的农用地与农作物采样点空间一致性最好。其中，一致性最高的是 8 月，达到了 91.61%；其次是 4 月，为 90.86%；11 月和 2 月精度相差不大，分别为 89.58% 和 89.24%（如表 1.3 所示）。而 VIRR 土地覆盖日产品的空间一致

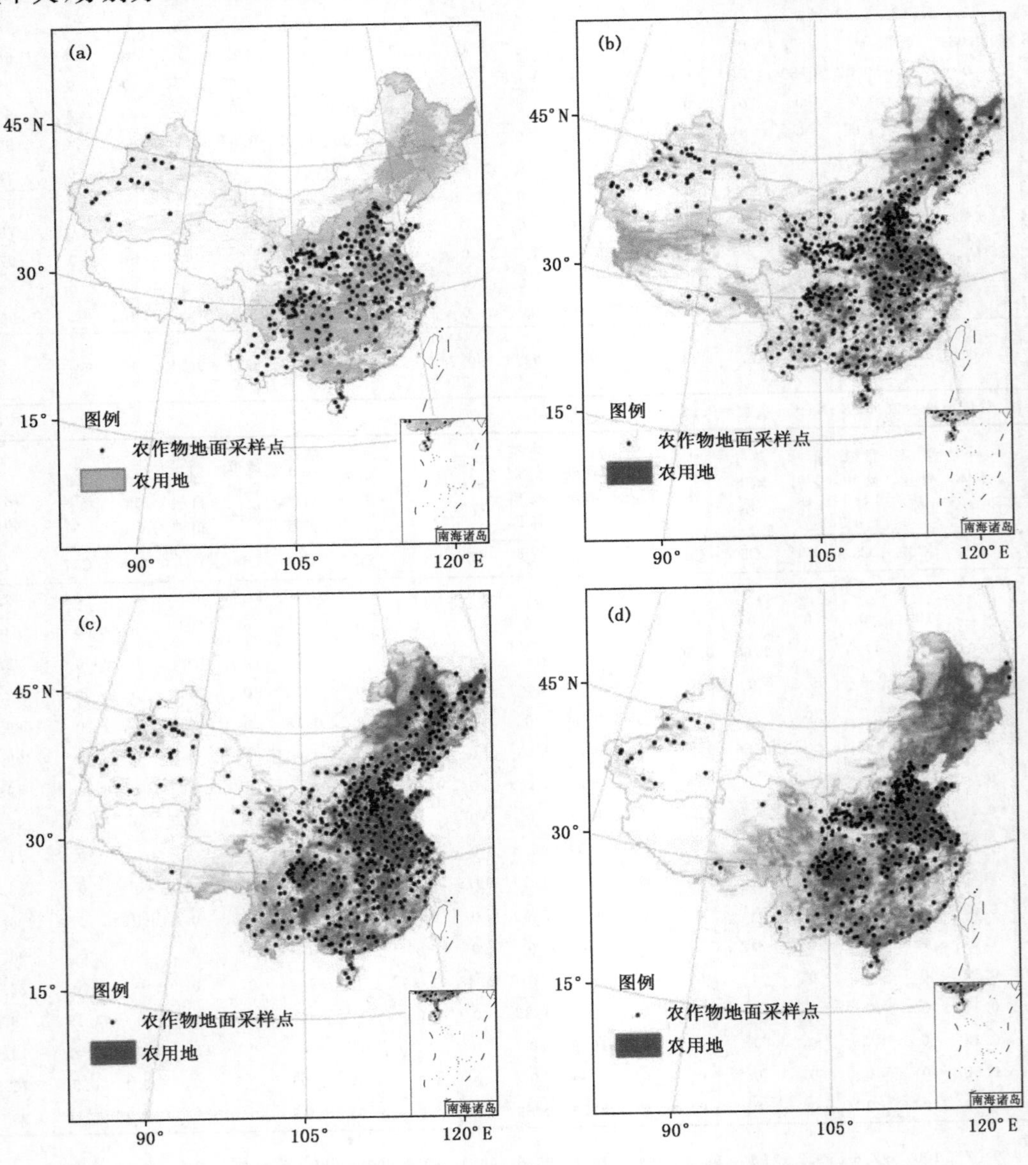

图 1.4　四个时段的农用地分类结果与农作物地面采样点空间位置比较

(a)2012 年 2 月；(b)2012 年 4 月；(c)2012 年 8 月；(d)2012 年 11 月

性程度保持在 60%以上，MODIS 土地覆盖年产品的空间一致性程度为 50%左右。对比结果说明本研究得到的农用地类型更接近现实中农用地的地理位置。

表 1.3　农作物采样点与本研究分类结果、VIRR 土地覆盖产品和 MODIS 土地覆盖产品一致性统计表

时间\采样点数据	本研究地表类型分类结果			VIRR 土地覆盖日产品			MODIS 土地覆盖年产品		
	一致数	总数	一致率(%)	一致数	总数	一致率(%)	一致数	总数	一致率(%)
2012 年 2 月	199	223	89.24	180	262	68.70	99	195	50.77
2012 年 4 月	348	383	90.86	235	375	62.67	182	341	53.37
2012 年 8 月	390	429	91.61	220	355	61.97	195	369	52.85
2012 年 11 月	258	288	89.58	220	315	69.84	149	273	54.58

1.5　结论与评价

基于 FY-3A/MERSI 植被指数月产品，结合反射率数据、植被指数数据、亮温数据和 DEM 数据，利用支持向量机法，完成整个中国区域 4 个时段(2012 年 2 月、2012 年 4 月、2012 年 8 月、2012 年 11 月)地表类型识别，并利用 FY-3 土地覆盖日产品和中国农作物生长发育和农田土壤湿度旬数据集进行精度验证。得出以下结论。

(1)分类结果很好地展现了全国土地覆盖和冰雪覆盖分布情况，与 FY-3 产品土地覆盖分布情况保持了良好的一致性。

(2)采用支持向量机法得到的分类结果具有非常好的分类精度。在类型面积相关性比较中，4 月的相关性最高，R^2 为 0.9294；在混淆矩阵分析中，分类结果的总体精度都保持在 90%以上；在与农作物地面实测点的空间位置精度分析中，一致率达到九成。

第2章 风云三号气象卫星地表温度遥感

地表温度(land surface temperature,LST)是影响区域和全球尺度陆面过程的一个重要因子,是陆-气交界面通量计算的重要参数,直接决定地表的长波辐射,并间接影响潜热和显热通量。它在农业、气象、水文、地质和全球模式中有着广泛的应用。对于地球科学众多研究领域,获取大范围的高时空分辨率的地表温度资料至关重要。遥感探测技术可以获得大范围、时间连续的地表温度,能够准确反映地表温度的时空分布。因此,遥感地表温度反演对于地球科学众多领域的研究具有重要意义。

近年来,国内外对地表温度反演研究做了很多工作。大致可以分为单通道法、多通道法(分裂窗算法)、多角度法以及多通道和多角度相结合方法。在这些方法中,基于 MODIS 资料的分裂窗算法研究最为广泛。经过近 20 年的研究,Wan(2008)提出了适用于 MODIS 数据的推广分裂窗方法,该方法应用于陆地区域,最高反演精度可达 1 K。

我国风云三号(FY-3)卫星上装载了可见光红外扫描辐射计(VIRR)和中分辨率光谱成像仪(MERSI),其资料可用于地表温度反演。目前,MODIS 的温度产品在海洋区域精度可达 0.5 K,在陆地区域最高精度可达 1 K。相比于 MODIS 产品,我国的 FY-3 温度产品精度还有一定差距。为提高 FY-3 地表温度反演精度,研究基于 FY-3A/VIRR 数据和 FY-3A/MERSI 数据的地表温度反演方法。使用 MODTRAN 大气辐射传输模式模拟 FY-3 热红外通道数据,利用分裂窗地表温度反演方法,构建基于 FY-3 数据的地表温度分裂窗反演模型。开展反演模型试验验证工作,通过对比地表温度反演结果、MODIS 温度产品和实测地表温度,评价所建模型的地表温度反演精度。

2.1 研究区

为评价地表温度反演算法的适用性,选择位于我国南部的广东省、位于我国中东部的江苏省、位于中西部的敦煌地区以及位于我国北部的黑龙江省,作为研究区。研究中,分别在这几个省份和地区开展地表温度反演试验,评价不同下垫面地表温度反演精度。

2.2 FY-3 VIRR 数据预处理

可见光红外扫描辐射计(VIRR)4 和 5 通道的波长范围为 10.3～11.3 μm 和 11.5～12.5 μm,图像空间分辨率为 1000 m。中分辨率光谱成像仪(MERSI)第 5 通道是光谱较宽的热红外通道,光谱波段范围为 10.0～12.5 μm,中心波长为 11.25 μm,图像空间分辨率为 250 m。

这些通道位于热红外波段，可用于陆地和海洋表面温度反演。FY-3 VIRR 和 MERSI L1 数据的预处理主要包括亮温的计算和几何校正。

FY-3 VIRR 红外通道亮温的计算主要包括四个步骤：

(1)利用星上定标参数，开展图像资料辐射定标

星上线性定标的公式为：

$$N_{\text{LIN}} = S_c C_E + O_f \tag{2.1}$$

式中，N_{LIN} 为利用星上定标系数计算的辐亮度值(单位：mW/(m² · nm · sr))，S_c 为增益，O_f 为截距，C_E 为 FY-3 VIRR L1 级图像数据的计数值。S_c 和 O_f 分别存放在 FY-3 VIRR L1 级数据的文件属性“Emissive_Radiance_Scales”及“Emissive_Radiance_Offsets”中。“Emissive_Radiance_Scales”及“Emissive_Radiance_Offsets”分别有 3 列数据，依次对应 VIRR 的 3、4、5 通道；每一列不同行的数据对应着不同的扫描线。

(2)辐亮度非线性订正

辐亮度非线性订正的公式为：

$$N = b_0 + (1 + b_1) N_{\text{LIN}} + b_2 N_{\text{LIN}}^2 \tag{2.2}$$

式中，N 为非线性订正后的辐亮度值(单位：mW/(m² · nm · sr))，b_0、b_1、b_2 为订正系数。订正系数由地面定标试验获取，存放在文件属性“Prelaunch_Nonlinear_Coefficients”中，共有 12 个数值，前 9 个数值分别对应 3 通道的 b_0、b_1、b_2、4 通道的 b_0、b_1、b_2 和 5 通道的 b_0、b_1、b_2。

(3)计算有效黑体温度

使用 Plank 公式，计算有效黑体温度：

$$T_B^* = c_2 \nu_c / \ln[1 + (c_1 \nu_c^3 / N)] \tag{2.3}$$

式中，T_B^* 为有效黑体温度(K)，$c_1 = 1.1910427 \times 10^{-5}$ mW/(m² · sr · nm)，$c_2 = 1.4387752$ cm · K，ν_c 是地面标定得到的红外通道中心波数(cm⁻¹)，红外通道的中心波数存放在文件属性“Emissive_Centroid_Wave_Number”中，其中，第 1、2、3 个数值分别对应通道 3、4、5 的中心波数。

(4)计算黑体温度

计算黑体温度公式为：

$$T_B = (T_B^* - A)/B \tag{2.4}$$

式中，T_B 为黑体温度(K)，A、B 为常数，红外通道的 A、B 值存放在文件属性“Emissive_BT_Coefficients”中。

FY-3A MERSI L1 数据中科学数据集 EV_250_Aggr.1KM_Emissive 存放的是红外辐亮度，将它转换成黑体亮温可分两步：首先，使用式(2.3)，进行有效黑体亮温 T_B 计算；然后利用式(2.5)将 T_B^* 转换为黑体亮温 T_B，即：

$$T_B = A T_B^* + B \tag{2.5}$$

式中，$A = 1.0103$，$B = -1.8521$。

在对 FY-3 L1 数据进行几何校正时，使用 ENVI 软件的 GLT 功能，先根据数据中的经纬度信息建立一个 GLT 文件，然后利用所建立的 GLT 文件对 FY-3 图像进行几何纠正，将其转换成 WGS-84 坐标系、Lambert Conformal Conic 投影下的影像数据。

FY-3 陆表温度日产品保存有图像四个角的像元经纬度值，可以在 ENVI 软件中输入这四个角像元的经纬度，建立控制点；然后，通过控制点对图像进行几何校正；最后，乘以定标系数

0.1，得到地表温度。

2.3　地表温度反演建模

本研究提出利用迭代自一致分裂窗算法，研究地表温度反演方法，具体技术流程包括三个部分(图2.1)。首先，利用辐射传输模式MODTRAN，模拟MODIS、FY-3卫星热红外通道数据，分别构建MODIS和FY-3数据的地表温度反演分裂窗算法模型。然后，利用迭代自一致方法，计算研究区各种地表的比辐射率。最后，将地表温度反演的分裂窗算法模型，及计算的地表比辐射率用于实际的MODIS和FY-3数据，实现地表温度的反演。具体流程图如下。

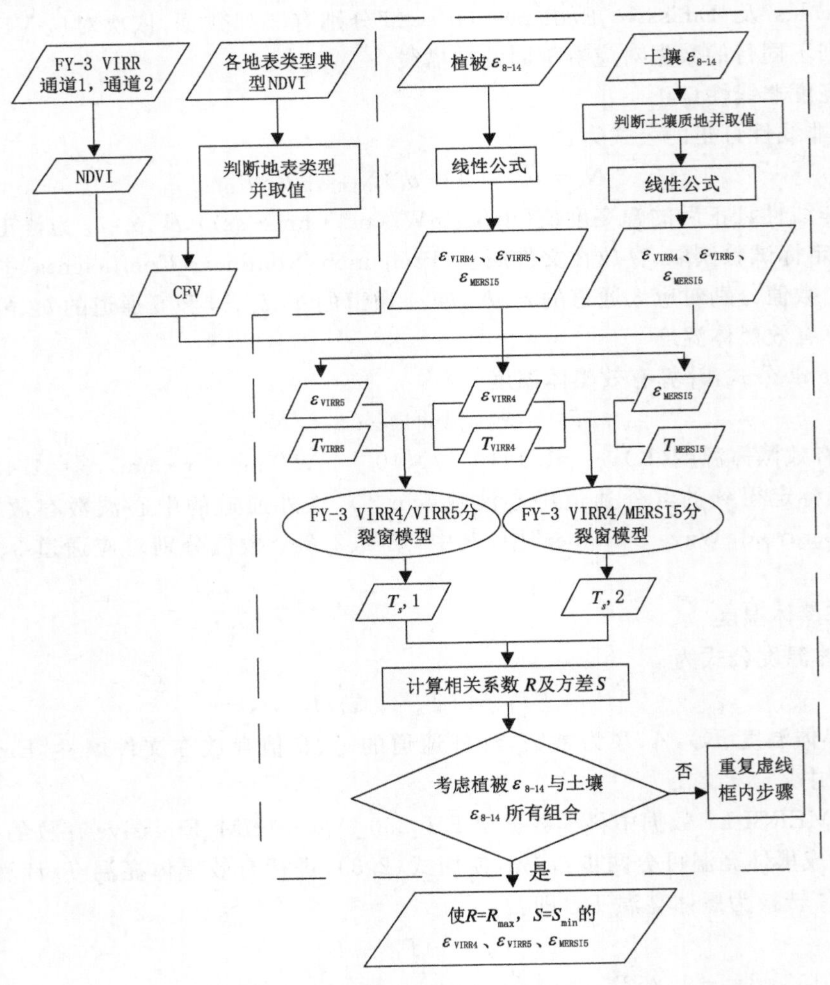

图2.1　地表温度反演技术路线示意图

具体实现过程包括以下几个方面。

(1)FY-3分裂窗地表温度反演模型

基于MODTRAN大气辐射传输模式，模拟不同大气条件下的一组FY-3热红外通道(VIRR4、VIRR5和MERSI5)亮温数据。输入数据包括：12组地表温度，中纬度冬季大气条件下取值范围为[272.2 K－5 K,272.2 K＋20 K],中纬度夏季大气条件下取值范围为[294.2 K－5 K,294.2 K＋20 K];5 组平均比辐射率,取值范围为[0.9,1];9 组比辐射率扰动,取值范围为[－0.016,＋0.016]。经过最小二乘拟合,拟合分裂窗算法中的 6 个参数,得到 FY-3 数据的地表温度反演模型。

(2)确定研究区各类地表 FY-3 热红外通道比辐射率

对于研究区各类地表,参考 Wan(2008)有关地表比辐射率的研究成果,确定各类地表比辐射率范围。

第一步:

①设 VIRR 第 4 通道比辐射率(ε_{VIRR4})为变量,VIRR 第 5 通道比辐射率(ε_{VIRR5})、A_0 是常数,逐像素计算地表温度 T_s,1(A_0, ε_{VIRR4}, ε_{VIRR5});

②设 ε_{VIRR4} 为变量,MERSI 第 5 通道比辐射率(ε_{MERSI5})、A_0 是常数,逐像素计算地表温度 T_s,2(A_0, ε_{VIRR4}, ε_{MERSI5});

③计算以 ε_{VIRR4} 为变量的两组地表温度 T_s,1(A_0, ε_{VIRR4}, ε_{VIRR5})和 T_s,2(A_0, ε_{VIRR4}, ε_{MERSI5})之间的相关系数 R(ε_{VIRR4});

④记录满足 R(ε_{VIRR4})大于 0.90 的 ε_{VIRR4} 值;

⑤以满足④式的 ε_{VIRR4} 为变量,计算两组地表温度的 T_s,1(A_0, ε_{VIRR4}, ε_{VIRR5})和 T_s,2(A_0, ε_{VIRR4}, ε_{MERSI5})之间的方差 S(ε_{VIRR4});

⑥记录满足上述两组温度之间的最小方差所对应的 ε_{VIRR4} 值,并将其作为下一轮迭代输入的波段 VIRR4 比辐射率。

第二步:

将以上述步骤得到的比辐射率 ε_{VIRR4} 作为常量,用与上述步骤相同的办法计算比辐射率 ε_{VIRR5}。

第三步:

将以上述步骤得到的比辐射率 ε_{VIRR4}、ε_{VIRR5} 作为常量,用与上述相同的办法计算比辐射率 ε_{MERSI5}。

利用在上述三个步骤中获得的三个波段的比辐射率 ε_{VIRR4} 、ε_{VIRR5} 和 ε_{MERSI5} 作为下一轮循环的输入数据。整个循环可以重复多次直到自收敛。通过这种循环,如果上述三个步骤连续执行 N 次,本轮循环生成的参数 ε_{VIRR4}、ε_{VIRR5} 和 ε_{MERSI5} 与上一轮输入的变量 ε_{VIRR4}、ε_{VIRR5} 和 ε_{MERSI5} 在精度允许范围内相一致,则终止循环。所产生的 ε_{VIRR4}、ε_{VIRR5} 和 ε_{MERSI5} 即为最佳的波段比辐射率。

(3)地表温度反演

基于 FY-3 热红外通道图像数据,结合以上确定的研究区各类地表通道比辐射率,利用分裂窗算法,对研究区地表温度进行反演。

(4)反演温度交差验证

将试验反演的地表温度、MODIS 温度产品、地面实测的地表温度进行对比,分析精度。

2.4 地表温度反演及精度评价

2.4.1 江苏省验证试验

为实现研究区地表温度反演，利用 FY-3 VIRR 可见光和近红外通道反射率数据，计算试验区 NDVI。然后，对每类地表、各种土壤质地计算植被覆盖度，并循环最优化求解辐射率，并代入局地分裂窗模型中，计算地表温度。为检验 FY-3 数据的地表温度反演精度，以时间接近的 MODIS 温度产品数据为标准，计算反演温度的均方根误差和偏差。表 2.1 是 2012 年 2 月 3 日、2 月 11 日、7 月 25 日、7 月 26 日的江苏省地表温度反演精度分析表。

表 2.1 给出了江苏省 4 个日期的研究个例精度评价结果，精度评价指标包括相关系数 R、均方根误差 RMSE 及平均绝对偏差 BIAS。与 VIRR4/MERSI5 通道组合相比，VIRR4/VIRR5 通道组合反演的温度与 MODIS 温度产品的相关性更高，均方根误差更小。可以看出，与 VIRR4/MERSI5 通道组合相比，VIRR4/VIRR5 通道组合反演的温度与 MODIS 温度产品的相关性更高，均方根误差更小。VIRR4/VIRR5 通道组合 4 个个例的相关系数 R 平均值为 0.782，RMSE 平均值为 1.788 K，BIAS 平均值为－0.729 K；而 VIRR4/MERSI5 通道组合的相关系数 R 平均值为 0.647，RMSE 平均值为 6.084 K，BIAS 平均值为－5.705 K。显然，VIRR4/MERSI5 通道组合反演的地表温度误差过大，不适合地表温度的反演。从江苏省试验区地表温度反演的精度表来看，迭代自一致分裂窗算法反演结果的 RMSE 和 BIAS 都比平均比辐射率法的反演结果（表略）有所改善。主要地表类型（农用地和水体）反演的地表温度 RMSE 在 2 K 左右，而常绿阔叶林和混交林的 RMSE 小于 2 K。

图 2.2 为迭代自一致算法反演的 LST 和 MODIS LST 产品的散点图。如图所示，试验反演的 LST 和 MODIS LST 基本上都呈对角线分布。以 2012 年 7 月 25 日试验为例，FY-3 VIRR4/VIRR5 通道组合反演的 LST 和 MODIS LST 散点分布的趋势线在对角线上方，说明试验反演的 LST 要高于 MODIS LST 产品值；而 VIRR4/MERSI5 LST 反演结果的趋势线在对角线下方区域，说明反演的 LST 要低于 MODIS LST 产品值，这些结果与精度表的分析结果一致。此外，VIRR4/VIRR5 LST 反演结果散点分布的斜率与对角线基本平行，这说明迭代自一致算法的 VIRR4/VIRR5 LST 反演结果与 MODIS 产品的偏差很可能是一个正偏差。

图 2.3 为 VIRR4/VIRR5 通道组合迭代自一致算法反演的江苏地区 LST 空间分布图；对比 MODIS LST 产品，两者具有很好的一致性。

2.4.2 广东省验证试验

为了检验 FY-3 数据的 LST 反演精度，选择 2011 年 12 月 3 日、12 月 19 日、12 月 25 日的广东省 FY-3 VIRR4/VIRR5 通道 L1 数据，采用迭代自一致算法，反演地表温度，并与 MODIS 数据进行对比，评价 LST 反演精度。反演结果如图 2.4 所示，精度分析结果如表 2.2、表 2.3 所示。如图 2.4 所示，北部温度低于南部温度，这一特征与实际情况相符。

表 2.1 江苏省地表温度反演精度分析表

时间	LST	类别	水体	常绿针叶林	常绿阔叶林	落叶针叶林	落叶阔叶林	混交林	稠密灌丛	稀疏灌丛	木本热带稀树草原	热带稀树草原	草地	永久湿地	农用地	城市、建筑区	农用地、自然植被拼接	雪和冰	稀疏植被	总体
2012年2月3日	VIRR4/MERSI5反演结果	像元素	6012	1706	2	78	22	1108	114	82	694	98	932	1235	29464	830	974	27	1021	44399
		R	0.579	0.343	1	0.617	0.373	0.414	0.501	0.54	0.409	0.468	0.696	0.495	0.582	0.65	0.461	0.505	0.671	0.655
		RMSE	7.083	7.442	10.81	7.896	6.388	7.113	7.399	7.008	7.468	7.256	7.431	7.193	7.278	7.615	7.259	7.635	7.384	7.266
		BIAS	−6.8	−6.99	−7.64	−7.65	−6.09	−6.78	−7.12	−6.74	−7.19	−6.97	−7.07	−6.75	−7.14	−7.46	−7.02	−7.1	−6.9	−7.07
	VIRR4/VIRR5反演结果	像元素	6012	1706	2	78	22	1108	114	82	694	98	932	1235	29464	830	974	27	1021	44399
		R	0.82	0.593	1	0.739	0.595	0.636	0.715	0.653	0.606	0.706	0.846	0.715	0.783	0.771	0.666	0.659	0.857	0.851
		RMSE	1.518	1.756	2.4	1.883	0.963	1.61	1.657	0.988	1.885	1.472	1.42	1.411	1.61	1.719	1.586	1.963	1.496	1.598
		BIAS	−1.19	−1.25	−1.7	−1.63	−0.38	−1.14	−1.29	−0.02	−1.54	−1.05	−0.8	−0.82	−1.42	−1.5	−1.25	−1.26	−0.85	−1.33
	FY-3 VIRR陆表温度日产品	像元素	1007	762	1	46	16	546	57	54	364	64	393	513	22568	624	719	12	255	28001
		R	0.506	0.344	—	0.529	0.059	0.412	0.769	0.471	0.533	0.591	0.573	0.348	0.676	0.451	0.671	0.616	0.724	0.606
		RMSE	1.717	2.026	—	2.124	2.121	1.854	2.169	2.121	2.042	1.911	2.075	2.019	2.487	2.171	2.307	2.087	1.849	2.402
		BIAS	−0.49	−1.53	0	−1.77	−1.88	−1.38	−1.86	−1.77	−1.71	−1.5	−1.64	−1.32	−2.33	−1.84	−2.1	−1.86	−1.25	−2.16
2012年2月11日	VIRR4/MERSI5反演结果	像元素	5451	1307	1	28	22	520	38	24	283	53	699	855	54836	1464	2529	18	872	69000
		R	0.567	0.428	—	0.562	0.618	0.544	0.423	0.514	0.474	0.303	0.492	0.438	0.619	0.636	0.675	0.701	0.412	0.776
		RMSE	6.208	7.53	—	7.888	7.3	7.158	6.994	5.787	7.823	6.57	7.104	7.055	6.656	6.62	6.649	6.716	6.804	6.659
		BIAS	−5.85	−6.74	−6.57	−6.99	−6.7	−6.66	−6.48	−5.27	−7.16	−5.93	−6.59	−6.09	−6.46	−6.37	−6.44	−6	−6.19	−6.41
	VIRR4/VIRR5反演结果	像元素	5451	1307	1	28	22	520	38	24	283	53	699	855	54836	1464	2529	18	872	69000
		R	0.768	0.598	—	0.754	0.774	0.717	0.54	0.634	0.61	0.542	0.637	0.634	0.765	0.72	0.826	0.819	0.617	0.877
		RMSE	1.551	2.74	—	3.331	1.745	2.274	1.928	1.869	2.57	2.025	1.945	2.465	1.68	1.84	1.722	1.425	1.989	1.731
		BIAS	−0.71	−1.48	−0.93	−2.17	−0.97	−1.41	−0.9	0.502	−1.42	−0.73	−69	−0.6	−1.26	−1.3	−1.31	−0.13	−0.75	−1.2
	FY-3 VIRR陆表温度日产品	像元素	729	629	1	14	14	259	19	9	128	39	210	333	40657	926	1809	5	122	45903
		R	0.126	0.041	—	−0.1	0.726	0.224	−0.23	−0.36	0.088	0.105	0.097	0.075	0.549	0.328	0.541	0.276	0.21	0.458
		RMSE	4.713	2.754	—	3.099	2.172	2.571	2.175	2.522	2.695	2.176	2.433	2.92	2.591	2.309	2.695	1.611	2.945	2.641
		BIAS	3.4	−0.47	0	−1.17	−1.78	−1.35	−1.08	−1.36	−1.23	−0.79	−0.48	−0.28	−2.23	−1.76	−2.21	0.264	1.084	−2.07

续表

时间	LST	类别	水体	常绿针叶林	常绿阔叶林	落叶针叶林	落叶阔叶林	混交林	稠密灌丛	稀疏灌丛	木本热带稀树草原	热带稀树草原	草地	永久湿地	农用地	城市、建筑区	农用地、自然植被拼接	雪和冰	稀疏植被	总体
2012年7月25日	VIRR4/MERSI5反演结果	像元素	6098	1988	7	92	20	1144	77	80	636	74	786	1307	46734	1207	1709	22	520	62501
		R	0.451	0.599	0.928	0.707	0.518	0.65	0.623	0.634	0.626	0.531	0.553	0.552	0.672	0.688	0.744	0.523	0.474	0.693
		RMSE	4.992	5.297	5.274	5.13	4.415	4.998	5.169	5.243	5.545	5.273	5.171	4.899	4.924	5.858	5.263	6.407	5.585	4.997
		BIAS	−4.48	−4.82	−4.77	−4.66	−3.89	−4.57	−4.31	−3.78	−4.96	−4.57	−4.53	−4.25	−4.42	−5.09	−4.83	−5.39	−4.49	−4.47
	VIRR4/VIRR5反演结果	像元素	6359	2055	7	92	20	1154	78	80	638	74	799	1324	47567	1232	1747	22	568	63816
		R	0.605	0.727	0.948	0.767	0.661	0.726	0.687	0.771	0.72	0.716	0.699	0.632	0.706	0.742	0.766	0.73	0.78	0.754
		RMSE	1.759	1.704	0.96	1.802	2.346	1.488	2.09	3.155	1.762	1.967	2.686	1.96	1.92	2.411	1.765	2.297	2.174	1.913
		BIAS	−0.09	0.083	−0.58	0.171	1.878	0.028	0.581	2.033	0.013	0.6	0.768	0.647	0.432	0.332	0.227	0.386	0.268	0.359
	FY-3 VIRR陆表温度日产品	像元素	2235	1439	5	61	16	922	55	60	517	57	510	844	42001	1014	1581	14	340	51671
		R	0.419	0.633	0.189	0.688	0.181	0.583	0.535	0.467	0.505	0.693	0.497	0.495	0.635	0.578	0.7	0.677	0.613	0.608
		RMSE	2.908	1.98	3.062	2.358	2.051	2.179	2.356	3.216	2.428	2.222	3.02	2.313	2.174	3.232	2.144	2.351	2.752	2.25
		BIAS	1.627	−0.24	−0.11	0.2	−0.46	−0.03	−0.56	−0.62	−0.46	−0.35	−0.2	0.216	−0.85	−1.6	−0.83	0.607	0.81	−0.68
2012年7月26日	VIRR4/MERSI5反演结果	像元素	6801	2279	8	108	28	1215	133	90	739	85	1090	1453	71876	1950	2993	22	1005	91875
		R	0.42	0.201	0.177	0.401	0.664	0.29	0.229	0.453	0.295	0.391	0.295	0.154	0.353	0.423	0.377	0.198	0.334	0.465
		RMSE	4.95	5.471	6.458	6.248	4.856	6.095	6.609	6.463	7.006	6.142	6.785	5.72	5.382	6.321	4.919	6.767	5.169	5.413
		BIAS	−4.23	−4.83	−5.49	−5.61	−4.21	−5.63	−5.38	−5.46	−6.37	−5.35	−5.55	−4.8	−4.9	−5.51	−4.44	−4.98	−4.08	−4.87
	VIRR4/VIRR5反演结果	像元素	6807	2279	8	108	28	1217	133	90	740	85	1093	1453	71898	1950	2994	22	1005	91910
		R	0.572	0.412	0.314	0.66	0.756	0.448	0.351	0.56	0.507	0.565	0.479	0.335	0.529	0.622	0.572	0.498	0.522	0.647
		RMSE	1.981	1.936	2.968	2.271	1.779	2.195	2.955	2.793	2.685	2.504	2.9	2.277	1.845	2.408	1.603	2.558	2.27	1.91
		BIAS	−0.6	−0.75	−1.98	−1.29	0.633	−1.36	−1.14	0	−1.69	−1.01	−0.64	−0.63	−0.76	−0.83	−0.43	−0.46	−0.07	−0.74
	FY-3 VIRR陆表温度日产品	像元素	2769	1710	5	82	18	969	100	74	598	70	719	1007	66738	1795	2850	15	574	80093
		R	0.029	0.268	−0.88	0.499	0.01	0.308	0.272	0.243	0.405	0.509	0.254	0.29	0.4	0.465	0.442	0.187	0.331	0.365
		RMSE	3.17	2.467	3.446	2.931	3.043	2.754	3.776	3.717	3.304	3.17	3.73	2.619	2.929	3.816	2.585	2.292	2.931	2.948
		BIAS	1.225	−1.1	0.344	−1.6	−1.35	−1.43	−2.5	−2.03	−2.1	−2.07	−1.8	−0.98	−2.15	−2.66	−1.8	−0.37	−0.11	−1.97

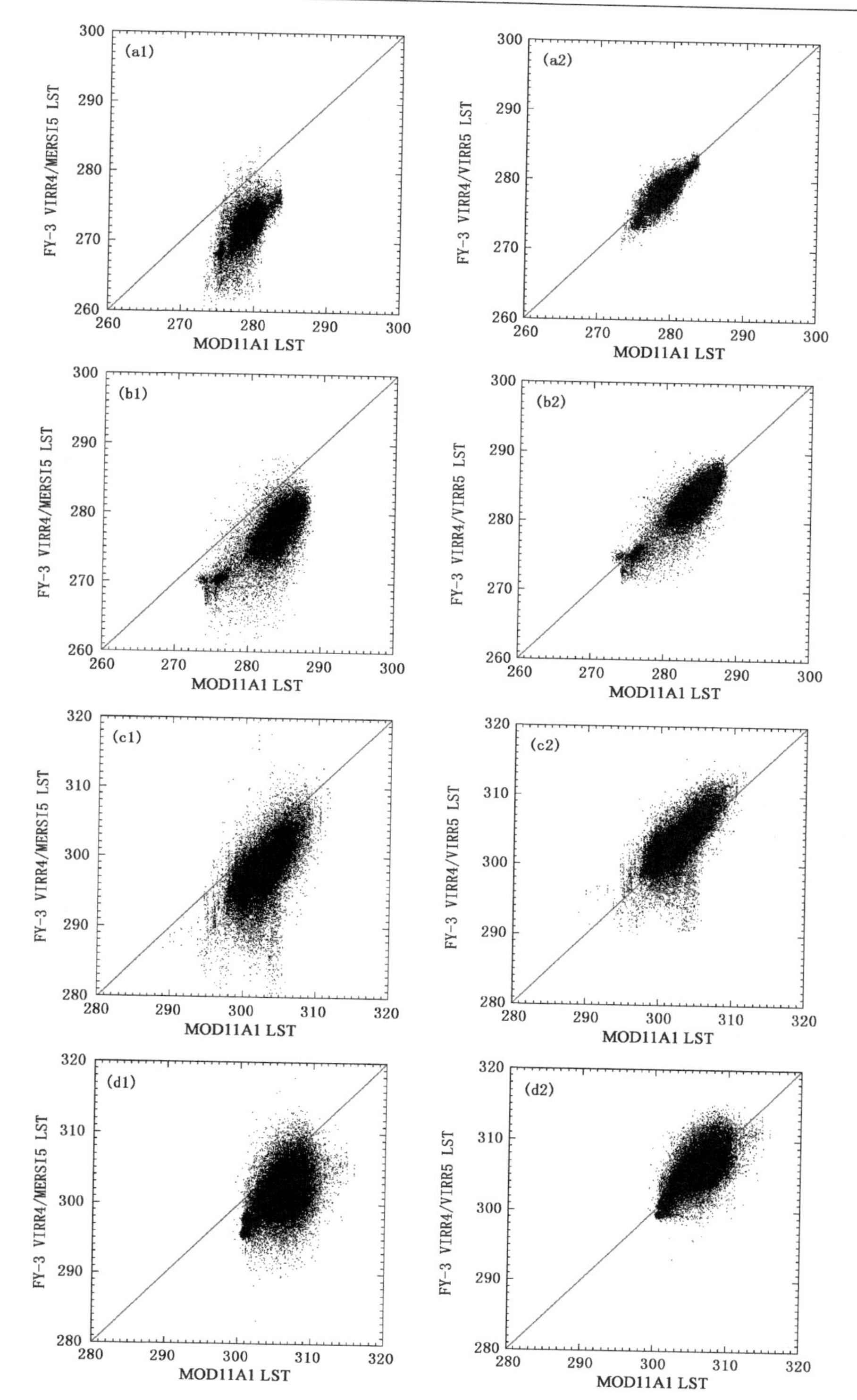

图 2.2　江苏省试验区 LST 反演结果与 MODIS 地表温度产品散点图(单位:K)
((a)～(d)依次为 2012 年 2 月 3 日、2 月 11 日、7 月 25 日及 7 月 26 日的散点图;1 和 2 分别表示 FY-3 VIRR4/MERSI5 通道组合 LST 反演结果、FY-3 VIRR4/VIRR5 通道组合 LST 反演结果)

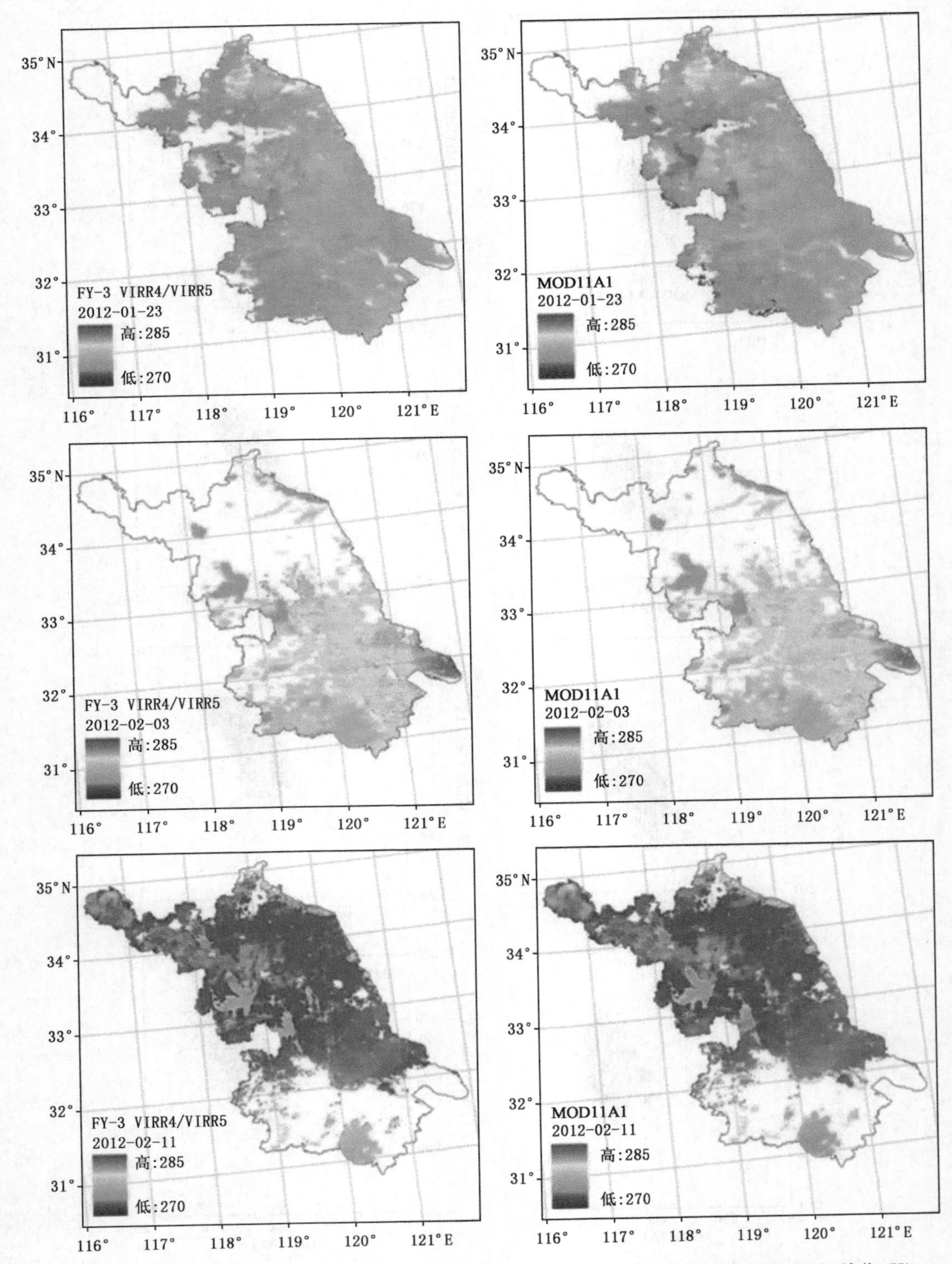

图 2.3　2012 年 1 月 23 日(上)、2 月 3 日(中)及 2 月 11 日(下)江苏地区地表温度图(单位:K)
(左边为 FY-3 VIRR4/VIRR5 通道组合 LST 反演结果,右边为 FY-3 VIRR4/MERSI5 通道组合 LST 反演结果)(附彩图)

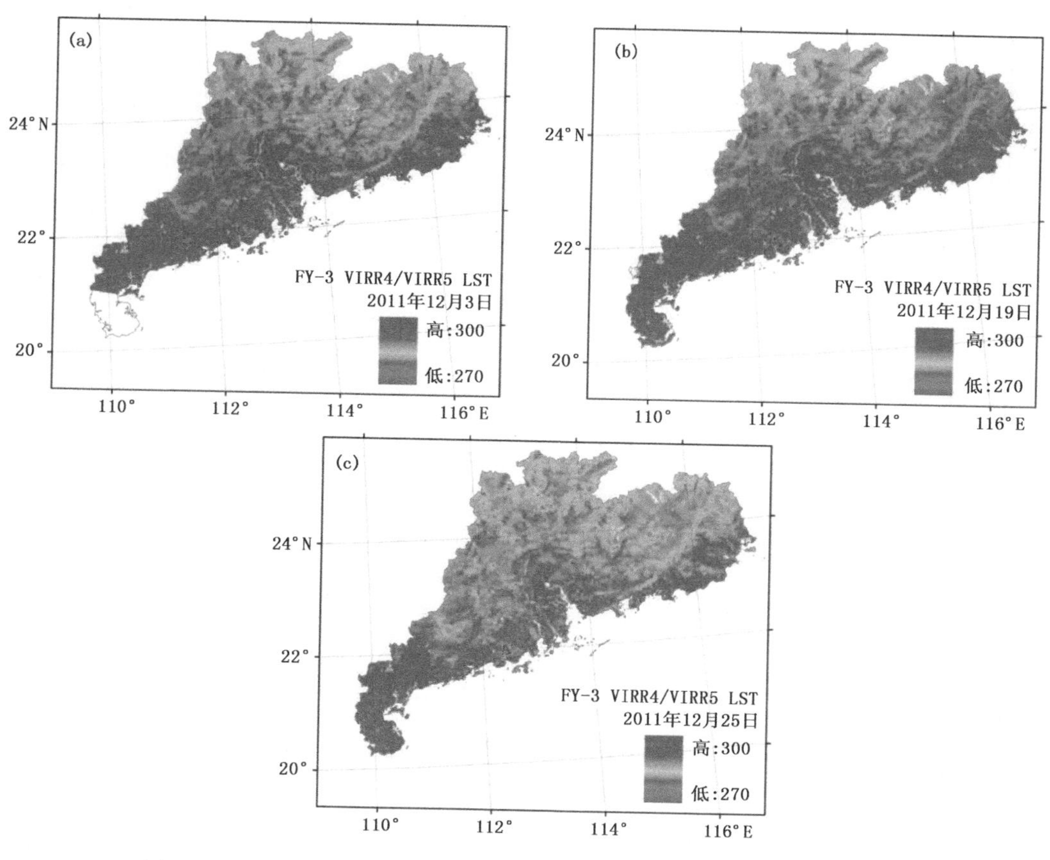

图 2.4 广东省 FY-3 VIRR4/VIRR5 通道组合 LST 反演结果图(单位:K)
((a)～(c)依次为 2011 年 12 月 3 日、12 月 19 日及 12 月 25 日的地表温度图)

如表 2.2 所示,FY-3 VIRR4/VIRR5 通道组合反演的地表温度与 MODIS 温度产品高度相关,且除了雪和冰外,其他地表类型反演的 LST 均方根误差均小于 2 K。主要地表类型常绿阔叶林、木本热带稀树草原、农用地和农用地/自然植被拼接的 RMSE 基本上小于 1.5 K。广东省 3 个实例的相关系数 R 平均值为 0.907,RMSE 平均值为 1.385 K,BIAS 平均值为 −0.537 K,比江苏省反演结果具有更高的相关系数和更小的误差,这说明广东省地表温度反演结果比江苏省反演结果精度更高。与江苏省反演结果不同的是,广东省反演结果的 BIAS 为正值,这表示在广东省反演的 LST 存在正偏差。

图 2.5 为广东省 FY-3 VIRR4/VIRR5 数据反演的 LST 与 MODIS LST 产品的散点图。如图所示,FY-3 VIRR4/VIRR5 LST 反演结果与 MODIS LST 具有很高的一致性,并无明显的正负偏差。

表 2.2　广东省 LST 反演结果精度评价表

时间	LST	类别	水体	常绿针叶林	常绿阔叶林	落叶针叶林	落叶阔叶林	混交林	稠密灌丛	稀疏灌丛	木本热带稀树草原	热带稀树草原	草地	永久湿地	农用地	城市、建筑区	农用地、自然植被拼接	雪和冰	稀疏植被	总体
2011年12月3日	VIRR4/VIRR5反演结果	像元素	860	30	35538	2	8	10772	129	317	22744	249	1234	3269	17065	6495	23019	10	186	121927
		R	0.821	0.709	0.81	1	0.891	0.847	0.825	0.764	0.855	0.919	0.77	0.815	0.84	0.814	0.914	0.878	0.764	0.917
		RMSE	1.539	1.599	1.475	1.988	1.471	1.425	1.245	1.617	1.296	1.085	1.306	1.306	1.111	1.092	1.034	1.101	1.232	1.288
		BIAS	−0.66	−0.5	−0.74	−0.07	0.839	−0.58	−0.11	1.247	−0.43	0.217	0.38	0.111	−0.03	−0.08	0.196	0.003	−0.24	−0.31
	FY-3 VIRR陆表温度日产品	像元素	465	23	29515	2	10	9698	103	259	20443	228	980	2396	14655	5253	19445	9	117	103601
		R	0.634	0.783	0.522	1	0.959	0.58	0.599	0.491	0.708	0.811	0.645	0.693	0.76	0.62	0.805	0.948	0.657	0.778
		RMSE	2.958	2.977	2.555	4.48	1.011	2.733	2.591	2.736	2.798	2.376	2.718	2.679	2.629	2.488	2.177	1.455	1.887	2.570
		BIAS	−1.55	−1.65	−1.19	−2.95	−0.59	−1.55	−1.26	−1.45	−1.81	−1.56	−1.65	−1.49	−1.52	−1.35	−1.34	−0.55	−0.76	−1.44
2011年12月19日	VIRR4/VIRR5反演结果	像元素	722	18	43691	1	9	16876	93	161	24326	254	737	2731	13043	4462	21812	6	99	129041
		R	0.733	0.866	0.788	—	0.93	0.847	0.87	0.725	0.859	0.875	0.791	0.78	0.779	0.743	0.859	0.948	0.624	0.904
		RMSE	1.577	1.298	1.504	—	1.089	1.401	1.335	1.472	1.311	1.182	1.297	1.309	1.224	1.22	1.096	1.478	1.664	1.350
		BIAS	−0.14	0.4	−0.87	−0.54	0.426	−0.45	−0.19	1.029	−0.5	−0.14	0.311	0.279	−0.16	−0.27	−0.32	−0.99	0.565	−0.52
	FY-3 VIRR陆表温度日产品	像元素	464	14	42340	1	9	16365	81	150	23750	240	646	2213	11717	3914	20482	5	79	122470
		R	0.663	0.69	0.534	—	0.783	0.59	0.787	0.48	0.678	0.736	0.645	0.631	0.634	0.605	0.727	0.929	0.659	0.757
		RMSE	2.413	2.895	2.267	—	2.465	2.389	2.683	2.211	2.51	2.499	2.488	2.323	2.505	2.315	2.336	2.694	2.273	2.372
		BIAS	−0.94	−1.42	−1.16	−2.88	−1.94	−0.9	−1.24	−1.14	−1.58	−1.84	−1.42	−1.1	−1.49	−1.28	−1.73	−0.14	−0.47	−1.34
2011年12月25日	VIRR4/VIRR5反演结果	像元素	1600	32	55568	4	16	18032	160	358	37773	311	1491	4137	21818	7687	28225	14	233	177459
		R	0.753	0.788	0.794	0.974	0.971	0.81	0.802	0.689	0.827	0.866	0.775	0.816	0.829	0.734	0.848	0.589	0.653	0.900
		RMSE	1.798	2.143	1.596	2.139	0.63	1.772	1.725	1.131	1.485	1.388	1.337	1.268	1.364	1.63	1.315	2.089	1.529	1.516
		BIAS	−1.21	−1.31	−0.83	−1.69	0.088	−0.69	−0.93	−0.01	−0.79	−0.58	−0.55	−0.34	−0.7	−1.17	−0.75	−0.6	−0.66	−0.78
	FY-3 VIRR陆表温度日产品	像元素	697	23	47211	3	13	14373	124	285	32950	255	1150	2968	17542	6231	23426	12	153	147416
		R	0.465	0.839	0.357	0.488	0.852	0.394	0.666	0.497	0.517	0.678	0.566	0.588	0.638	0.525	0.654	0.836	0.382	0.651
		RMSE	2.706	2.979	2.573	6.466	2.196	2.808	3.212	3.297	2.88	2.765	3.137	2.665	2.892	3.119	2.778	1.745	2.388	2.771
		BIAS	−1.53	−2.09	−0.84	−4.85	−1.42	−0.69	−1.94	−2.53	−1.87	−1.89	−2.25	−1.59	−2.01	−2.42	−2.13	−1.01	−1.26	−1.50

表 2.3　黑龙江省 LST 反演结果精度评价表

时间	LST	类别	水体	常绿针叶林	常绿阔叶林	落叶针叶林	落叶阔叶林	混交林	稠密灌丛	稀疏灌丛	木本热带稀树草原	热带稀树草原	草地	永久湿地	农用地	城市、建筑区	农用地、自然植被拼接	雪和冰	稀疏植被	总体
2012年1月18日	VIRR4/VIRR5反演结果	像元素	1190	30	1	331	7604	20810	22	46	1349	72	8098	956	95633	1129	36276	132	397	174076
		R	0.956	0.933	—	0.94	0.775	0.904	0.937	0.969	0.937	0.957	0.979	0.951	0.977	0.958	0.946	0.959	0.914	0.961
		RMSE	1.417	2.025	—	1.843	1.908	2.124	1.088	1.354	1.794	1.669	1.333	1.163	1.231	1.65	1.569	0.886	1.617	1.485
		BIAS	−0.55	−0.56	0.797	−0.78	−0.06	−0.864	−0.16	0.513	−0.5	−0.17	−0.23	−0.01	−0.416	−0.66	−0.24	−0.03	0.116	−0.41
	FY-3 VIRR陆表温度日产品	像元素	279	5	1	119	974	2161	2	1	108	10	3177	92	22315	411	3576	13	67	33311
		R	0.781	0.954	—	0.862	0.505	0.911	1	—	0.918	0.97	0.865	0.707	0.799	0.576	0.852	0.461	0.724	0.864
		RMSE	2.268	2.341	—	4.355	2.229	2.555	3.284	—	3.002	3.544	2.361	2.34	2.592	2.214	2.616	2.005	2.062	2.562
		BIAS	1.368	−1.97	0	3.08	0.094	0.7974	−2.28	−3.18	1.385	−0.14	−1.58	−0.53	−1.898	−1.51	−0.19	0.349	0.629	−1.38
2012年2月1日	VIRR4/VIRR5反演结果	像元素	1455	31	1	533	4700	20220	7	37	2724	96	8555	506	88451	1256	35374	46	280	164272
		R	0.906	0.947	—	0.823	0.778	0.835	0.917	0.91	0.873	0.925	0.96	0.901	0.976	0.943	0.924	0.91	0.848	0.957
		RMSE	1.166	1.315	—	2.684	1.847	2.005	2.251	1.875	1.344	1.955	1.555	1.606	1.202	1.577	1.471	1.539	1.854	1.437
		BIAS	0.074	−0.2	0.797	−1.39	0.068	−0.567	−0.76	1.428	0.024	0.196	0.617	0.502	0.134	−0.13	0.288	0.682	0.649	0.097
	FY-3 VIRR陆表温度日产品	像元素	190	13	1	107	2812	8268	3	4	525	25	4387	133	38762	757	8254	7	77	64325
		R	0.607	0.458	—	0.785	0.566	0.686	−0.27	0.991	0.718	0.912	0.825	0.68	0.533	0.502	0.736	0.51	0.393	0.802
		RMSE	2.807	4.129	—	2.889	3.171	2.511	6.031	1.699	2.434	2.073	1.764	2.213	2.919	3.735	3.631	1.697	3.276	2.926
		BIAS	0.39	−2.3	0	0.236	−1.67	−0.871	−4.09	−0.74	−0.76	0.477	−0.79	−0.26	−1.907	−2.44	−1.88	−0.9	−0.41	−1.66
2012年8月24日	VIRR4/VIRR5反演结果	像元素	2581	74	1	1000	27985	105480	33	60	8176	272	19036	1660	179776	3597	79454	151	650	429986
		R	0.623	0.664	—	0.734	0.792	0.790	0.818	0.68	0.718	0.788	0.747	0.607	0.784	0.789	0.778	0.42	0.499	0.839
		RMSE	1.846	2.609	—	4.758	1.159	2.513	3.626	4.093	2.391	3.113	1.909	1.758	1.259	2.612	1.725	2.024	2.479	1.812
		BIAS	−0.49	−0.94	0	−1.86	−0.31	−1.158	−1.5	0.425	−0.98	−0.66	0.109	0.272	−0.356	−1.38	−0.69	−0.11	0.291	−0.61
	FY-3 VIRR陆表温度日产品	像元素	741	47	1	573	17169	72574	21	47	6313	196	8328	1072	112748	2188	55961	108	390	278477
		R	0.183	0.459	—	0.774	0.616	0.753	0.756	0.486	0.682	0.783	0.596	0.275	0.633	0.64	0.734	0.374	0.293	0.778
		RMSE	2.497	3.896	—	2.663	2.5	2.373	2.556	3.198	2.468	2.772	2.792	2.477	2.569	5.357	2.763	2.333	2.626	2.595
		BIAS	−0.37	−2.85	0	−0.95	−2.08	−1.687	−2.21	−2.18	−1.92	−1.34	−1.93	−1.45	−2.109	−4.72	−2.32	−1.6	−0.85	−2.04

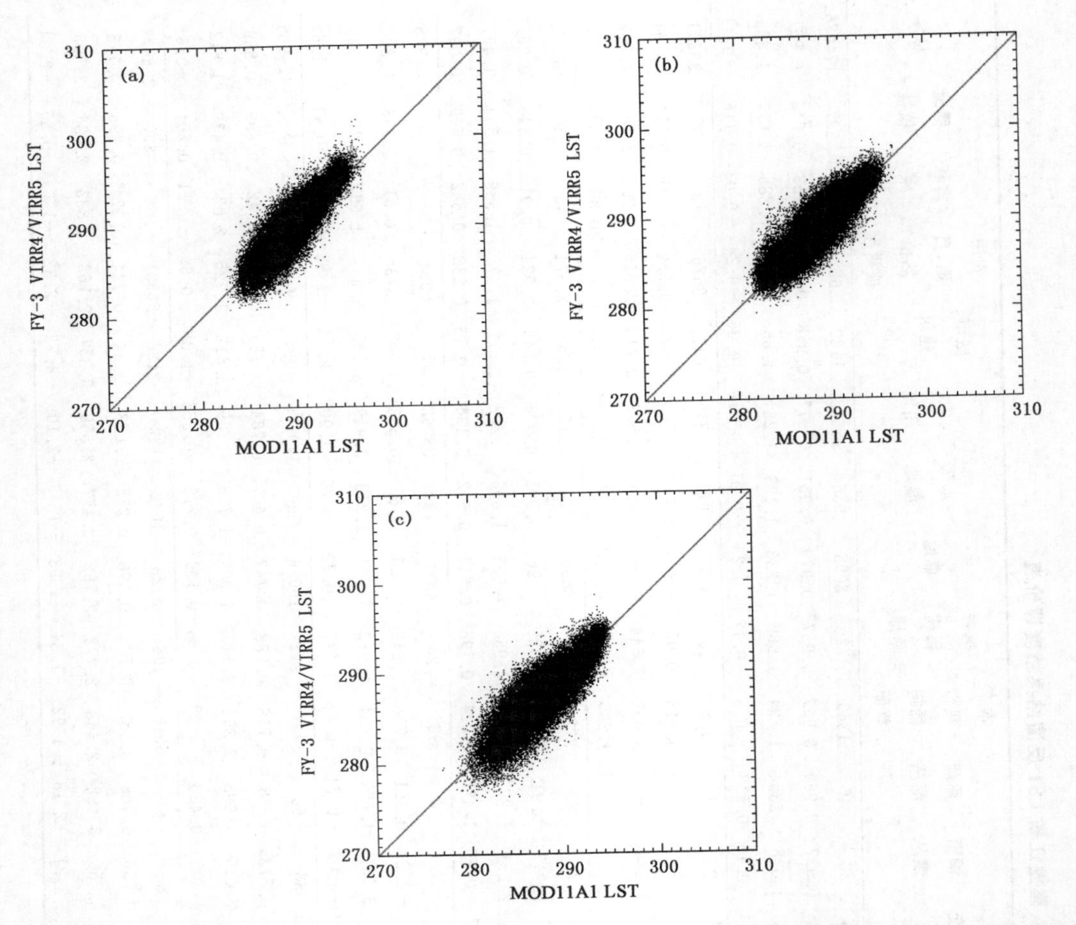

图 2.5 广东省迭代自一致算法 FY-3 VIRR4/VIRR5 LST 反演结果与 MODIS 地表温度产品散点图(单位:K)
((a)～(c)依次为 2011 年 12 月 3 日、12 月 19 日和 12 月 25 日的散点图)

2.4.3 黑龙江省验证试验

从黑龙江省 3 个实例的反演结果精度表(表 2.3)来看,基于 FY-3 VIRR4/VIRR5 数据,迭代自一致算法反演的地表温度与 MODIS LST 产品高度相关,3 个实例的相关系数 R 平均值为 0.919,RMSE 平均值为 1.578 K,BIAS 平均值为－0.308 K。主要地表类型混交林和农用地的 RMSE 总体小于 2 K,常绿阔叶林、落叶阔叶林、草地和农用地/自然植被拼接这几种地类的 RMSE 都小于 2 K。这表明迭代自一致算法在黑龙江省地表温度反演上取得了很好的效果。

图 2.6 为黑龙江省迭代自一致算法反演的 LST 与 MODIS LST 产品的散点图。如图所示,散点主要分布在对角线附近,说明反演结果与 MODIS 产品非常接近。

如图 2.7 所示,广东省北部地区地表温度低,南部地区地表温度高,这种温度分布特征与实际情况是相符的。

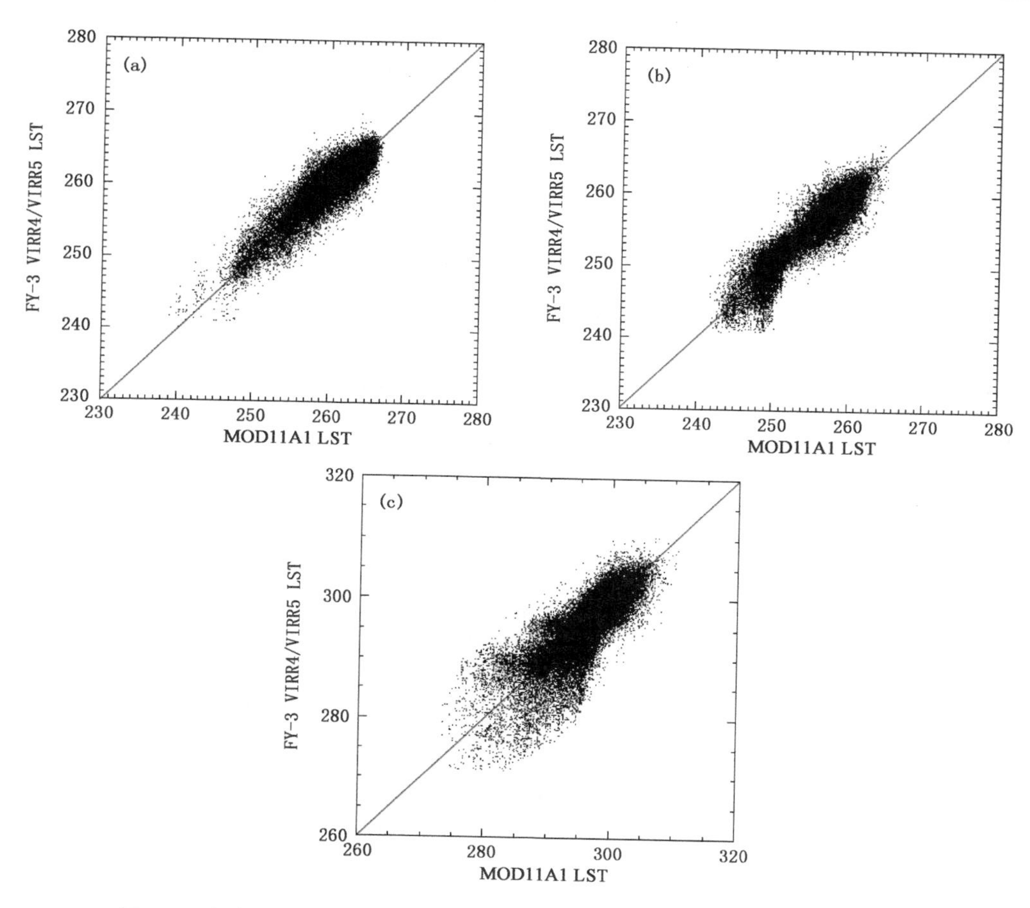

图 2.6 黑龙江省 LST 反演结果与 MODIS 地表温度产品散点图(单位:K)
((a)～(c)依次为 2012 年 1 月 18 日、2 月 1 日及 8 月 24 日的散点图)

2.4.4 地面实测温度验证

为检验研究中所提出的温度反演算法的有效性，利用实测数据进行温度反演结果验证。研究中，选用 2010 年 8 月 14 日及 8 月 24 日敦煌地区的 FY-3 L1 数据，采用迭代自一致算法进行地表反演，并将 FY-3 VIRR4/VIRR5 LST 反演结果与对应的实测数据做误差分析，结果如表 2.4 所示。8 月 14 日与 8 月 24 日两日的 FY-3 LST 反演结果与实测数据的平均绝对偏差 BIAS 分别为 0.483 K 及 0.272 K，RMSE 分别为 0.573 K 和 0.305 K，这表明迭代自一致算法 FY-3 VIRR4/VIRR5 通道组合反演的地表温度精度可达 1 K 以内。此外，两日的 BIAS 均为正值，说明迭代自一致算法反演的 LST 偏高。

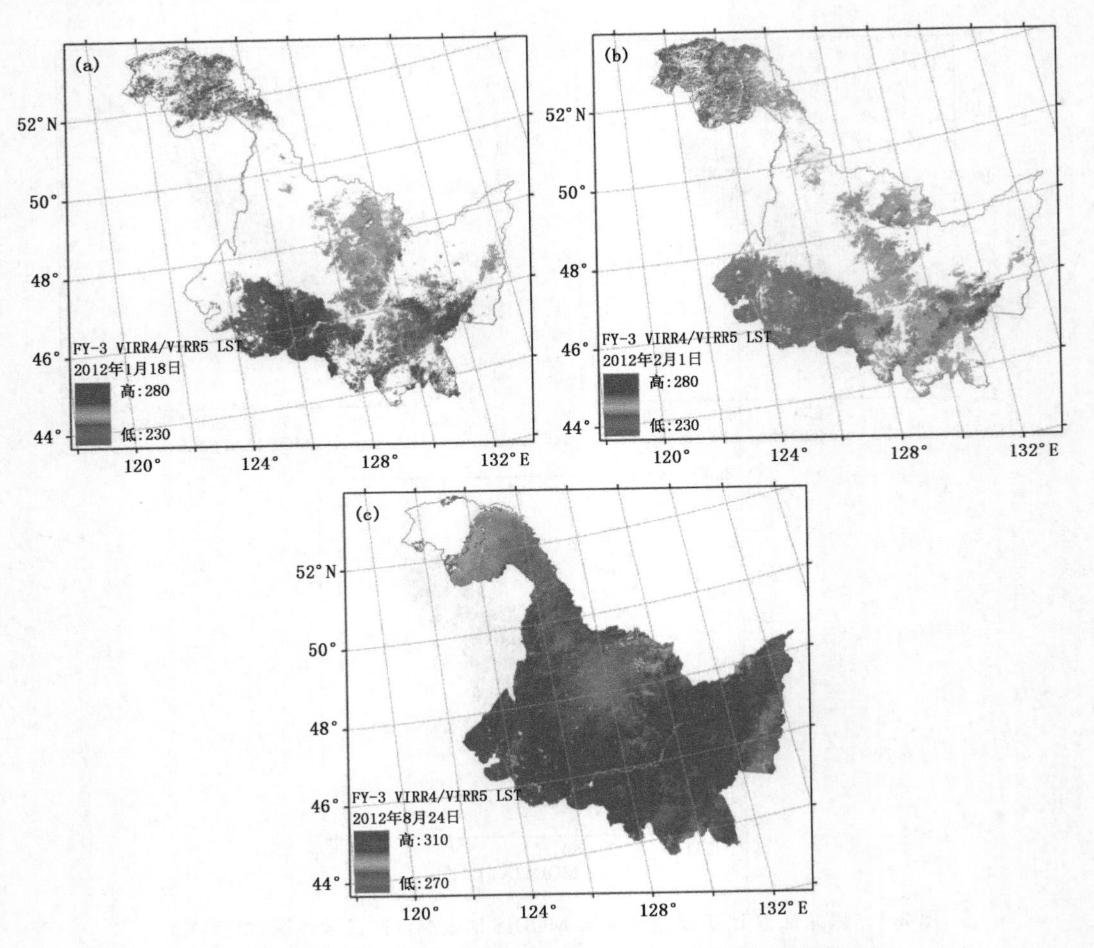

图 2.7 黑龙江省迭代自一致算法反演的 LST 结果图(单位:K)
((a)～(c)依次为 2012 年 1 月 18 日、2 月 1 日及 8 月 24 日的地表温度图)

表 2.4 FY-3 VIRR4/VIRR5 迭代自一致算法反演的 LST 与实测数据误差分析表

时间	观测点	纬度(°)	经度(°)	实测 LST(K)	反演 LST(K)	反演误差(K)
2010 年 8 月 14 日	1	40.14	94.32	316.3	317.204	0.904
	2	40.13	94.32	316.6	317.201	0.601
	3	40.13	94.33	316.9	317.258	0.358
	4	40.14	94.33	316.8	316.869	0.069
	BIAS					0.483
	RMSE					0.573
2010 年 8 月 24 日	1	40.14	94.32	316.7	317.165	0.465
	2	40.13	94.32	316.6	316.88	0.028
	3	40.13	94.33	316.8	316.875	0.075
	4	40.14	94.33	317.2	316.933	−0.267
	BIAS					0.272
	RMSE					0.305
	总 BIAS					0.311
	总 RMSE					0.337

2.5　小结

本研究基于我国风云三号卫星可见光红外扫描仪资料，建立了迭代自一致分裂窗地表温度反演算法，实现了地表温度反演。基于迭代自一致算法的 FY-3 VIRR4/VIRR5 地表温度反演结果与 MODIS LST 产品具有较高的相关性，三个省 10 个个例的平均相关系数 R 为 0.854，平均 RMSE 为 1.510 K。利用实测地表温度对本算法进行精度评价，结果表明 2 次个例的平均 RMSE 为 0.33 K，这说明迭代自一致算法反演的 LST 具有相当高的精度。

第3章 美国EOS卫星土壤湿度遥感

水分变化是地球科学研究领域中最重要的内容之一，土壤水分是陆地表面参数化的一个关键变量，其在地-气系统物质和能量交换中扮演着重要角色。

土壤水分缺失导致的旱灾是世界上影响最大的自然灾害之一，干旱的发生常常持续较长时间，且具有后延性特点，会严重威胁甚至破坏农作物的正常生长，造成严重的影响和损失(余鹏，2010)。据统计，1950—2000年间我国年均受灾面积约为2114万hm^2，约占全国播种面积的14.9%；其中，旱灾面积约为912.5万hm^2，约占全国播种面积的6.3%(李茂松等，2003)。因此，宏观、快速、经济地对旱情进行大范围、实时、高效地监测和发布，是一项重要的研究工作。

传统的土壤水分监测方法主要有称重法、土壤湿度计法、负压计法、蒸渗法、中子水分探测法、电阻法、TDR法等，这些方法可以精确测定多个土层深度的土壤湿度，但需要大量的人力物力，使用的范围有限，实效性差。卫星遥感能够实现全球观测，具有高空间和高时间分辨率及高精度探测能力，其在全球土壤水探测上有广阔的应用前景。

由于NASA(美国宇航局)提供的MODIS可见光和近红外数据有较高时空分辨率，且较易获取与处理，因此，研究常选取MODIS的地表反射产品和地表温度产品反演土壤水分。虽然，目前第五版本MODIS LST产品和反射率产品(V005)数据质量在第四版本(V004)基础上有较大提高，但MODIS携带的Terra和Aqua传感器观测时受云、气溶胶、传感器角度和太阳光照角度的影响(Gutman，1991)，特别是中国东部地区，常以多云天气为主。因此，获取的观测值常无法准确反映地表信息，甚至频繁出现0值或无效值像元。这种空间、时间上的数据缺失严重影响了遥感土壤水分反演的实时监测。因此，对遥感时序数据进行重建是充分利用遥感数据监测的前提，利用重建的时空连续的数据才能实现土壤水分的实时监测。

利用光学遥感监测干旱已有很多研究，相比于植被指数和温度状态指数，基于植被指数-地表温度特征空间的温度植被干旱指数(temperature vegetation drought index，TVDI)能更好地反映土壤湿度的变化，对浅层(10 cm)土壤湿度较为敏感。近年来，TVDI被广泛用于干旱监测研究，证明了TVDI在区域干旱监测上具有较大潜力。但用于业务干旱监测还需解决一些问题，如：①建立更为规范的干旱等级划分方法，而不只是根据TVDI大小来划分干旱等级；②建立时间上普适的土壤湿度反演模型；③削弱云覆盖对干旱监测的影响等。

为实现干旱的光学遥感监测，结合江苏省淮北地区干旱监测业务需求，本研究基于MODIS数据，选用TVDI法研究江苏淮北地区干旱监测方法。首先，利用Savitzky-Golay(S-G)滤波方法，消除MODIS、NDVI和LST的8 d数据的噪声，填补受云影响的缺失资料，获得2011年、2012年1—5月江苏淮北地区8 d的归一化植被指数(NDVI)和地表温度(LST)数据。然后，基于每个时期 NDVI 和 LST 数据，构建温度植被指数空间，拟合“干湿边”模型，计算每个时期图像的 TVDI。再者，利用一组 1—5 月土壤墒情站点的实测土壤湿度数据和 TVDI，拟合 TVDI 和土壤湿度之间的关系模型；利用另一组 1—5 月数据，验证土壤湿度模型，评价土壤湿度反演精度。最后，根据质量含水量和土壤持水量，计算土壤相对含水量，并根据旱情分级指标，对江苏淮北地区的旱情进行监测和评价。

3.1 研究区和数据集

3.1.1 研究区概况

研究区位于江苏省淮北地区(图 3.1)，其范围为 116°01′～120°08′E，32°06′～35°13′N。该研究区以平原为主，北部有少许山地，其主要地表类型有农用地、农用地/自然植被、稀疏植被、草地、城市和建筑区、永久湿地、水体等。据统计，江苏省淮北地区旱栽作物主要以冬小麦为主，分布在徐州、连云港、宿迁、淮安、盐城五市。因此，这五个市的冬小麦种植区的旱情状况是本研究的对象。

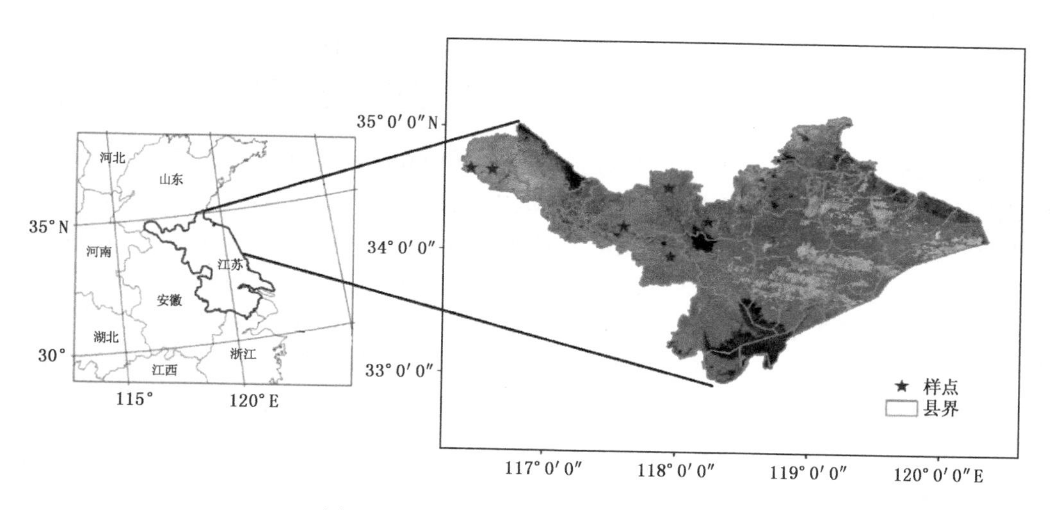

图 3.1　研究区及土壤墒情站点分布图

3.1.2 遥感数据和实测数据

3.1.2.1 遥感数据及预处理

为了加强对陆地、大气、海洋和地-气循环之间相互关系的综合性研究，NASA 制定了新一代地球观测系统计划(earth observations system，EOS)。该计划连续发射十颗大型卫星和数十种仪器，帮助人们了解自然环境和人类活动对地球系统的各种影响。作为 EOS 的第一颗星 TERRA(拉丁文为“陆地”的意思)已于 1999 年 12 月 18 日发射成功，是第一个提供对地球过程整体观测的系统，第二颗星 AQUA(拉丁文为“水”的意思)也于 2001 年底发射成功。

中分辨率成像光谱仪(moderate-resolution imaging spectroradiometer，MODIS)是 TER-

RA、AQUA 卫星主要的传感器，由 NASA 的 Land Processes DAAC(distributed active archive center)数据分发中心提供免费数据服务。MODIS 时间分辨率为 12 h，空间分辨率为 250 m、500 m 和 1000 m，扫描宽度为 2330 km。作为被动式成像分光辐射计，共有 490 个探测器，分布在 36 个光谱波段，覆盖范围从 0.4 μm 的可见光到 14.4 μm 的热红外波段，可对太阳辐射、大气和地表进行综合观测，获取各圈层的特点和信息，以进行土地覆盖利用、地表温度、气溶胶、大气臭氧、CO_2 含量和全球气候变化、自然灾害监测和分析等领域研究。

本研究使用的 MODIS 产品有以下 3 种。

(1)MODIS LST 日产品：研究中选用 Aqua 星最新版本(V005)的 MYD11A1，当地过境时间 13:30 成像。其利用 MODIS Level-1B 的第 31 和 32 热红外波段数据，经过劈窗算法获得。MYD11A1 产品空间分辨率为 1 km，采用 Sinosoidal 投影，数据质量控制波段(quality control，QC)说明见表 3.1。研究选用 2003 年 1 月 1 日—2011 年 12 月 31 日 9 年共 3287 期数据建立背景值，并重构 2009—2011 年 3 年的 LST 时间序列，共计 1095 期。

表 3.1 MYD11A1 产品质量控制值(*QC*)说明

QC	数据说明
QC=0	有 LST 值，且质量良好
QC=2	无 LST 值，受云影响
QC=3	无 LST 值，其他原因
3<*QC*≤255	有 LST 值，但需查询其他辅助信息

(2)MODIS 8 d 反射率产品：研究选用最新版本(V005)的 MOD09A1，是 8 d 合成的地表反射率产品，该数据共有 7 个光谱波段，是由 MODIS Level-1B 产品第 1—7 波段经过大气、气溶胶及卷云校正后获得，第 1—2 波段空间分辨率为 500 m，第 3—7 波段为 1000 m。此外该产品还有 2 个 QA(quality assurance)波段，分别是光谱波段和地表反射率数据的质量和状态(state)，将 state 波段生成二值数据，取第 0—1 位进行受云影响分析，具体说明见表 3.2。研究选用 2003 年 1 月 1 日—2011 年 12 月 31 日 9 年共 414 期数据第 1—2 波段计算研究区 NDVI 并建立其背景值，用以重构 2009—2011 年 3 年的 NDVI 时间序列，共计 138 期。

表 3.2 MOD09A1 数据状态值(state *QA*)说明

State QA 第 0—1 位	数据说明
00	无云
01	像元完全受云污染
10	像元部分受云污染
11	假设无云

(3)MODIS 土地覆盖/土地覆盖变化产品：采用 2011 年最新版本(V005)的 MCD12Q1 产品，时间分辨率为 1 a，空间分辨率为 500 m，共有 17 种地类，研究对其重采样至 1 km，以便与 LST、NDVI 数据空间分辨率一致，并计算了不同类型地类在研究区的比例(表 3.3)。研究区包含了 17 种地类，其中农用地所占比例最高为 76.67%，其次是水域为 6.84%，常绿阔叶林比例最低为 0.01%，共有 9 地类比例大于 1%。

表 3.3 不同类型地表在研究区的比例

DN 值	地表覆盖类型	比例(%)	*DN* 值	地表覆盖类型	比例(%)
0	水	6.84	10	草地	1.77
1	常绿针叶林	2.47	11	永久湿地	1.55
2	常绿阔叶林	0.01	12	农用地	76.67
3	落叶针叶林	0.20	13	城市和建筑区	3.32
4	落叶阔叶林	0.02	14	农用地/自然植被拼接	3.09
5	混交林	1.25	15	雪和冰	0.06
6	稠密灌丛	0.17	16	稀疏植被	1.44
7	稀疏灌丛	0.19	254	未分类	0
8	木本热带稀疏草原	0.86	255	背景值	
9	热带稀疏草原	0.10			

遥感数据用于干旱监测前，需要进行预处理。本研究的遥感数据预处理主要是指图像的几何处理。利用 MODIS 图像处理软件 MODIS Reprojection Tool (MRT) 对 MOD09A1、MOD11A2 产品进行拼接和重投影，转换成 WGS-84 坐标系、Lambert Conformal Conic 投影下的影像数据。同时，将江苏省淮北地区的冬小麦分类图和土壤质地图转换成 WGS-84 坐标系、Lambert Conformal Conic 投影下的影像数据，用于提取试验区冬小麦覆盖的 MODIS 影像和土壤质地类型图。

3.1.2.2 土壤水分实测数据获取

江苏省淮北地区旱栽作物以冬小麦为主，分布在徐州、宿迁、淮安和连云港 4 个地区市。该地区冬小麦生育期包括播种期(10 月 28 日左右)、出苗期(11 月 5 日左右)、分蘖期(12 月 5 日左右)、拔节期(3 月 23 日左右)、孕穗期(4 月 13 日左右)、乳熟期(5 月 15 日左右)和成熟期(6 月 1 日左右)。针对土壤水分遥感监测研究的需求，地面调查实验将在冬小麦整个生育期内进行，试验点分布如图 3.2 所示。地面调查中，使用土钻法测得 15 个采样点每 5 d 的 0～10 cm、10～20 cm、30～40 cm、50～60 cm 深度的土壤重量含水量，雨天则不进行测量。

3.1.2.3 气象数据获取

气象数据来自中国气象共享网(http://cdc.cma.gov.cn)提供的研究区内 13 个气象站 2009—2011 年 3 年的日平均、日最高和日最低 0 cm 地温资料。该资料为地面气象月报数据文件，是实时库中温度要素逐日 4 次定时(02:00、08:00、14:00、20:00)的观测数据。为与 Aqua 卫星成像时间对应，取每日 14:00 获取的日最高 0 cm 地温。该数据将用于地表温度(LST)重建数据的精度验证。

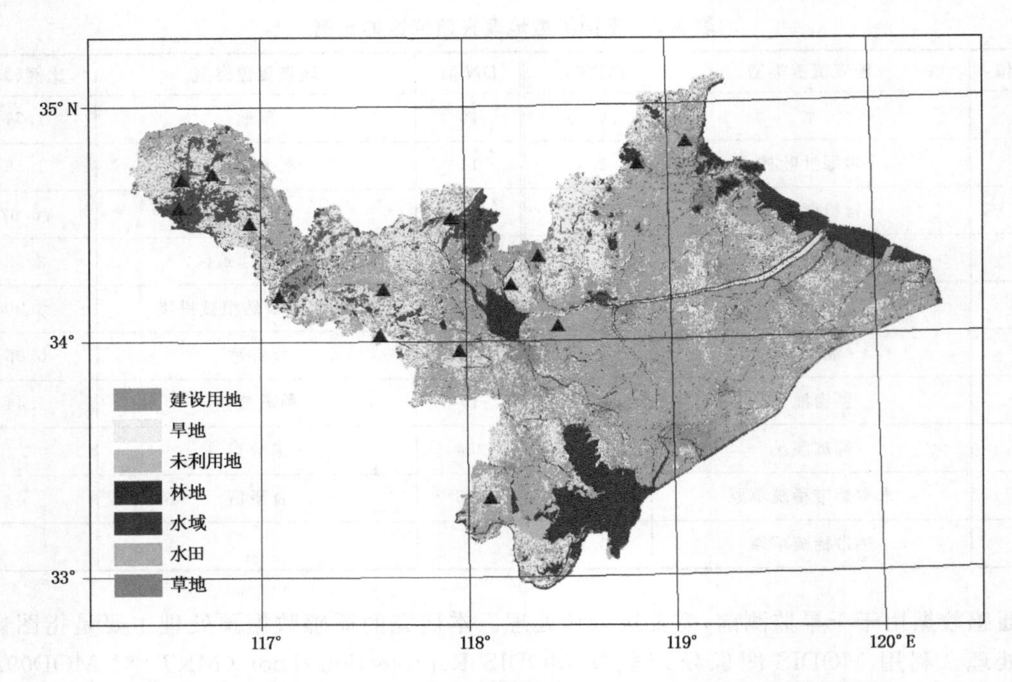

图 3.2 淮北地区土壤水分反演研究区域(三角形所在的位置为试验点)

3.2 NDVI 和 LST 数据重构

NDVI 数据和 LST 数据是利用 8 d 数据合成而来,数据合成过程会带来一些误差。此外,对于 8 d 都有云覆盖的情况,会出现数据缺失。为填补数据缺失和消除数据误差,可进行 NDVI 数据和 LST 数据的重构。

本研究综合考虑数据时间和空间的连续性,首先利用长时间序列数据集和 TIMESAT S-G 滤波器进行逐步判断,结合 QA flag 建立背景值数据库;然后,基于背景数据,综合运用最小二乘滑动滤波(Savitzky-Golay,S-G)算法和修改时间滤波(modified Temporal Spatial Filter, mTSF),充分考虑多年平均地表状况以及一定时间、空间窗口内的尺度效应,重建 MODIS NDVI 和 LST 时间序列数据(背景库重建法)。重建方法主要涉及以下 4 个基本理论。

(1)Cressman(1959)分析是一种通过计算观测值和背景值的残差来校正观测值的线性插值方法,计算过程可用下式表达:

$$x_a(r_i) = x_b(r_i) + \frac{\sum_{j=i-n}^{i+n} w(r_i, r_j)[x_o(r_j) - x_b(r_j)]}{\sum_{j=i-n}^{i+n} w(r_i, r_j)} \tag{3.1}$$

$$w(r_i, r_j) = \max(0, \frac{R^2 - d_{i,j}^2}{R^2 + d_{i,j}^2}) \tag{3.2}$$

式中,x_a 为像元结果值;x_b 为背景值;x_o 为预测值;n 为窗口大小;$w(r_i, r_j)$ 为基于 r_i、r_j 距离的权重函数;r_i、r_j 为像元值的位置;i、j 为遥感影像的儒略日(Julian Day of Year,DOY);R 为用

户定义常数(也称为影响半径);$d_{i,j}$为r_i、r_j间的距离,即第i日和第j日的时间间隔。

(2)Savitzky-Golay滤波分析法是由Savitzky等(1964)提出的一种基于最小二乘法的数据平滑滤波器。在滤波窗口内利用高阶多项式计算滤波系数进行拟合。基于Savitzky-Golay滤波原理,其计算过程可由下式表达(边金虎等,2010):

$$Y_j^* = \sum_{i=-m}^{m} \frac{C_i Y_{j+i}}{N} \tag{3.3}$$

式中,Y_j^*为重建后数据;Y_{j+i}为原始时间序列数据;C_i为滤波系数,即第i日原始数据Y_j在平滑窗口N中的权重;N为滑动窗口的数据个数$(2m+1)$,其中m为半窗口大小。对于公式(3.3),当应用于数据重建时,为计算C_i必须先确定两个参数:第一个参数是平滑窗口内多项式的最高项次数d,该系数可直接由Steinier等(1972)获得,或者通过Madden(1978)提供的公式计算,通常d的取值范围为[2,4],d越小,结果越平滑,但也会产生偏差,而d越大,结果虽会减小滤波偏差,但也会保留受污染像元值;第二个是平滑半窗口m,一般m越大,结果越平滑,同时也会丢失峰值或谷值;而m越小虽然保留了细节信息,但容易造成数据冗余,不易获取数据集的长期趋势(李杭燕等,2009)。

(3)时空滤波方法(TSF)是由Fang等(2007)提出,可以用于填充MODIS产品的缺失值以及提高数据质量,Yuan等(2011)提出改进的时空滤波方法(mTSF)重建LAI。

(4)利用上述方法估算的LST实际为缺失像元晴朗条件下的LST。一般情况下,云量的增加或减少会引起地面太阳辐射相应的减少或增加,因此,实际情况下,需对云覆盖区的LST进行校正以得到实际LST。Jin等(2000)根据地表能量平衡公式给出了无云LST和云覆盖区LST间的关系,从而可以计算校正值:

$$\mathrm{LST_{cloud}}(i) = \mathrm{LST_{clear}}(i) + \frac{1}{k}\Delta S_n(i,j) \tag{3.4}$$

式中,$\mathrm{LST_{cloud}}$是云覆盖像元的真实LST,$\mathrm{LST_{clear}}$是像元的重建值,ΔS_n是有云和无云时的净太阳辐射差,$1/k = (1-a-b)/\lambda$,a须由净长波辐射和太阳净辐射的线性关系获得,$b = 0.9(1-a)$。

实际应用中通过测量和多源数据可以获得上述参数。但考虑到实际情况,本研究较难获取净长波辐射,因此考虑到研究区云会阻挡部分太阳辐射,使得云区覆盖下的实际温度低于晴空,云覆盖区的实际LST可用如下公式估算(刘梅等,2011):

$$\mathrm{LST}_c = \alpha_c \mathrm{LST} \tag{3.5}$$

式中,LST_c是云覆盖下的实际地表温度,LST是重建的地表温度,α_c是云覆盖对地表温度的影响系数,可由研究区所有站点每期的重建结果和实测值进行拟合得到。综合考虑公式(3.4)和(3.5),利用公式(3.6)对云区重建结果进行校正,式中各项意义同公式(3.5),其中b为校正斜率。

$$\mathrm{LST}_c = \alpha_c \mathrm{LST} + b \tag{3.6}$$

文本基于mTSF原理提出利用背景数据对NDVI、LST时间序列数据进行重建,计算过程见图3.3。数据处理过程主要分为三步:(1)背景值计算;(2)观测值计算;(3)Cressman分析法计算。

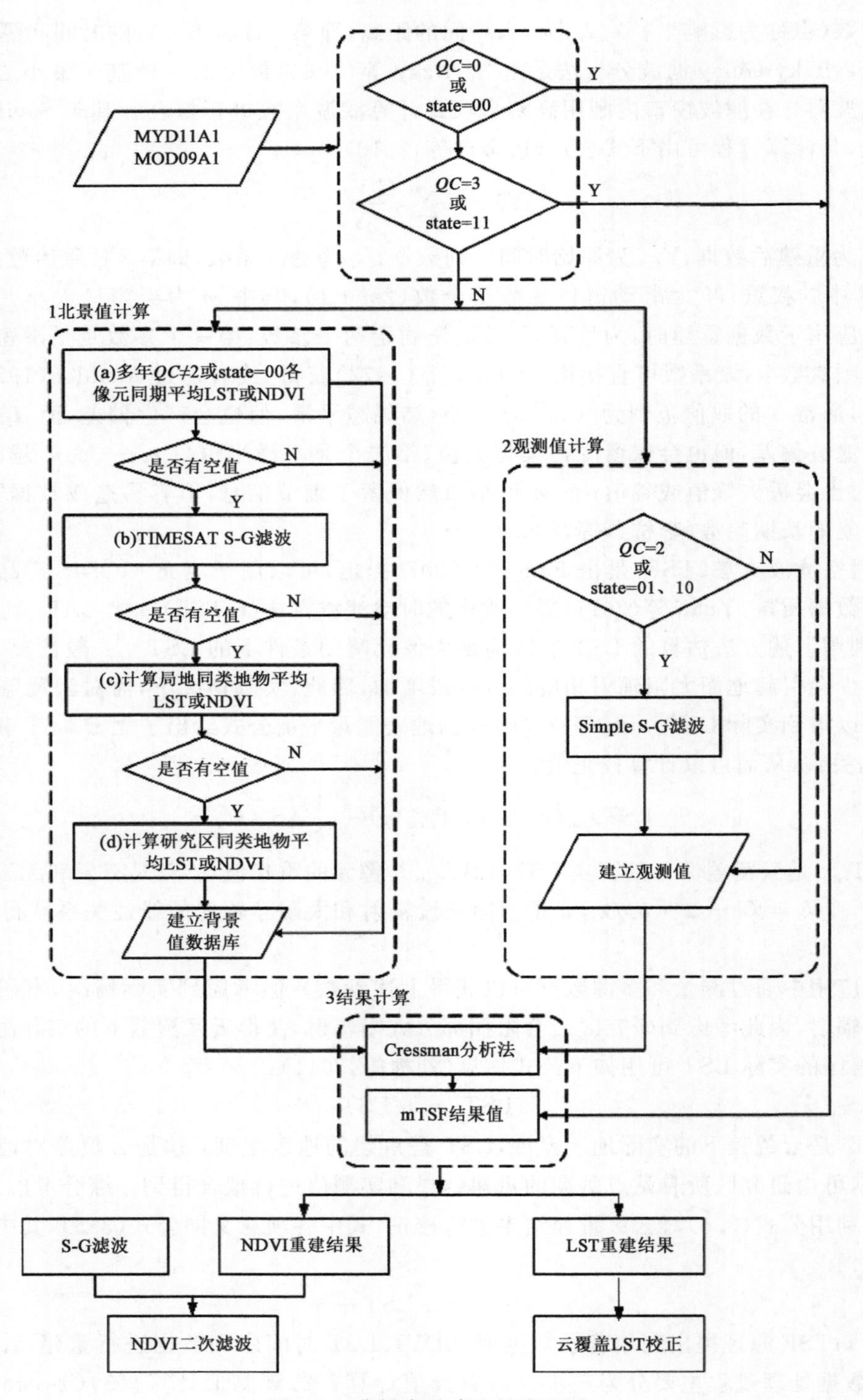

图 3.3　背景库重建法的流程图

(1)背景值计算，考虑到江苏省天气状况，用多年 NDVI(质量良好像元，state＝00)和 LST(有值像元，$QC\neq 2$)平均值作为各像元背景值数据库，研究区仍有大量空值或无效值，因此考虑4步建立背景值:(a)用2003—2011年的MYD11A1 LST,仅选$QC\neq2$的像元参与计算,对于MOD09A1计算的NDVI,选用state=00,为使背景值代表多年平均状况,各像元同时段$QC\neq2$或state=00的天数不少于3,则多年平均值为该像元背景值,若像元不满足条件则进入步骤(b);(b)步骤(a)中结果不为0的点进入TIMESAT S-G滤波器,其中多项式最高项次数d=2,若研究区仍有空值像元,则进入步骤(c);(c)Prihodko等(1997)实验结果表明温度在水平距离6 km范围内变化一般小于0.6 ℃,因此以空值像元为中心,半径为3 km,即7×7范围内寻找同类地物,若该范围内同类非无效值的像元数超过10个,则将这些像元的平均值作为中心像元的背景值,如果该范围不满足条件则扩大至9×9,以此类推到13×13范围,若不满足条件则进入步骤(d);(d)基于步骤(c)的结果,计算研究区同类地物的平均值作为空值像元的背景值。

(2)观测值计算,首先对观测值进行填充,将2009—2011年LST每日或NDVI 8 d数据中的无效像元用对应背景值填入。然后,考虑前后2 d影像对中心影像中$QC\neq0$或state≠00像元的影响,根据公式(3.3)利用IDL编程实现S-G滤波器($m=2,d=2$)计算。最后,基于已经建立的背景值和观测值,利用公式(3.1)、(3.2)计算结果值。对于NDVI,还需用S-G滤波对所有值再次重建。对于LST,由同期的实测值,根据公式(3.6)进行云区像元LST重建值的校正。

(3)TIMESAT S-G滤波器,TIMESAT是由瑞典隆德大学的Jönsson等(2004)开发的遥感数据时间序列分析软件。该软件分为3个模块:数据浏览与参数设置模块、数据处理模块和数据后处理模块。其中参数设置包含3种可用于时间序列的平滑方法:自适应Savitzky-Golay(S-G)滤波器、非对称高斯(A-G)滤波器以及双对数滤波器(D-L)。对于自适应S-G滤波器,首先要设定m及d,如果窗口内的值变化剧烈,软件会自动调节滑动窗口大小,以保证充足的点进行拟合获得权重系数。

3.2.1 NDVI植被指数重建

为具体讨论不同地表覆盖重建前后NDVI的时序变化,分别随机选取林地、稀疏草原、草地、湿地、农用地及稀疏植被六种覆被类型的特征像元。基于背景数据库、S-G、A-G和D-L四种方法的重建后NDVI时间序列曲线如图3.4所示。林地主要分布在江苏中部地区,春季为生长季,NDVI随时间抬升,到6—7月达到最高峰,但7—8月伴随有连续的噪声点。基于背景库的重建方法对受云影响的像元进行重建,并充分考虑像元的时序特征,消除了未被检测出的污染像元,使得覆被的NDVI时序曲线更符合真实生长特征,最大程度保留了真实NDVI。S-G的特点是局部拟合,因此能较精确地描述时序NDVI的细微变化,而A-G重建和D-L重建以与原始NDVI曲线的包络线吻合为原则,在最大程度消除地面及大气扰动影响的同时也使重建后的NDVI偏离真实值,如2011年11月上旬,两种方法的重建结果对质量良好(state=00)像元值均有右偏移。稀疏草原具有植被生长曲线特点,但2009—2011年NDVI普遍偏低,年平均NDVI为0.4,其6月下旬S-G、A-G和D-L的重建NDVI值普遍低于真实值,背景库重建不仅保留了真实值,而且对云污染像元有较好的校正,如2011年7月原始NDVI出现的凸点,8—12月多次出现振荡,背景库重建方法能最大程度保留植被真实生长状况。研究区内草地集中在长江、湖泊和苏北沿海附近,其NDVI生长期的范围为0.1~0.5,四种方法的不同主要体现在对夏季NDVI重建。尤其是对如2011年6月底凸值点的处理,A-G重建的结

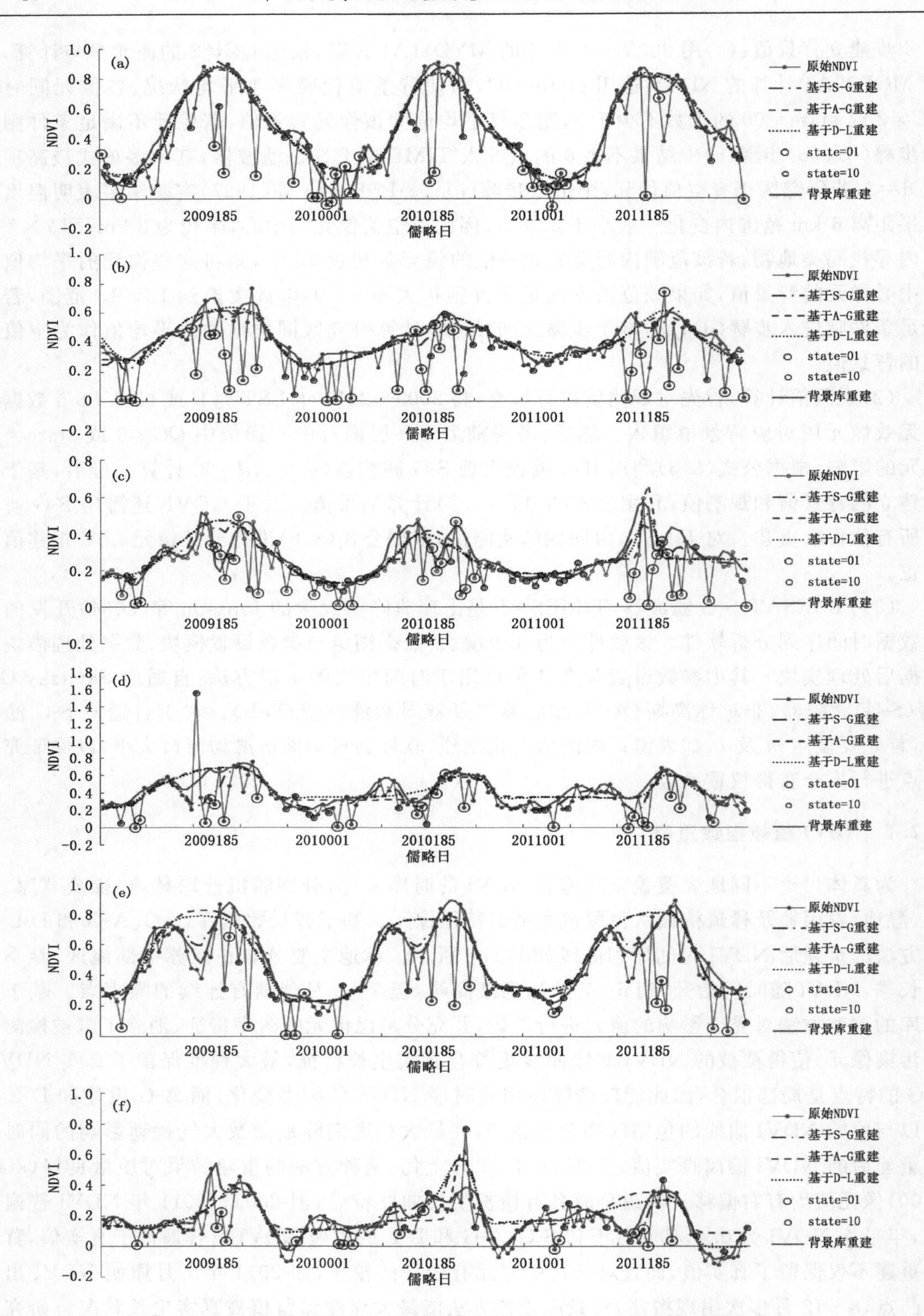

图 3.4　不同地类 2009—2011 年重建前后 NDVI 时间序列变化

(a)林地；(b)稀疏草原；(c)草地；(d)湿地；(e)农用地；(f)稀疏植被

果高于质量良好的原始NDVI值，D-L的结果比原始NDVI低0.1，S-G结果比原始NDVI低0.2，而背景库法则保留了真实NDVI。湿地主要分布在研究区的长江和湖泊周围，植被生长曲线显示，当一定时段内NDVI的变化($NDVI_{max}$和$NDVI_{min}$的差值)较小时，A-G和D-L方法重建曲线基本不能拟合NDVI随时间的变化，重建结果在每年的1—6月近似为平行于X轴的直线。农用地是研究区的主要覆被类型，在整个研究区均有分布，以冬小麦和水稻为主，间种经济作物，具有明显的生长季特征，NDVI在0.1～0.9范围内变化。原始NDVI在2009—2011年5月底均有明显下降，这与研究区5月收割冬小麦后插秧间种水稻一致，而A-G和D-L方法则对5—7月陡降的NDVI有较大提升，S-G结果虽然反映了夏季先降后升的情况，但重建NDVI明显高于真实NDVI。因此，基于背景库的重建方法拟合时序NDVI数据不仅具有反映真实值的明显优势，还能消除MODIS漏检测区域，使得结果更加符合植被真实生长状况。

为分析基于背景库、S-G、A-G和D-L四种算法的特点，针对七种覆盖类型的NDVI，统计四种重建方法保持原始NDVI时序曲线特征的能力，以及保留质量良好像元真实值的水平。相关系数可用来表示两组数据的相关程度，反映拟合结果保持原始曲线特征的能力。统计七种地类四种方法重建的NDVI和原始质量良好像元NDVI的相关性(表3.4)。如表所示，基于背景库的重构方法的结果相关性较高，均在0.80以上，说明该方法不仅保留了各类植被的真实物候特性，而且还能改善MODIS产品未被识别出的云区像元值，重建结果最好。S-G的相关性居次，变化范围为0.77～0.86，A-G和D-L重建结果的相关性近似，均较低，平均值分别为0.73和0.72。

表3.4　不同地类的四种重建结果和原始NDVI(state＝00)平均相关系数

覆被类型	S-G法	A-G法	D-L法	背景库法
林地	0.77	0.70	0.69	0.82
稀疏草原	0.83	0.78	0.78	0.86
草地	0.86	0.84	0.83	0.89
湿地	0.79	0.75	0.74	0.82
农用地	0.77	0.61	0.62	0.83
农用地/自然植被拼接	0.80	0.69	0.68	0.85
稀疏植被	0.77	0.73	0.73	0.80
平均	0.80	0.73	0.72	0.84

为更好地从空间域评价本研究提出的背景库重建法重建数据的质量和适用范围，统计2009—2011年414期影像质量良好像元(state＝00)数量占研究区总像元数的比例，选取state＝00像元比例为60%～70%的影像。在影像中随机截取1500个质量良好(state＝00)像元，人为更改上述像元为云覆盖区(state＝01)，从而既可从空间连续性衡量重建结果，又可定量评价重建结果的质量。据此，选择时间范围为2009年1月1日—1月8日、2009年3月6日—3月13日、2009年6月2日—6月9日和2009年8月29日—9月5日的NDVI影像，分别代表冬季、春季、夏季和秋季。图3.5中圆形框内区域为真实云区，方形框内区域为假设云区，作为估算对象。其中，每个时期的三幅影像分别为重建前NDVI分布图、重建后NDVI分布图和质量控制分布图。图中可以看出，四个季节的假设云区均由质量良好像元组成，重建后

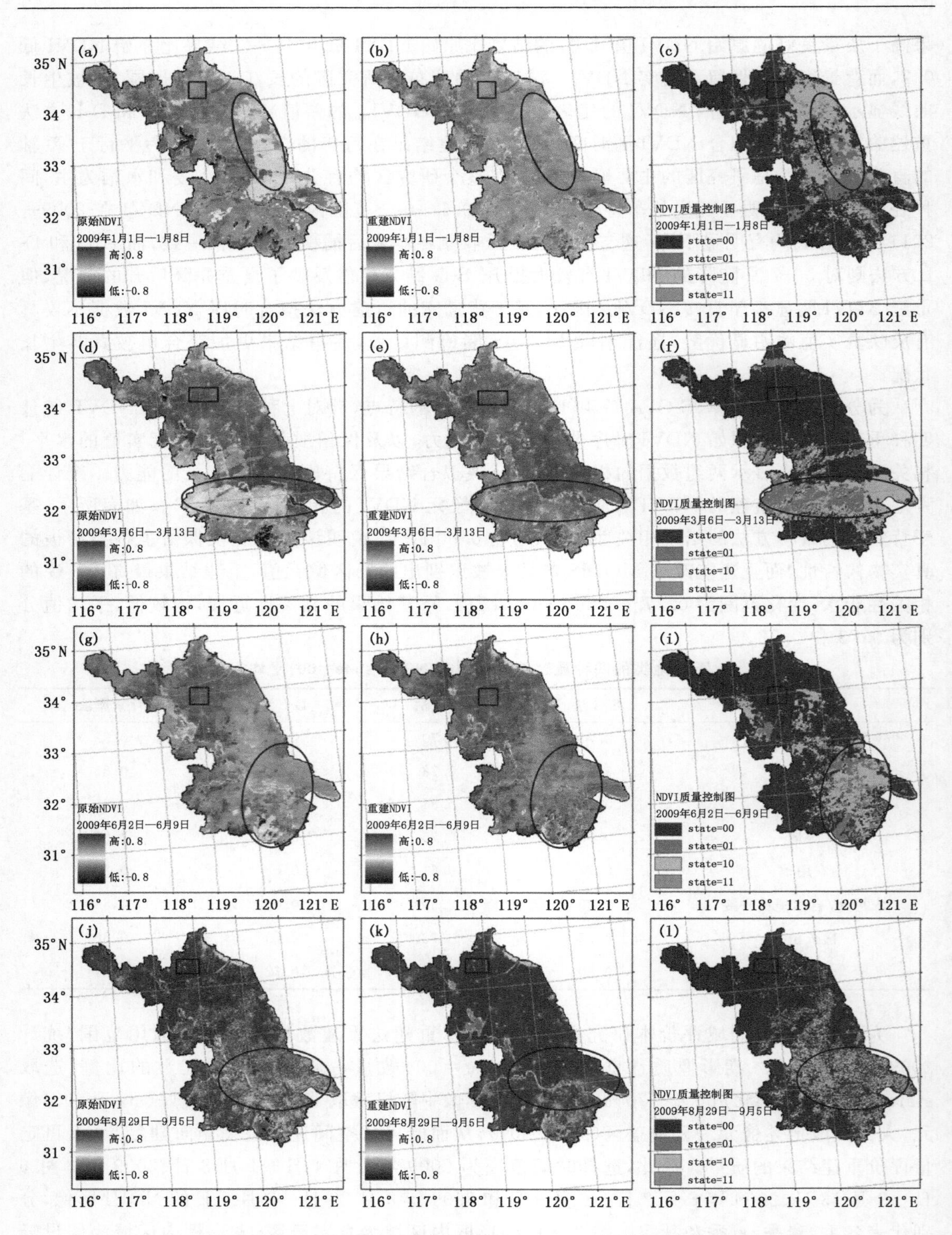

图 3.5　背景库算法重建前(左图)后(中图)NDVI 及质量控制空间分布图(右图)
(方形框:假设云区;圆形框:真实云区)

NDVI 和重建前 NDVI 分布一致。此外，四幅影像的真实云区(state=01、10)重建结果与周围像元空间一致性更好，未出现亮点，无云区域也基本不受影响，这说明基于背景库的算法能保证空间一致性和连续性。

为更好地定量描述上述重建方法及结果的可行性，统计了假定云区像元重构后的 NDVI 和原始 NDVI 的平均值、平均绝对误差、平均相对误差、均方根误差(RMSE)以及相关性(表 3.5)。各季节假设云区的重建前与重建后平均 NDVI 值的偏差为 0～0.04。两者的平均绝对误差四季较为一致，为 0.048 和 0.049，均方根误差为 0.055～0.066，相关性最高为 0.89，说明重建后误差较小，精度较高，方法有较强的空间适用性。

表 3.5　假设云区重建结果评价

季节	原始平均值	重建平均值	平均绝对误差	平均相对误差	RMSE	相关性
冬季	0.32	0.28	0.048	15.15%	0.055	0.89
春季	0.53	0.50	0.049	9.18%	0.060	0.86
夏季	0.53	0.56	0.048	9.43%	0.056	0.69
秋季	0.81	0.81	0.049	6.82%	0.066	0.83

3.2.2　地表温度 LST 重建

利用气象观测网 0 cm 地表温度实测数据，分析原始 LST 和重建 LST 结果。提取 2009—2011 年 $QC=0$ 的所有气象站点对应像元 LST 原始值，并绘制 MODIS LST 和地面观测 LST 的散点图(图 3.6)。如图所示，原始 LST 和实测值有较高相关性($R^2=0.68$)，但 96.84%的站点原始 LST 均低于实测值，这与于文凭等(2011)利用北方 12 个气象站观测数据得出 MODIS 地表温度产品在一定程度上低估的结果一致。可能与遥感卫星过境时间和实测值获取时间有差异有关，造成原始 LST 存在一定误差。

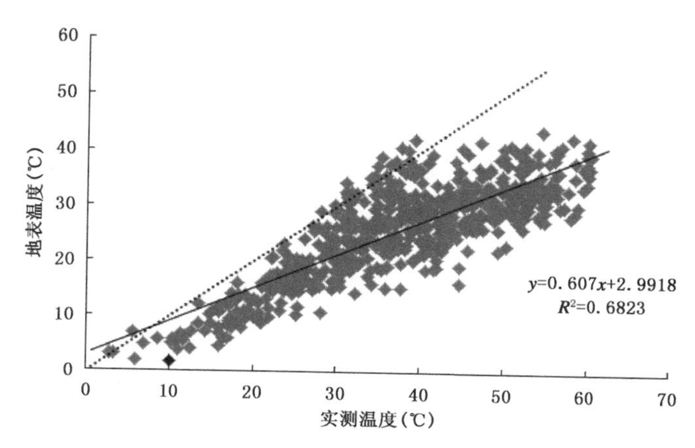

图 3.6　2009—2011 年站点 $QC=0$ 的原始 LST 和实测值散点图

研究中，以江苏省射阳站点 2011 年的 LST 时序数据为例，比较了实测地表温度、原始 LST 和基于背景库法重建的 LST 的时序变化趋势(图 3.7)。重建前，射阳站点的原始 LST 和实测值有一定误差，尤其是 2011 年 4 月，原始 LST 较实测值偏低。重建后的 LST 与实测 LST 的相关性更高，相关系数为 0.90。重建前后平均绝对误差分别为 −2.52 ℃和 0.99 ℃，说明基于背景库法重建的 LST 能够更好反映实际地表温度的时序变化趋势，对无效值区域进行了较好的填补。但对于一些地表温度变化剧烈的时段，由于温度时空变化较大，尤其易受天气影响，重建结果对这些突变点并不敏感。

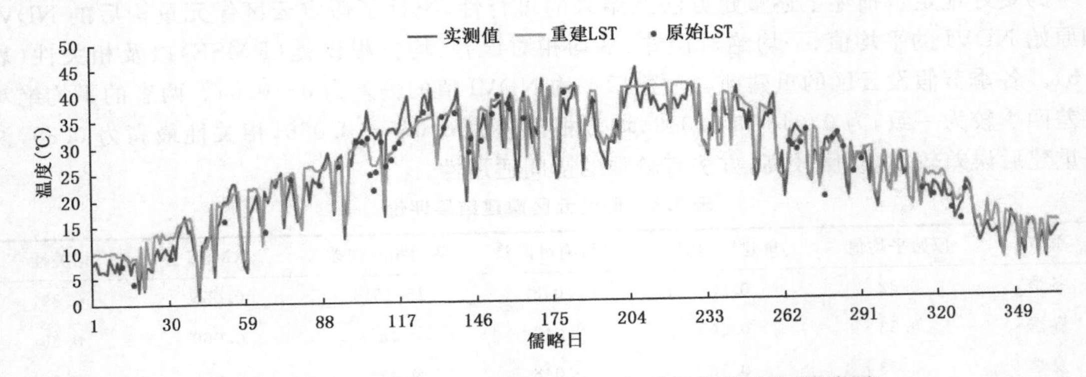

图 3.7 射阳站点 2011 年重建前后 LST 时间序列变化(附彩图)

为定量分析重建数据的质量，计算了 2009—2011 年研究区 13 个站点空值像元($QC=2$)的天数占全年(365 d)的比例以及重建 LST 和 0 cm 地表温度实测值的相关系数(表 3.6)。结果表明，各站点 $QC=2$ 像元占全年的比例达到 60%以上，其中徐州、赣榆、淮安、射阳、南京、东台和南通均大于 80%。3 年所有站点 $QC=2$ 像元的比例高达 77%以上，2010 年为最高达到 80.63%，2011 年略低为 79.37%，说明研究区全年遥感图像受云、雾霾等天气影响严重，长时段无 LST 值。LST 重建后，无值数据得到有效插补，并且与实测值有较高相关性，最高达到 0.97，最低为 0.77。其中淮安、射阳相关性最好，均达到 0.90，所有站点 3 年的平均相关系数为 0.87，说明重建后的 LST 较准确地反映了地表温度的变化趋势，有效填补了时间尺度上无 LST 值区域。

表 3.6 2009—2011 年空值像元($QC=2$)的重建 LST 和实测值的相关系数 R

站点号	名称	2009 年		2010 年		2011 年	
		R	$QC=2$ 像元比率(%)	R	$QC=2$ 像元比率(%)	R	$QC=2$ 像元比率(%)
58027	徐州	0.89	82.19	0.93	86.58	0.90	83.84
58040	赣榆	0.89	81.10	0.92	89.04	0.89	85.75
58138	盱眙	0.86	76.16	0.91	79.73	0.86	78.36
58141	淮安	0.91	81.10	0.94	85.21	0.93	83.56
58150	射阳	0.94	83.56	0.97	88.77	0.97	85.75
58238	南京	0.82	82.19	0.87	84.93	0.85	81.37
58241	高邮	0.84	75.89	0.87	80.27	0.81	75.89
58251	东台	0.91	80.00	0.94	84.11	0.88	80.82
58259	南通	0.89	76.44	0.91	83.29	0.87	82.74
58265	吕泗	0.87	76.71	0.86	68.77	0.79	70.41
58343	常州	0.86	76.71	0.88	79.73	0.84	81.10
58345	溧阳	0.86	76.99	0.85	78.90	0.83	81.37
58358	东山	0.83	60.00	0.77	58.90	0.80	60.82
	平均	0.87	77.62	0.89	80.63	0.86	79.37

注：$QC=2$ 像元比率为 $QC=2$ 的天数占全年天数的百分比

表3.7显示各站所有重建后的LST和实测值的相关系数在0.79～0.97之间,其中相关系数在0.8以上的站点占到89%,且射阳观测点2010年达到0.97,该站点3年平均相关系数为0.95。各站点重建前后LST值与实测值的平均绝对误差分析(表3.8)表明,重建前LST年平均绝对误差范围为−16.8 ℃至−2.52 ℃,重建后数据的平均相对误差范围减小到−10.20 ℃至1.36 ℃。其中,盱眙、高邮、吕泗、常州、溧阳和吴县东山6个站点QC=2(无值)像元比例低于81%,因此参与重建前误差计算的样本值较多,平均绝对误差大于−10 ℃。吴县东山2009—2011年QC=2比率接近60%为各站点最低,其3年平均绝对误差为各站点最高均大于−16 ℃,6个站点重建后的平均绝对误差低于重建前,其中吴县东山重建后不仅填充了空值时段且平均误差有效减少了5 ℃左右,说明重建数据不仅填补了空值时段且保证了一定精度。对于站点重建后仍存在一定误差,可能的原因是,温度发生突变频率高,对于这些空值时段,本研究主要利用反映多年平均地表温度状况的背景数据进行填充,不能很好地描述该时段该地区突变天气状况,且重构方法依赖于原始数据的质量。虽然重构的滤波算法考虑了前后时段对云干扰时段的影响,但云量的增加或减少会引起地面太阳辐射相应的减少或增加,所以云污染像元的重建结果和真实地表温度存在一定差异。考虑到研究区云会阻挡部分太阳辐射,使得云区覆盖下的实际温度低于晴空温度。因此,根据公式(3.6),利用云区真实地表温度和重建值的关系估算了云区温度,校正了云污染像元的重构结果。但若该地区长时间无值,可能出现一定误差。

表3.7 2009—2011年重建后LST和实测温度的相关系数

站点号	名称	2009年	2010年	2011年	3年平均	站点号	名称	2009年	2010年	2011年	3年平均
58027	徐州	0.88	0.93	0.89	0.90	58251	东台	0.90	0.94	0.87	0.90
58040	赣榆	0.88	0.91	0.88	0.90	58259	南通	0.89	0.91	0.85	0.85
58138	盱眙	0.85	0.90	0.84	0.86	58265	吕泗	0.83	0.85	0.76	0.81
58141	淮安	0.89	0.94	0.92	0.92	58343	常州	0.85	0.87	0.83	0.85
58150	射阳	0.93	0.97	0.96	0.95	58345	溧阳	0.86	0.85	0.83	0.85
58238	南京	0.83	0.86	0.84	0.84	58358	吴县东山	0.82	0.76	0.80	0.79
58241	高邮	0.84	0.87	0.79	0.83						

表3.8 2009—2011年重建前后LST和实测温度的平均绝对误差(单位:℃)

站点号	名称	2009年		2010年		2011年	
		重建前	重建后	重建前	重建后	重建前	重建后
58027	徐州	−5.89	1.36	−3.24	0.50	−5.02	0.52
58040	赣榆	−7.97	−1.50	−5.89	−0.52	−9.91	−2.83
58138	盱眙	−12.87	−5.35	−12.93	−6.42	−13.53	−6.27
58141	淮安	−7.40	−0.97	−5.61	−1.59	−6.54	−1.72
58150	射阳	−3.36	1.33	−3.03	0.76	−2.52	0.99
58238	南京	−10.33	−3.64	−11.01	−5.19	−12.24	−5.24
58241	高邮	−15.46	−8.15	−15.71	−9.70	−15.36	−8.46
58251	东台	−5.11	−0.31	−5.45	−1.93	−8.04	−2.29
58259	南通	−6.69	−1.79	−4.34	−1.71	−8.26	−2.70
58265	吕泗	−11.45	−5.56	−12.10	−6.88	−14.01	−7.34
58343	常州	−11.25	−4.95	−14.08	−7.96	−12.02	−6.02
58345	溧阳	−11.46	−4.61	−13.27	−6.98	−13.18	−6.67
58358	吴县东山	−16.30	−10.20	−16.33	−9.65	−16.80	−11.54
	平均	−9.65	−3.41	−9.46	−4.40	−10.57	−4.58

由于实测站点数据缺乏空间上评价重建结果的能力，因此，选择代表春季、夏季、秋季和冬季的 4 幅影像，分别选取 1500 个质量良好像元（$QC=0$）假设为云污染区（$QC=2$），从空间域分析重建结果。统计研究区 2009—2011 年 1095 期影像质量良好像元占总像元数的比例，选取 $QC=0$ 像元比例为 60%～70%的影像，满足条件的时段为 2009 年 1 月 11 日、2009 年 5 月 3 日、2009 年 6 月 24 日和 2009 年 11 月 22 日。图 3.8 为四个时期重建前 LST 分布图（左图）、重建

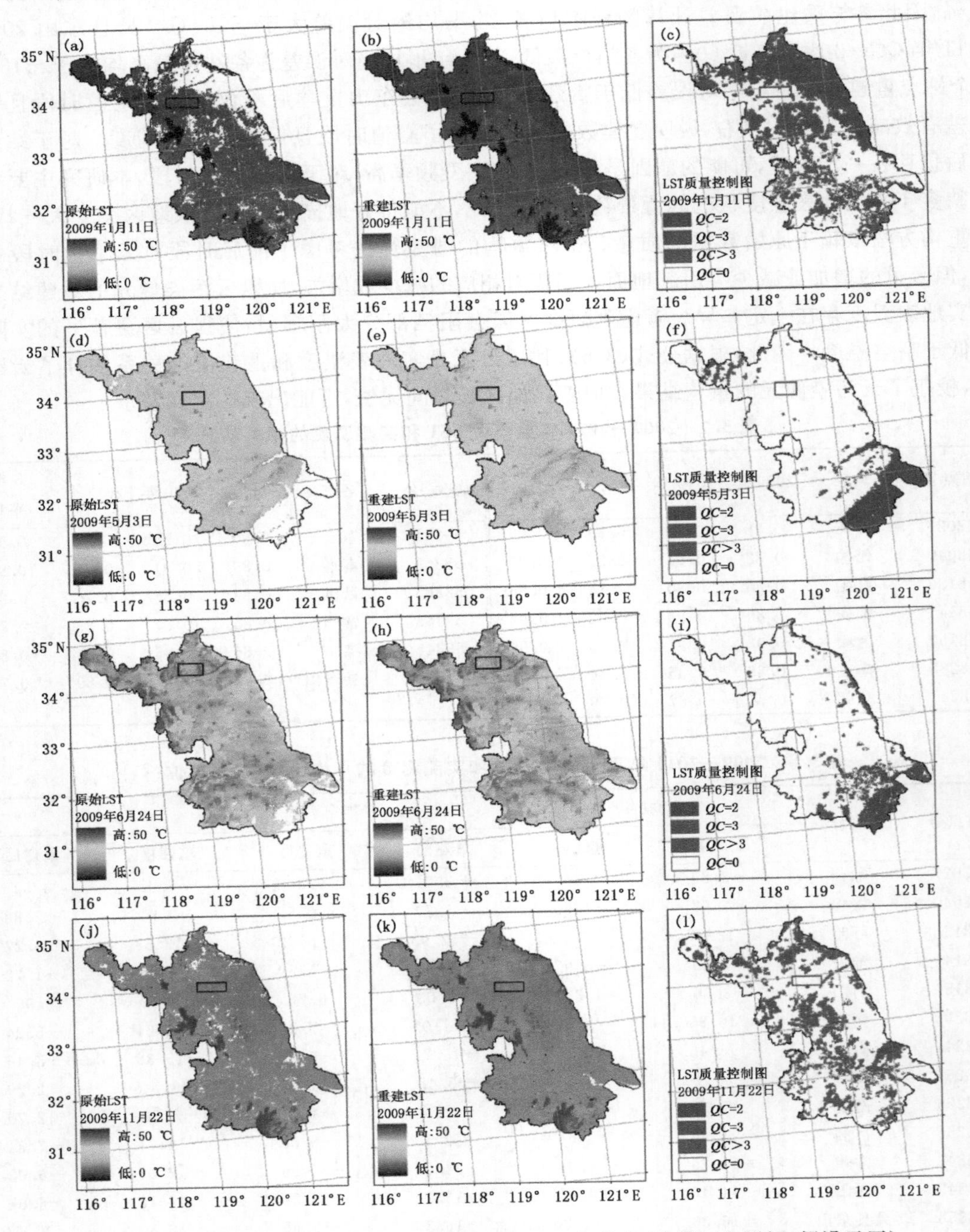

图 3.8　重建前（左图）后（中图）LST 及质量控制空间分布（右图）（方形框：假设云区）

后LST分布图(中图)及质量控制分布图(右图),图中白色区域为真实云区,方形框内区域为人为假设云区,作为被考察的区域。如图所示,假设云覆盖区的重建后LST和重建前分布基本一致。此外,四幅影像的真实云区($QC=2$)的重建结果与周围像元空间一致性较好,未出现突变点,说明基于背景库的重建结果在空间分布上较平滑,具有连续性。

为定量描述重建结果,统计假定云区重构后的LST和原始LST的平均值、平均绝对误差以及均方根误差(RMSE)(表3.9)。四个季节假设云区LST重建前后平均偏差范围为0.05～1.02 ℃,平均绝对误差范围为0.28～1.40 ℃,RMSE为0.35～1.73,相关关系为0.74～0.82,这些统计误差较小,说明该方法在空间域的检验上也取得了良好的效果。

表3.9　假设云区重建结果评价

季节	原始平均值	重建平均值	平均绝对误差	RMSE	相关性
冬季	6.18	6.07	0.28℃	0.36	0.82
春季	27.90	27.77	0.32℃	0.38	0.78
夏季	36.65	35.63	1.40℃	1.73	0.74
冬季	13.87	13.82	0.29℃	0.35	0.76

3.3　土壤湿度反演模型构建

3.3.1　反演基本原理

考虑该地区遥感数据源情况及研究方法的可行性,本研究使用TVDI构建土壤湿度反演模型。Price(1990)分析遥感反演的LST和NDVI数据特征,发现:对于一个区域,如果地表覆盖为从裸土到密闭植被冠层,土壤湿度从湿润到干旱,则该区域内每个像元的LST和NDVI组成的散点图构成的空间关系近似为三角形(图3.9)。该区域内每个像元的NDVI与LST将分布在三个极点构成的LST/NDVI特征空间中,三角形上下两条边界线分别称为“干边”和“湿边”。“干边”表示地表蒸散小,处于干旱状态;“湿边”表示土壤水分充足,地表蒸散等于潜在蒸散,因此土壤含水量可看成特征空间内的等值线。

在此基础上,Sandholt提出基于简化三角形特征空间(图3.9)的温度植被干旱指数TVDI,用于间接表征土壤含水状况,其定义如式(3.7)所示:

$$\mathrm{TVDI}=\frac{T_s-T_{s\min}}{T_{s\max}-T_{s\min}} \tag{3.7}$$

式中,T_s为像元地表温度;$T_{s\min}$为湿边上的地表温度,即为试验区内具有某个NDVI值像元的最低地表温度;$T_{s\max}$为干边上的地表温度,即为试验区内具有某个NDVI值像元的最高地表温度。“干湿边”可以利用式(3.8)、(3.9)计算。

$$T_{s\max}=a_1+b_1\times\mathrm{NDVI} \tag{3.8}$$

$$T_{s\min}=a_2+b_2\times\mathrm{NDVI} \tag{3.9}$$

式中,(a_1,b_1)、(a_2,b_2)分别为“干湿边”模型的系数,由“干湿边”附近的NDVI和LST,通过线性拟合得到。

TVDI的计算基于LST/NDVI的特征空间,植被覆盖区像元TVDI的取值理论上应在

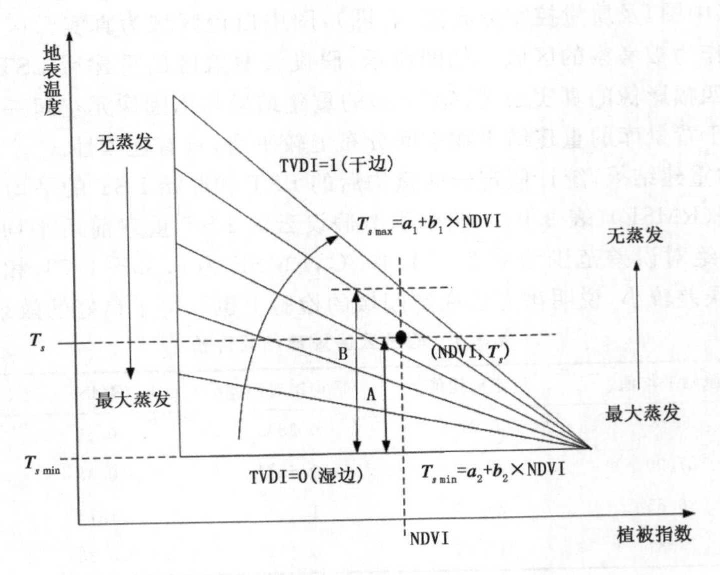

图 3.9 LST/NDVI 特征空间

[0,1]之间。在干边上 TVDI＝1,在湿边上 TVDI＝0。TVDI 值越大,土壤湿度越低,表明土壤缺水越严重。研究表明,土壤含水量和 TVDI 满足线性关系。因此,可以利用 TVDI 线性模型构建土壤湿度反演模型,对试验区的干旱状况进行遥感监测。

3.3.2 反演模型建立

对于每个时期图像,利用重建的 NDVI 和 LST 数据拟合“干湿边”模型,结果如图 3.10 所示。基于每个时期的 NDVI 和 LST 影像数据,结合拟合的“干湿边”模型,利用式(1)计算得到 TVDI 图像。根据试验点的经纬度,可从影像上提取 TVDI 值,用于分析 TVDI 和土壤湿度之间的关系。

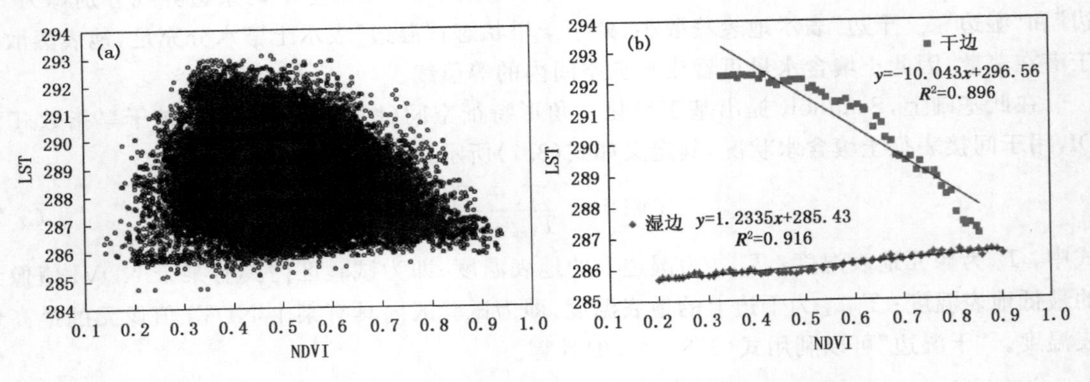

图 3.10 2011 年 2 月 18 日影像数据的“干湿边”散点图(a)及模型(b)

为建立时间上普适的土壤湿度反演模型,利用冬小麦整个生育期可能出现干旱灾害的生长期数据,分析 TVDI 和土壤湿度之间的关系。试验中,利用 2011 年 1 月到 3 月 15 个水文站土壤墒情站点数据和 2012 年 4 月到 5 月的 6 个站点的地面土壤湿度调查数据,分析 10 cm 和

20 cm 深度土壤重量含水量与 TVDI 之间的相关性，发现：相比于 20 cm，10 cm 深度层土壤湿度与 TVDI 具有更好的相关性。

图 3.11 是 TVDI 和 10 cm 深土壤重量含水量散点图。如图所示，TVDI 和 10 cm 深土壤湿度具有较好的线性关系，可以利用线性模型来进行最佳拟合。从模型的决定系数（$R^2=0.5137$）来看，反演的土壤湿度和实测的土壤湿度具有较高的相关性，达到 0.001 的显著性水平；从反演土壤湿度的均方根误差（RMSE＝3.59%）来看，土壤湿度反演结果较理想。

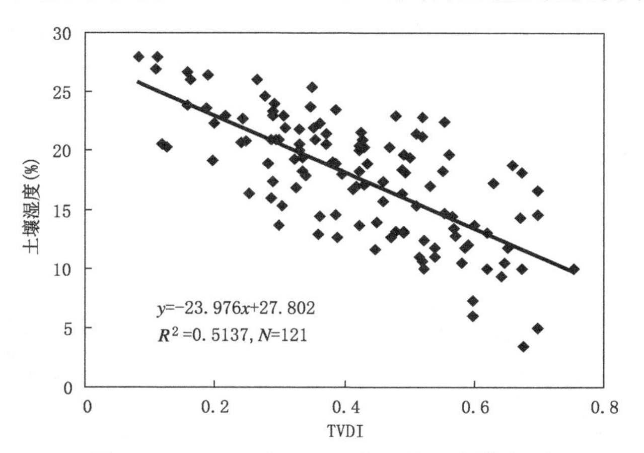

图 3.11　TVDI 和 10 cm 深土壤湿度散点图

3.3.3　模型验证及精度评价

为验证以上模型，利用 2011 年 4—5 月及 2012 年的 1—3 月实测数据对模型进行验证，结果如图 3.12 所示。如图 3.12 所示，反演的 10 cm 深土壤湿度和实测值的相关性达到 0.001 的显著性水平，反演的 RMSE 为 2.59%。这说明构建的土壤湿度反演模型有较高的反演精度。

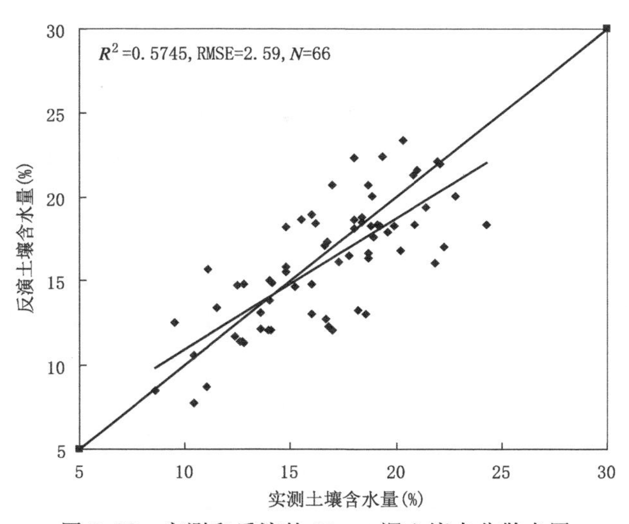

图 3.12　实测和反演的 10 cm 深土壤水分散点图

3.3.4　干旱等级

由于江苏省农田干旱等级是由 20 cm 土壤含水量确定，因此，需要由反演的 10 cm 深土壤湿度推算 20 cm 深度土壤湿度。图 3.13a 是 2010 年 12 月到 2011 年 9 月试验区墒情站 10 cm 和 20 cm 深土壤含水量散点图。如图所示，两者之间具有非常好的线性关系。利用这种关系，可以由反演的 10 cm 深度土壤重量含水量推算 20 cm 深度土壤重量含水量。为检验转换关系精度，基于 2013 年 4 月到 5 月淮北地区墒情站 10 cm 深土壤重量含水量，利用图 3.13a 中的转换关系，计算 20 cm 深土壤重量含水量。图 3.13b 是实测 20 cm 深重量含水量和计算的 20 cm 深重量含水量的散点图。如图 3.13b 所示，该转换关系具有较高的精度。因此，该关系可以用于 10 cm 和 20 cm 深重量含水量的转换。

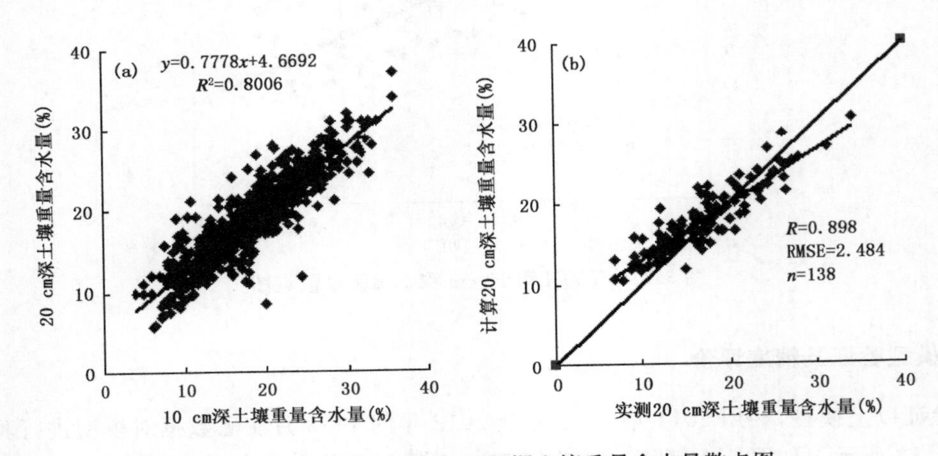

图 3.13　10 cm(a)与 20 cm(b)深土壤重量含水量散点图

为确定地表干旱等级，需要先计算相对含水量，相对含水量公式为：

$$\text{相对含水量}(\%) = 100 \times \frac{\text{土壤重量含水量}}{\text{田间持水率}} \tag{3.10}$$

式中，田间持水量根据土壤类型分布图和田间持水量查找表(表 3.10)确定。

表 3.10　三种土壤田间持水量(江苏省农委 2010 年资料)

土壤类型	砂　土	壤　土	黏　土
田间持水量(%)	24	30	36

基于计算的相对含水量，参考 2013 年江苏省农委的干旱等级墒情评价标准(表 3.11)，对研究区的干旱等级进行划分，得到试验区的干旱等级图(图 3.14)。

表 3.11　小麦苗期墒情评价标准

相对含水率(%)	>65	60～65	50～60	45～50	<45
干旱等级	适宜	轻旱	中旱	重旱	极旱

3.3.5 干旱监测实例

基于NDVI和LST数据，利用图3.11所示的土壤湿度反演模型反演试验区土壤湿度；结合表3.11墒情评价标准，实现了2011和2012年1月到5月的淮北地区干旱监测。图3.14为2011年2月2日干旱等级监测结果图，如图所示，江苏省淮北部分地区旱情较为严重。这与江苏省水利厅的记录材料较为一致。

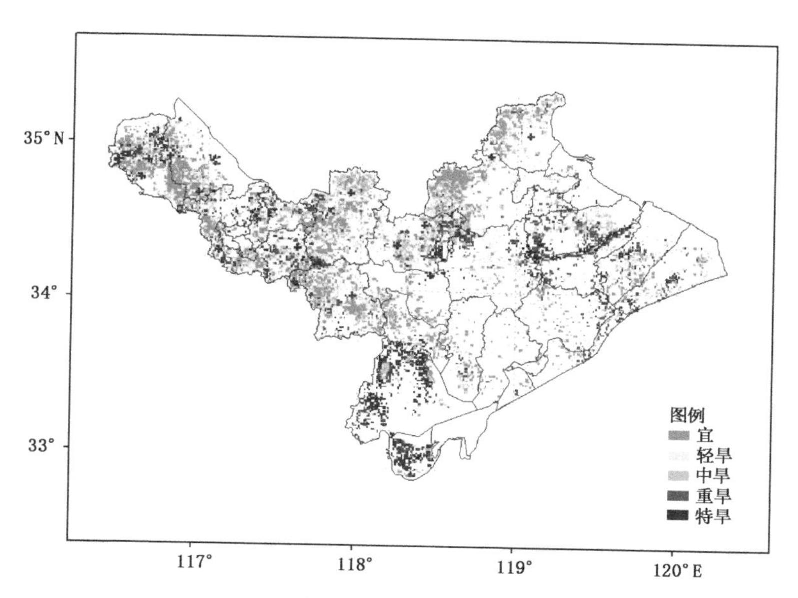

图3.14 江苏淮北地区2011年2月2日干旱等级监测结果图(附彩图)

3.4 淮北干旱遥感监测系统

3.4.1 系统目标及总体设计

针对江苏省抗旱防汛指挥的具体需求，建立的系统应具备提供数据预处理、数据重建、土壤水分反演、结果分析统计、制图输出等功能，使得用户能实现对研究区土壤含水量的近实时动态监测，及时提供土壤墒情监测信息，提高抗旱工作的针对性和高效性。平台开发完成后可为旱情预警、抗旱决策等提供及时有效的信息服务。

土壤水分遥感监测系统是在Windows操作系统下，采用C/S(客户机/服务器)模式开发。该系统是以淮北地区时空数据库为基础，以“基于重建数据的TVDI土壤水分反演法”为理论支持，由专业的应用功能构成，实现了系统与用户的交互。系统总体设计如图3.15所示。

3.4.2 系统功能设计

根据系统总体设计以及系统研制目标，本系统需要完成的核心任务是设计并实现淮北冬小麦土壤水分遥感反演与制图。本系统可以划分成七个功能模块，如图3.16所示：

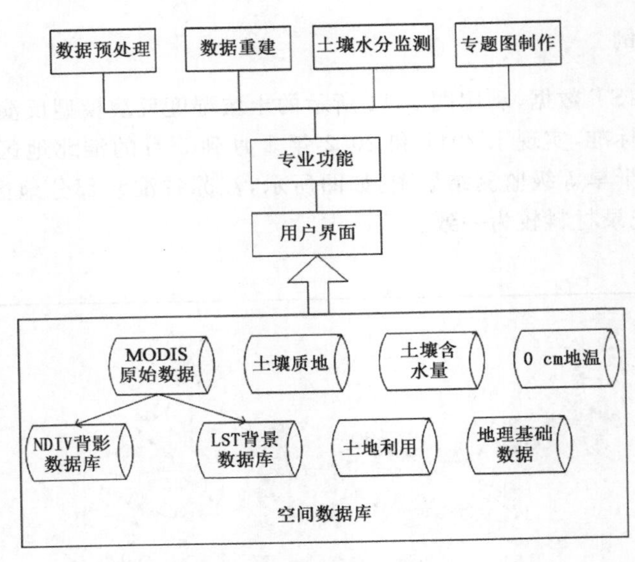

图 3.15　土壤水分遥感监测系统平台

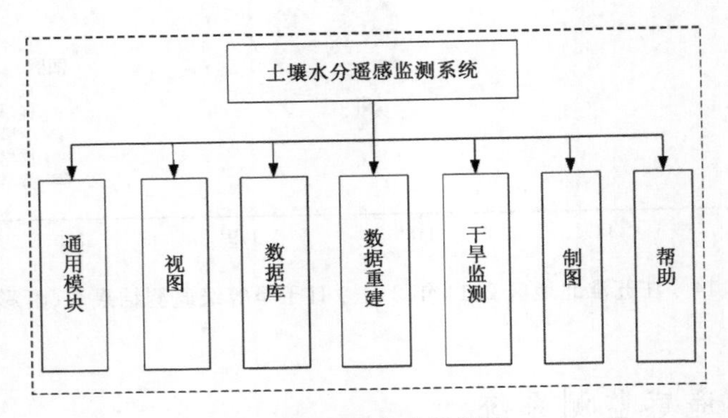

图 3.16　系统功能模块

(1)通用模块:本模块主要实现图像文件(图层文件 *.tif 和 *.shp 等)的基本操作,包括文件的打开、保存、系统参数设置和输出等。

(2)视图模块:本模块的主要功能是提供图像的显示方式,包括图像的放大、缩小、平移、恢复、50%灰度拉伸、200%灰度拉伸、伪彩色合成以及原色显示。

(3)数据库模块:该模块主要包含数据的预处理与植被指数的计算,包括空间数据和数据预处理两部分,其中数据处理包括辐射标定和计算植被指数,数据库包含 TM 数据和 MODIS 数据。TM 数据包括反射率、植被指数、生物量和产量,MODIS 数据可提供温度、反射率数据、植被指数(NDVI、EVI、NDWI、LAI 等)数据、生物量和产量数据产品(见图 3.17)。

(4)数据重建模块:该模块主要包含 MODIS 长时间序列 NDVI 数据和 LST 数据的重建计算,包括 NDVI 背景数据库和 LST 背景数据库、观测数据填充和观测数据重建三部分。其中,观测数据填充分为背景库数据的空间域填充、S-G 滤波的时间域填充(见图 3.18)。

(5)土壤水分监测模块:该模块主要实现基于 TVDI 的 MODIS 的土壤水分监测。包括干湿边的拟合、TVDI 计算、土壤水分估算和干旱等级计算。

(6)制图模块:该模块提供了基本的制图功能、像元属性查询及简单计算等功能。例如经纬度网格、指北针、比例尺、图例、标题、矢量图添加、矢量属性查询、鼠标点信息、坐标转换(经纬度坐标转化为平面坐标、平面坐标转化为经纬度坐标)以及儒略日和日期的转化,保证了用户制作专题图的需求。

(7)帮助模块:该模块主要提供软件使用方法介绍。

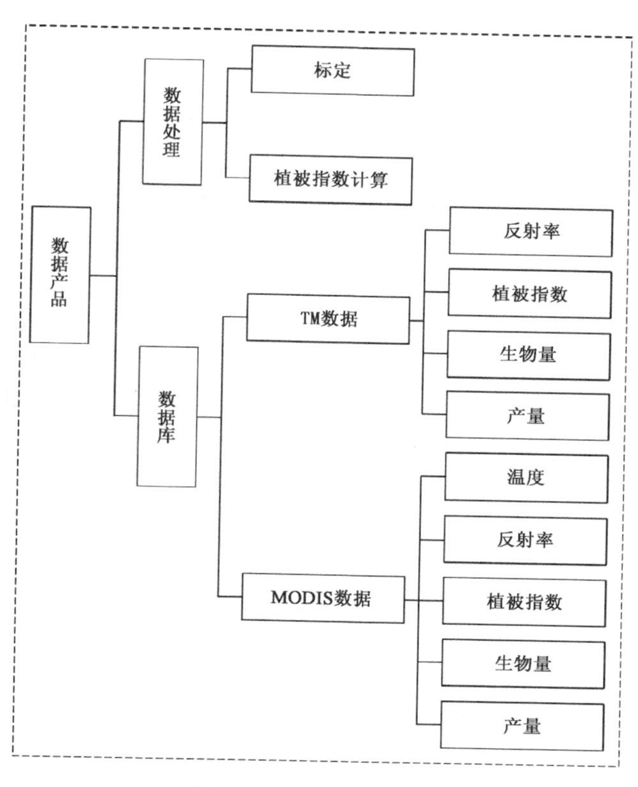

图3.17 数据产品模块

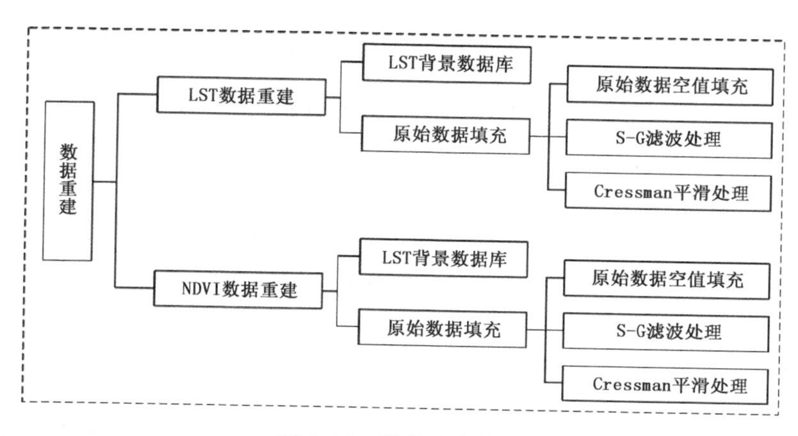

图3.18 数据重建模块

3.4.3　系统开发环境和运行环境

系统的开发所使用的操作系统为 Windows 7，开发环境为 VisualStudio 2008 和 IDL，程序开发语言为 C＃和 IDL。

系统的运行环境中，操作系统为 Windows 7；IDL 运行平台为 ENVI/IDL。

3.4.4　系统开发方法

本系统采用 IDL 和 Microsoft Visual Studio 2008 来开发，基本的开发模式如下：项目选择 Visual Studio 2008 C＃下 Windows 程序，选择“Windows 窗体应用程序”。在工具箱的组件上单击右键，在弹出的菜单上选择“选择项”，单击“COM 组件”，勾选“IDLDrawWidget Control 3.0”，即可开始组件的初始化。即在 C＃中实现调用 IDL、数据传递，从而实现程序界面中显示 IDL 中的图形和图像。

3.4.5　系统主要功能模块

(1)系统登录界面和主界面：考虑到数据的安全性，系统采用了用户登录验证技术，将用户输入的用户名和密码，通过预先设定 User 表的相关字段进行交互匹配，即规定只有授权用户才可以进入系统的主界面。系统登录界面如图 3.19 所示。系统的各功能模块、主菜单和工具条等都停靠在系统主界面上，系统主界面的设计效果如图 3.20 所示。

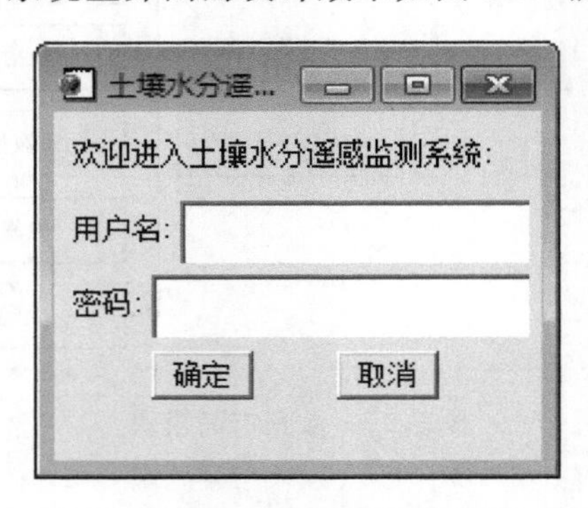

图 3.19　系统登录界面

(2)通用、视图模块：本模块实现了 ENVI 的通用功能，如文件的打开、矢量的叠加、保存、放大、缩小、平移、恢复、拉伸和彩色合成等。这些功能主要是通过 IDL 的 GUI 组件创建复杂的界面程序，对 GUI 中的组件属性和时间进行设置和空值处理(图 3.21 和 3.22)。

(3)数据库模块：本模块的主要作用是对原始数据进行批量处理和数据库查看，如反射率、LST、NDVI、叶面积指数等的计算和检索等，将原始栅格数据处理成符合系统应用要求的数据(图 3.23)。

(4)数据重建模块：基于 2003—2011 年的 MOD09A1 和 MYD11A1 产品，利用 TIMESAT 软件和 MCD12Q1 地表分类产品构建了 NDVI 和 LST 背景数据库。用户可根据需求选择待重建的 NDVI 和 LST 数据，同时结合产品的 QC 质量控制信息，通过调用背景数据库，由用户设定 S-G 滤波的最高次项和 mTSF 窗口大小，最后计算得到重建数据(图 3.24)。

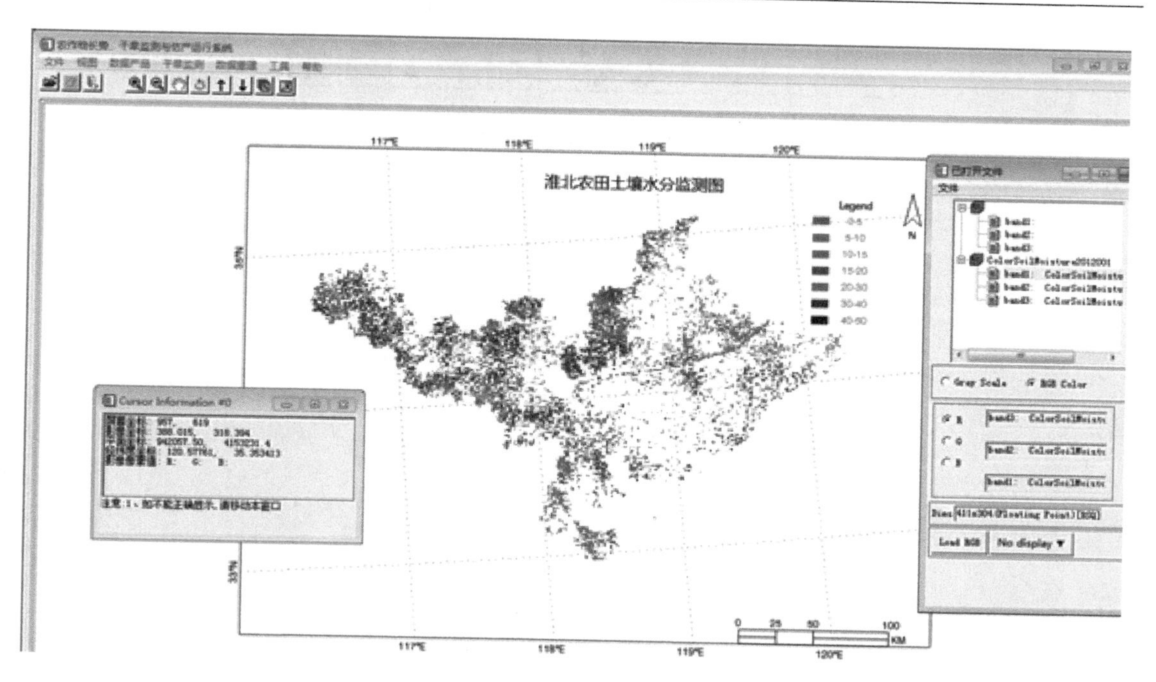

图 3.20　系统主界面

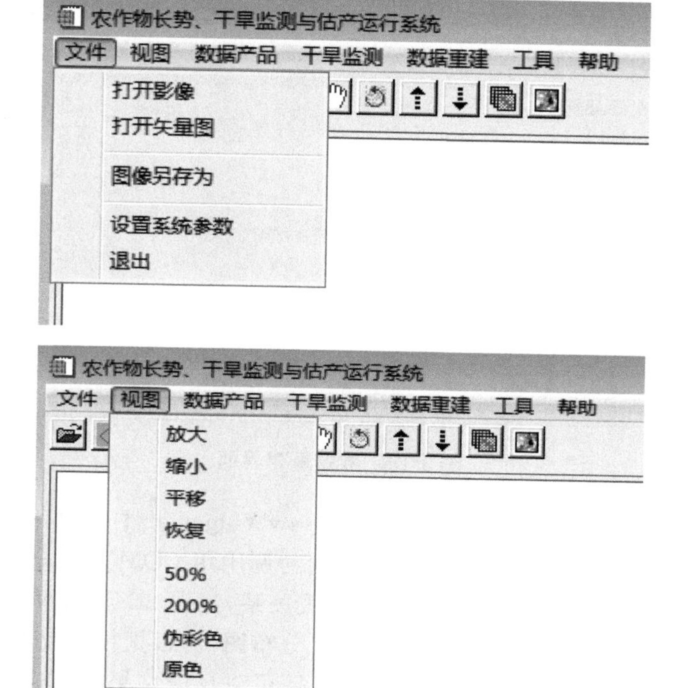

图 3.21　文件菜单、视图菜单

图 3.22　工具条按钮

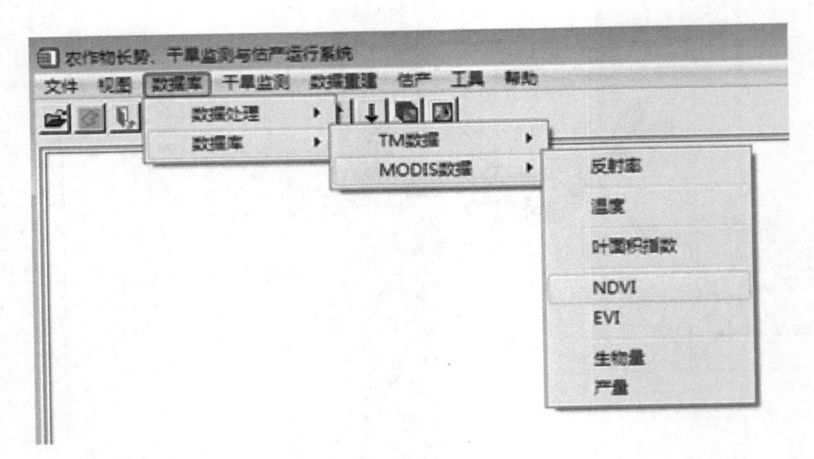

图 3.23　数据产品菜单

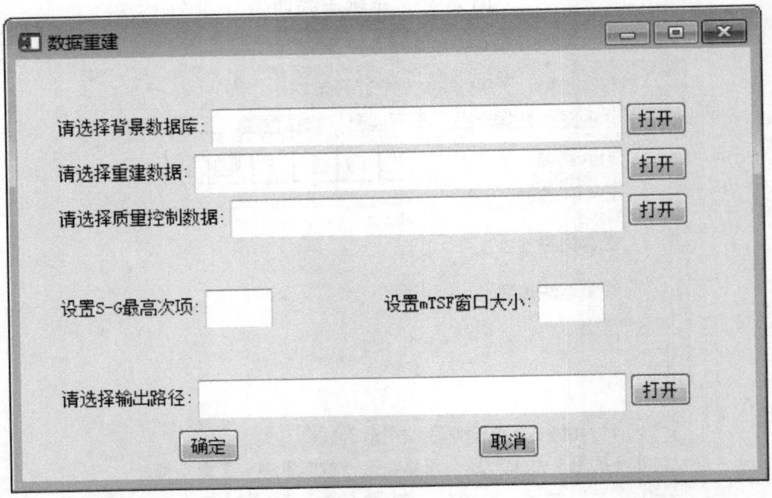

图 3.24　数据重建界面

(5)土壤水分监测模块：利用 C＃调用 IDLDrawWidget 组件，以调用 IDL 功能和数据传递，实现程序界面中显示 IDL 的图像。其中功能的调用用 COM_IDL_CONNECT 方式。土壤水分监测模块主要利用 NDVI 和 LST 的负相关关系，建立 LST/NDVI 特征空间，根据最小二乘法拟合干湿边并计算得到每个像元的 TVDI 分布图，再根据模型反演得到土壤重量含水量和相对含水量分布图，以及干旱等级图。此外，还可对反演结果进行误差分析，以及受灾面积统计等(图 3.25 和 3.26)。

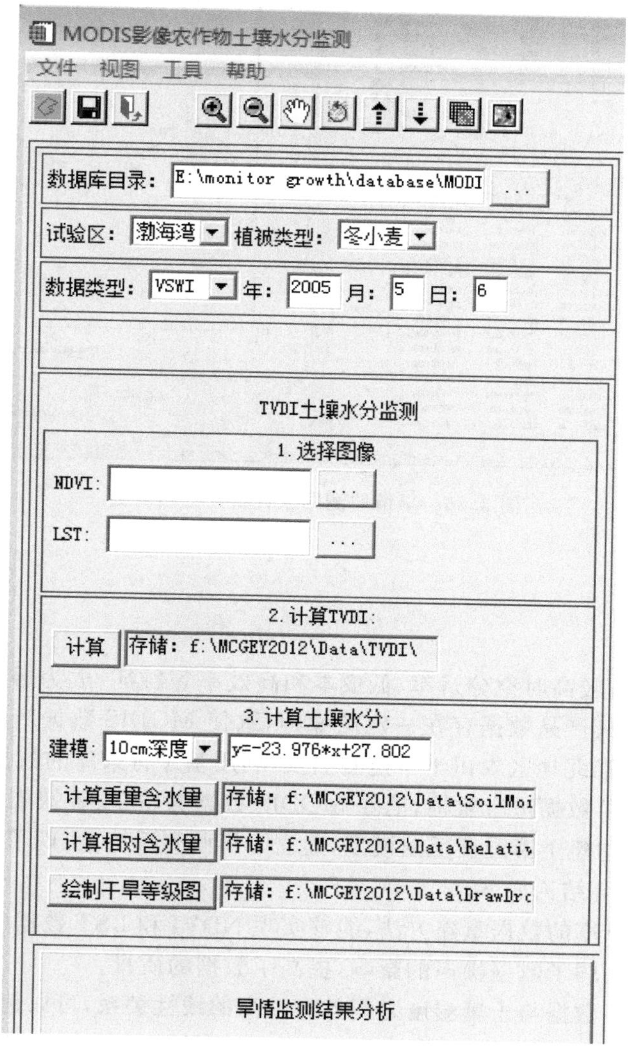

图 3.25　MODIS 土壤水分监测界面

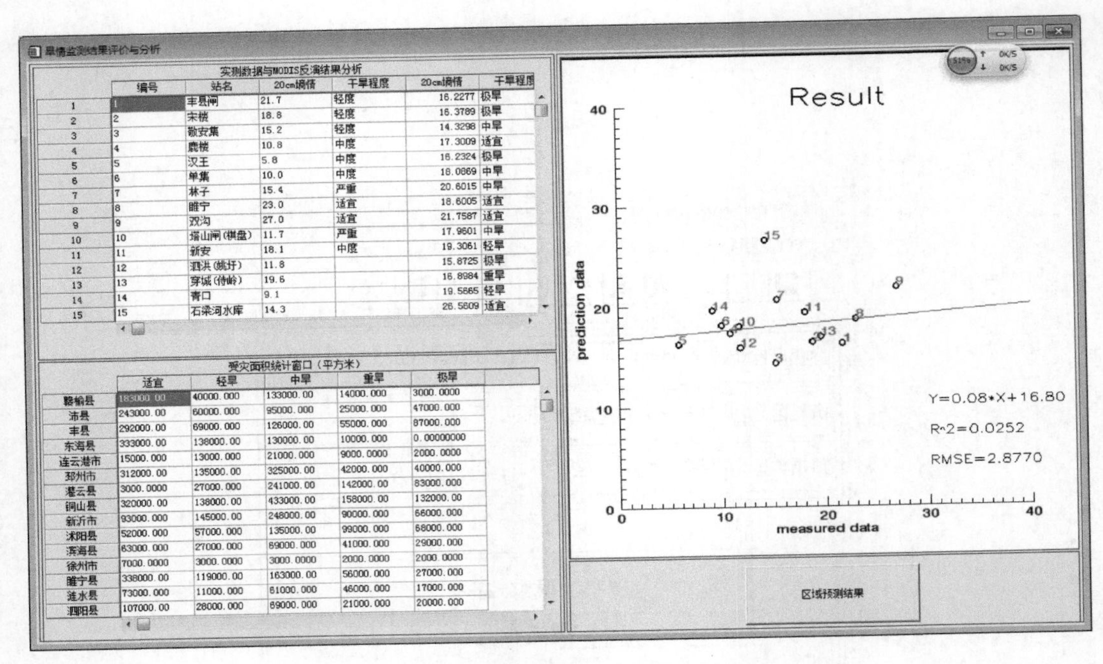

图 3.26　旱情监测结果评价与分析界面

3.5　小结

MODIS 数据具有较高时空分辨率、低成本和高效率等特征，成为遥感监测土壤水分的重要数据来源。但由于其产品数据存在一定的噪声，致使 MODIS 数据产品不能得到有效的应用。本研究从江苏省淮北地区农田干旱监测出发，利用基于背景库的数据重建方法，对该地区 MODIS NDVI 和 LST 数据进行重构，消除 MODIS 数据噪声，填补缺失数据。并利用重建后的数据，计算 TVDI，构建土壤湿度反演模型，建立干旱监测系统，实现了江苏淮北地区干旱监测与评价。研究的主要结论如下。

(1)利用基于背景库的数据重建方法，能够实现 NDVI 和 LST 数据的重建，对缺失的数据进行了有效的填补，削弱了数据噪声的影响，提高了数据的质量。

(2)试验区 TVDI 数据与土壤湿度之间具有较高的线性关系，可以建立基于 TVDI 的土壤湿度反演线性模型。土壤湿度模型验证试验表明：反演的土壤湿度和实测的土壤湿度具有较高的相关性($R^2=0.575$)和较小的均方根误差(RMSE＝2.59%)。

(3)基于反演的土壤湿度，结合试验区的土壤质地数据、各种类型土壤田间持水量数据、干旱等级划分标准，实现了江苏淮北地区干旱等级制图。

本研究基于江苏省多个时期地面观测和遥感影像数据，建立了在时间上具有普适性的土壤湿度反演模型。该模型可用于江苏省淮北地区土壤湿度反演，但在其他区域的适用性还需进一步验证。

第 4 章　风云三号气象卫星土壤湿度微波遥感

土壤湿度(soil moisture,SM) 是自然地表的重要组成部分,在地-气界面间的物质、能量交换中起着重要的作用,是水文学、气象学等科学研究领域的重要环境因子和过程参数。土壤湿度可以通过热红外遥感和微波遥感方法进行探测。由于微波能够穿透云层,微波遥感是实现土壤湿度全天时、全天候监测的有效技术。

土壤湿度的变化引起土壤介电常数的改变,而土壤介电常数与土壤发射率密切相关,且发射率与其发射的辐亮度直接相关;因此,可以利用微波亮温进行土壤湿度反演。微波地表土壤湿度反演算法主要包括单通道土壤湿度反演算法、双极化多通道土壤湿度反演算法和数理统计算法(经验算法)。Jackson 等(1995)利用上述 3 种方法,实现了土壤湿度的微波遥感反演。我国第二代极轨气象卫星风云三号(FY-3)上搭载了微波成像仪(microwave radiation imager, MWRI),其资料可用于地表土壤湿度反演。彭丽春等(2011)建立了基于 FY-3A/MWRI 亮温资料的土壤湿度三次多项式反演模型,并进行了土壤湿度反演试验,得到了较高的土壤湿度反演精度,但由于在反演过程中粗糙度参数是固定值,限制了该模型在未知粗糙度地区的应用。杨虎等(2005)建立了一个基于 FY-3/MWRI 亮温数据的地表土壤湿度反演算法,但并未对该算法进行精度评价。

本研究利用单频率双极化算法,研究了应用 FY-3B/MWRI 数据反演裸露地表土壤湿度的方法及流程。首先,根据地表各参数的范围,设置模型输入参数,利用高级积分方程模型(advanced integral equation models, AIEM) 模拟不同地表参数条件下的 FY-3B/MWRI 资料;然后,基于模拟数据,利用粗糙地表发射率 Qp 模型,发展土壤湿度反演模型;最后,基于 FY-3B/MWRI 数据,利用构建的土壤湿度反演模型,反演我国西部干旱半干旱地区土壤湿度,并利用实测土壤湿度数据,进行精度评价。

4.1　研究区和数据

研究区域位于中国西部干旱半干旱地区,主要包括新疆、西藏、青海、甘肃和内蒙古西部。由于本研究目的在于反演裸露地表土壤湿度,因此,首先根据中分辨率成像仪(MODIS)归一化植被指数(NDVI)产品(MYD13),将研究区域划分为裸土区和植被区。选用的 NDVI 阈值为 0.1,将 NDVI 小于 0.1 的区域划分为裸土区,划分的裸土区作为本研究的研究区域。

用于土壤湿度反演的微波数据来自于我国第二代极轨气象卫星 FY-3B 上搭载的微波成像仪资料(MWRI)。FY-3B/MWRI 在 10.65～89 GHz 频段内设置了 5 个通道,每个通道都有水平和垂直两种极化模式,具体参数见表 4.1 。其中低频 10.65 GHz 通道具有穿透云雨大气的能力，并且对地表粗糙度和介电特性比较敏感，能够用来反演陆地表面温度、土壤湿度含量等地球物理参数。

表 4.1　风云三号气象卫星微波成像仪通道特性

频率(GHz)	极化	带宽(MHz)	灵敏度(K)	定标误差(K)	地面分辨率(km×km)	扫描方式	天线视角(°)	幅宽(km)
10.65	V/H	180	0.5	1	51×85	圆锥扫描	45±0.1	1400
18.7	V/H	200	0.5	2	30×50			
23.8	V/H	400	0.8	2	27×45			
36.5	V/H	900	0.5	2	18×30			
89	V/H	4600	1	2	9×15			

本研究所用辅助数据包括植被指数数据和地表温度数据。MODIS 温度产品在陆地区域精度达到 1 K，相比于 FY-3 温度产品精度，MODIS 产品具有一定的优势；此外，MODIS 植被指数产品广泛应用于植被的监测研究，已有研究表明 MODIS NDVI 产品具有较高的精度。因而，研究中选用了 MODIS 植被指数产品（MYD13）和地表温度产品（MYD11）。MODIS/AQUA 过境时间为地方时 13:30，FY-3B 过境时间为地方时 13:40，可认为两者过境时间较一致。

用于检验土壤湿度反演精度的实测数据来自于中国气象局国家气象信息中心共享网，该数据是以农业气象观测站土壤湿度观测规范为准，每月 8 日、18 日和 28 日对土壤湿度进行测量，观测深度为 10 cm、20 cm、50 cm、70 cm 和 100 cm，本研究使用数据为 10 cm 相对湿度数据。研究区内农业气象观测站点分布如图 4.1 所示。卫星数据反演的土壤湿度为体积含水量，为便于将地面实测数据与反演结果进行有效对比，首先对土壤相对湿度数据进行单位转换，将土壤相对湿度转化为土壤水分体积含水量。转换过程中使用的土壤容重和田间持水量数据来自于各市县农气站。

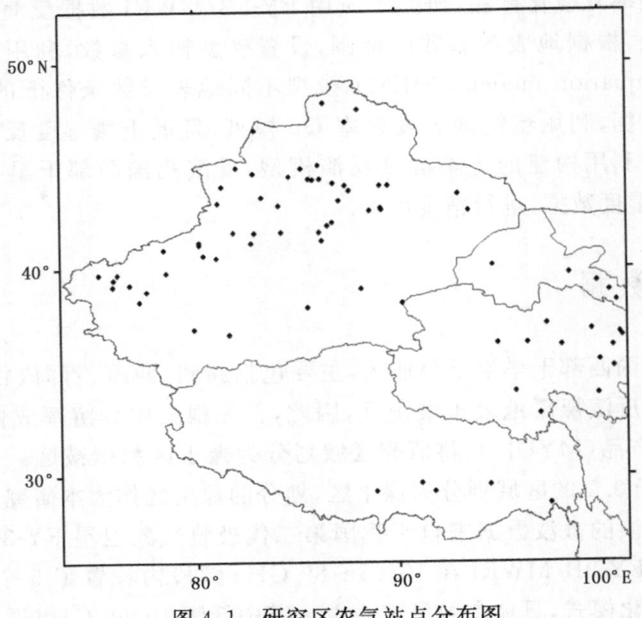

图 4.1　研究区农气站点分布图

4.2 MWRI 数据预处理

MWRI 和 MODIS 数据预处理主要包括几何校正、辐射定标和大气校正，以消除传感器在成像过程中受到的几何畸变、辐射失真以及大气影响等各种因素。

(1)几何校正

MODIS 数据的几何校正通过使用 MODIS 数据处理软件 MRT(MODIS reprojection tool)处理完成。FY-3B 数据利用 HDF5 作为存储数据格式，该数据产品包含了传感器过境获取数据的时间、位置、定标参数系数。使用 ENVI 软件的 GLT 功能，根据数据自带经纬度信息生成一个地理位置查找表文件 GLT，通过 GLT 文件完成对 MWRI 图像进行几何纠正。

(2)辐射定标

MERSI-L1 地球观测数据集的辐射定标采用多项式进行，其中太阳反射率波段是两次项定标(3 个定标系数)，不同扫描采用相同定标系数，太阳反射率波段定标后的物理量是反射率(无量纲)。全部通道数据定标前都要进行通道的 DN 调整恢复，即：

$$DN^{**} = \text{slope} \times (DN^{*} - \text{intercept}) \tag{4.1}$$

式中，DN^{*} 是 $L1$ 数据中的 EV 科学数据集计数值，它是预处理时对原始 DN 值经过多探元归一化处理后的计数值，公式中的 slope 和 intercept 是对应 EV 科学数据集的内部属性值，定标计算是在 DN^{**} 基础之上进行处理。太阳反射率波段定标公式为：

$$\rho\cos\theta = k_0 + k_1 DN^{**} + k_2 DN^{**2} \tag{4.2}$$

式中，k_0、k_1、k_2 为定标系数，VIS_Cal_Coeff 字段对应通道的 3 个系数，θ 为太阳天顶角。

(3)大气校正

本研究采用 ENVI 中的 FLAASH 大气校正模块，对影像进行大气校正。FLAASH 模块由光学研究权威机构——光谱科学研究所与美国空气动力研究实验室(AFRL)及光谱信息技术应用中心(SITAC)共同研发。采用了目前精度最高的大气辐射校正模型 MODTRAN4+模型。该校正模块适用于高光谱数据和多光谱数据的大气校正，计算精度高，算法运行速度快、易用性较强。FLAASH 模块输入图像必须是经过辐射定标后的辐亮度图像。输入参数包括传感器与图像目标信息(图像中心经纬度、传感器类型、传感器飞行高度、图像区域平均海拔高度、图像像素大小、成像日期和时间)、大气模型、气溶胶模型初始能见度以及对应的多光谱设置等。

图 4.2 为大气校正前后 NDVI 像元分布，经过大气校正后直方图像元分布整体向右移，NDVI 值增大，同时校正后的 NDVI 值分布区域变宽。在可见光波段，大气通过散射作用增加了可见光波段反射率，大气校正则削弱了这种作用，还原了目标地物真实反射率。在近红外波段由于大气的散射和水汽吸收等，反射率遭到削弱，大气校正则消减了这种衰减作用使得近红外波段反射率有所增加。经过大气校正后，不同地物的反射率差异更加明显，包含更为丰富的地物信息，在图像上表现为地物更加清晰、有层次感，能够识别出更多地物。

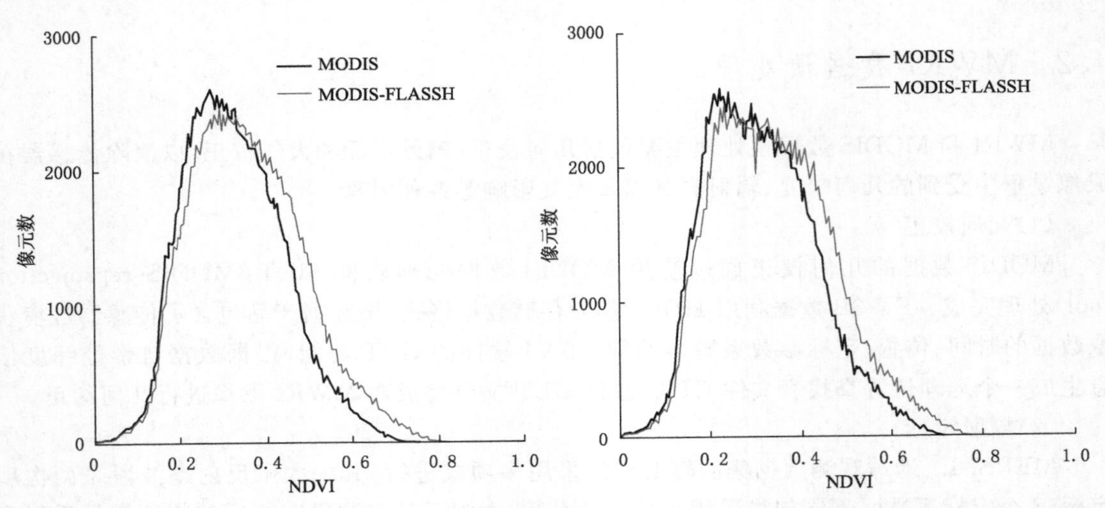

图 4.2 MODIS 经过大气校正前后 NDVI 像元分布(左图)和 MERSI 经过大气校正前后像元分布(右图)(粗线未经过大气校正,细线为经过 ENVI-FLAASH 模块大气校正后的 NDVI 像元分布)

4.3 基于 AIEM 模型的土壤湿度反演模型建立

4.3.1 AIEM 模型

地表微波辐射传输模型常被用于研究地表辐射特征,其中,广为使用的是高级积分方程模型 AIEM。该模型是基于电磁波辐射传输方程的地表辐射模型,能在一个很宽的地表粗糙度范围内再现真实地表辐射情况。为分析地表粗糙度和土壤湿度对地表微波辐射影响,并建立土壤湿度反演模型,本研究基于 FY-3B/MWRI 仪器参数设置,利用 AIEM 模型对裸露地表微波发射特性进行模拟。输入模型参数包括频率、入射角、地表均方根高度、相关长度和土壤体积含水量,模型输出参数为比辐射率 ε_p 和光滑表面反射率 r_p 。

4.3.2 半经验模型

半经验模型计算简单,通常能够很容易地应用到图像上,而且可以作为直接的地表参数反演模型,用于反演地球物理参数。半经验模型所需模型参数能够直接从有限的测量值中得到,因而在应用相同数据时能取得较好结果。目前,最为常用的半经验模型有 Q/H 模型、Q/P 模型。Q/P 模型是根据 Q/H 模型发展而来,对 Q/H 模型中的参数 Q 和 H 进行了不同参数化与近似。

(1) Q/H 模型

由于地表粗糙度的存在,增加了地表发射率,降低了地表反射率。Wang 等(1980)提出了一种简单的半经验模型来描述粗糙度对地表反射率的影响,通过引入 Q 、H 两个关键参数,建立了粗糙表面与光滑表面反射率之间的关系:

$$r_p^e = [(1-Q)r_p + Qr_q]H \tag{4.3}$$

式中,r_p^e 为粗糙表面反射率,r_p 、r_q 为两种不同极化下的光滑表面反射率,Q 、H 为地表粗糙度参数，描述了地表粗糙度对地表反射率的影响。

(2) Q/P 模型

Q/H 模型虽然能够较好地模拟粗糙地表发射率，但将它应用到实际地表土壤水分反演时，Q/H 模型过高地估计了粗糙度对地表辐射的影响，特别是在高频波段。此外，Q/H 模型中用到的粗糙度参数是一种有效的粗糙度参数，并不是实际可测量的粗糙度参数。为此，施建成等(2006)对 Q/H 模型提出修改，提出新的 Q_p 模型。该模型成功地消除了地表粗糙度的影响，能够较好地反映裸露地表的微波辐射信息。通过与 AIEM 理论模型比较，Q/P 模型比 Q/H 模型有更广泛的适用性，因而本章土壤水分建模中将采用该模型来描述粗糙地表对微波辐射信号的影响。该模型有两种表达形式，采用粗糙表面反射率 R_p^ε 时该模型表达式为：

$$R_p^\varepsilon = 1 - \varepsilon_p = Q_p r_q + (1 - Q_p) r_p \tag{4.4}$$

采用地表比辐射率 ε_p 时，该模型表达式为：

$$\varepsilon_p = Q_p t_q + (1 - Q_p) t_p \tag{4.5}$$

式中，下标 p 、q 表示两种不同极化方式；R_p^ε 为粗糙表面反射率；ε_p 为地表比辐射率；Q_p 为地表粗糙度参数；r_p、r_q 为光滑表面反射率；t_p、t_q 为光滑表面透过率。

4.3.3　FY-3B/MWRI 辐射数据模拟

研究中使用的 MWRI 数据频率为 10.65 GHz，极化为 V 和 H，入射角为 53°，它们将作为模型的输入参数输入到 AIEM 模型。此外，有关地表的输入参数取值尽量覆盖实际情况的所有可能，土壤湿度的取值范围为 2%～44%，间隔为 2%。地表均方根高度(s)的取值范围为 0.5～3.5 cm，间隔为 0.25 cm。相关长度(l)取值范围为 5～30 cm，间隔为 2.5 cm。对于地表相关函数，相比于指数相关函数，高斯相关函数更接近实验测量值，因而在模型模拟中使用高斯相关函数。运行 AIEM 模型，模拟出 MWRI 10.65 GHz、V/H 极化下共 3146 个比辐射率和菲涅尔反射率值。

4.3.4　土壤湿度反演模型

基于 AIEM 模型模拟的比辐射率 ε_p 和光滑表面反射率 r_p ，利用式(4.3)，首先计算得到地表粗糙度参数 Q_p ，并建立地表粗糙度参数 Q_v 与 Q_h 之间关系(图 4.3)。由图 4.3 可知，地表粗糙度参数 Q_v 与 Q_h 之间具有较高的相关性，可得到两者之间的线性拟合方程：

$$Q_v = a + bQ_h \tag{4.6}$$

式(4.6)系数 a 、b 可由模拟数据拟合得到，图 4.3 给出具体数值。通过式(4.6)，已知一个极化下的地表粗糙度参数可求得另一个极化下的地表粗糙度参数，使得地表粗糙度参数为单一未知量。

为消除地表粗糙度影响，将式(4.5)带入式(4.6)中，合并公式系数，得到下式：

$$\alpha\varepsilon_v + \varepsilon_h = \beta t_v + \eta t_h \tag{4.7}$$

式中，ε_v 和 ε_h 分别为 V/H 极化下裸土比辐射率，t_v 和 t_h 分别为 V/H 极化下光滑表面透过率，α、β、η 为公式系数。在推导过程中可得出式(4.6)和式(4.7)系数之间有如下关系：$\alpha = 1/b$，$\beta = (1 - a)/b$，$\eta = (1 + a)/b$ 。由式(4.7)可知，通过地表粗糙度参数 Q_v 与 Q_h 之间的线性关系，利用双极化数据可以消除地表粗糙度的影响。

在消除地表粗糙度参数后，进一步利用 Shi 等(2006)文章中提出的土壤湿度与光滑表面透过率之间关系，得到土壤湿度反演模型：

$$SM = A + B(\beta t_v + \eta t_h) + C\sqrt{\beta t_v + \eta t_h} \tag{4.8}$$

式中，SM 为土壤体积含水量，A、B、C 为反演模型参数，可由模拟数据利用最小二乘法拟合得到。式(4.8)右侧 $\beta t_v + \eta t_h$ 项可由式(2.7)中 $\alpha\varepsilon_v + \varepsilon_h$ 项替换。试验中，融合 MODIS 地表温度数据和 FY-3B/MWRI 10.65 GHz 观测亮温数据，计算地表比辐射率 ε_p，进而利用式(4.8)反演得到土壤湿度。

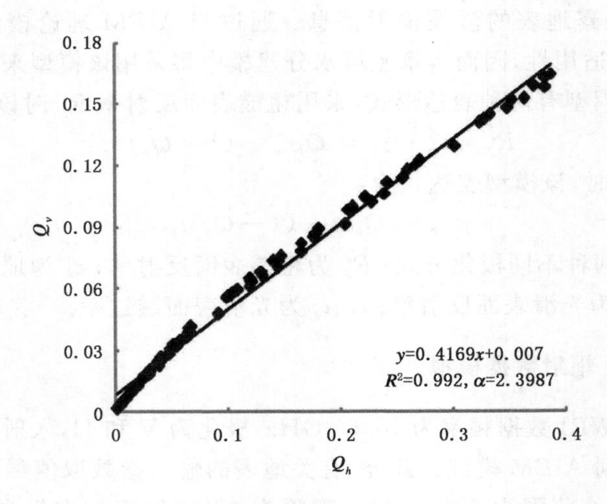

图 4.3 地表粗糙度参数 Q_v 和 Q_h 之间关系

如图 4.3 所示，可以最佳拟合出 b，并进一步计算出 α 为 2.3987。基于 AIEM 模型模拟的比辐射率 ε_v、ε_h 和输入的土壤水分参数，最小二乘拟合得到 α、A、B、C 分别为 2.3987、4.0032、0.5959 和－3.2882。基于拟合的参数，构建的土壤水分反演模型为：

$$SM = 4.0032 + 0.5959(2.3987\varepsilon_v + \varepsilon_h) - 3.2882\sqrt{2.3987\varepsilon_v + \varepsilon_h} \tag{4.9}$$

4.3.5 土壤湿度反演

基于 FY-3B/MWRI 10.65 GHz 亮温数据和 MODIS 温度产品数据(MYD11)，利用式(4.10)计算比辐射率，并进一步反演土壤湿度。

$$\varepsilon_p = TB_p / T_v \tag{4.10}$$

式中，TB_p 为微波成像仪观测亮温，T_v 为地表温度。

4.4 基于 FY-3B/MWRI 数据的低植被覆盖区土壤湿度反演

基于 FY-3 MWRI 和 MODIS 数据，利用式(4.9)和(4.10)所示模型，对 2011 年 3 月 28 日、4 月 28 日、6 月 8 日、7 月 18 日、8 月 28 日、9 月 8 日、9 月 18 日、10 月 8 日、10 月 28 日试验区地表土壤湿度进行反演，反演结果如图 4.4 所示。试验发现对于裸露地表 FY-3 MWRI 能够较好反演土壤湿度，但对于植被覆盖地表，由于受植被影响，MWRI 资料不能较好地反演出地表土壤湿度。

如图 4.4 所示，反演的土壤湿度和气象站点 10 cm 深度层实测的土壤湿度具有较好的相

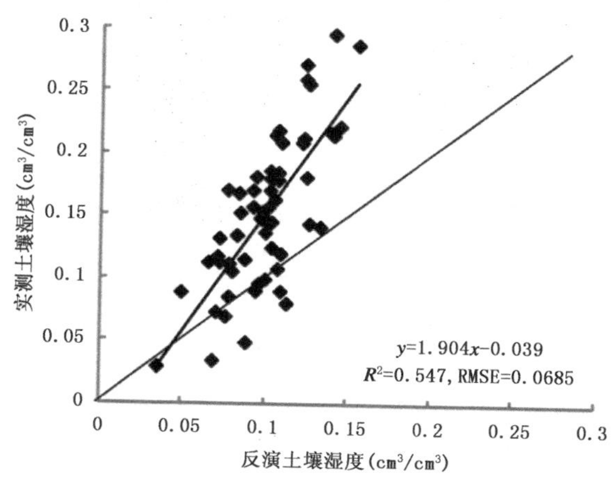

图 4.4　FY-3B/MWRI 反演结果与实测数据交叉验证散点图

关性，其相关系数达到 0.001 的显著性水平，均方根误差为 0.0685 cm³/cm³；在土壤湿度较大的区域，反演的土壤湿度小于实测值，可能原因是：所用验证数据为 10 cm 土壤水分，而卫星遥感反演结果为表层土壤水分，表层土壤水分较 10 cm 土壤水分偏低。

为消除系统误差，进一步利用图 4.4 中的关系式，订正土壤湿度反演模型，得订正后的土壤湿度反演模型：

$$SM = 1.904[4.0032 + 0.5959(2.3987\varepsilon_v + \varepsilon_h) - 3.2882\sqrt{2.3987\varepsilon_v + \varepsilon_h}] - 0.039 \tag{4.11}$$

为检验修订前后模型精度，选用另外一组验证数据(获取时间为 2011 年 3 月 8 日、4 月 8 日、5 月 28 日、7 月 8 日、7 月 28 日、9 月 28 日、10 月 18 日、11 月 8 日)，分别利用式(4.9)和(4.11)进行土壤水分反演，并与气象站点实测的 10 cm 土壤水分资料进行交叉验证，结果如图 4.5 所示。

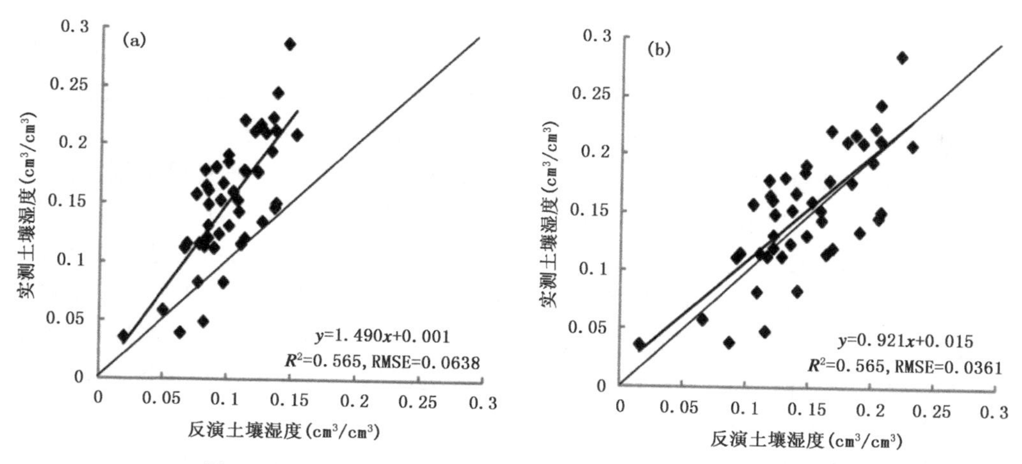

图 4.5　FY-3B/MWRI 反演结果与实测数据交叉验证散点图
(a)系统误差订正前反演结果与实测结果比较；(b)系统误差订正后反演结果与实测结果比较

如图 4.5 所示，修订后模型取得了更高的土壤水分反演精度，反演的土壤水分和实测值达到 0.001 的显著性水平，均方根误差为 0.0361 cm³/cm³。

利用式(4.11)的土壤水分反演模型对研究区各时期数据进行反演,结果如图 4.6 所示。如图所示,西部地区土壤水分较低,体积含水量在 0～0.3 cm^3/cm^3 之间,与地面观测结果较为吻合。

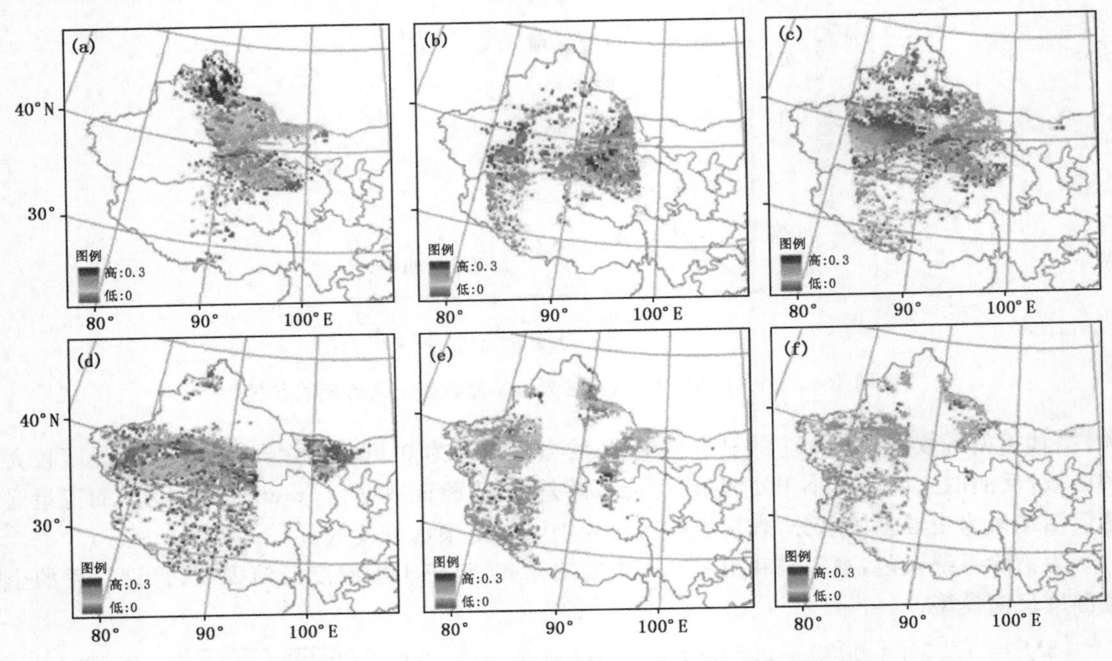

图 4.6　订正后模型反演土壤体积含水量时序图(附彩图)

(a)2011-03-08;(b)2011-03-28;(c)2011-04-08;(d)2011-04-28;(e)2011-05-28;(f)2011-06-08

4.5　小结

本试验使用 AIEM 模型,模拟不同地表参数条件下的 FY-3B/MWRI 资料,利用模拟资料发展了一个可用于裸露地表土壤湿度反演的半经验模型。该模型利用双极化数据消除地表粗糙度影响,成功实现了低植被覆盖区土壤湿度反演,模型应用结果表明:

(1)基于理论模型模拟数据构建的土壤湿度反演模型,能够较好地实现土壤湿度反演,9 个时次(3 月 28 日、4 月 28 日、6 月 8 日、7 月 18 日、8 月 28 日、9 月 8 日、9 月 18 日、10 月 8 日、10 月 28 日)土壤湿度反演结果表明,反演和实测的土壤湿度达到 0.001 显著性水平,两者均方根误差为 0.0685 cm^3/cm^3;此外,在土壤湿度高值区反演的土壤湿度明显小于实测值。

(2)通过拟合反演和实测土壤湿度之间的关系,并利用这一关系对原模型进行订正,可得订正后的土壤湿度反演模型,订正后的模型能够获得更高的土壤湿度反演精度。对比订正前后反演模型精度,订正后的模型土壤湿度反演精度明显更高($R^2=0.565$,RMSE=0.0361 cm^3/cm^3)。这一结果说明,FY-3B/MWRI 资料可用于低植被覆盖区土壤湿度反演,并取得较高的反演精度。

(3)本研究所建土壤湿度反演模型只适用于裸土区域。虽然试验中试图通过获得植被信息,消除植被对土壤湿度反演影响,但效果不理想。因此,植被覆盖区地表土壤湿度反演还需进一步研究。

第 5 章　地基微波辐射计大气温湿度廓线遥感

大气的温度和湿度是大气与环境的重要参数，获得连续的大气温湿廓线数据对认识各种尺度的天气演变过程和做好临近天气预报具有重要意义。常规探空资料虽然具有较高的代表性和可信度，但是由于其时间分辨率较低，已经越来越不能满足现代气象事业发展的需求。地基微波辐射计具有便于携带、校准方法可靠、分辨率高、可无人值守连续探测、操作简单等众多优点，正逐渐成为遥感大气廓线的重要仪器，并得到了越来越多的应用，甚至能够探测雷电放电通道的位置和温度。目前，地基微波辐射计可以获取 0～10 km 高度范围内的大气温度、相对湿度和液态水廓线等数据，并且这些数据在时间上是连续的。近年来，这些数据连同连续风廓线资料逐渐成为临近短期天气精准预报重要的参考资料。有专家提出，随着微波探测技术的不断发展，微波辐射计在今后的大气探测系统中将占据更重要的地位。因此，研究利用微波辐射计资料反演大气温湿廓线具有较高的科学意义和潜在实用价值。

目前，大气温湿廓线反演技术主要有正向模型反演算法、回归法、神经网络法等。前两种方法存在一定的弊端，如正向模型反演算法计算量大，很费时间；而回归算法过于简单，对于解决非线性问题存在局限性。在非线性问题上神经网络算法有着自己强大的优势，其理论上可以接近任意复杂的非线性关系，且不依赖于物理正向模型，不需要专门设计特别复杂的反演算法，由此减去了一些因分析物理正向模型而产生的众多问题。随着人工智能技术的不断发展，人工神经网络模型也被越来越多的使用于微波遥感领域，更是常被用于大气廓线反演。

本实验所用的微波辐射计是从美国 Radiometrics 公司购买的 MP-3000A 型微波辐射计，该微波辐射计使用神经网络模型，实现大气温湿廓线反演；但其使用的神经网络建立过程和具体方法并不对外公布，使得用户难以对其进行调优改善。此外，试验表明：虽然微波辐射计进行了标定，但其实测的亮温与模拟亮温仍存在一定的偏差；然而，仪器自带的反演程序是无法处理这些偏差的。因此，本研究试图基于南京本地的探空资料，利用 MonoRTM 模式模拟微波辐射计 level1 亮温数据，在此基础上建立本地化的 BP 神经网络大气温湿廓线反演模型，并将该反演模型用于订正后的微波辐射计 level1 亮温数据，实现大气温湿廓线反演，并评价该方法的反演精度。

5.1　地基微波辐射计数据

本研究使用的数据来自江苏省气象局江宁观测站，包括无线电探空温湿廓线资料和微波辐射计数据。其中，2011 年到 2013 年共三年的无线电探空温湿廓线资料来自于美国怀俄明州立大学的探空数据库网站（http://weather.uwyo.edu/upperair/seasia.html）。微波辐射计资料由国家重点基础研究计划(973 计划)“突发性强对流天气演变机理和监测预报技术研究(OPACC)”项目第一课题组提供。该项目在江宁站外场观测试验中,使用 MP-3000A 型地基微波辐射计,进行了持续两个月(2014 年 6 月、7 月)观测,最终选取了具有对应探空资料的 65 个非雨天微波辐射计观测样本。

MP-3000A 微波辐射计共提供 22 个通道数据,中心频率范围在 22.234～58.800 GHz 之间。22 通道中,前 14 个通道为水汽吸收通道,用于探测大气中的水汽;后 8 个通道为氧气吸收通道,用于探测大气温度。微波辐射计每一分钟输出一组数据,每组数据分为四种,具体如下。

(1)Level 0 为未经处理的原始数据;

(2)Level 1 为亮温数据,来自于同期 level 0 数据和配置文件中的校准数据。

(3)Level 2 为 58 个高度层上的大气温度、水汽密度、相对湿度和液态水廓线产品,来自于微波辐射计内置的神经网络算法。

(4)TIP 校准文件。

本研究使用的有关微波辐射计的数据主要是 level 1 和 level 2 的数据。level 1 亮温数据用于大气廓线反演,level 2 大气廓线数据用于对比反演结果。而探空资料则用于微波辐射计数据的模拟,以及对反演结果的精度进行评价。为使探空资料与微波辐射计二级产品高度分层一致,对探空数据,进行了线性插值处理,0～10 km 共 58 层。

水汽密度并不是探空直接获取的资料。为研究水汽密度反演,利用公式(5.1)和(5.2),计算各高度层水汽密度。

$$e = 6.1078U\exp\left[17.708\frac{(T-273.16)}{(T+29.3298)}\right] \tag{5.1}$$

$$\rho = \frac{e}{0.004615T} \tag{5.2}$$

式中,e 表示水汽压,T 为温度,U 为相对湿度,ρ 为水汽密度。

5.2 MONORTM 下行辐射亮温模拟

构建温湿反演的 BP 神经网络模型,需要大量的微波辐射计数据。但由于实测的微波辐射计数据有限,通常的做法是以探空资料为输入,利用辐射传输模式,模拟探空资料对应的微波辐射亮温数据。研究中,以 2011—2013 年探空资料为输入数据,利用 MonoRTM 模拟微波辐射计 level1 亮温数据。MonoRTM 辐射传输模式有 10 个输入文件,可以根据观测到的天气实况,调整相应输入文件的各高度层所对应的气温、气压、相对湿度、液态水含量大气信息及所用微波辐射计的通道数、通道频率等,从而计算出不同情况下的亮温值。MonoRTM 模式中有液态水含量输入参数,因此,该模式不仅可用于模拟晴空条件下的微波辐射计资料,也可以在一定的云假设条件下模拟微波观测资料。由于受客观条件的限制,常规的气象资料中未能提供云液态水含量,所以需要事先求得云液态水含量。本研究对于云液态水含量估算方法主要参考刘亚亚等(2010)的工作:如果整层大气的相对湿度都低于 85%,那么认定天气状况为无云,同时云中液态水浓度取值为 0 g/m³;如果某一层相对湿度不低于 85%,则认该层有云,此时云液态水含量取值有两种情况:若该层相对湿度的值大于 95%,则云液态水含量取值为

0.5 g/m³；若相对湿度处于 85%和 95%之间，则云液态水浓度的取值满足一定的线性关系。

5.3　微波辐射计资料订正

虽然，试验前课题组对微波辐射计进行了标定，但实测的微波辐射计亮温与模拟亮温仍存在偏差。基于 2014 年 6 月 35 个观测样本数据，绘制实测亮温和模拟亮温散点图，图 5.1 为 26.234～53.848 GHz 通道观测亮温与模拟亮温随时间变化的曲线图。如图 5.1 所示，频率较大的水汽通道(图 5.1a～c)和频率较小氧气通道(图 5.1d～i)实测亮温和模拟亮温存在明显偏差，部分样点亮温相差可超过 10 K。

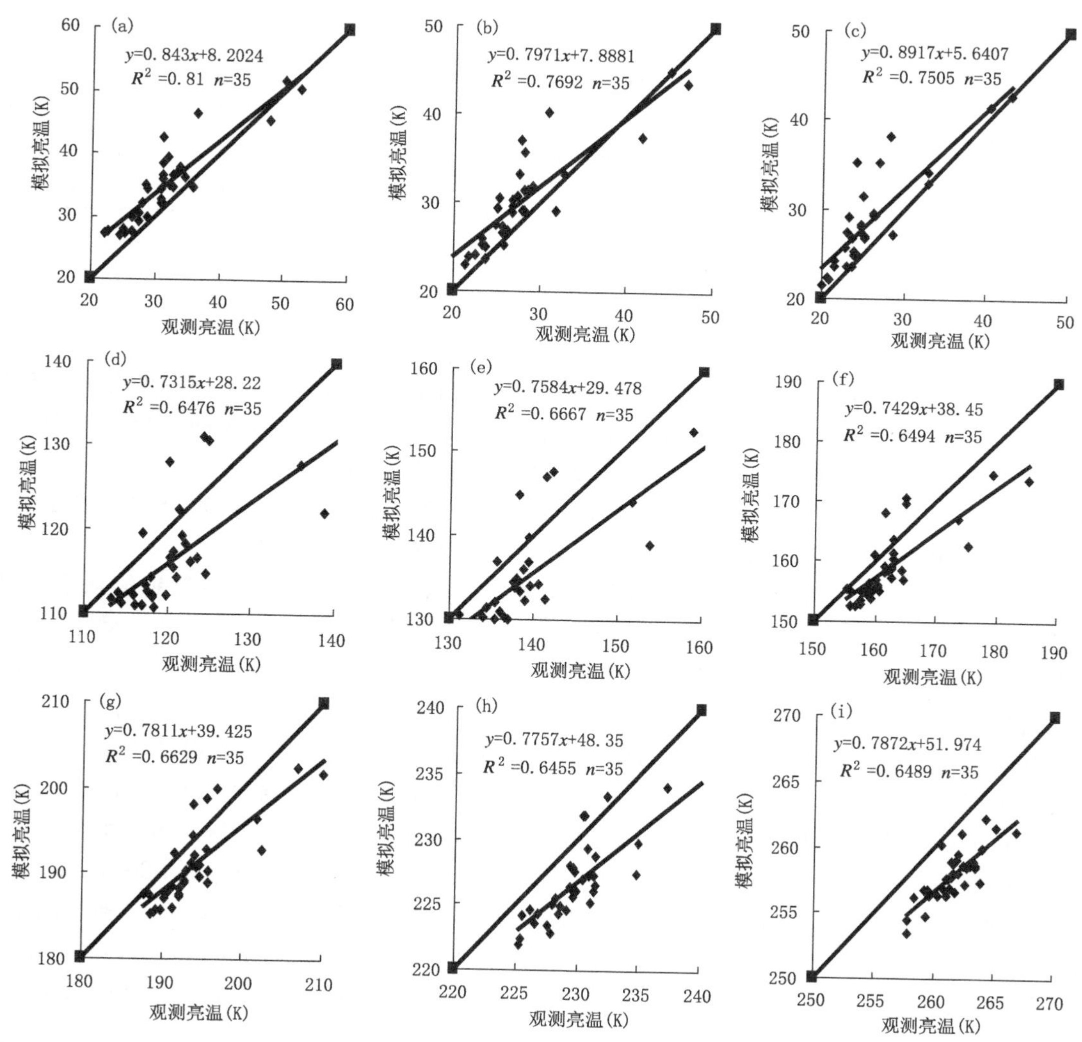

图 5.1　图(a)～(i)分别为 26.234 GHz、28.0 GHz、30.0 GHz、51.248 GHz、51.760 GHz、52.280 GHz、52.804 GHz、53.336 GHz、53.848 GHz 通道观测亮温与模拟亮温散点图

为订正实测亮温与模拟亮温之间的偏差，本研究统计了 22 通道实测和模拟亮温之间的订正模型(表 5.1)，这些模型将用于反演前实测亮温的订正。

表 5.1　22 通道实测亮温与模拟亮温的订正模型

f(GHz)	线性拟合方程	R^2	f(GHz)	线性拟合方程	R^2
22.234	$y=0.99575x+2.1078$	0.9384	52.804	$y=0.7811x+39.425$	0.6629
22.500	$y=0.9615x+1.9817$	0.9357	53.336	$y=0.7757x+48.35$	0.6455
23.034	$y=0.9515x+3.2138$	0.9248	53.848	$y=0.7872x+51.974$	0.6489
23.834	$y=0.964x+5.1675$	0.8845	54.400	$y=0.8911x+27.975$	0.8577
25.000	$y=0.894x+7.0311$	0.8582	54.940	$y=0.866x+38.929$	0.9288
26.234	$y=0.843x+8.2024$	0.81	55.500	$y=0.8807x+33.555$	0.8901
28.000	$y=0.7971x+7.8881$	0.7692	56.020	$y=0.8329x+49.003$	0.9215
30.000	$y=0.8917x+5.6407$	0.7505	56.660	$y=0.8952x+30.796$	0.9216
51.248	$y=0.7315x+28.22$	0.6476	57.288	$y=0.9173x+24.405$	0.9265
51.760	$y=0.7584x+29.478$	0.6667	57.964	$y=0.9015x+28.978$	0.9506
52.280	$y=0.7429x+38.45$	0.6494	58.800	$y=0.9119x+26.061$	0.9509

5.4　反演模型构建及反演

BP 神经网络算法已成功用于大气参数反演，是一种相对成熟、被广泛应用的非线性反演算法。试验中，针对大气温度、相对湿度和水汽密度，分别建立了 BP 神经网络反演模型。网络的输入层含有 25 个神经元，前 22 个神经元为模拟的 22 通道亮温，后 3 个神经元分别为近地层温度、气压以及相对湿度；网络输出层包含 58 个节点，分别为 0～10 km 58 个高度层的气温、相对湿度和水汽密度，其高度层参考地基微波辐射计 level 2 产品高度。

神经网络性能的好坏易受其隐层结点数的影响，如隐含结点数太少，会导致信息不足，从而影响整个网络的反演精度，而隐含节点数过多则会导致训练时间过长，影响工作效率。许多研究工作给出了计算隐含层节点数的相关方法。试验中，结合多次实验计算和分析，考虑计算时间、精度等各种因素，最终，确定隐含节点数为 30。

神经网络性能的好坏除了与网络的结构有关，很大程度上还与网络所用的传递函数型式有关。本网络中，隐含层选用双曲正切 S 型传递函数 tansig，该函数输入值可取任意值，输出值在−1 到 1 之间；输出层则选取线性传递函数 purelin，该函数的输入和输出值可取任意值。

本研究利用神经网络反演大气温湿廓线的主要流程为：首先，利用模拟的 2011—2013 年的 22 通道模拟亮温及对应的大气温湿压信息作为学习样本，训练神经网络，确定神经网络系数；然后，将 2014 年 7 月订正后的 30 组观测亮温作为检验样本，输入到训练好的神经网络，反演大气温度、相对湿度和水汽密度；最后，利用探空资料评价反演产品的精度，并与微波辐射计二级产品进行比对。

5.4.1　大气温度反演

(1)个例分析

图 5.2a～d 分别为 2014 年 7 月 3 日 00 时、12 时和 7 月 8 日 00 时、12 时(UTC)温度反演结果、微波辐射计温度产品、温度探空对比图。7 月 3 日两个时次天气晴好,7 月 8 日两个时次天空多云。如图 5.2 所示,本研究反演的温度及微波辐射计温度产品和探空资料的总体趋势一致;但反演的温度廓线更接近于探空温度廓线,特别在 3 km 以上高度,无论是晴空还是多云天气,微波辐射计产品都低估大气温度,而本研究的反演结果可以较好地反映实际的大气温度垂直分布。这说明本研究所用的方法提高了温度反演的精度。

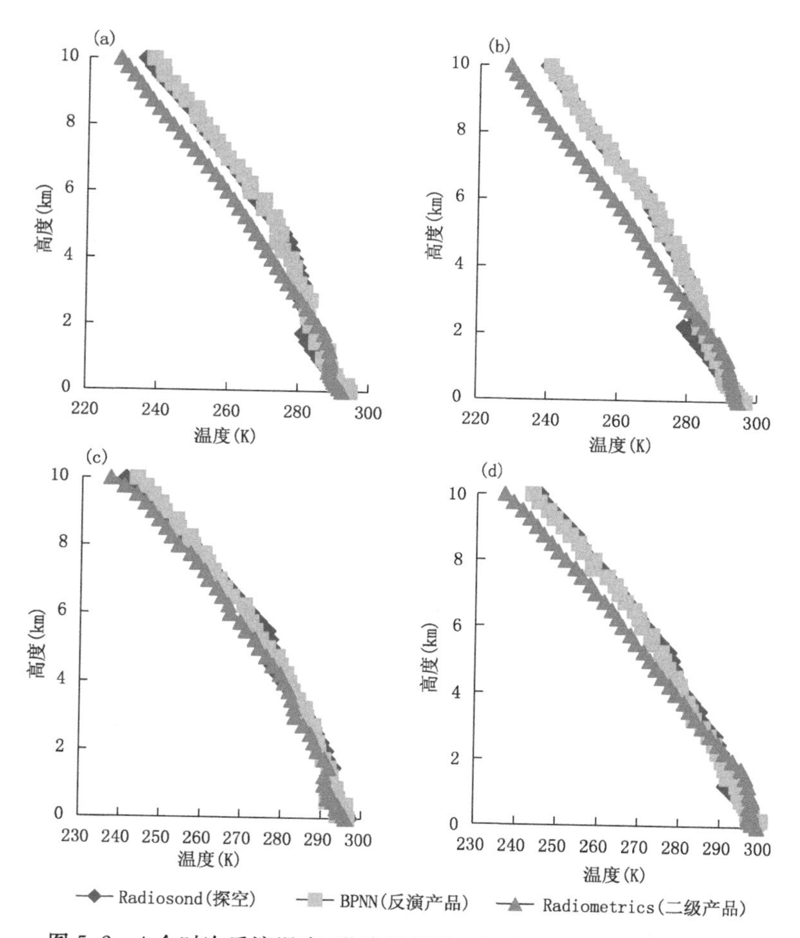

图 5.2　4 个时次反演温度、微波辐射计 2 级产品及探空值的对比图

(a)7 月 3 日 00 时(UTC);(b)7 月 3 日 12 时(UTC);(c)7 月 8 日 00 时(UTC);(d)7 月 8 日 12 时(UTC)

(2)统计分析图

图 5.3 为本研究反演的温度及微波辐射计温度产品与实际探空观测值相比的平均误差 ME 和均方根误差 RMSE 对比图。如图 5.3 所示,在 4 km 以下,微波辐射计温度产品的平均误差和均方根误差变化趋势比较复杂:在地表、1 km、3 km 附近平均误差成正值,在 0.5 km

和 1.5 km 附近则成负值；在地表和 3 km 附近 RMSE 较小(将近 1.5 K)，在 1 km 附近 RMSE 较大。4 km 以上，微波辐射计温度产品的偏差和均方根误差都呈现出逐渐变大的趋势，在 10 km 处偏差可达 5.8 K，RMSE 可达 6.8 K。本研究反演的温度产品呈现出：1 km 以下订正后反演的温度平均误差为正，其值小于 0.3 K；1 km 以上温度平均误差则为负，误差绝对值小于 0.7 K，反演的温度产品 RMSE 随着高度不断增加，从 1 K 增加到 2 K。而未经订正的观测亮温直接用于 BP 神经网络反演的温度产品在 1 km 以下平均误差为正，其值在 1.8 K 左右，1 km以上平均误差则为负，误差绝对值小于 3.5 K，反演的温度产品 RMSE 随着高度的增加误差不断增大，在 3.3～5 K 之间。总体而言，对比温度反演结果和微波辐射计二级产品，反演结果精度有较大提高，比较订正前和订正后反演结果，订正后的温度产品比订正前有明显提高，误差整体提高了 2 K 左右，与探空值更为接近。

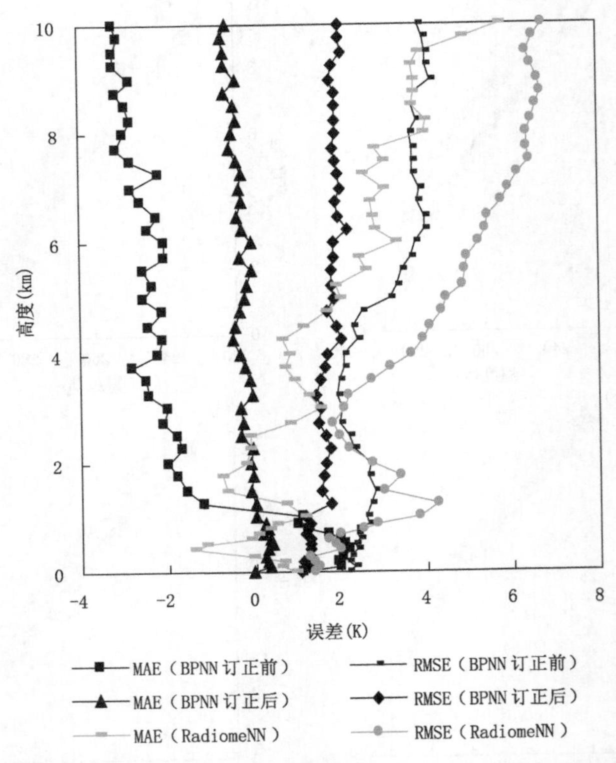

图 5.3　反演温度及微波辐射计温度产品平均误差和均方根误差

5.4.2　大气水汽密度反演

(1)个例分析

图 5.4a～d 分别为 2014 年 7 月 3 日 00 时、12 时和 7 月 8 日 00 时、12 时(UTC)水汽密度反演结果、微波辐射计水汽密度产品、由探空数据计算的水汽密度对比图。如图 5.4 所示，本研究反演的水汽密度廓线及微波辐射计水汽密度产品和探空资料的总体趋势一致；但反演的水汽密度廓线更接近于探空水汽密度廓线，特别是在 0～1 km 高度，无论是晴空还是多云天气，微波辐射计产品都高估水汽密度，而本研究的反演结果可以很好地反映实际的水汽垂直分

布。这说明本研究所用的方法提高了水汽密度反演精度。

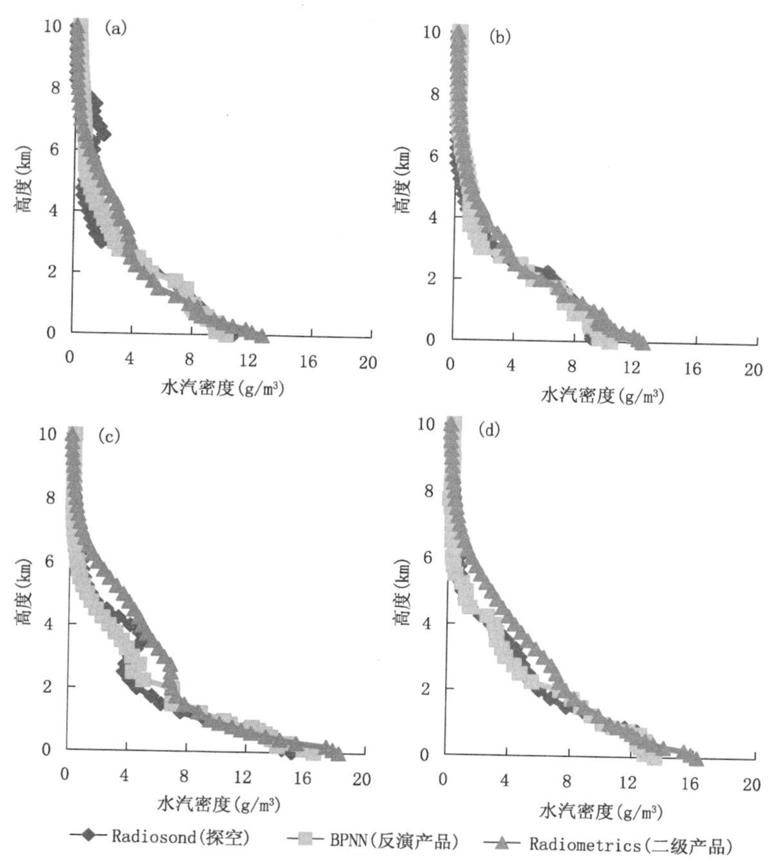

图 5.4　4 个时次反演水汽密度、微波辐射计 2 级产品及探空值的对比图

(a)7 月 3 日 00 时(UTC);(b)7 月 3 日 12 时(UTC);(c)7 月 8 日 00 时(UTC);(d)7 月 8 日 12 时(UTC)

(2)统计分析

图 5.5 为本网络反演的水汽密度、微波辐射计水汽密度产品与探空观测值相比的平均误差 ME 和均方根误差 RMSE 的对比图。如图 5.5 所示,在 200 m 高度附近,微波辐射计水汽密度产品的平均误差(−3.7 g/m³)和均方根误差(3.9 g/m³)较大;在 0.5～2.3 km 高度水汽密度产品的平均误差(−0.7～0.7 g/m³)和均方根误差(<2.2 g/m³)较小;2.3 km 以上平均误差和均方根误差迅速增大,在 2.8 km 处达到最大,分别为−4.6 和 6.5 g/m³;之后,平均误差和均方根误差逐渐减少,并在 6.8 km 处开始出现正偏差。图 5.5 显示本研究反演的水汽密度产品平均误差较小(−0.24～0.23 g/m³),均方根误差范围为(0.2～1.93 g/m³)并在 1 km处 RMSE 最大。对比水汽密度反演结果和微波辐射计二级产品,反演结果精度有较大提高,特别是在 0.5 km 以下和 2.25～6.25 km 高度层。订正后的反演结果明显优于未经订正的反演结果,平均误差提高了约 0.4 g/m³,均方根误差则在 2.1～3.8 km 高度层最为明显,提高了将近 2 g/m³。总体而言,本研究 BP 神经网络反演的水汽密度和微波辐射计二级产品,反演结果更为接近探空值。

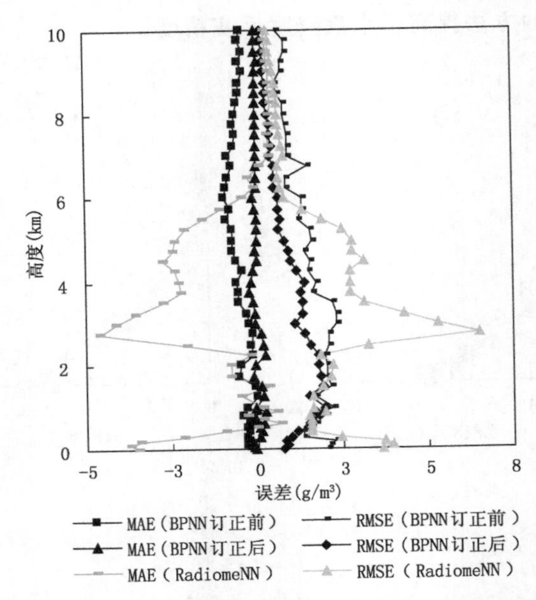

图 5.5 反演水汽密度及微波辐射计水汽密度产品平均误差和均方根误差

5.4.3 大气相对湿度反演

(1)个例分析

图 5.6a～d 分别为 2014 年 7 月 3 日 00 时、12 时和 7 月 8 日 00 时、12 时(UTC)相对湿度反演结果、微波辐射计相对湿度产品、相对湿度探空对比图。如图 5.6 所示,本研究反演的相对湿度廓线及微波辐射计相对湿度产品和探空资料的总体趋势一致;但反演的相对湿度廓线更接近于探空相对湿度廓线,特别是在 0～1 km 高度,无论是晴空还是多云天气,微波辐射计产品都低估相对湿度,而本研究的反演结果可以很好地反映相对湿度垂直分布。这说明本研究所用的方法提高了相对湿度反演的精度。

(2)统计分析

图 5.7 为本研究反演的大气相对湿度、微波辐射计相对湿度产品与探空观测值相比的平均误差 ME 和均方根误差 RMSE 的对比图。如图 5.7 所示,在 2.5 km 高度以下及 6.8 km 以上微波辐射计产品相对湿度平均误差值为正,并在近地表层 0.5 km 高度处平均误差达到最大(18.5%),说明微波辐射计相对湿度 2 级产品值偏高;在 2.5～6.8 km 大气层微波辐射计相对湿度平均误差值为负,并在近地表层 2.7 km 高度处偏差达到最大(−43%),说明微波辐射计相对湿度 2 级产品值偏低;对比不同高度微波辐射计相对湿度 RMSE,在 2.5 km 高度以下及 6.8km 以上 RMSE(6.6%～38%)较小,在 2.5～6.8 km RMSE(18%～50.5%)较大。图 5.7 显示,经过线性订正后的观测亮温利用 BP 神经网络反演的大气相对湿度产品与探空资料的偏差为(−3.7%～3.8%),均方根误差范围为(2.5%～18.6%),结果优于直接利用观测亮温反演,误差整体提高了(5%～10%)。总体而言,对比大气相对湿度反演结果和微波辐射计二级产品,0～10 km 反演结果精度都有较大提高。

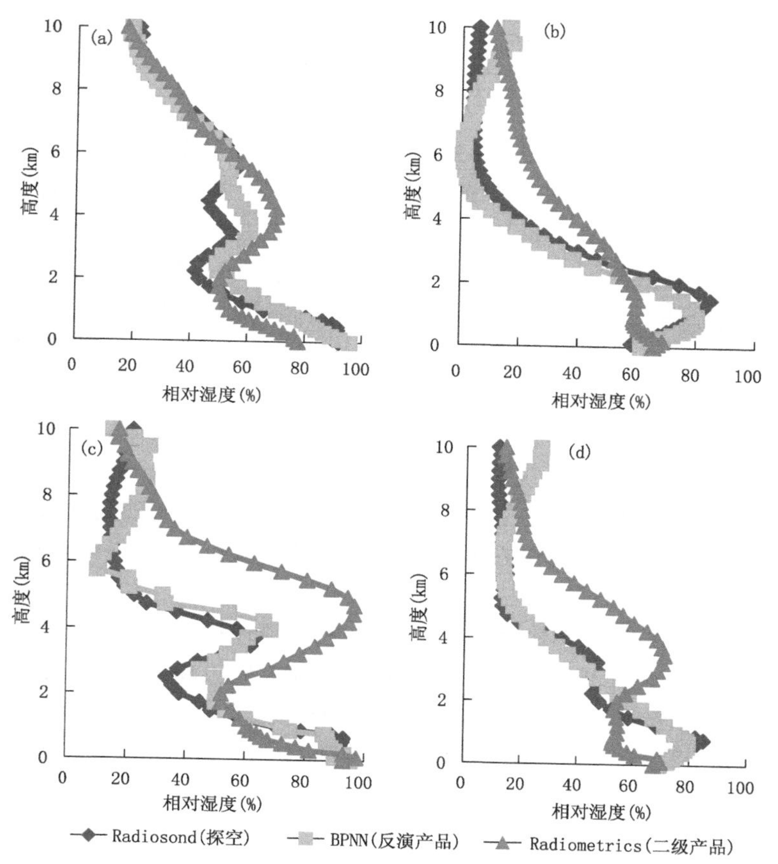

图 5.6　4 个时次反演相对湿度、微波辐射计 2 级产品及探空值的对比图
(a)7 月 3 日 00 时(UTC);(b)7 月 3 日 12 时(UTC);(c)7 月 8 日 00 时(UTC);(d)7 月 8 日 12 时(UTC)

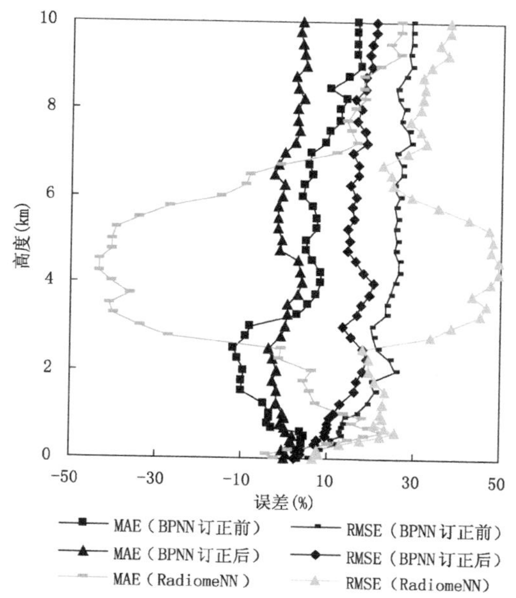

图 5.7　反演大气相对湿度及微波辐射计大气相对湿度产品平均误差和均方根误差

5.5 小结

本研究使用南京江宁气象站 2011—2013 年近三年的探空资料，结合 MonoRTM 辐射传输模式亮温模拟技术及 BP 人工神经网络反演算法，实现了利用微波辐射计亮温数据反演大气温湿廓线的研究，主要得出以下结论。

(1)在整个对流层，反演的温度与探空实测值具有较好的一致性，两者平均误差绝对值小于 0.4 K；而微波辐射计 2 级温度产品与探空实测值的平均误差最大可达 6 K；对比本研究反演结果和微波辐射计 2 级产品，本研究研发的 BP 神经网络模型对大气温度廓线反演有较大的改进。

(2)反演的大气水汽含量及相对湿度与探空资料一致性较好，平均误差范围分别为(−0.24～0.23 g/m^3)和(−3.7%～3.5%)，均方根误差则分别为(0.2～1.93 g/m^3)和(2.5%～18.6%)，而微波辐射计大气水汽含量及相对湿度 2 级产品均方根误差最大可达 6.8 g/m^3 和 49%；对比这 2 种反演产品，本研究创建的 BP 神经网络模型对大气湿度廓线反演效果改进明显。

(3)研究中，使用了 2 个月的实测微波辐射计资料，验证样本数较少，无法分别评价晴天和云天的反演结果精度。今后可以增加样本数量，分别建立晴天和云天的反演模型，以期提高反演结果精度，并系统评价不同天气条件下反演模型精度。

第 6 章　风云三号气象卫星大气柱水汽总量遥感

水汽是大气中极其活跃的成分，其在各种时空尺度的大气过程中扮演着重要角色。大气中的水汽是一种有效的温室气体，由水汽组成的云对地球辐射收支有较大的影响，且由水的相态转变导致的能量吸收和释放对全球环流起着关键作用(胡秀清等，2011)。同时，水汽也是遥感应用的重要影响因素，因为其对地表温度反演、大气校正等方面的影响不可忽略，而且提高水汽反演的精度对准确预报降水和灾害性天气都有重要意义。

大气柱水汽总量又称大气水，定义为不考虑水汽循环的前提下，任一单位截面积气柱内所含的水汽量，它是表征大气水含量以及空中水资源的重要指标。无线电探空仪、地基 GPS、地基微波辐射计、卫星遥感等技术都可以探测大气中水汽含量。对于卫星遥感技术，近红外、热红外以及微波波段都可用于大气柱水汽总量的反演。近年来，用于水汽总量反演的卫星数据主要有 NOAA-AVHRR、MODIS 和 MERSI 等。在近红外波段，结合差分吸收的概念，利用两通道和三通道的比值法反演大气柱水汽总量。Frouin 等(1990)较早提出，通过近红外区一个弱吸波段和一个窗区波段，反演大气柱水汽总量。该方法利用太阳反射光作为辐射源，避免了在边界层里当介质与辐射源温度相同时无法测得水汽量的问题，其误差率可达 20%。Gao 等(1990a，1990b)利用 3 个通道遥感大气可降水，即用 940 nm 的水汽吸收区和两个邻近大气窗区的二通道比值法，并用机载可见光红外成像分光计(AVIRIS)资料进行验证。姜立鹏等(2006)在传统的通道算法基础上，进一步考虑了传感器视角的影响，从而改进了大气水汽含量的反演精度。胡秀清等(2011)通过水汽通道与窗区通道的卫星观测值比值，根据大气透过率与水汽含量的查找表，得到了水汽总量的加权平均值，精度相比于探空数据有 20%～30%的系统性偏差。王祥等(2012)基于 MERSI 资料，利用双通道和三通道比值法反演大气柱水汽，发现三通道比值法的反演误差(14.3%)小于双通道(16.1%)。在热红外波段，可以利用两个具有不同水汽吸收强度波段的亮温协方差与方差比，估算大气柱水汽总量；Li 等(2003)使用劈窗的协方差与方差比，反演大气水汽含量，发现反演值与探空值高度一致，验证了该方法的可行性。在微波波段，可以利用 18.7 GHz 和 23.7 GHz 两个微波波段的亮温极化差比值，反演大气水汽含量，该方法很好地消除地表辐射信息的影响，也取得较好的反演精度；如 Liu 等(2005)和 Deeter(2007)利用 AMSU 和 AMSR-E 数据，反演大气水汽含量，反演值与 MODIS 水汽产品值的相关性达到 0.95 以上。

鉴于前人的研究结果，本研究针对我国 FY-3A MERSI 近红外数据，利用三通道比值法反演大气柱水汽总量；并基于 VIRR 热红外数据，利用劈窗的协方差与方差比方法反演大气柱水汽总量，检验 MERSI 和 VIRR 数据反演大气柱水汽总量的精度。

6.1 研究区和数据集

6.1.1 研究区

为研究中纬度地区的大气水汽含量反演，选择江苏、安徽、上海、山东、湖北、北京、山西、黑龙江、辽宁、宁夏等10个省份，共16个地面探空站。研究中使用的近红外和热红外数据来自于我国第二代极轨气象卫星FY-3A MERSI以及VIRR L1级数据(2012年7月1—31日)。

6.1.2 数据集

FY-3A极轨气象卫星于2008年5月27日成功发射，它是我国自主研制的新一代极轨试验卫星，大部分仪器属于首次上星，仪器的定量探测性能要求高、技术复杂、研制难度大，整星研制水平与国际同类气象卫星相当(杨军等，2011)。FY-3A使我国极轨气象卫星的观测水平大大向前跃升，达到国际同类气象水平(杨军等，2009；董超华等，2010)。其上携带了中分辨率成像光谱仪(MERSI)和可见光红外扫描辐射计(VIRR)。表6.1为两种仪器的仪器参数，两种仪器的波段范围一致。MERSI共20个通道，前5个通道的地面分辨率为0.25 km，而后15个通道的地面分辨率为1 km，高于VIRR通道的1.1 km的地面分辨率。研究中，使用了5个通道MERSI(3个水汽吸收通道和2个窗区通道，其中心波长分别为0.940、0.980、1.030、1.640、2.130 μm)和4个通道的VIRR数据(波长分别为0.626、0.848、923.43、830.24 μm)。

表6.1 MERSI和VIRR仪器参数

仪器名称	中分辨率光谱成像仪(MERSI)	可见光及红外扫描辐射计(VIRR)
光谱范围	0.40～12.5 μm	0.43～12.5 μm
光谱通道数	20	10
扫描范围	±55.4°	±55.4°
地面分辨率	0.25～1 km	1.1 km
量化等级	12 bit	10 bit
主要用途	海洋水色、气溶胶、水汽总量、云特性、植被、地面特征、表面温度、冰雪等。	云图、植被、泥沙、卷云及云相态、雪、冰、地表温度、海表温度、水汽总量等。

6.1.3 数据预处理

MERSI和VIRR L1级数据预处理包括定标、几何校正。近红外通道的L1级数据经辐射定标后为反射率，热红外通道的数据经辐射定标后则为黑体温度，辐射定标算法使用国家卫星气象中心的标准算法和相关参数文件。

6.1.3.1 MERSI L1近红外通道数据定标

MERSI L1级数据辐射定标包括三个步骤：①DN值标定，$DN^{**} = \text{slope} \times (DN^{*} - \text{intercept})$，$DN^{*}$是L1级数据中的EV科学数据集计数值，公式中slope和intercept对应EV科学数据集的内部属性值；②辐亮度转换$R = k_0 + k_1 DN^{**} + k_2(DN^{**2})$，式中$R$为辐亮度

值(单位:mW/(m^2 · nm · sr)), k_0、k_1、k_2 为对应通道的3个定标系数;③反射率转换, $\rho = \frac{\pi R d^2}{E_{SUN}\cos\theta}$,式中 ρ 为反射率, d 为日地平均距离, E_{SUN} 为大气外界太阳常数(单位:mW/(m^2 · nm)), θ 为太阳天顶角。

6.1.3.2 VIRR L1级红外通道数据定标

VIRR L1级红外数据定标包括星上线性定标、辐亮度非线性订正、有效黑体温度及黑体温度求解四个步骤:①线性定标, $N_{LIN} = Scale \times C_E + Offset$, N_{LIN} 为线性定标辐亮度值(单位:mW/(m^2 · nm · sr)),Scale为增益,Offset为截距, C_E 为红外通道的对地观测计数值;②辐亮度非线性订正, $N = b_0 + (1+b_1)N_{LIN} + b_2 N_{LIN}^2$, N 为订正后的定标辐亮度值(单位:mW/(m^2 · nm · sr)), b_0 、b_1 、b_2 为订正系数;③有效黑体温度计算, $T_B^* = c_2\nu_c \Big/ \ln[1 + (\frac{c_1\nu_c^3}{N})]$, T_B^* 为有效黑体温度, $c_1 = 1.1910427 \times 10^{-5}$ mW/(m^2 · sr · nm), $c_2 = 1.4387752$ cm · K, ν_c 是地面标定得到的红外通道中心波数;④黑体温度计算, $T_B = (T_B^* - A)/B$, T_B 为黑体温度, A、B 为常数。

数据定标后,用ENVI软件的GLT(geographic lookup table)功能,结合MERSI和VIRR数据的经纬度信息,对图像进行几何校正,转换成WGS-84坐标系、Lambert Conformal Conic投影下的影像数据。

6.2 大气柱水汽总量反演模型研制

6.2.1 近红外通道卫星数据反演大气水汽总量

近红外遥感反演大气水汽总量可分为二步:求解水汽通道的大气透过率、由大气透过率求解大气柱水汽总量。下面结合风云三号卫星中分辨率成像光谱仪(MERSI)资料,开展大气总水汽反演。

6.2.1.1 求解各个水汽通道的大气透过率

近红外通道的大气辐射传输方程可以表示成:

$$L_{sensor}(\lambda) = L_{sun}(\lambda)\tau(\lambda)\rho(\lambda) + L_{path}(\lambda) \tag{6.1}$$

式中, $L_{sensor}(\lambda)$ 是传感器接收的辐射; $\tau(\lambda)$ 是大气总透过率,即从太阳到地球表面,再从地球表面到传感器的大气路径上的透过率; $\rho(\lambda)$ 是下垫面反射率; $L_{path}(\lambda)$ 是大气的路径辐射,在近红外通道主要是散射辐射,可以忽略不计,则(6.1)式简化为:

$$L_{sensor}(\lambda) = L_{sun}(\lambda)\tau(\lambda)\rho(\lambda) \tag{6.2}$$

定义星上反射率为:

$$\rho^*(\lambda) = L_{sensor}(\lambda)/L_{sun}(\lambda) \tag{6.3}$$

则,MERSI三个水汽通道的大气辐射传输方程可以表示为:

$$\rho^*(\lambda_i) = \tau(\lambda_i)\rho(\lambda_i) \tag{6.4}$$

式中, λ_i 为MERSI的第 i(i = 17、18、19) 通道的中心波长。

研究表明,0.85~1.25 μm波长之间的各种地物反射率与波长基本满足线性关系,所以可以合理假设在1 μm附近地物的反射率满足如下线性关系:

$$\rho(\lambda_i) = a\lambda_i + b \tag{6.5}$$

式中，$\rho(\lambda_i)$ 为第 $i(i=17、18、19)$ 通道的地物反射率；λ_i 为第 i 通道的中心波长；a 和 b 为待定系数。由上述几个方程联立，可以得到各水汽通道的大气透过率 $\tau(\lambda_i)$（式(6.6)）：

$$\tau(\lambda_i) = [\rho^*(\lambda_i) - \rho^*(\lambda_{20})][\tau(\lambda_{16})\lambda_{16} - \tau(\lambda_{20})\lambda_{20}]/[\lambda_i\rho^*(\lambda_{16}) - \lambda_i\rho^*(\lambda_{20})] + \tau(\lambda_{20})\lambda_{20}/\lambda_i \tag{6.6}$$

6.2.1.2　由大气透过率求解大气柱水汽总量

首先，利用 MODTRAN(moderate resolution model for LOWTRAN 7)模拟不同水汽条件下大气透过率，确定大气透过率与传感器视角之间的关系。以 0.2 g/cm² 大气柱水汽总量为例，模拟的 MERSI 两个窗区通道(16、20)和三个水汽通道(17、18、19)大气透过率与传感器视角之间的关系如图 6.1 所示。如图所示，当大气柱水汽总量一定时，大气透过率随传感器视角的增大而减小，当视角比较小时，大气透过率下降不明显，而当视角比较大时，大气透过率下降速度较快，变化明显。这说明传感器视角是影响大气柱水汽总量反演的重要因子。

在不同传感器视角条件下，模拟大气透过率与大气柱水汽总量之间的关系。以 0°视角为例，图 6.2 表示的是 MERSI 第 16、17、18、19、20 通道大气透过率与柱水汽总量之间的关系。模拟结果表明，两个窗区通道的大气透过率基本上不随着柱水汽总量的变化而变化，但三个水汽通道则随着大气柱水汽总量的增加而减小，且三个通道的递减率是不同的，这就说明了三个水汽吸收通道对水汽含量具有不同的敏感性。

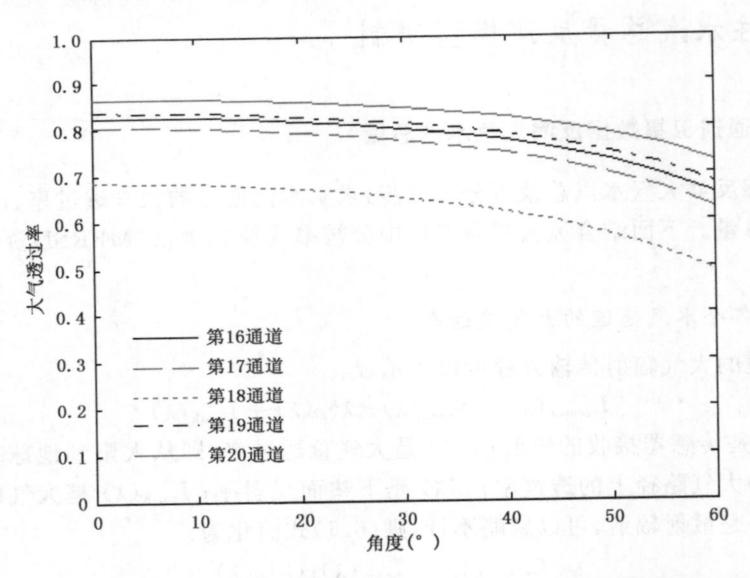

图 6.1　0.2 g/cm² 大气柱水汽总量下 MERSI 两个窗区通道(16、20)和三个水汽通道(17、18、19)大气透过率与传感器视角之间的关系

基于图 6.2，将传感器视角划分成 13 个角度区间，在不同视角区间下，MERSI 两个窗区通道的大气透过率变化不明显，可以用恒定的值表示，如表 6.2 所示。基于图 6.2 的分析，通过线性拟合，得到在不同的视角下，MERSI 3 个水汽通道的大气柱水汽总量与大气透过率的函数关系式(表 6.3)。再根据公式(6.6)，结合实际的卫星观测值，计算得到 3 个水汽通道的大气透过率，利用表 6.3 中大气柱水汽总量与大气透过率的函数关系式，反演得到 3 个水汽通

道的大气柱水汽总量。

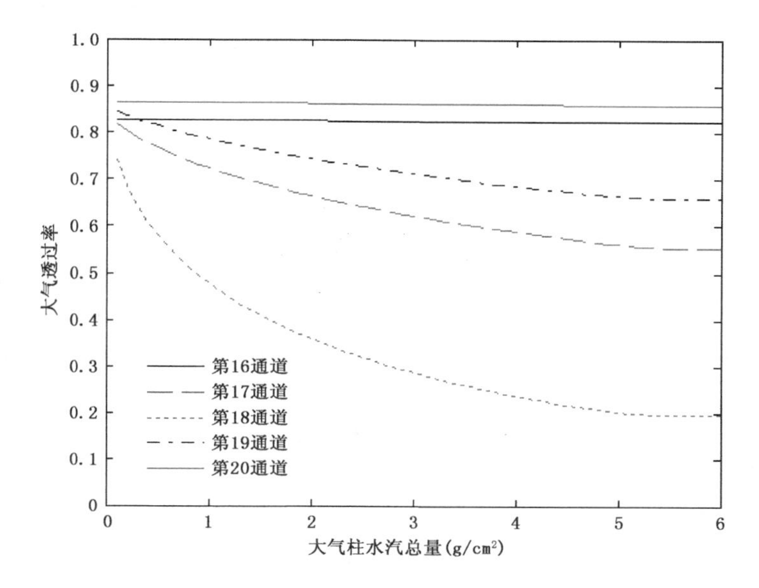

图 6.2　0°传感器视角条件下 MERSI 第 16、17、18、19、20 通道大气透过率与大气柱水汽总量之间的关系

表 6.2　不同视角条件下 MERSI 第 16、20 两个窗区通道的大气透过率

视角 θ(°)	第 16 通道的大气透过率 τ_{16}	第 20 通道的大气透过率 τ_{20}
$0<\theta\leqslant 16$	0.82168	0.85914
$16<\theta\leqslant 23$	0.81252	0.85181
$23<\theta\leqslant 28$	0.80398	0.84496
$28<\theta\leqslant 32$	0.79553	0.83817
$32<\theta\leqslant 36$	0.78625	0.83069
$36<\theta\leqslant 39$	0.77658	0.82288
$39<\theta\leqslant 42$	0.76687	0.81501
$42<\theta\leqslant 45$	0.75565	0.80589
$45<\theta\leqslant 47$	0.74499	0.79720
$47<\theta\leqslant 49$	0.73540	0.78936
$49<\theta\leqslant 51$	0.72476	0.78063
$51<\theta\leqslant 53$	0.71291	0.77087
$\theta>53$	0.69967	0.75993

表 6.3　MERSI 的 3 个水汽吸收通道大气柱水汽总量的与大气透过率的关系

视角 θ(°)	第 17 通道	第 18 通道	第 19 通道
0	$w=-285.65\tau^3+656.91\tau^2-514.10\tau+137.31$	$w=-69.73\tau^3+119.63\tau^2-71.10\tau+15.25$	$w=-639.82\tau^3+1559.17\tau^2-1283.55\tau+357.33$
16	$w=-279.21\tau^3+635.46\tau^2-492.43\tau+130.31$	$w=-71.48\tau^3+120.45\tau^2-70.25\tau+14.79$	$w=-614.26\tau^3+1484.53\tau^2-1212.59\tau+335.13$
23	$w=-272.93\tau^3+613.83\tau^2-470.30\tau+123.14$	$w=-73.65\tau^3+121.62\tau^2-69.43\tau+14.32$	$w=-588.78\tau^3+1409.45\tau^2-1140.96\tau+312.69$
28	$w=-267.64\tau^3+594.76\tau^2-450.52\tau+116.70$	$w=-76.01\tau^3+123.01\tau^2-68.74\tau+13.89$	$w=-566.60\tau^3+1343.36\tau^2-1077.62\tau+292.83$
32	$w=-263.18\tau^3+577.81\tau^2-432.63\tau+110.85$	$w=-78.57\tau^3+124.63\tau^2-68.18\tau+13.49$	$w=-547.14\tau^3+1284.63\tau^2-1021.02\tau+275.05$
36	$w=-258.78\tau^3+559.76\tau^2-413.19\tau+104.46$	$w=-81.95\tau^3+126.88\tau^2-67.63\tau+13.05$	$w=-526.69\tau^3+1221.88\tau^2-960.15\tau+255.90$
39	$w=-255.70\tau^3+545.81\tau^2-397.78\tau+99.36$	$w=-85.19\tau^3+129.12\tau^2-67.26\tau+12.69$	$w=-511.15\tau^3+1173.13\tau^2-912.46\tau+240.86$

续表

视角 θ(°)	第 17 通道	第 18 通道	第 19 通道
42	$w=-252.99\tau^3+531.71\tau^2-381.77\tau+94.02$	$w=-89.25\tau^3+131.99\tau^2-66.96\tau+12.31$	$w=-495.68\tau^3+1123.41\tau^2-863.37\tau+225.34$
45	$w=-250.86\tau^3+517.74\tau^2-365.29\tau+88.48$	$w=-94.38\tau^3+135.68\tau^2-66.76\tau+11.90$	$w=-480.68\tau^3+1073.44\tau^2-813.41\tau+209.48$
47	$w=-249.90\tau^3+508.66\tau^2-354.11\tau+84.69$	$w=-98.57\tau^3+138.74\tau^2-66.71\tau+11.62$	$w=-471.14\tau^3+1040.29\tau^2-770.80\tau+198.78$
49	$w=-249.42\tau^3+499.87\tau^2-342.81\tau+80.83$	$w=-103.57\tau^3+142.39\tau^2-66.74\tau+11.33$	$w=-462.13\tau^3+1007.54\tau^2-746.13\tau+188.01$
51	$w=-249.57\tau^3+491.51\tau^2-331.43\tau+76.90$	$w=-109.59\tau^3+146.78\tau^2-66.87\tau+11.03$	$w=-453.81\tau^3+975.36\tau^2-712.45\tau+177.20$
53	$w=-250.55\tau^3+483.82\tau^2-320.07\tau+72.92$	$w=-116.89\tau^3+152.10\tau^2-67.13\tau+10.72$	$w=-446.49\tau^3+944.23\tau^2-679.07\tau+166.41$

以水汽总量为自变量，以 $\tau(w)$ 为因变量，利用最小二乘法，拟合两种之间的多项式关系。然后，对 $\tau(w)$ 求一阶导数，这表示 3 个通道透过率 $\tau(w)$ 对水汽含量的敏感度 $\eta_i(i=17、18、19)$（表 6.4）。如表所示，在不同视角区间下，3 个水汽吸收通道的敏感性 η_i 与大气柱水汽总量之间存在不同的函数关系式。

表 6.4　3 个水汽吸收通道的敏感性 $\eta_i(i=17、18、19)$

视角 θ(°)	第 17 通道	第 18 通道	第 19 通道
$0<\theta\leqslant16$	$\eta_{17}=-0.0025w^2+0.0291w-0.1024$	$\eta_{18}=-0.0117w^2+0.1081w-0.2731$	$\eta_{19}=-0.0009w^2+0.0146w-0.0644$
$16<\theta\leqslant23$	$\eta_{17}=-0.0026w^2+0.0301w-0.1044$	$\eta_{18}=-0.0120w^2+0.1100w-0.2753$	$\eta_{19}=-0.0010w^2+0.0152w-0.0661$
$23<\theta\leqslant28$	$\eta_{17}=-0.0027w^2+0.0309w-0.1062$	$\eta_{18}=-0.0123w^2+0.1117w-0.2771$	$\eta_{19}=-0.0011w^2+0.0158w-0.0675$
$28<\theta\leqslant32$	$\eta_{17}=-0.0028w^2+0.0317w-0.1078$	$\eta_{18}=-0.0125w^2+0.1132w-0.2786$	$\eta_{19}=-0.0011w^2+0.0163w-0.0689$
$32<\theta\leqslant36$	$\eta_{17}=-0.0029w^2+0.0325w-0.1094$	$\eta_{18}=-0.0127w^2+0.1147w-0.2799$	$\eta_{19}=-0.0012w^2+0.0169w-0.0704$
$36<\theta\leqslant39$	$\eta_{17}=-0.0030w^2+0.0333w-0.1110$	$\eta_{18}=-0.0129w^2+0.1161w-0.2810$	$\eta_{19}=-0.0013w^2+0.0175w-0.0718$
$39<\theta\leqslant42$	$\eta_{17}=-0.0031w^2+0.0341w-0.1125$	$\eta_{18}=-0.0131w^2+0.1174w-0.2818$	$\eta_{19}=-0.0013w^2+0.0180w-0.0732$
$42<\theta\leqslant45$	$\eta_{17}=-0.0032w^2+0.0349w-0.1140$	$\eta_{18}=-0.0133w^2+0.1187w-0.2825$	$\eta_{19}=-0.0014w^2+0.0186w-0.0746$
$45<\theta\leqslant47$	$\eta_{17}=-0.0033w^2+0.0356w-0.1153$	$\eta_{18}=-0.0135w^2+0.1198w-0.2827$	$\eta_{19}=-0.0014w^2+0.0192w-0.0760$
$47<\theta\leqslant49$	$\eta_{17}=-0.0034w^2+0.0362w-0.1163$	$\eta_{18}=-0.0137w^2+0.1206w-0.2827$	$\eta_{19}=-0.0015w^2+0.0196w-0.0771$
$49<\theta\leqslant51$	$\eta_{17}=-0.0034w^2+0.0368w-0.1174$	$\eta_{18}=-0.0138w^2+0.1215w-0.2825$	$\eta_{19}=-0.0016w^2+0.0201w-0.0783$
$51<\theta\leqslant53$	$\eta_{17}=-0.0035w^2+0.0375w-0.1184$	$\eta_{18}=-0.0140w^2+0.1222w-0.2819$	$\eta_{19}=-0.0016w^2+0.0207w-0.0795$
$\theta>53$	$\eta_{17}=-0.0036w^2+0.0381w-0.1193$	$\eta_{18}=-0.0141w^2+0.1229w-0.2809$	$\eta_{19}=-0.0017w^2+0.0213w-0.0807$

利用表 6.4 中的敏感因子 $\eta_i(i=17、18、19)$，结合式(6.7)，计算 3 个水汽吸收通道的权重函数 f_{17}、f_{18}、f_{19}：

$$f_i=\eta_i/(\eta_{17}+\eta_{18}+\eta_{19}) \tag{6.7}$$

式中，i 取 17、18、19。

最后，利用式(6.8)对 3 个水汽通道反演的水汽含量进行加权，计算平均大气水汽含量，即：

$$w=f_{17}w_{17}+f_{18}w_{18}+f_{19}w_{19} \tag{6.8}$$

式中，w 为平均大气水汽含量，w_{17}、w_{18}、w_{19} 分别为 17、18、19 通道反演的大气水汽含量值。

6.2.2　热红外通道的反演方法

本研究基于风云三号卫星可见光红外扫描辐射计(VIRR)资料，利用 Li 等(2003)提出的劈窗协方差与方差比方法，反演陆地上空大气中的水汽含量 WVC。具体算法如下(Kleespies et al.，1990)：

$$\mathrm{WVC} = c_1 + c_2 \frac{\tau_5}{\tau_4} \tag{6.9}$$

$$\frac{\tau_5}{\tau_4} = \frac{\varepsilon_4}{\varepsilon_5} R_{54} \tag{6.10}$$

$$R_{54} = \frac{\sum_{k=1}^{N}(T_{i,k}-\overline{T}_i)(T_{j,k}-\overline{T}_j)}{\sum_{k=1}^{N}(T_{i,k}-\overline{T}_i)^2} \tag{6.11}$$

式中，c_1、c_2 为未知系数，τ_4、τ_5 分别表示传感器 VIRR 第 4、5 两个热红外通道的大气透过率，$\varepsilon_4/\varepsilon_5$ 是两个热红外通道地表比辐射率的比值，N 是开窗区域的像素值个数，T_4、T_5 表示两个热红外通道经过辐射定标和几何校正等计算出的亮温值，$\overline{T}_i(i=4、5)$ 是开窗区域两个热红外通道有效亮温值的平均值。

热红外通道反演流程：通过 MODTRAN 模拟建立大气透过率、大气柱水汽总量以及观测天顶角 3 个参数组成的数据库，利用最小二乘回归法拟合大气柱水汽总量与大气透过率的函数关系式，进而得到公式(6.9)中的未知数 c_1、c_2，并建立其与观测天顶角 θ 之间的函数关系，如下所示：

$$\begin{aligned} c_1 &= 25.8827 + 16.4806\sec\theta + 4.0271\sec^2\theta \\ c_2 &= -25.9408 - 16.7529\sec\theta - 4.1074\sec^2\theta \end{aligned} \tag{6.12}$$

至于公式(6.10)中的两个热红外通道比辐射率的比值 $\varepsilon_4/\varepsilon_5$，可以用归一化的植被指数来求解(孙志伟等，2013)，根据 NDVI 阈值法估算地表的比辐射率，对于涉及到的区域范围分裸土和完全的植被覆盖，具体的 NDVI 阈值设置为 0.2 和 0.5(王卫东等，2015)。具体操作过程如图 6.3 流程图所示。图 6.3 中 NDVI 由 VIRR 的第一通道的反照率 R_{nir} 与第二通道的反照率 R_{red} 计算得到。

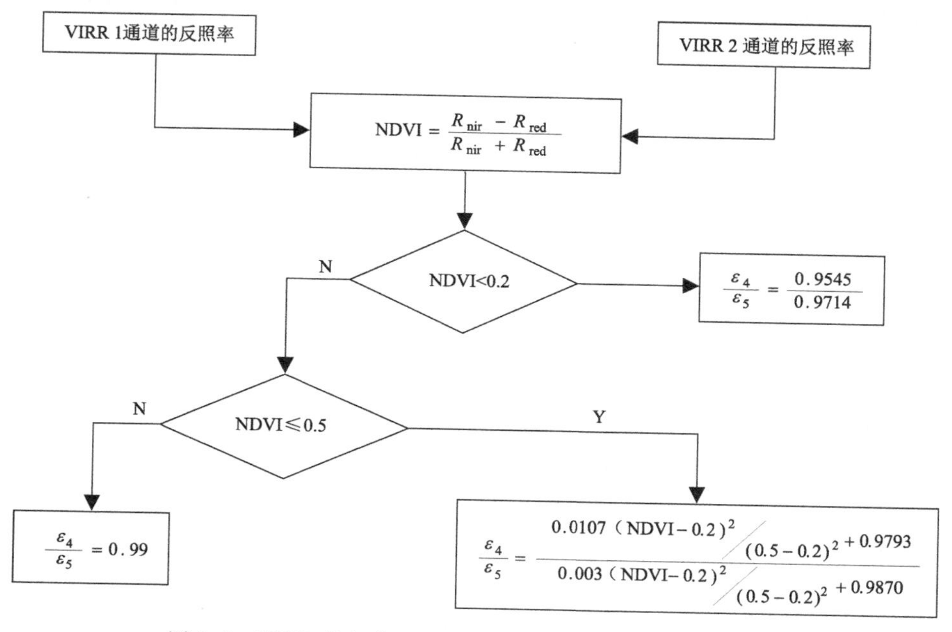

图 6.3　VIRR 热红外 4、5 通道的地表比辐射率求解流程图

6.3 试验个例分析

图 6.4a、b 分别表示 MERSI 近红外、VIRR 热红外通道反演的水汽含量与探空观测值的散点图。如图所示，MERSI 近红外反演大气柱水汽总量的精度高于 VIRR 热红外，更接近于地面探空站观测值，散点在直线 $y=x$ 附近分布。图 6.4a、b 中反演的大气柱水汽总量与观测值的相关系数分别为 0.764 和 0.169，而均方根误差 RMSE 分别为 1.109 g/cm² 和 1.894 g/cm²。显然，使用 MERSI 反演水汽的精度比 VIRR 高，且与探空观测值的离散程度更小。

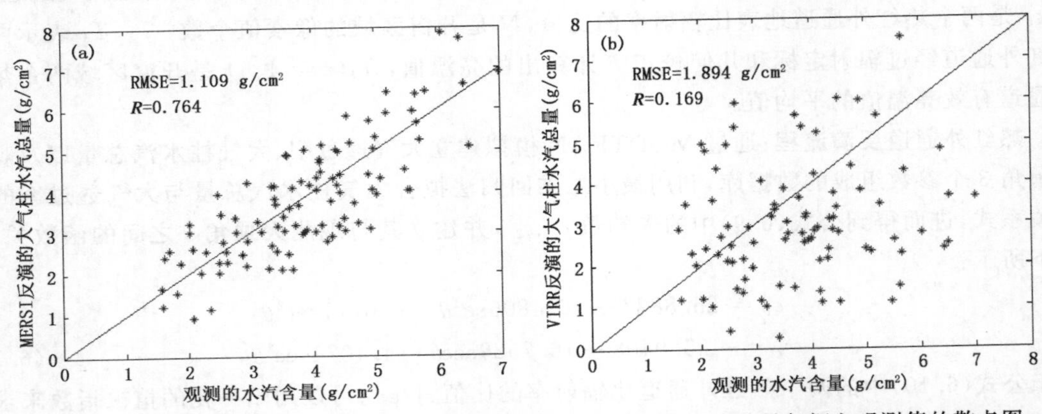

图 6.4 MERSI 近红外(a)、VIRR 热红外(b)通道反演的大气柱水汽总量与探空观测值的散点图

图 6.5 是 MERSI 和 VIRR 反演的大气柱水汽总量与探空观测值的差值对比图，用 VIRR 反演的大气柱水汽总量相对于探空观测值有将近 70% 的系统性偏低，而用 MERSI 反演的大气柱水汽总量与探空观测值的差值在零刻度线上下波动。MERSI 和 VIRR 反演的大气柱水汽总量的平均误差 ME 分别为 −0.032 g/cm² 和 −0.817 g/cm²。

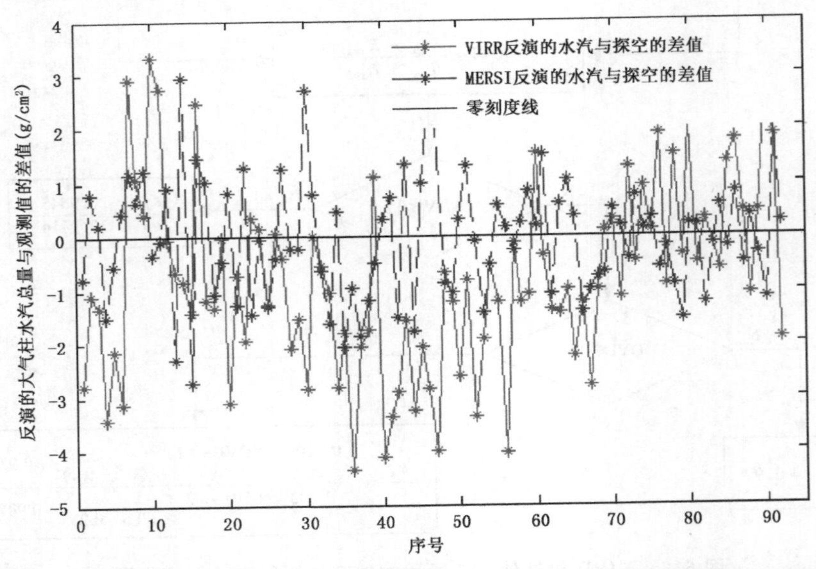

图 6.5 MERSI 和 VIRR 反演的大气柱水汽总量分别与探空观测到的水汽含量的差值对比图(附彩图)

图 6.6a～c 分别表示 MERSI 第 17～19 通道反演的大气柱水汽总量与探空观测值的对比折线图，黑色、灰色带星点虚线分别表示探空站观测值以及 MERSI 第 17(a)、18(b)、19(c)通道反演的大气柱水汽总量。在图 6.6a 中，第 17 通道的水汽含量反演值($ME=-0.589$ g/cm²)普遍低于观测值，只有第 30、46、78 三个数据点例外，分别对应嫩江、射阳、青岛三个探空站，可能的原因是：①相对于观测时刻，反演水汽含量的时刻存在一定滞后性，使得水汽产生较大的时空变化(如降水过程)；②试验区水汽充沛，第 17 通道(水汽弱吸收带)对水汽变化敏感。图 6.6b 中第 18 通道的水汽含量反演值基本上在观测值上下波动，平均误差为 0.170 g/cm²。图 6.6c 中第 19 通道的水汽含量反演值高于观测值的概率达 80%，平均误差为 0.997 g/cm²。三个水汽通道的大气柱水汽总量的均方根误差分别为 1.133 g/cm²、1.424 g/cm² 和 1.827 g/cm²。结果表明，三个水汽通道大气柱水汽总量的反演精度(RMSE＝1.109 g/cm²)高于单个水汽通道，主要是因为第 17 通道在湿润条件下对水汽最敏感，而第 18 通道(水汽强吸收带)在干旱条件下对水汽最为敏感。所以，综合利用 3 个水汽吸收通道，达到取长补短的目的。

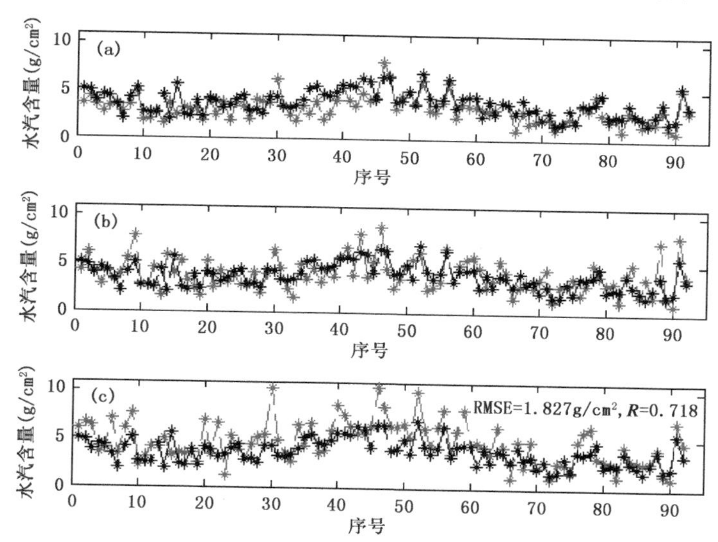

图 6.6　(a)、(b)、(c)分别表示 MERSI 第 17、18、19 三个水汽通道反演的大气柱水汽总量与探空观测值的对比折线图
(黑色带星点虚线表示探空观测值，灰色带星点虚线表示 MERSI 水汽通道反演的大气柱水汽总量)

6.4　小结

本研究对 FY-3A MERSI 近红外和 VIRR 热红外波段反演大气柱水汽总量的算法进行了详细推导和分析，并用 2012 年 7 月 1—31 日的卫星 L1 数据反演了十个省份，共 16 个地面探空站的大气水汽含量，与地面探空站点观测的水汽含量进行了比对分析，发现：①两种仪器资料都能反演大气柱水汽总量，MERSI 反演值与观测值的相关系数为 0.76，而 VIRR 反演值与观测值的相关性较差，相关系数仅为 0.17；显然，MERSI 反演水汽含量的精度(RMSE＝1.108 g/cm²)高于 VIRR(RMSE＝1.894 g/cm²)；②MERSI 三通道水汽反演结果较单个道水汽反演结果精度高。

虽然用MERSI近红外的三个水汽通道比用VIRR热红外通道反演的水汽含量值更接近于探空观测值，且用卫星资料反演大气中的水汽含量在一定程度上弥补了在常规资料缺乏地区的水汽含量，但是其也有一定的局限性：当有云时，近红外通道反演的水汽含量也包括了云中和云层上的水汽含量，该方法在有云大气的水汽总量反演上存在一定的不确定性。

第7章　风云四号气象卫星大气温湿度廓线遥感

大气温湿度是气象预报和气候预测研究及业务的重要参数，可以通过无线电探空、地基遥感和星载遥感等手段获得资料。无线电探空和地基遥感观测站点稀疏，观测站点分布不均匀，高层资料缺乏，这些特征都限制了它们的应用。红外高光谱传感器利用上千个通道，探测大气的红外辐射，每个通道对应权重函数的峰值高度各不同；因此，通过设置算法，可以实现大气温湿度及大气成分的高精度垂直探测。这些资料对于数值天气预报、大气环境预报、气候预测以及大气物理过程研究等具有重要价值。

近年来，美国欧洲相继研制了多台装载在极轨卫星上的红外高光谱垂直探测仪，如美国宇航局 Aqua 卫星上的 AIRS(atmospheric infrared sounder)、欧洲空间局的 Metop-A/B 卫星上的 IASI(infrared atmospheric sounding interferometer)以及美国 NOAA/NASA 的 Suomi NPP 卫星上的 CrIS (cross-track infrared sounder)。这些传感器提供了前所未有的高光谱分辨率大气垂直探测，能够获得更窄分辨率的大气辐射特征，极大地提高了反演温湿廓线的精度和垂直分辨率。2017 年 12 月 11 日，我国装载有高光谱红外大气探测仪(GIRRS)的风云四号静止卫星发射成功，GIRRS 成为世界上第一个静止卫星红外高光谱大气垂直探测仪。GIRRS 不仅具有高垂直探测分辨率特征，而且也具有高时间分辨率特征，可以实现 15 min 全圆盘成像。其数据在数值天气预报、临近预报等领域具有重大应用潜力。

星载高光谱红外大气垂直探测仪接收到的信息来自于地球大气系统红外辐射。结合红外辐射传输模型和反演算法，可以由卫星接收到的辐射值反演大气温湿廓线。目前，通用的大气温湿廓线反演方法主要有统计回归反演法、物理反演算法、神经网络法等。物理反演法结合辐射传输正演模式及其雅可比矩阵，定义一个代价函数，通过反复迭代求解代价函数极小值，计算大气温湿廓线，该方法计算量大、耗时长。统计回归模型不考虑辐射传输的物理本质，通过统计回归得到反演模型；虽然该方法形式简单，但在处理非线性问题上过于简单，其反演精度受到一定的限制。神经网络本质上也是一种统计回归方法，但其通过定义复杂的网络结构，使其接近任意非线性关系。因此，在地球参数反演领域，神经网络反演算法广为使用，并取得了重大成功。众多试验结果表明，神经网络反演算法在反演精度上具有较大的优势，可在业务系统中得到应用。

7.1　研究方法

7.1.1　研究技术路线

为实现风云四号静止气象卫星大气温湿度反演，结合辐射传输模式，利用BP人工神经网络算法，建立反演模型，并开展试验研究，评价反演精度，具体技术路线如图7.1所示。首先，通过对CIMSS全球晴空反演训练廓线样本进行预处理，将廓线样本值输入到FY-4 GIRRS辐射传输模式中，计算得到相应红外高光谱大气垂直探测仪的模拟亮温。将输入的温湿廓线数据和模拟的亮温数据分成两组，一组为训练样本，另一组为检验样本。使用训练样本构建大气温湿反演的BP人工神经网络模型，并将检验样本输入到已建好的BP神经网络，反演大气温湿廓线，通过与探空资料对比分析，检验FY-4 GIRRS资料的大气温湿反演精度(图7.1)。

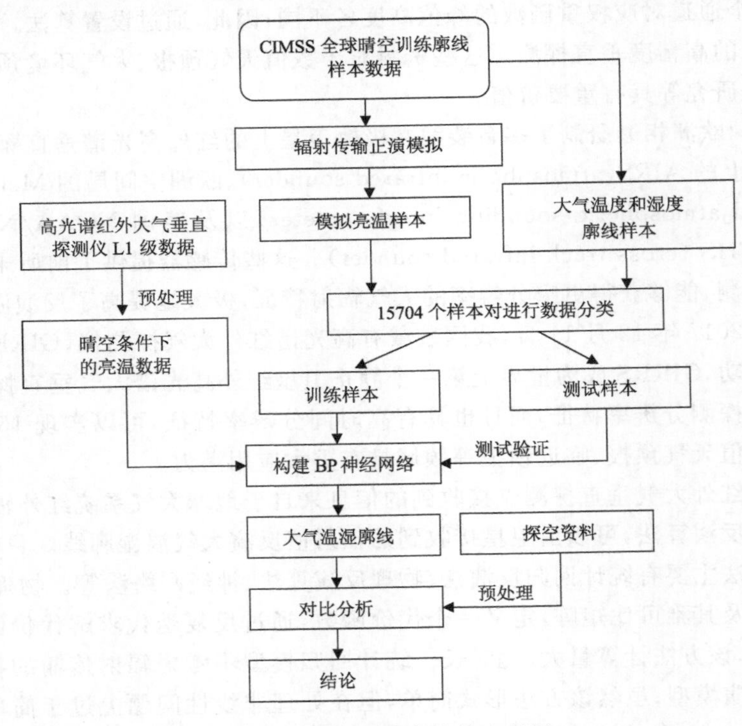

图7.1　反演温湿廓线的流程图

7.1.2　研究数据

本研究所使用的全球大气晴空训练样本CIMSS(称为seebor V5.0)是由美国威斯康星大学开发，共由全球范围内晴空条件下15704条大气温度、湿度和臭氧廓线组成。大气廓线从1100 hPa到0.005 hPa共分成101层，包括NOAA-88、ECMWF 60L、TIGR-3、臭氧探空值(来自于NOAA8 CMDL)，以及无线电探空值(沙漠地区)等五类有代表性的资料。CIMSS廓线样本大致均匀地分布在全球区域，海洋上分布相比于陆地较稀疏，而臭氧和无线电探空值针对的是沙漠地区，分布比较集中(图 7.2)。

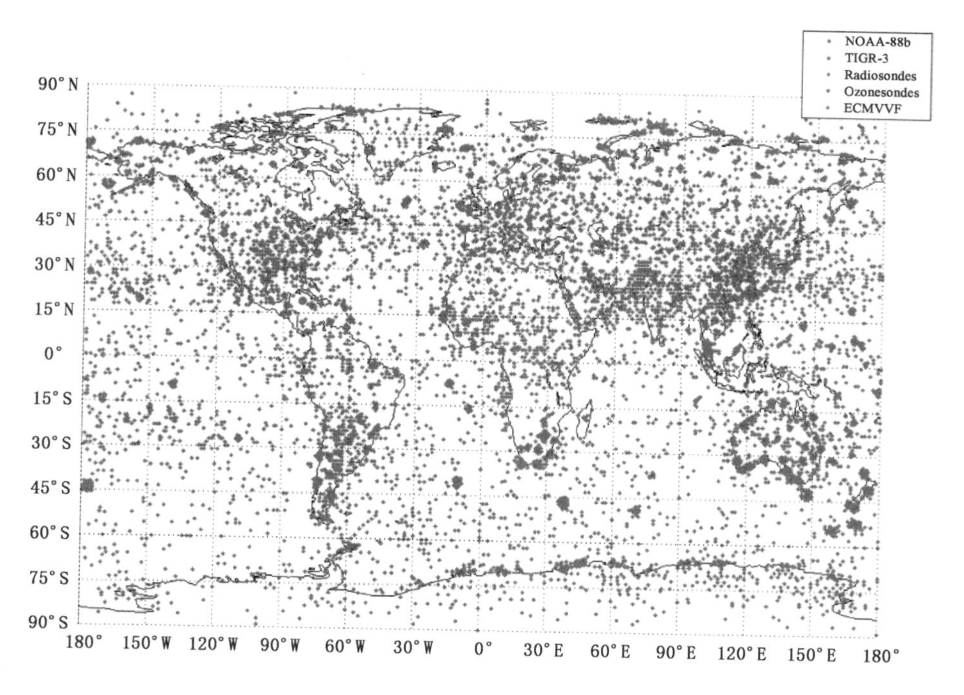

图 7.2　15704 个样本廓线全球分布

CIMSS 全球训练样本数据库中将气压层分成 101 层，这 101 层气压层的分布如图 7.3 所示。由于 CIMSS 全球训练样本数据值提供了各个气压层上的水汽混合比，并没有直接提供相对湿度和水汽密度信息，因此需要通过经验公式换算得到(盛裴轩等，2006)。大气的相对湿度计算公式如下：

$$e_s = 6.107\exp\left[\frac{a(T-273.16)}{T+b}\right] \tag{7.1}$$

$$e = \frac{rp}{0.622+r} \tag{7.2}$$

$$U = \frac{e}{e_s} \times 100\% \tag{7.3}$$

式中，e_s 为饱和水汽压，T 为温度，对于水面($T \geqslant 288.16$ K)，$a = 17.2694, b = 35.86$，而对于冰面($T \leqslant 233.16$ K)，$a = 21.8746, b = 7.66$，e 为水汽压，U 为相对湿度。

水汽密度 ρ 计算公式如下：

$$\rho = \frac{e}{0.04615T} \tag{7.4}$$

研究中，使用的卫星资料为风云四号卫星干涉式大气垂直探测仪(GIIRS)资料。风云四号卫星于 2016 年 12 月 11 日发射，是我国第二代静止轨道气象卫星的首发星。风云四号卫星首次搭载了干涉式大气垂直探测仪 GIIRS，GIIRS 采用二维扫描镜加离轴三反射主光学系统，收集地表和大气发射的能量，由动镜式傅里叶干涉仪进行探测。扫描系统作步进——驻留扫描，选取所需探测的区域，将地球的大气辐射折射向望远镜主镜。GIIRS 气象数据及产品主要

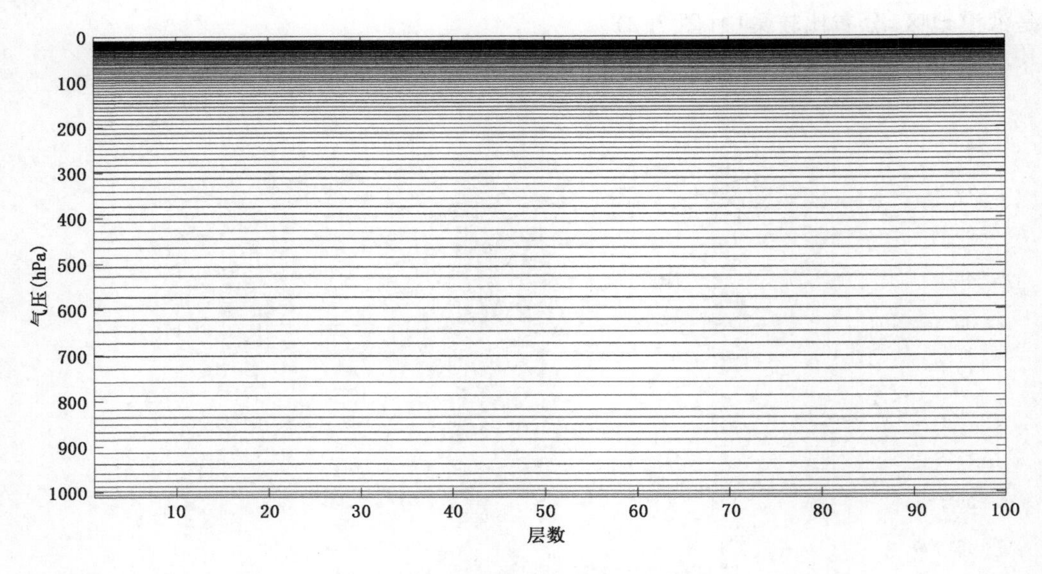

图 7.3 101 层气压层分布图

分为 4 级,包括 0 级数据(地面数据接收并转发给资料处理和服务中心进行质量检测、解码、重复资料提取等处理后的资料)、1 级数据(0 级数据经过预处理系统的定位、定标后形成的资料)、2 和 3 级产品(1 级数据经过产品生成系统加工处理生成轨道和侯、旬、月等气候合成产品)(董瑶海,2016)。GIIRS 的光谱范围为 4.4~14.2 μm,试验星和业务星指标不同,它们的光谱分辨率分别为 0.8/1.6 cm^{-1}和 0.625/1.2 cm^{-1},星下点空间分辨率分别为 16 km 和 8 km。表 7.1、表 7.2 分别表示 GIIRS 高光谱红外探测仪的性能特性和主要探测目的。

表 7.1 GIIRS 性能特性

仪器	GIIRS
发射时间	2016 年 12 月 11 日
搭载平台	FY-4
质量	5400 kg
功率	3200 W
轨道高度	36000 km
寿命	7 a
光谱分辨率	长波 0.8 cm^{-1}(试验)/0.625 cm^{-1}(业务) 中波 1.6 cm^{-1}(试验)/1.2 cm^{-1}(业务)
空间分辨率	16 km(试验)/8 km(业务)
分光技术	干涉式
光谱范围	长波:700~1130 cm^{-1} 中波:1650~2250 cm^{-1}
通道数	913(试验)/1188(业务)
灵敏度/信噪比	长波 0.5(试验)/0.03(业务) 中波 0.1(试验)/0.06(业务)

表 7.2　GIIRS 高光谱红外探测仪的主要探测目的

光谱范围(cm^{-1})	主要探测目的
700～790	温度廓线探测，利用对冷目标和云顶高度的敏感性，进行部分云存在时的温度廓线反演
790～1130	表面和云特性，O_3 探测
1210～1650	水汽、温度廓线探测，N_2O、CH_4 和 SO_2 探测
2100～2150	CO 总量
2150～2250	温度廓线探测，N_2O 总量

7.1.3　辐射传输模型

研究中使用的 FY-4 GIIRS 辐射传输模式(RTM)由美国威斯康星大学空间科学与工程中心开发，该模式可用于云雨和晴空条件下的红外波段亮温模拟。FY-4 GIIRS RTM 辐射传输模式中的快速模型系数是由对一个 0.1 cm^{-1}逐行计算透过率数据(LBLRTM v11.6)和特定的光谱响应函数(由 NSMC 提供)来获得 LBL 特定的仪器的透过率而计算出来的，然后进行回归分析，从而获得晴空、臭氧以及水汽条件下的快速模型系数。逐线模式可以用来计算一个体积庞大的气层单色光学厚度查找表。模式中使用的快速算法 PFAAST(pressure layered fast atmospheric transmittance)是由 S. Hannon、L. Strow 和 W. McMillan 共同开发，适用于各种分辨率的高光谱传感器。

FY-4 正演模拟的输入参数包括大气和地表两部分。大气的输入数据包括 101 层(从 0.005 hPa 到 1100 hPa)气压分层数据、101 层的大气温度以及 101 层大气湿度廓线信息；地表输入数据包括地表温度、地表压强以及陆地所占比例，模式中默认所有通道的地表比辐射率为 0.98，且将模式底层的压强以及温度分别表示为表面压强和温度。

7.1.4　BP 人工神经网络算法

7.1.4.1　网络结构

本研究使用的反向传输神经网络(backpropagation，BP)，进行大气温湿度反演建模。BP 神经网络包括输入层、隐含层和输出层，可有效地用于复杂的非线性函数的逼近，能够实现任意精度的连续函数映射。BP 神经网络模型如图 7.4 所示。

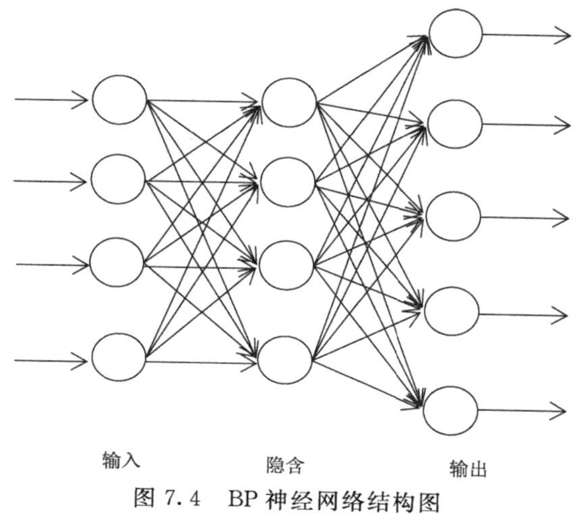

图 7.4　BP 神经网络结构图

神经网络模型输出层和隐含层可以表达为：

$$O = f_2(Y\boldsymbol{v} + \boldsymbol{b}_2) \tag{7.5}$$

$$Y = f_1(X\boldsymbol{w} + \boldsymbol{b}_1) \tag{7.6}$$

式中，O表示网络的输出；X为输入层；Y为中间层节点；$\boldsymbol{v}$为隐含层到输出层的连接权系数矩阵，初始时刻为一组随机数；$\boldsymbol{w}$为输入层到隐含层的连接权系数矩阵，初始时刻为一组随机数；$\boldsymbol{b}_1$、$\boldsymbol{b}_2$分别为隐藏层和输出层单元偏置值矩阵；f为神经元的非线性作用函数，可依每层设定，可取正切(Yang et al.，2001；Syeda et al.，2002)。

为评价大气温度和湿度廓线反演精度，采用了四种精度评价方法，分别为均方误差 MSE、相关系数R、均方根误差 RMSE 和平均误差ME，其定义分别为：

$$\text{MSE} = E[e^2] = E[(t-o)^2] \tag{7.7}$$

$$R = \frac{\sum_{i=1}^{n}(x_i-\bar{x})(y_i-\bar{y})}{\sqrt{\sum_{i=1}^{n}(x_i-\bar{x})^2\sum_{i=1}^{n}(y_i-\bar{y})^2}} = \frac{\sum_{i=1}^{n}x_iy_i - n\bar{x}\bar{y}}{\sqrt{(\sum_{i=1}^{n}x_i^2-n\bar{x}^2)(\sum_{i=1}^{n}y_i^2-n\bar{y}^2)}} \tag{7.8}$$

$$\text{RMSE} = \sqrt{\text{MSE}} \tag{7.9}$$

$$ME = \sqrt{\frac{1}{n}\sum_{i=1}^{n}(x_i-y_i)} \tag{7.10}$$

式中，t是期望输出，o是实际输出，e是绝对误差，n表示样本廓线数，x_i为用 BP 神经网络反演得到的大气温湿廓线值，y_i为实际的大气温湿廓线值。

7.1.4.2　输入层和输出层设置

考虑到 FY-4GIIRS 载荷的 913 个亮温值存在一定的相关性，基于主成分分析法实现系统降维和特征提取，取前 40 个能够表达 99.9988%的全部通道信息量的主成分对于波段(Yang et al.，2001)。将 40 个通道的亮温值作为网络的输入参数，即输入层有 40 个节点数。试验中，反演值为 101 层大气的温度和湿度值，因此，输出层为 101 个节点。由于主成分分析保留了与反演量相关性高的主分量，且主分量之间是正交的，不受累赘反复的信号噪音影响；因此，利用主成分分析以后的资料，反演大气温湿廓线拥有显著的优越性。

7.1.4.3　隐含层设置

网络特性的优劣容易受其隐层节点数的设置影响，若是隐含节点数太少，会使得信息不够，则势必影响网络的效果，而隐含节点太多则会使得训练花费更多的时间，降低计算效率(Hecht-Nielsen，1989；王波等，2007)。综合考虑计算效率和反演精度，选用高大启（1988)提出的方法，BP 神经网络隐含节点数计算公式如式(7.11)所示。

$$h = \sqrt{0.43mn + 0.12m^2 + 2.54n + 0.77m + 0.35} + 0.51 \tag{7.11}$$

式中，h为隐含层节点数，n为输入层节点数，m为输出层节点数。通过式(7.11)计算，隐含层结点数为 56。

7.1.4.4　传递函数和训练算法的选取

神经网络的设置和激活传递函数选用影响着神经网络特性好坏。本研究采用 newff 函数创立神经网络，使用 Matlab 计算机语言完成程序的编写，神经网络训练参数设置如表 7.3 所示。研究中，选用双曲正切 S 型传递函数 tansig 作为激活传输函数，其表达形式如式(7.12)所示：

$$O = \text{tansig}(W \times \boldsymbol{P} + B) \tag{7.12}$$

式中，O 为输出值，W 为权值，$\boldsymbol{P}$ 为输入矢量，B 为偏差。

表 7.3 BP 神经网络参数值

参数名	默认值	属性
Net. trainParam. epochs	100	训练次数
net. trainParam. show	25	两次显示之间的训练步数（无显示时设为 NaN）
net. trainParam. lr	0.05	学习速率
net. trainParam. mc	0.9	动量系数
net. trainParam. goal	0	训练目标
net. trainParam. time	inf	训练时间，inf 表示训练时间不限
net. trainParam. min_grad	1.00×10^{-6}	最小性能梯度

在 BP 神经网络算法中，网络的权值和阈值通常是沿着网络误差变化的负梯度方向进行调节的，最终使得网络误差达到最小值，对比几种典型的快速学习算法性能（表 7.4），考虑到研究中使用的训练样本大、网络设置参数多、数据存储量大等因素，选用 Scaled 共轭梯度-trainscg 学习算法（黄思训等，2001）。

表 7.4 几种典型的学习算法性能比较

快速学习算法	适用类型	收敛性能	占用内存空间	其他特征
带动量的梯度下降法（traingdx）	模式分类	收敛较慢	较小	适用于“提前停止”方法，可提高网络的推广能力
L-M 优化算法（trainlm）	函数拟合	收敛快 误差小	大	性能随网络规模增大而变差
弹性学习算法（trainrp）	模式分类	收敛最快	较小	性能随训练误差减小而变差
共轭梯度学习算法（trainscg）	模式分类、函数拟合	收敛较快 性能稳定	中等	尤其适用于网络规模较大的情况
准牛顿算法（trainbfg）	函数拟合	收敛较快	较大	计算量随网络规模的增大呈几何增长

7.2 大气温度反演试验

7.2.1 全圆盘区域的大气温度反演

7.2.1.1 整层（0.005—1100 hPa）大气温度反演结果

在全圆盘区域大气温度反演试验中，基于 15704 个样本数据，利用 BP 神经网络反演算法，建立温度廓线反演模型。为检验 BP 神经网络大气温度廓线反演精度，利用 6282 个样本数据，验证反演模型精度，统计大气温度廓线反演值和样本值的相关性、均方根误差和平均误差。图 7.5 为温度反演值和样本值散点图，如图所示，反演值和样本值具有较高的一致性，反演的温度值与样本值的相关系数为 0.995，均方根误差为 2.63 K，平均误差为－0.002 K，反演值与样本值均匀分布在"$y=x$"直线两侧。

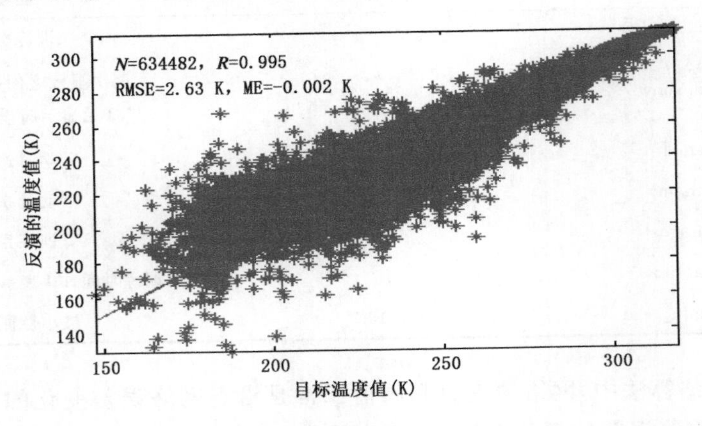

图 7.5　反演的温度散点图

如图 7.6a、b 所示的样本（48.96°E，6.13°S）廓线图和散点图菜。从图 7.6a 可以看出，反演和目标温度值趋势基本一致，能较好地重合在一起，只是在廓线的突变处反演的精度有待提高。在图 7.6b 的对应散点图上，反演与目标温度值的 RMSE 达到了 0.605 K，相关系数为 0.999，且反演温度值比目标偏高 0.099 K。

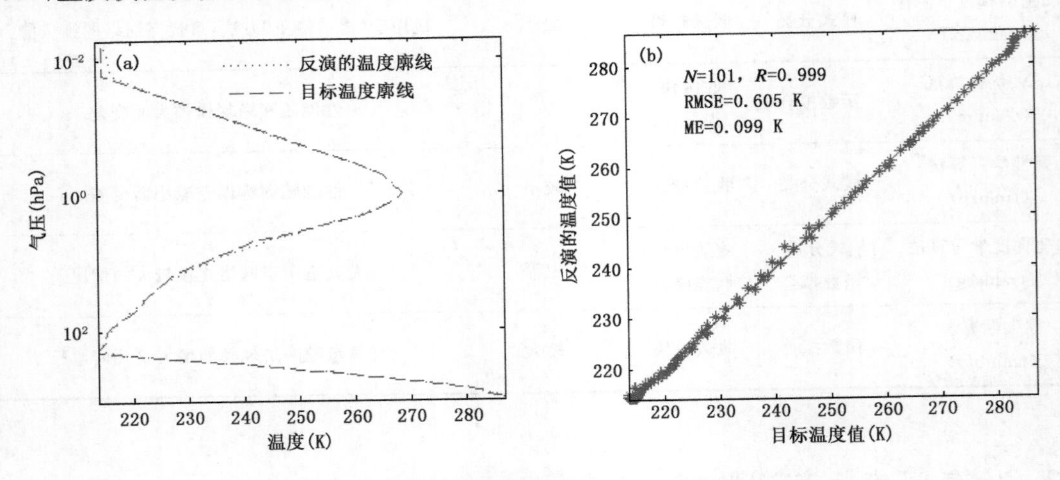

图 7.6　反演温度样本廓线图(a)和散点图(b)

图 7.7 为各高度层反演温度的均方根误差（RMSE）。图中温度 RMSE 最小值为 0.494 K；在低层（>1000 hPa）区域，反演温度的 RMSE 平均值为 0.579 K。

图 7.8 中虚线代表 1—1000 hPa 反演温度的平均误差值。如图所示，温度反演误差小于 0.12 K，且低层温度反演误差小于高层，底层以正偏差为主，而高层以负偏差为主。总体而言，反演温度的平均误差值在整层大气中都比较小，反演温度的精度比较好。

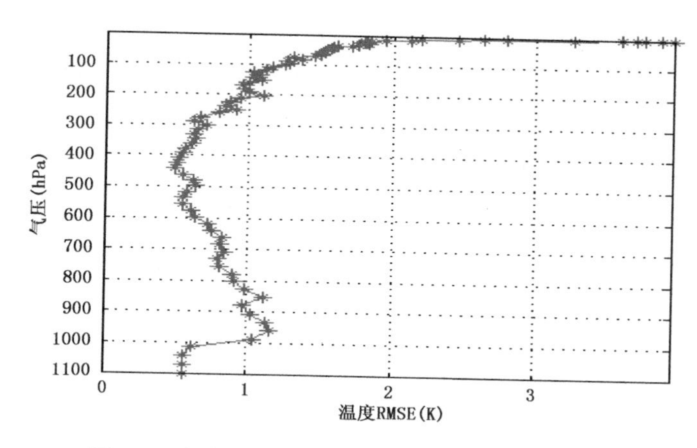

图 7.7　各高度层反演温度的均方根误差(RMSE)

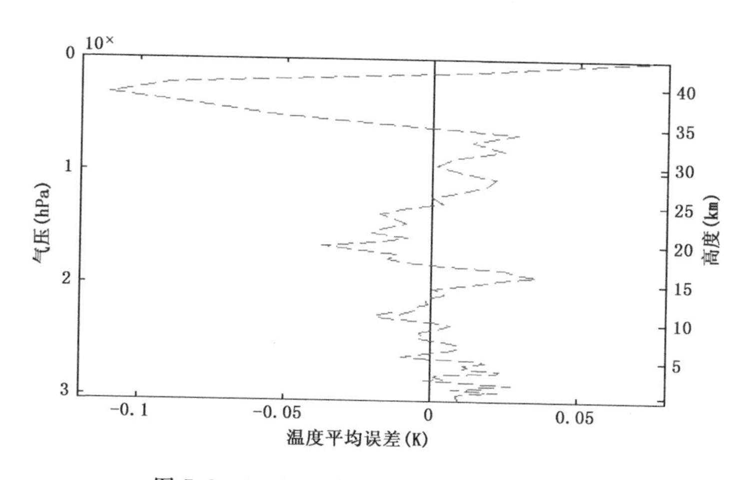

图 7.8　1—1000 hPa 反演温度的平均误差

为检验 5 类 CIMSS 数据在大气温度反演中的效果，分别统计了 5 类 CIMSS 数据反演温度的相关系数 R、均方根误差 RMSE 和平均误差 ME(表 7.5)。如表 7.5 所示，NOAA88 CIMSS 数据大气温度反演的精度最高(RMSE＝1.853 K，ME＝－0.271 K，R＝0.991)，而 TIGR-3 数据反演温度的精度最差(RMSE＝3.391 K，ME＝0.070 K，R＝0.998)。

表 7.5　5 类 CIMSS 数据反演大气温度的统计表

廓线样本		NOAA88	TIGR-3	Radiosonde	Ozonesonde	ECMWF
测试样本数		2456	554	228	638	2406
数据量		2456×101	554×101	228×101	638×101	2406×101
温度	R	0.998	0.991	0.997	0.995	0.994
	RMSE	1.853 K	3.391 K	2.255 K	2.902 K	3.029 K
	ME	0.070 K	－0.271 K	0.053 K	－0.179 K	0.037 K

7.2.1.2　对流层(100—1000 hPa)大气温度反演结果

图 7.9 为对流层区域温度反演散点图,图中反演值和样本值具有较高的一致性,反演的温度值与样本值的相关系数为 0.995,均方根误差为 0.852 K,平均误差为－0.005 K,反演值与样本值均匀分布在"$y=x$"直线两侧。

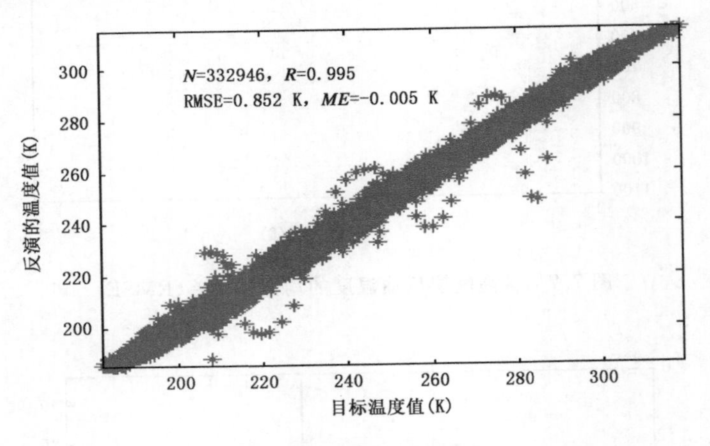

图 7.9　反演的温度散点图

图 7.10 为对流层大气温度反演值均方根误差(RMSE)分布图。如图所示,温度的 RMSE 都小于 1.247 K,温度 RMSE＜1 K 的概率为 73.58%,在 450 hPa 高度处 RMSE 最小值(约为 0.5 K)。总体而已,对流层大气温度反演的精度比较高。

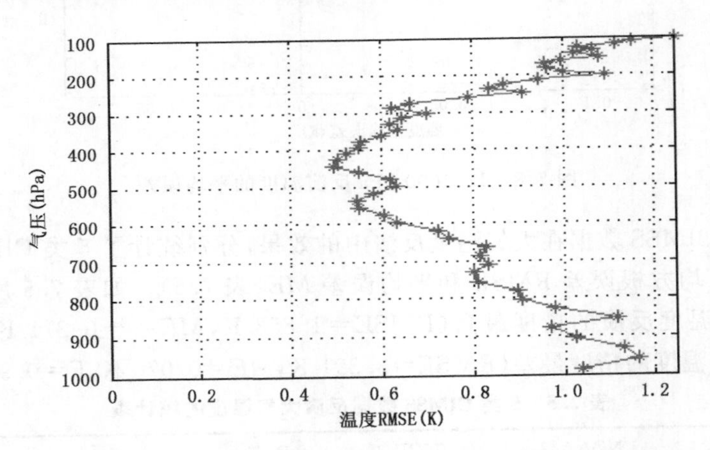

图 7.10　对流层反演温度均方根误差(RMSE)分布图

7.2.1.3　平流层(1—100 hPa)大气温度反演结果

图 7.11 为对流层温度反演结果的散点图,图中反演值和样本值具有较高的一致性,反演的温度值与样本值的相关系数为 0.992,均方根误差为 2.454 K,平均误差为 0.007 K,反演值与样本值均匀分布在"$y=x$"直线两侧。

图 7.12 为平流层大气温度反演值的均方根误差(RMSE)分布图。如图所示,图中反演温度 RMSE＜2 K 的概率为 58.82%,分层温度的 RMSE 最小达到了 1.258 K;反演温度的

RMSE 随高度的增加不断增大，在 20—100 hPa 气压高度层之间，温度的 RMSE 在 1～2 K 之间。

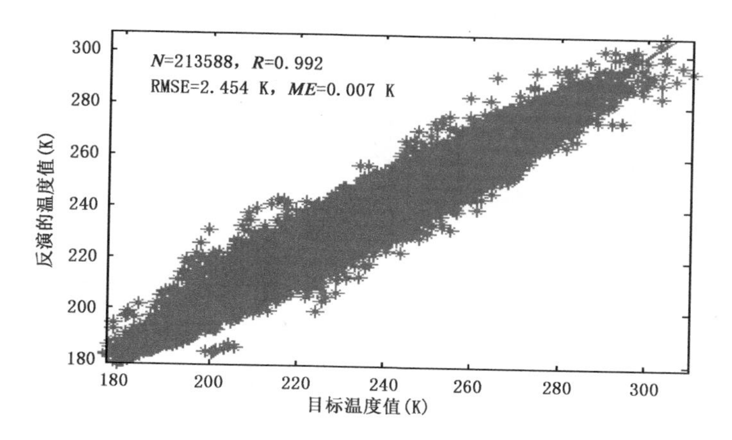

图 7.11　反演的温度散点图

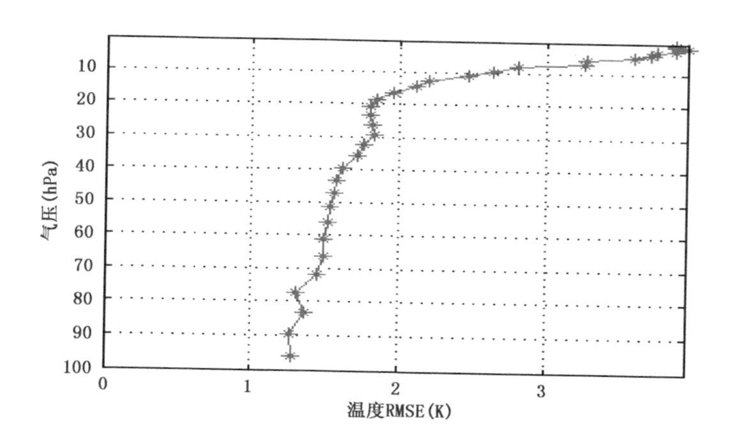

图 7.12　平流层反演温度均方根误差(RMSE)分布图

7.2.2　中国区域的大气温度反演结果

7.2.2.1　整层(0.005—1100 hPa)大气温度反演结果

图 7.13 为中国区域温度反演值散点图。如图所示，反演的温度值与目标值之间的相关系数达到了 0.998，具有较高的相关性；整层大气的温度均方根误差为 1.922 K，反演值较目标温度值偏高 0.025 K，反演与观测的温度值均匀分布在“$y=x$”直线两侧，有较好的一致性。

综合检验反演效果的 576 条廓线，图 7.14 为整层大气温度反演值均方根误差(RMSE)分布图。如图所示，整层大气温度反演的平均 RMSE 为 1.992 K，最小值为 0.628 K；在整个大气层内，RMSE 最小值为 0.604 K，此时的 R 为 0.9998，平均误差为 0.017 K。

图 7.15 为 1—1000 hPa 反演温度的平均误差，图中虚线代表不同高度反演温度的平均误差。如图所示，反演温度的平均误差在－0.160～0.233 K 之间，对流层和平流层大气温度反演平均误差分别为－0.003 K 和 0.024 K。

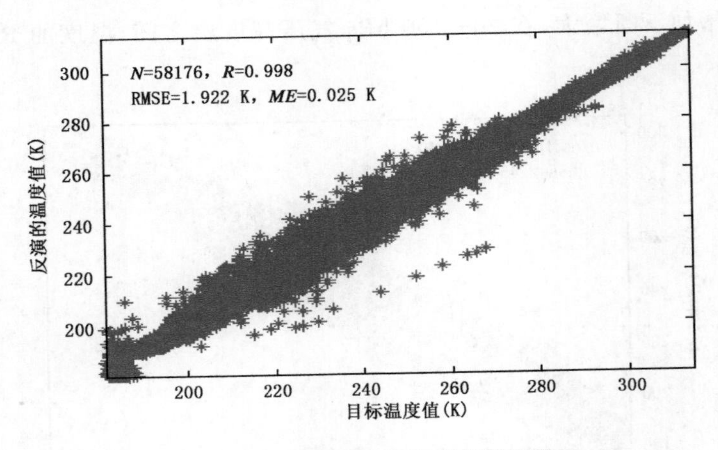

图 7.13　反演的大气温度值散点图

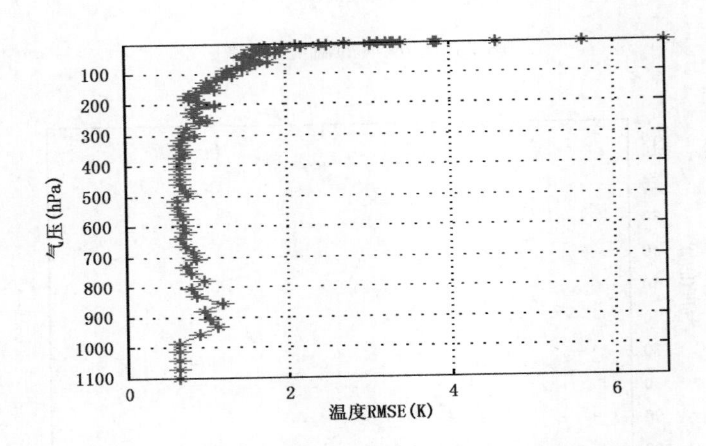

图 7.14　反演整层大气温度均方根误差(RMSE)分布图

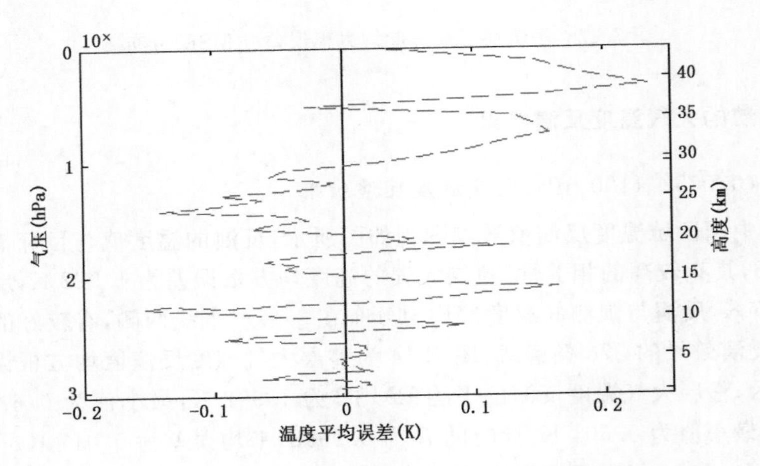

图 7.15　1—1000 hPa 温度反演误差分层图

(虚线代表温度反演的误差值)

7.2.2.2　对流层(100—1000 hPa)大气温度反演结果

图7.16为对流层区域温度反演散点图,图中反演值和样本值具有较高的一致性,反演的温度值与样本值的相关系数为0.998,均方根误差为0.846 K,平均误差为−0.003 K,反演值与样本值均匀分布在"$y=x$"直线两侧。

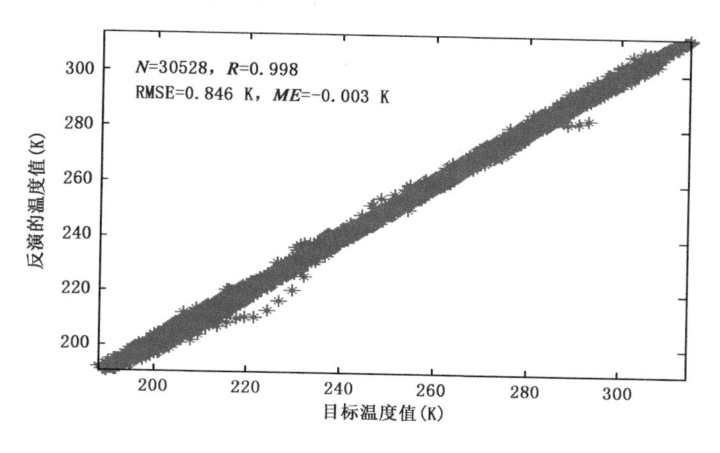

图7.16　反演的温度散点图

图7.17为对流层温度反演值均方根误差(RMSE)分布图。图中对流层区域,温度的RMSE达到了0.846 K,对流层大气温度的探测精度达到了1 K/km,温度RMSE<1 K的概率为79.25%,平均误差范围在±0.163 K之间。

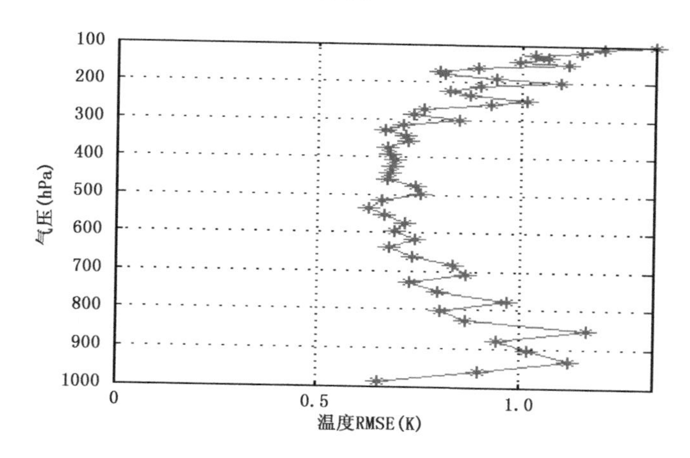

图7.17　反演对流层温度均方根误差(RMSE)分布图

7.2.2.3　平流层(1—100 hPa)大气温度反演结果

图7.18为对流层区域温度反演散点图,图中反演值和样本值具有较高的一致性,反演的温度值与样本值的相关系数为0.992,均方根误差为2.020 K,平均误差为0.024 K,反演值与样本值均匀分布在"$y=x$"直线两侧。

图7.19为反演温度均方根误差(RMSE)分布图。图中平流层区域,温度平均RMSE达到了2.020 K,最小值达到了1.274 K,温度反演的平均误差范围在±0.233 K之间。可知,对

流层大气温度反演精度明显高于平流层。

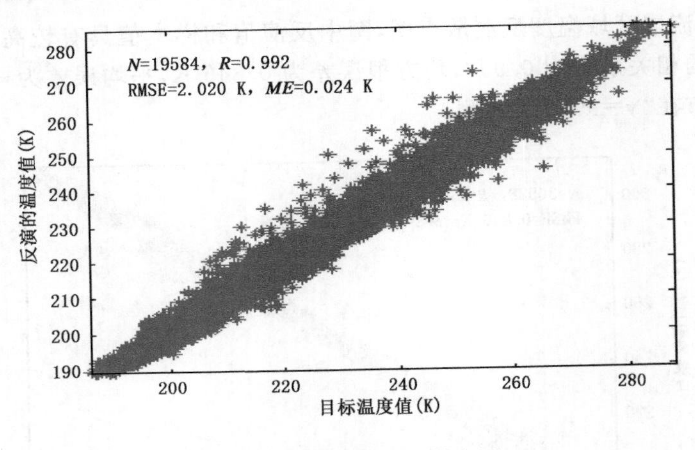

图 7.18 反演的温度散点图

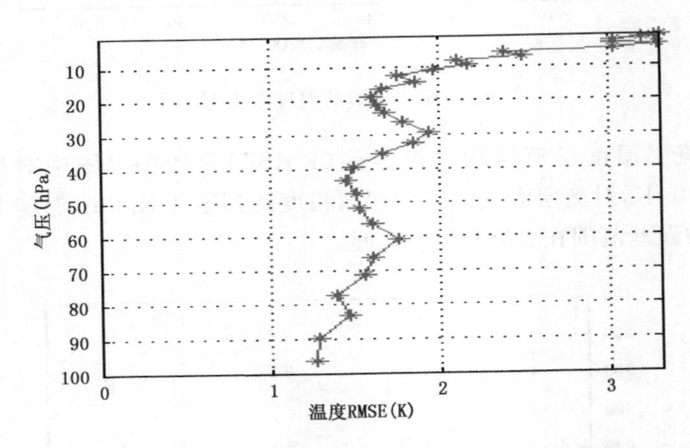

图 7.19 平流层反演温度的均方根误差(RMSE)分布图

7.3 大气湿度反演试验研究

7.3.1 全球区域大气湿度反演结果

利用 6282 条廓线数据检验大气湿度反演效果，图 7.20a、b 和 c 分别为整层大气(0.005—1100 hPa)、对流层(100—1000 hPa)以及平流层(1—100 hPa)的水汽混合比 RMSE 分布图。如图 7.20a 所示，整层水汽混合比 RMSE 为 0.440 g/kg，反演与目标水汽混合比相关性高(R=0.990)，低层(>1000 hPa，RMSE=1.154 g/kg)反演效果较高层差，但是总体反演水汽混合比的精度比较高。图 7.20b 显示，对流层区域反演水汽混合比的 RMSE 为 0.333 g/kg，最小值达到了 0.001 g/kg，且 RMSE<0.5 g/kg 比率达到了 73.58%。图 7.20c 显示，平流层区域水汽混合比反演值 RMSE 达到 0.001 g/kg，最小值为 7.968×10^{-4} g/kg，RMSE<1.5×10^{-3} g/kg 的比率达到了 88.24%。

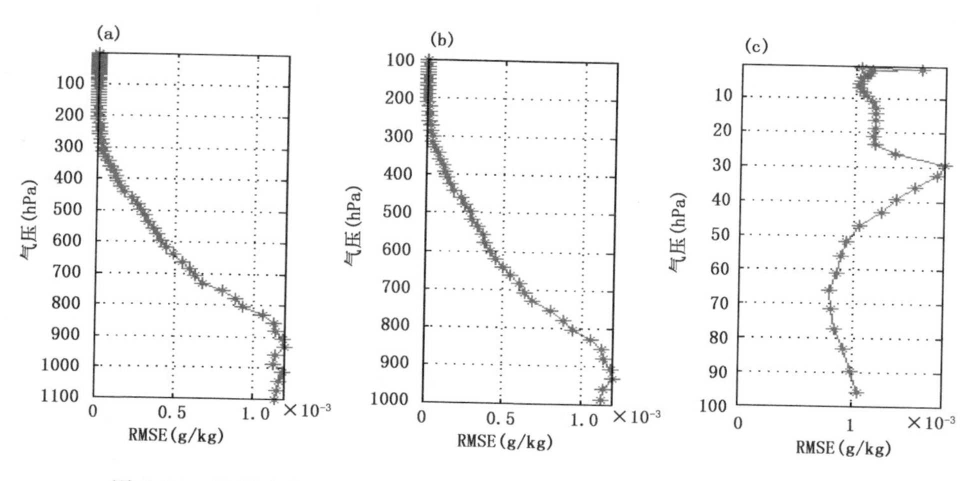

图7.20 整层大气(0.005—1100 hPa)(a)、对流层(100—1000 hPa)(b)、平流层(1—100 hPa)(c)模型反演水汽混合比与目标输出RMSE分布图

图7.21给出了大气水汽混合比的反演个例，该样本位于93.33°E,73.44°S。图中的线状虚线为目标水汽混合比，点状虚线为神经网络反演的水汽混合比。可以看出反演的廓线很好地拟合出了目标水汽混合比廓线的走势，反演精度比较高，相关系数达到了0.825，均方根误差为0.005 g/kg，平均误差只有−0.001 g/kg。

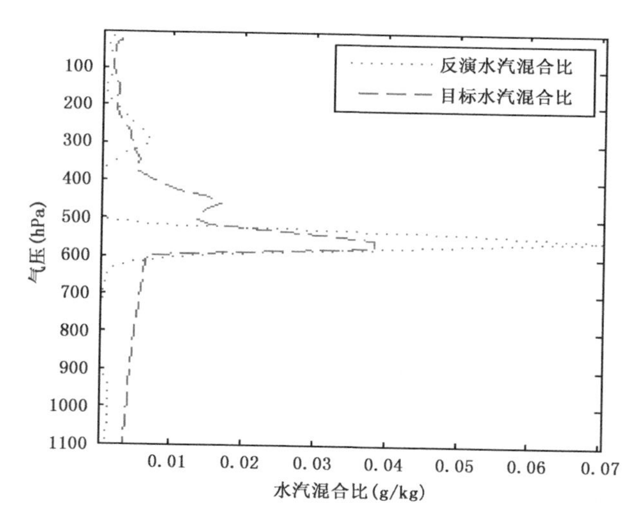

图7.21 反演水汽混合比廓线个例

对于整层大气，为检验5类CIMSS数据反演大气湿度的效果，以水汽混合比为例，分别统计了5类CIMSS数据反演水汽混合比的相关系数R、均方根误差RMSE和平均误差ME，如表7.6表示。如表所示，NOAA88的CIMSS数据进行大气水汽混合比的反演精度最高，整层的RMSE为0.315 g/kg，低层RMSE小于0.85 g/kg，其相关系数达到了0.994，反演与目标水汽混合比具有高度相关性，且平均误差达到了−0.001 g/kg；而用Radiosond数据反演水汽混合比的精度相比于其他几类要差，其RMSE为0.607 g/kg。Radiosond数据反演精度低的

可能原因是：该资料样本量较少，且分布比较集中，不能体现该数据的优势。

表 7.6　5 类 CIMSS 数据反演水汽混合比的统计表

廓线样本		NOAA88	TIGR-3	Radiosonde	Ozonesonde	ECMWF
测试样本数		2456	554	228	638	2406
数据量		2456×101	554×101	228×101	638×101	2406×101
水汽混合比	*R*	0.994	0.984	0.940	0.991	0.989
	RMSE	0.315 g/kg	0.452 g/kg	0.607 g/kg	0.435 g/kg	0.522 g/kg
	ME	−0.001 g/kg	0.024 g/kg	−0.016 g/kg	0.008 g/kg	0.008 g/kg

图 7.22 是与表 7.6 相对应的 5 类 CIMSS 数据反演水汽混合比的分层 RMSE 分布图，其中图 7.22a～e 分别对应 NOAA88、TIGR-3、Radiosonde、Ozonesonde、ECMWF 数据。如图所示，5 类资料反演的水汽混合比在低层误差较大，且反演 RMSE 随着高度的增加而不断减小，在 800—1000 hPa 之间水汽混合比反演 RMSE 值会出现突变，主要是因为对流层低层水汽变化比较大，天气过程都发生在对流层区域。对于整层大气，近地面反演大气水汽混合比的 RMSE 都小于 1.50 g/kg。

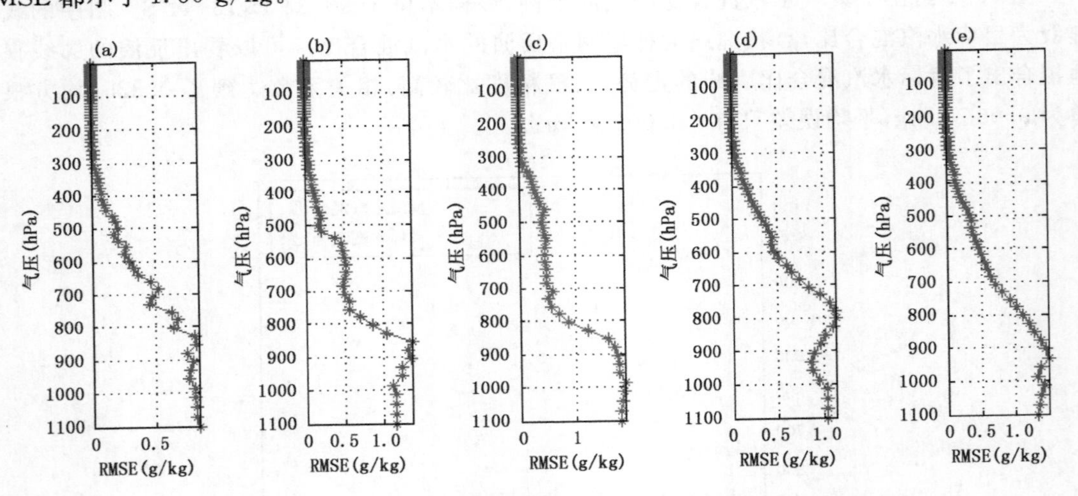

图 7.22　5 类 CIMSS 数据反演水汽混合比的分层 RMSE 分布图

((a)～(e)分别对应 CIMSS 中 NOAA88、TIGR-3、Radiosonde、Ozonesonde、ECMWF5 类数据)

7.3.2　中国区域大气湿度反演结果

7.3.2.1　水汽混合比

图 7.23 为中国区域大气水汽混合比反演结果散点图。反演的大气水汽混合比与目标值之间的相关系数达到了 0.988，具有较高的相关性；整层大气水汽混合比均方根误差为 0.362 g/kg，反演值较实际值偏高 0.005 g/kg，反演与目标大气水汽混合比均匀分布在“$y=x$”直线两侧，有较好的一致性，且中国区域建立的反演大气湿度的精度要优于全球。

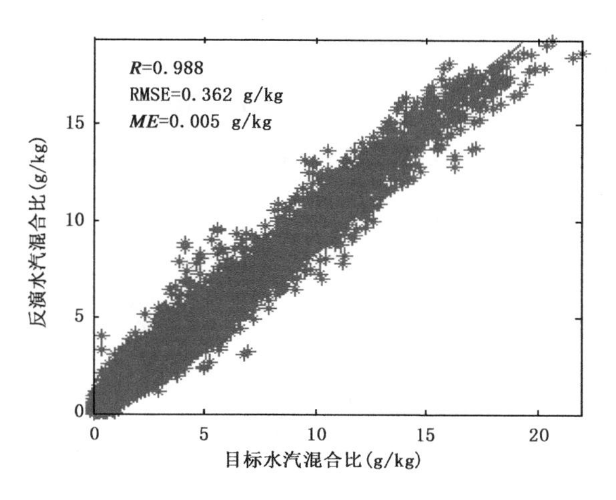

图 7.23　反演大气水汽混合比散点图
(统计参数包括相关系数(*R*)、均方根误差(RMSE)、平均误差(*ME*))

图 7.24a～c 分别表示整层大气(0.005—1100 hPa)、对流层(100—1000 hPa)以及平流层(1—100 hPa)的水汽混合比均方根误差(RMSE)分布图。如图 7.24a 所示,整层大气水汽混合比平均 RMSE 为 0.362 g/kg;针对 576 个测试样本,RMSE 最小值为 0.009 g/kg,此时的 *R* 达到了 0.992,平均误差为−0.001 g/kg。图 7.24b 显示:对流层水汽混合比的 RMSE 达到了 0.268 g/kg,平均误差范围在 0.099 g/kg 之间。图 7.24c 显示:平流层水汽混合比分层 RMSE 都小于 0.001 g/kg,平均值达到了 0.002 g/kg,最小值达到了 0.0003 g/kg,平均反演水汽混合比的误差范围在±0.0009 g/kg 之间。

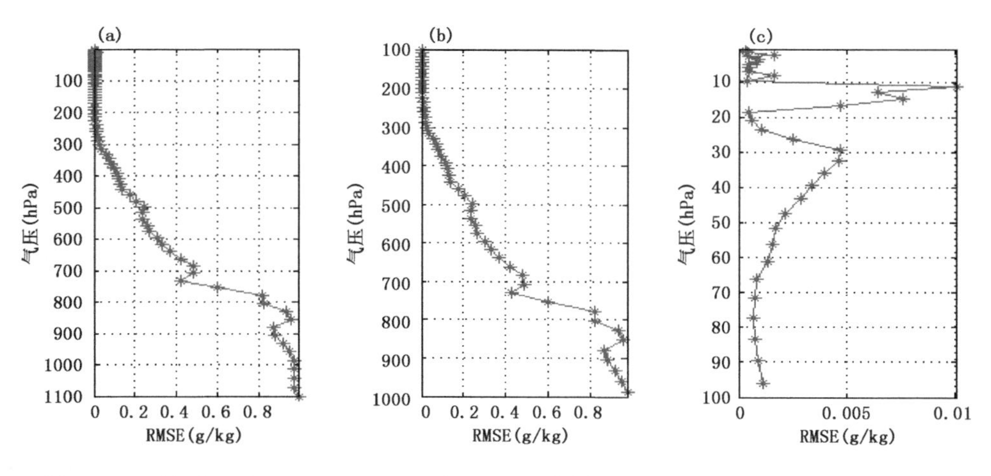

图 7.24　反演整层大气(0.005—1100 hPa)(a)、对流层(100—1000 hPa)(b)以及平流层(1—100 hPa)(c)的温度均方根误差(RMSE)分布图

7.3.2.2　相对湿度和水汽密度

图 7.25 表示湿度反演个例,该样本位于 84°E、27.47°N,图 7.25a、b 为相对湿度廓线图和对应的散点图。图 7.25c、d 为反演水汽密度的廓线图和散点图。针对该廓线样本,反演相对

湿度和水汽密度的相关系数 R 分别为 0.985 和 0.997，具有高相关性，其对应的 RMSE 分别为 3.441% 和 0.009 g/m³。图 7.25a、c 中的反演与目标大气湿度值走势一致，但是并不像温度廓线一般，能够完全重合；且 7.25b、d 显示，反演的湿度值与实际值分布在“$y=x$”直线两侧，一些点的反演误差比较大，相对湿度整体偏高 0.446%，而水汽密度反演值较目标值偏高 0.017 g/m³。

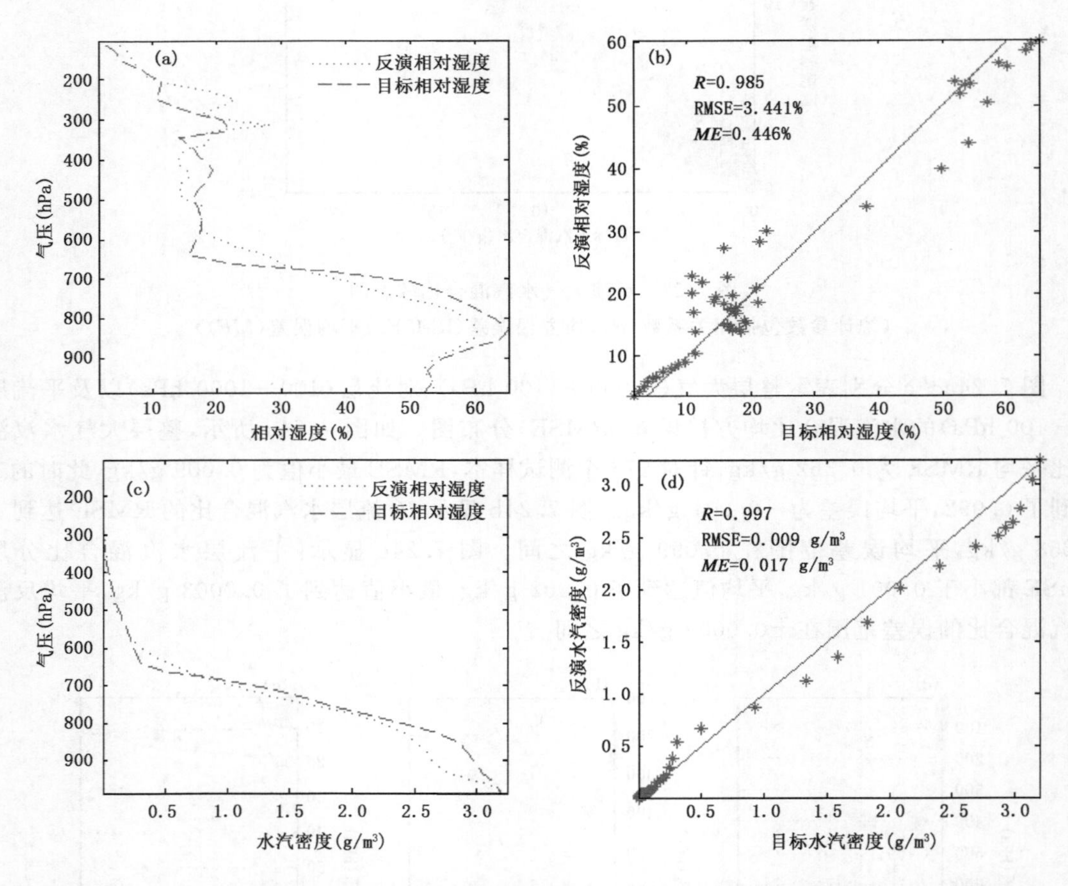

图 7.25　反演相对湿度样本廓线图(a)和散点图(b)，以及反演水汽密度样本廓线(c)和散点图(d)（统计参数包括相关系数(R)、均方根误差(RMSE)、平均误差(ME)）

7.4　小结

我国第二代静止轨道气象卫星(FY-4)于 2016 年 12 月 11 日发射上天，其上搭载的高光谱红外大气垂直探测仪 GIIRS 首次在地球静止轨道卫星上，实现了大气温湿廓线的高光谱探测，为数值天气预报提供了更高时空分辨率资料。本研究借助于卫星遥感大气辐射理论和神经网络反演算法基本理论，通过快速辐射传输模式准确正演计算卫星高光谱辐射数据，并与对应的 CIMSS 大气廓线形成样本对，利用样本对训练神经网络，建立大气温湿廓线反演模型，最后用测试样本进行测试，验证该反演模型的优劣，实现了利用模拟的高光谱红外垂直探测仪 GIIRS 亮温资料反演大气廓线的研究，主要结论如下。

(1)实现了 GIIRS 模拟资料的大气温度廓线反演试验。建立了全圆盘和中国区域两种大气温度反演模型,通过对该反演模型的分析,发现中国区域反演的大气整层(0.005—1100 hPa)温度精度(RMSE=1.922 K)要高于全圆盘区域(RMSE=2.630 K)。在对流层区域(1000—100 hPa),两种反演模型在各个气压层上反演温度的精度基本上达到了 1K,反演结果比较理想。中国区域温度反演分层 RMSE 最小值更是达到了 0.628 K,最优样本廓线的 RMSE 为 0.604 K,反演值与目标温度值廓线高度重合。而两种反演模型(全圆盘和中国)反演大气温度的平均误差分别为−0.002 K 和 0.025 K。同时对比分析了 5 类 CIMSS 数据模拟试验反演的大气温度效果,发现 NOAA88 的 CIMSS 数据进行大气温度反演的精度最高(RMSE=1.853 K),平均误差达到了 0.070 K,具有高度相关性($R=0.998$),而用 TIGR-3 数据反演温度的精度相比于其他几类要差,此时的 RMSE 为 3.391 K。同时发现中国区域反演大气温度的模型精度优于全圆盘区域模型。

(2)实现了 GIIRS 模拟资料的大气湿度廓线反演试验。建立了全圆盘和中国区域的两种大气湿度反演模型。对于全圆盘区域的反演模型,水汽混合比的 RMSE 为 0.440 g/kg,最小值达到了 0.001 g/kg,且 RMSE<0.5 g/kg 的比率达到 73.58%。对比分析 5 类 CIMSS 数据模拟试验反演的水汽混合比,发现用 NOAA88 CIMSS 数据进行大气水汽混合比的反演精度最高,整层的 RMSE 为 0.315 g/kg,低层 RMSE 小于 0.85 g/kg,其相关系数达到了 0.994,但 5 类资料反演水汽混合比的误差在低层较低,且反演精度随着高度的增加而不断提高。通过分析反演湿度效果的空间分布情况,发现在高纬度地区,反演湿度误差较小;而在山地,或者赤道附近反演湿度的误差比较大。对于中国区域的反演模型,反演大气水汽混合比、相对湿度和水汽密度的 RMSE 分别达到了 0.362 g/kg,9.079%和 0.450 g/m^3。同时发现中国区域反演大气湿度的模型精度优于全圆盘区域模型。

(3)本研究是针对晴空模式建立了大气温湿廓线反演神经网络模型,反演模型构建过程,包括隐含节点数、学习算法、响应函数等网络参数的选择都是靠经验和大量的试验调试,确定的,而且进行反演时并没有考虑山脉、盆地、沙漠等比较复杂的下垫面特征,这些因素在下一步工作中都需不断完善。

第8章 静止轨道气象卫星云参数遥感

众所周知，云对地气系统能量收支平衡具有强烈的调节左右，云的时空变化和辐射性质是影响全球气候和各个尺度天气系统的重要因子。基于卫星平台得到的全球云观测可以对云类和云相态进行识别，对大气可降水量进行评估，可获取较大可见尺度云的光学特性和微物理特性。要获取全球范围内的云参数及其时空变化信息，对卫星观测资料的利用是必不可少的。本章利用多元极小残差云反演算法，基于来自极轨和静止卫星的多种红外辐射率资料（AIRS、IASI、GOES 和 MODIS），进行了多种资料同时反演三维云参数的试验。为了评估多元极小残差云反演算法的可靠性，本章对不同的辐射率资料反演得到的云产品进行了相互比较、并将结果与 MODIS 等其他云反演产品进行了对比。利用了 WRF(weather research and forecasting model)系统及其 WRFDA(WRF data assimilation)系统构建了快速更新循环反演和三维云参数的临近预报的 MADCast(multi-sensor advection diffusion nowcast)系统，并初步研究了多种资料有效反演的方法，为其他的应用研究提供一定的平台。

8.1 云反演方法介绍和试验设计

MMR (Auligné,2007,2014;multivariate minimum residual)多元极小残差云检测方案是通过构建以下代价函数，采用极小化算法来模拟在模式层 k 的云参数。

$$J(N)=\frac{1}{2}\sum_{\nu}\left[\frac{R_{\nu}^{\text{cloud}}-R_{\nu}^{\text{obs}}}{R_{\nu}^{0}}\right]^{2} \tag{8.1}$$

式中，R_{ν}^{obs} 在波数处 ν 的观测辐射率值，R_{ν}^{cloud} 是全天空条件下计算得到的有云辐射率值，R_{ν}^{0} 是晴空条件下计算得到的辐射率值。而数组 $N=N^0,N^1,N^2,\cdots,N^n$ 涵盖了 n 个模式层的云覆盖百分比信息($N=N^1,N^2,\cdots,N^n$)，N^0 表示晴空部分的百分比(如图 8.1 所示)。其中数组 $N=N^0,N^1,N^2,\cdots,N^n$ 涵盖了 n 个模式层的云参数信息($N=N^1,N^2,\cdots,N^n$)，N^0 表示晴空部分的百分比。

当晴空条件下计算得到的辐射率值和模拟的全天空辐射率值的差异大于 1%时，该通道被确定为云区资料：

$$\frac{\left|R_{\nu}^{0}-R_{\nu}^{\text{cloud}}\right|}{R_{\nu}^{0}}>0.01 \tag{8.2}$$

这里，R_{ν}^{cloud} 可以这样计算得到

$$R_{\nu}^{\text{cloud}}(N^0,N^1,N^2,\cdots,N^n)=N^0R_{\nu}^{0}+\sum_{k=1}^{n}N^kR_{\nu}^{k} \tag{8.3}$$

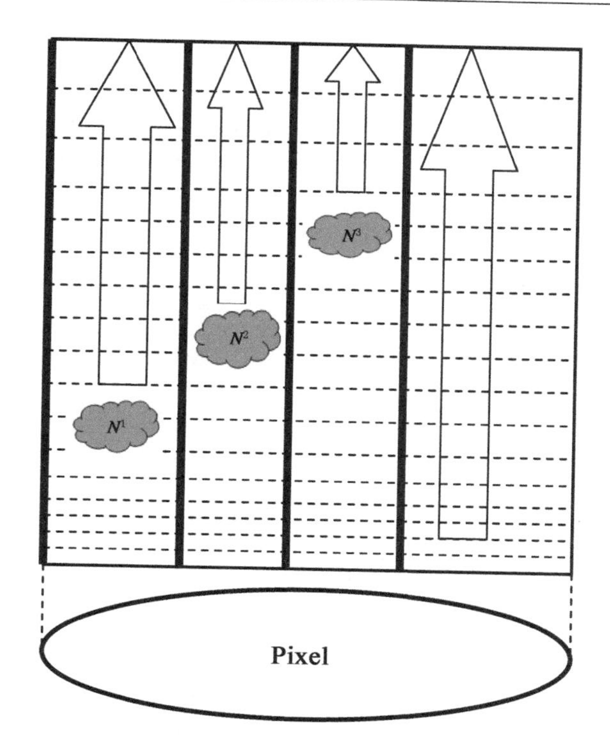

图 8.1　MMR 云反演方法对于一个像素点的示意图,其中 pixel 为云像元

其中

$$\begin{cases} 0 \leqslant N^k \leqslant 1 \\ N^0 + \sum_{k=1}^{n} N^k = 1 \end{cases}$$

这里 R_ν^k 是传输模式得到的考虑在模式层存在黑体云时的辐射率值。因此公式(8.3)通过提取得到云参数的方式,代替辐射传输模式来计算全天空条件下计算辐射率。云参数 N 提取的关键是用模拟的全天空的辐射率逐步拟合观测的辐射率。图 8.2 显示了具体的流程图,其中 T、Q、T_s 和 ε_s 分别为 CRTM(the community radiative transfer model)的输入变量;观测(OBS)和晴空条件下模拟的辐射率值(clear T_b)为 MMR 的输入变量;云百分比(cloud fraction)为 MMR 的输出变量。该算法除了可以得到各层的云参数以外,可以输出云顶高度。云顶所在的模式层 k_top 是由云参数的大小确定的。从地面开始往上,逐一判断该模式层的云参数否大于 0.01,满足条件的第一个模式层即为云顶高度:

$$N^{k\_top} > 0.01 \tag{8.4}$$

图 8.1 是对于一个像素元内的辐射率资料反演得到的各个层次的云覆盖百分比($N = N^1, N^2, N^3 \cdots$)和晴空的百分比 N^0 。在本研究中,首次利用 MMR 方法反演多种卫星资料(Auligné,2007,2014),验证和考察该方法反演 3 维云量和云高方面的对各种资料的适用性和稳定性。本节并且初步验证了该方法作为线性云辐射率观测算子的准确性。

红外辐射率资料的观测预处理、质量控制以及云反演试验均在 WRFDA 系统中展开。本章选取了 2012 年 6 月 3 日的 24 个时刻(00 时至 23 时)美国大陆的区域的不同类型的云进行

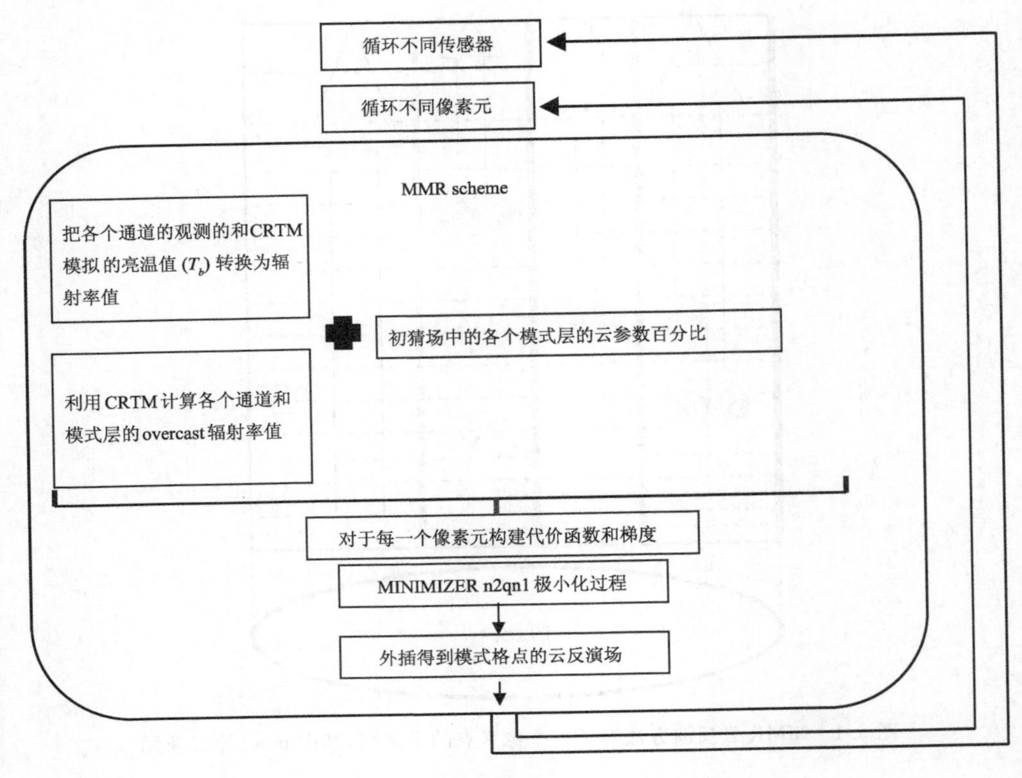

图 8.2 MMR 云反演方法流程图

反演试验，并将多种辐射率资料云反演产品结果进行了相互比较，同时选取 MODIS 等其他云产品作为参照进行对比分析，从而验证了多元极小残差(MMR)方法的云产品的合理和有效性。背景场 WRF 模式的分辨率为 15 km，格点数为 415×325，垂直层数为 40 层，模式顶层气压为 50 hPa。由于 Xu 等(2013)发现辐射传输模式基于 WRF 背景场模拟的得到的长波 CO_2 波段的辐射值效果较好，并且 15 μm 长波波段的通道对云的高度敏感性，本章选用了各种辐射率资料的长波波段的通道(～15 μm)来反演云参数。试验使用辐射传输模式 CRTM 来模拟晴空辐射率和每一层的黑体辐射率值。同时进一步基于 CRTM 和 RTTOV 模式，展开了 MMR 对不同辐射传输模式的敏感性试验。其中对于 MODIS 辐射率资料的云反演过程，EOS-Aqua 辐射率资料较 EOS-Terra 辐射率资料先进入 MMR 模式，两种传感器的重叠区域由后者覆盖前者。

对于每一个卫星扫描点位置(视场)，临近的 4 个模式格点的云参数外插得到。对于 IASI 探测器资料，扫描点之间的间隔相对较大，对于扫描方位角较大的边界观测更为显著。例如扫描带边界处的间隙大小为 35 km，因此我们根据视场之间的间隙大小来决定外推插值的插值半径。图 8.3 显示了 AIRS 和 IASI 辐射率资料相邻两个像素对应不同扫描位置的间隙。其中扫描位置 45 和 30 分别对应 AIRS 和 IASI 探测器的星下点位置。星下点的插值半价最小，随着扫描位置离星下点距离的增大，插值半径也增大。图 8.4 是对于 AIRS 和 IASI 反演的辐射率资料得到的插值前后的云参数。可以发现，在使用新的插值方法之前，云产品能清晰地看出各个视场的分布。采用与扫描位置相关的插值半径得到的云产品场较为理想，插值误差较小。星下点及其扫描带边界处，卫星观测视场中的云产品根据不同的插值半径得到了合理地扩充。

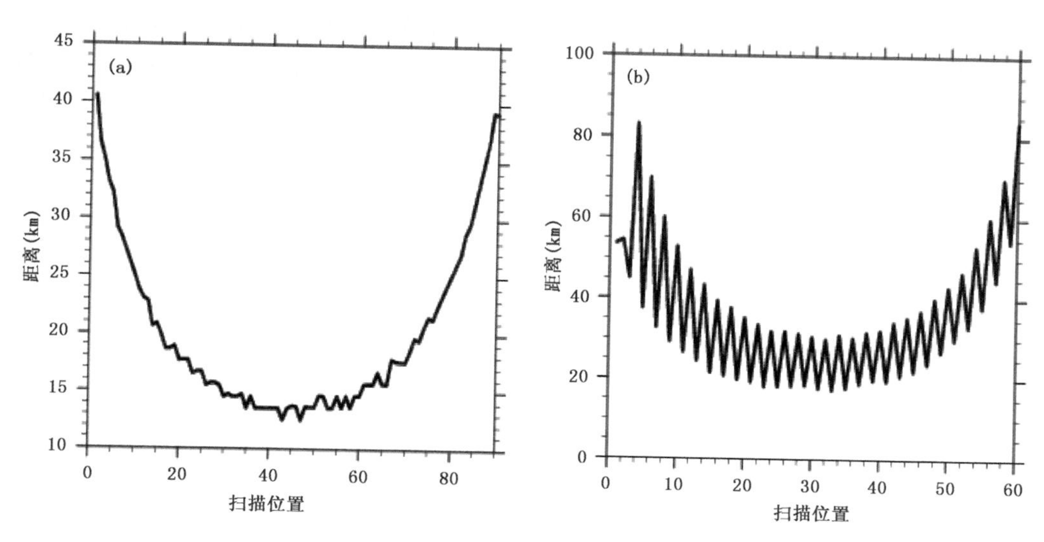

图 8.3　在扫描方向两个相邻的视场间的距离
（其中横坐标为不同的扫描位置，纵坐标为扫描方向两个相邻的视场间的距离）

随不同扫描位置变化的函数，对于 AIRS(a)和 IASI(b)，其中扫描位置 45 和 30 分别是对应探测器的星下点位置。

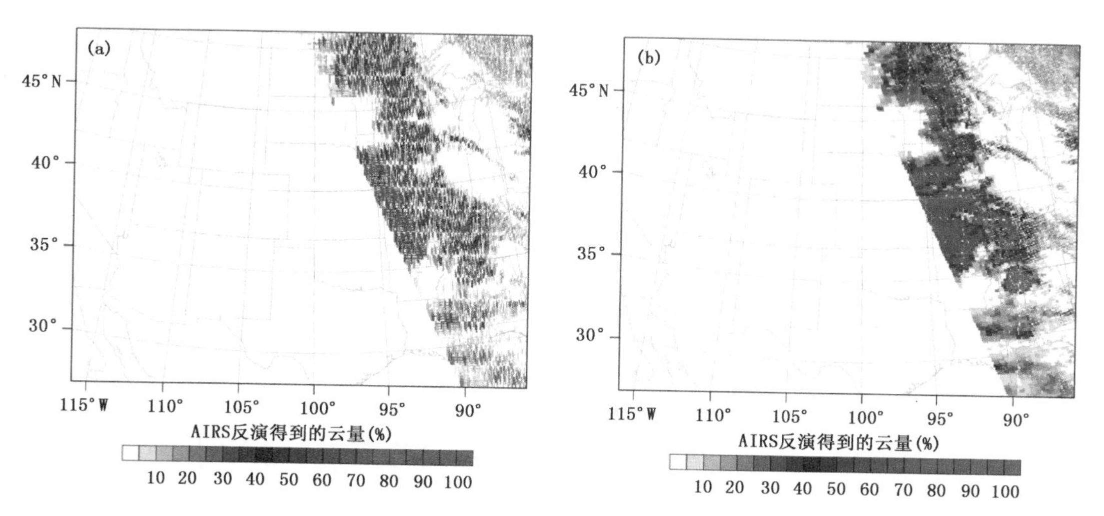

图 8.4　利用 AIRS 辐射率资料反演得到的插值前(a)和插值后(b)的云参数

8.2　不同辐射传输模式敏感性试验

为了考证 MMR 算法作为观测算子的可靠性，本章对于不同的辐射传输模式进行了敏感性试验(CRTM 和 RTTOV)。针对 AIRS 和 MODIS 这两种辐射率资料，分别使用 CRTM 和

RTTOV 传输模式进行对比分析。图 8.5 显示 2012 年 6 月 3 日 11 时，基于晴空条件下模拟的辐射率，即没有使用 MMR 模拟全天气条件下的辐射率值(w/oMMR)与观测的辐射率值的偏差的平均和标准偏差以及经过 MMR 全天空云模拟后的(w/MMR)的辐射率值和观测辐射率值平均值(Mean)和标准偏差(Stdv)。从图 8.5a 可见，晴空条件下模拟的辐射率和观测辐射率的差距较大。MMR 通过变分法模拟云参数，较大幅度地拉近了模拟反射率和观测反射

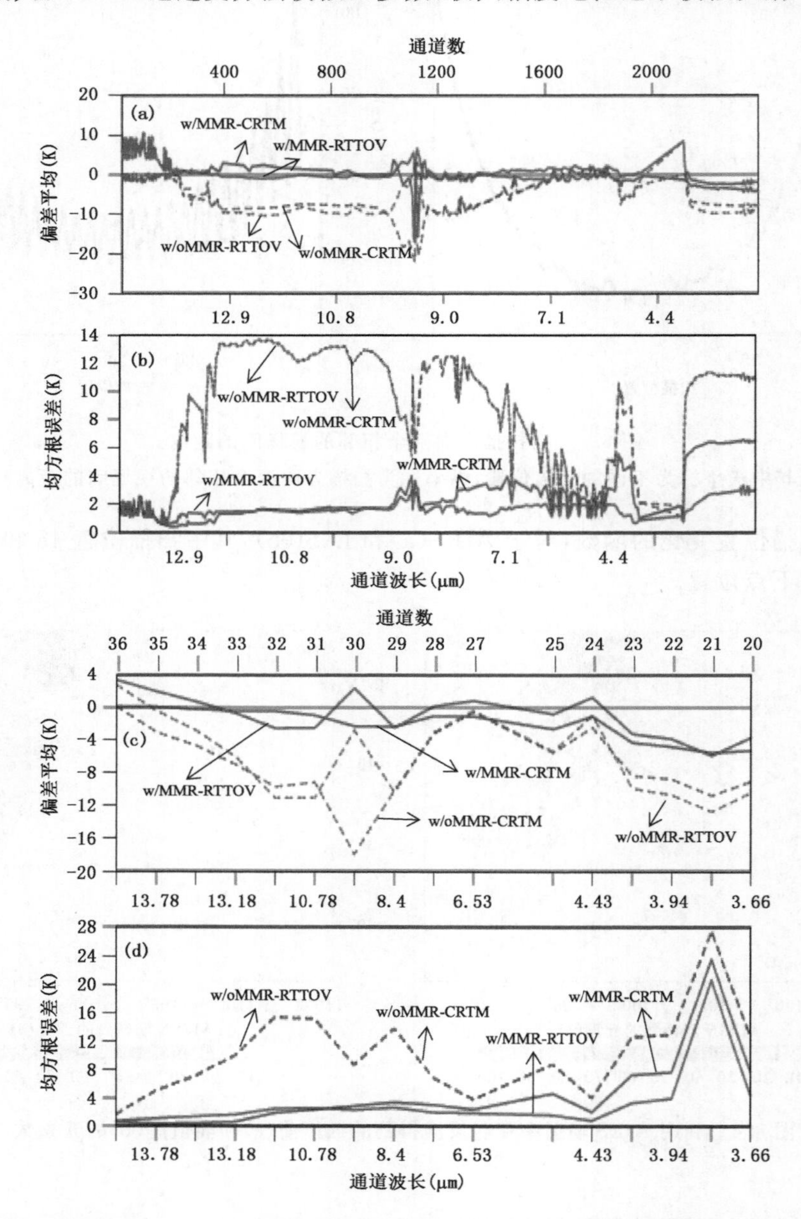

图 8.5　在 2012 年 6 月 3 日 11 时，真实观测亮温与不同的辐射传输模式在使用 MMR(w/MMR)和不使用 MMR(w/oMMR)时模拟的亮温的偏差平均(a)和均方根误差(b)(单位：K)，MODIS 真实观测亮温与不同的辐射传输模式在使用 MMR(w/MMR)和不使用 MMR(w/oMMR)时模拟的亮温的偏差平均(c)和均方根误差(d)(单位：K)

率的值。对于模拟值和观测差异的统计值,对于大部分的通道的模拟的偏差接近于 0,标准偏差也从 10 K 降低到了 2 K。尽管 MMR 算法只是运用到了长波波段的通道(通道 15 至通道 950),其他通道的偏差也得到了大部分的减小。然而对于臭氧波段(O_3:9.6 μm,通道 1000 左右)和短波波段(通道号大于 2000 左右)的模拟和观测相差值较大。这是因为 WRF 模式(Skamarock et al.,2008)没有模拟计算 O_3 值,O_3 信息并未被用到辐射传输模式中。而短波波段在白日被太阳光谱所污染。在图 8.5b 中,我们得到类似的结论,对于 MODIS 资料 MMR 同样显著降低了观测和模拟亮温的偏差(平均和标准偏差都显著降低),对于在 MMR 中使用到的通道 32 至 36 就更为显著了。正如上面几节讨论到的,模拟的晴空辐射率和观测值的差异程度直接决定了反演的有效云量的大小。和预期相一致的是,从 AIRS 得到的 OMB_clr 的值在大部分通道(通道 15 至 950)为 9 K 左右,要大于 MODIS 得到的 OMB_clr 的值(从通道 32 到 36,大部分偏差绝对值小于 9 K)。这一结论和第 5 节中,AIRS 相对 MODIS 反演得到的云参数要大的结果相一致。从图 8.5 中可以看出,对于 AIRS 资料,RTTOV 传输模式得到观测和模拟亮温的偏差要较 CRTM 的大,对于长波波段(通道 15 至 950)两者的差异更为显著。通过 RTTOV 得到的 OMB_clr 在 MODIS 通道 32 至 36 要较 CRTM 小。因此,对于 AIRS 资料,通过 RTTOV 模式,我们使用 AIRS 资料得到相对 CRTM 较小的云量,使用 MODIS 资料得到了较大的云量(图略)。CRTM 和 RTTOV 得到的观测和模拟亮温的偏差平均和标准偏差大小相当。

8.3　云产品的评估

本小节使用来自于 CloudSat(Stephens et al.,2002;马占山等,2008;程也,2006),GOES 和 MODIS(Platnick et al.,2003)的云产品来检验 MMR 反演的云参数的质量。尽管这些云产品并不是真实云分布实况,但是用这些产品在一定程度上反映了检验时刻的云分布形势,为验证 MMR 反演的云产品提供了一定的参考。

8.3.1　云覆盖量

由于 MMR 反演的云覆盖比例是指每一个模式层上的云占有比例($N = N^1, N^2, \cdots, N^n$),本章定义 MMR 反演的云覆盖量是为整层大气的云占有比例的整层总和。通过比较 MMR 反演的云覆盖量和 GOES 静止卫星的云覆盖量来初步验证 MMR 云反演效果。图 8.6 显示了 19 时 GOES 云产品和 MMR 对于 AIRS、GOES-Sounder、IASI、MODIS 和 GOES-Imager 资料反演得到的云覆盖量。

总体来讲,MMR 基于各种探测器资料得到的云覆盖量和 GOES 云产品较为一致。MMR 基于 AIRS 反演得到的云覆盖量要较基于 MODIS 反演得到云覆盖量稍大(图 8.6b 和图 8.6e),说明 CRTM 对 AIRS 资料模拟得到的晴空辐射率和观测辐射率值的差异较 MODIS 资料略大。IASI 资料反演的云参数也较好地与云图吻合,由于相对较低的水平分辨率,在边界处的云产品场相对连续较差(图 8.6d)。

在图 8.6e 中,EOS-Aqua(PM)和 EOS-terra(AM)同时出现在反演的时间窗内,其云参数和红外云图较为一致。两种探测器辐射率资料重合的地方也显示出了较好的过渡,没有明显的差异。当 MMR 使用 GOES-Imager 后,云覆盖反演产品的范围显著增加(图 8.6f),几乎覆

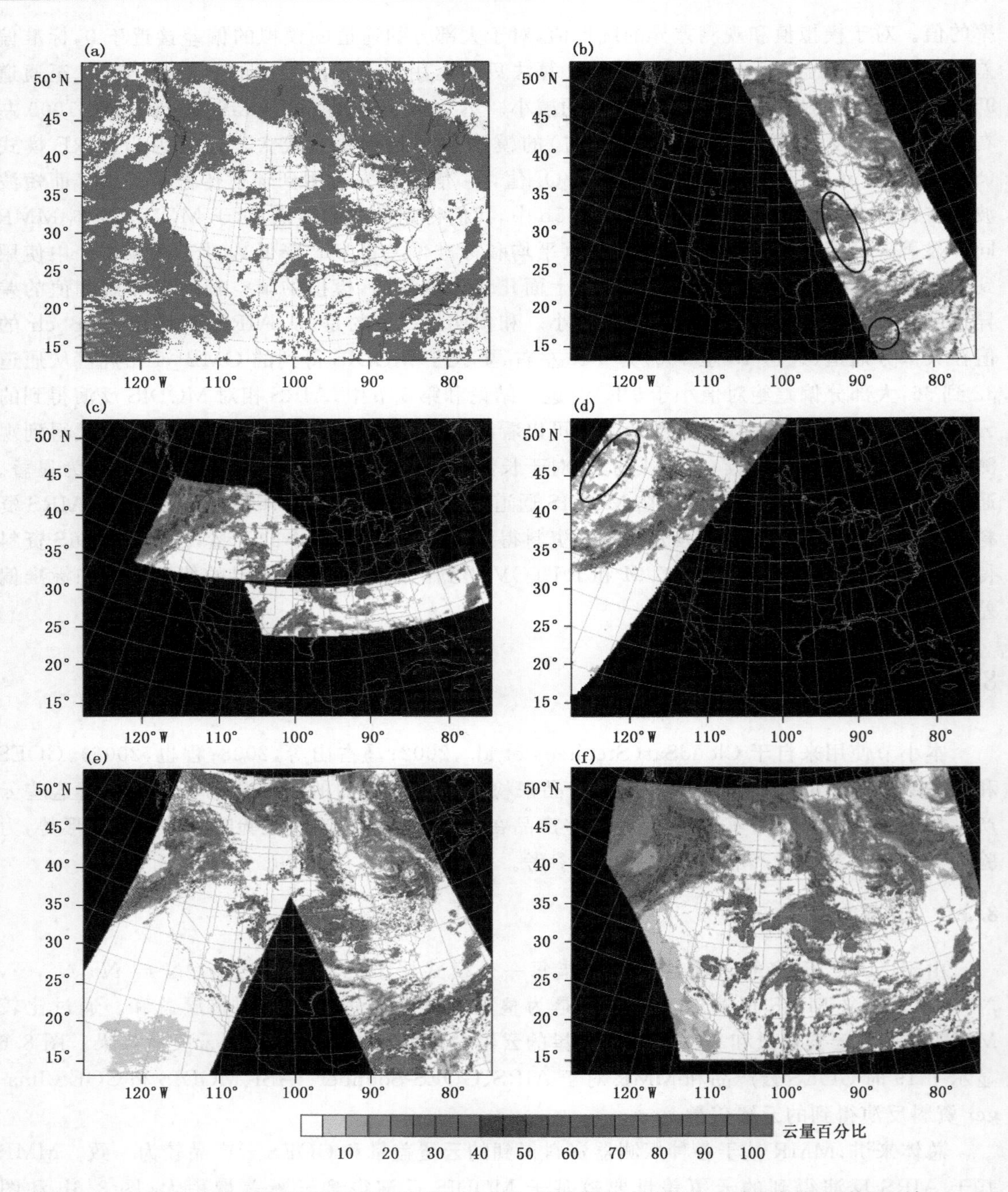

图 8.6　2012 年 6 月 3 日 19 时 GOES 13/15 云产品，其中深色表示有云区域白色表示晴空区域(a)和 MMR 云产品(%)对于不同的卫星传感器 AIRS(b)、GOES-Sounder(c)、IASI(d)、MODIS(e)和 GOES-Imager(f)的结果

盖了整个美国大陆。GOES-Imager 的水平分辨率较高，其云产品相对于其他资料，较为连续光滑。总体上，GOES-Sounder 的云覆盖量要略小于其他探测器资料(图 8.6c)。

图 8.7 显示了 MMR 方法基于 5 种传感器辐射率资料反演得到云覆盖量相对于 GOES 云

产品的报对(hits),误报(false alarms)和漏报(misses)的分布形势。标记GOES云产品中有云区域为1,标记MMR反演的整层云量比例大于0处为1。GOES云产品和MMR云产品同时被插值到0.1°×0.1°的经纬度网格上(有云标记为1,晴空处为0)后,再进行统计评分。可以发现,MMR基于各种传感器辐射率资料反演的云产品和GOES反演的云产品在大部分地区保持较好的一致。MMR利用IASI和MODIS辐射率资料得到的云产品低估了云的反演;

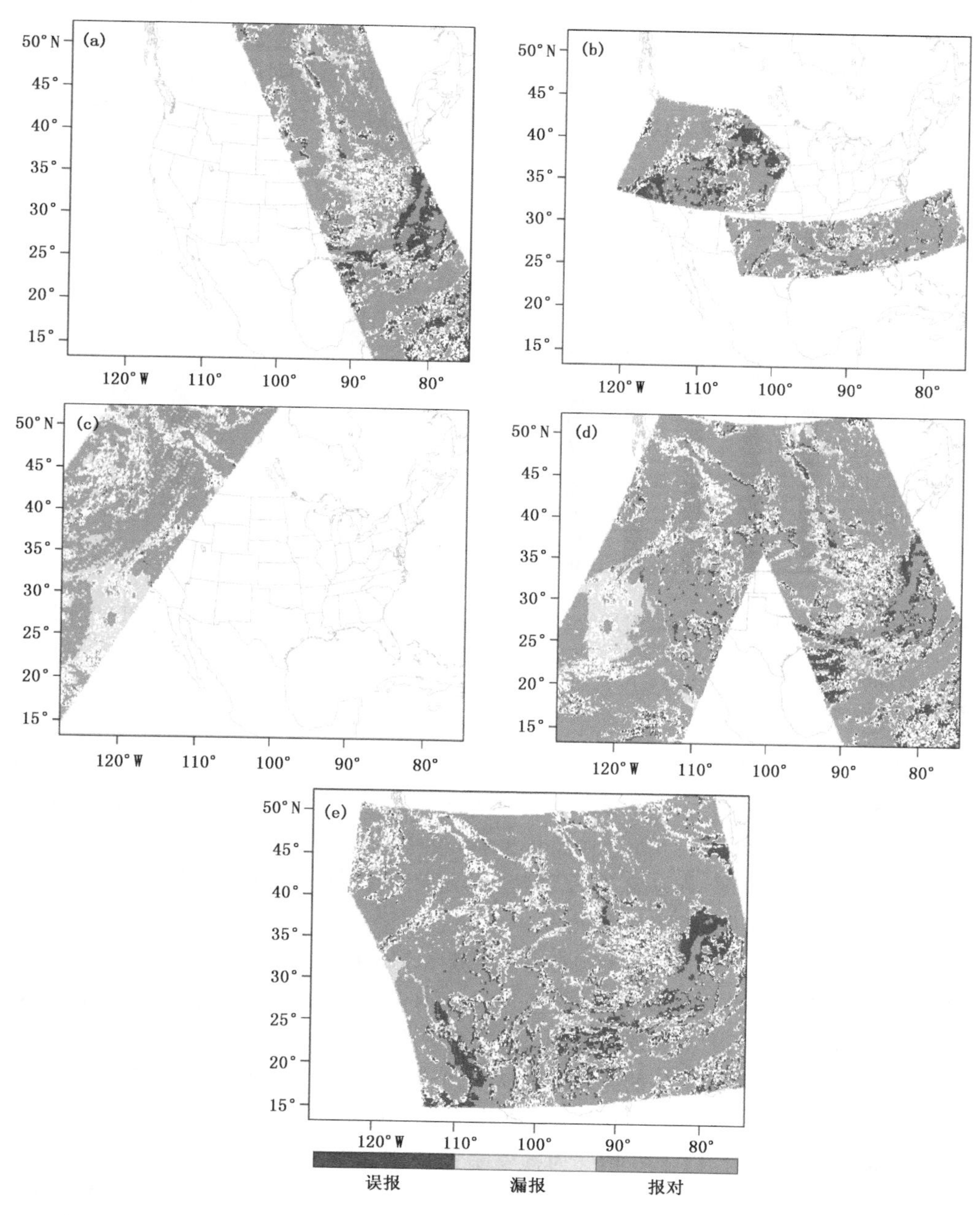

图8.7　在2012年6月3日19时对于不同的卫星传感器:AIRS(a)、GOES-Sounder(b)、IASI(c)、MODIS(d)和GOES-Imager(e)的误报、漏报和报对分布

同时 MMR 利用 GOES-Imager，GOES-Sounder，和 AIRS 得到了较好的云覆盖。在美国西海岸加利福尼亚地区有大片的漏报区域。可以发现这些区域存在较多超低云（～950 hPa：图略），说明 MMR 对于低云的预报效果相对较差。MMR 对于低云的反演能力将在下一节具体介绍。

图 8.8 显示了 00 时至 23 时期间，MMR 基于各种资料反演的云覆盖量的 ETS 和偏差评分（Schaefer，1990）。可以发现，MMR 利用 GOES-Imager 资料反演产品得到的评分最高，但偏差略大；MMR 利用 GOES-Sounder 资料得到的评分较高，但偏差较小。与图 8.7 较为一致，MMR 利用 AIRS 得到的云产品相对于 MODIS、IASI 和 GOES-Imager 辐射率资料一致性较高。MMR 利用 MODIS 和 IASI 辐射率得到的结果相对于 GOES 云产品低估了云覆盖量。

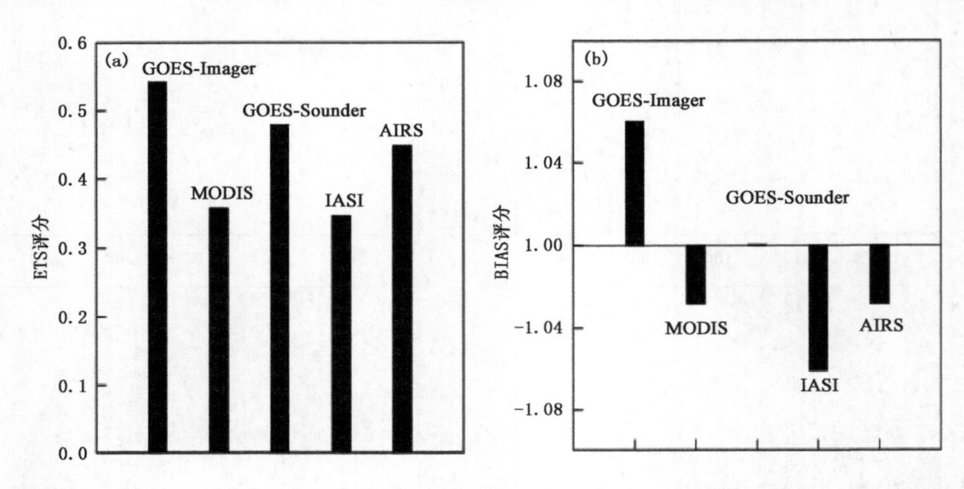

图 8.8　2012 年 6 月 3 日 00—23 时期间，相对于 GOES 反演产品的 ETS 评分(a)和 BIAS 评分(b)

8.3.2　云高和云顶气压

除了考察整层云覆盖量，本小节初步对于反演的云顶气压（或者云顶高度）结果进行比较分析。GOES 2 级产品被作为比较来自 GOES-Sounder、IASI 和 MODIS 的云高和云顶气压的参考产品。从 NASA（http://modis-atmos.gsfc.nasa.gov/MOD06_L2/）得到的 EOS-Aqua MODIS 6 级的云顶气压产品包含了云顶特征、云光学特性等参数，也被用来比较在 EOS-Aqua 卫星上的 AIRS 和 MODIS 的云产品。

图 8.9 选取了 08、09 和 11 时三个时刻来比较 MMR 反演的云产品和 MODIS6 级云顶气压。其他白天时刻的云产品结果类似（图略）。MMR 在大部分时刻利用 AIRS 和 MODIS 辐射率资料得到的云顶气压产品的结果较好，相关系数大于 0.7。MMR 利用 AIRS 资料得到的云产品与 MYD06 得到的云产品的统计相关大于 0.8。特别对于 08 时和 09 时，MMR 方法用 MODIS 资料得到的云高高估了云的高度。在图 8.9b 和图 8.9d 中有一些气压反演常值。这是因为 MMR 搜寻云顶时，以 130 hPa 为搜索最高范围。对于反演到的云顶高于 130 hPa 的云，均被标志为 130 hPa。这些云顶气压的结果是意料之中，因为对于辐射率资料通道越少，得到的云廓线分辨率较差。对于 MODIS 资料，在观测资料中的谱分辨率较低，得到的云的廓线较差。

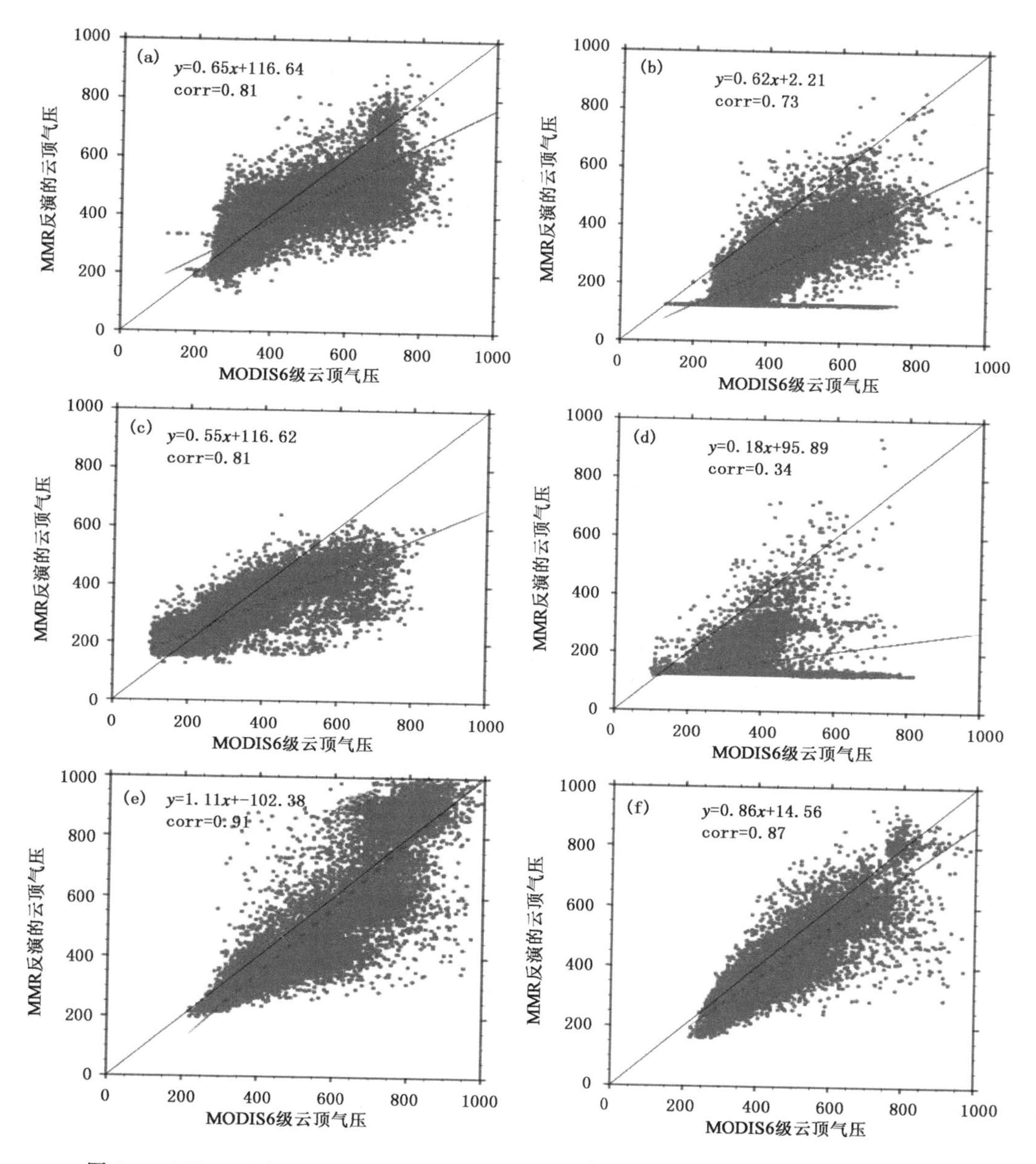

图 8.9 MMR 反演的云产品和 MODIS6 级云顶气压的散点图(其中实线为回归方程)
(a)08 时 AIRS;(b)08 时 MODIS;(c)09 时 AIRS;(d)09 时 MODIS;
(e)11 时 AIRS;(f)11 时 MODIS,

图 8.10 给出从 00 时到 23 时在 300 hPa、500 hPa、700 hPa、850 hPa 和 950 hPa 这些阈值的 ETS 评分。MODIS6 级产品的云顶气压和 MMR 反演得到的模式气压被同时插值到 0.1°×0.1°的经纬度网格上。当 MODIS6 级产品的云低于阈值气压,标记参考场为 1,MMR 得到的云低于阈值气压,标记模式场为 1。总体而言,MMR 对于中高水平的云(700 hPa 和 850 hPa)要优于对高云的检测(300 hPa 和 500 hPa)检测。这表明 MMR 对高云(大多冰云存

在)检测时,有效辐射率的假设(即云辐射发射率乘于云量百分比)是不准确的。对于低云(如950 hPa),MMR 利用大多数传感器辐射率资料得到的云反演产品与 GOES 云产品对应较差,这与 Auligné(2014)的检测出的低云较差的理论论证一致。MMR 利用 AIRS 和 IASI 辐射率资料对于大多数阈值得到的评分较高。MMR 利用 AIRS 资料对云高度的检测较 MODIS 资料较高。值得注意的是,MMR 利用 GOES-Imager 资料反演产品的评分和利用 MODIS 资料得到的评分接近或较高。即使较少辐射率资料中的通道,MMR 得到的是云垂直廓线平滑的估计。

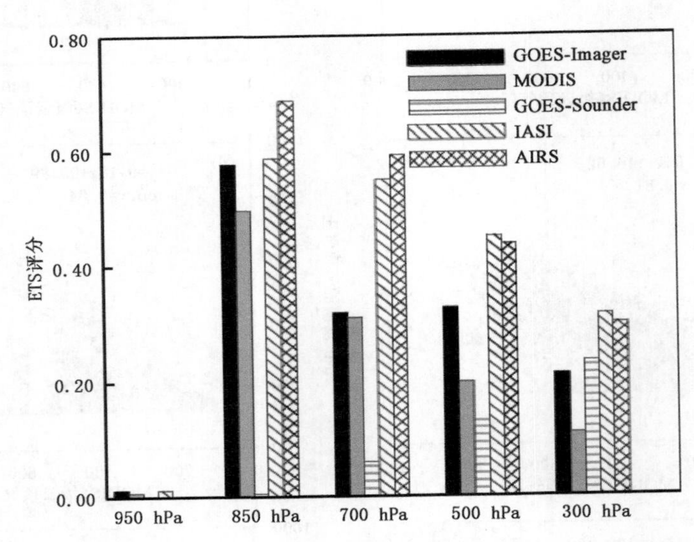

图 8.10　2012 年 6 月 3 日 00—23 时期间,相对于 GOES 反演产品的对于 950 hPa、850 hPa、700 hPa、500 hPa 和 300 hPa 等高度云的 ETS 评分

8.3.3　三维云廓线

不同探测器辐射率资料用 MMR 方法反演得到的云参数产品和资料的谱分辨率是应该相联系的。在本节中,从 AIRS 和 MODIS 反演得到的云参数和 CloudSat 资料(Stephens et al.,2002;马占山等,2008;程也,2006)进行比较。图 8.11 为云探测卫星 CloudSat 观测全球三维云结构的示意图。CloudSat 卫星主要有效载荷是 94 GHz(3 mm 波长)云雷达,它可以“切开”云层,获得许多有关云的最新气象数据,主要数据产品包括了云的宏观物理参量和微观物理参量,能提供全球范围内云垂直结构信息。一个 CloudSat 卫星的轨迹包括 39400 个云廓线信息。CloudSat 数据处理中心(DPC)产生两类数据产品:标准数据产品和辅助数据产品。本章主要用到的是标准数据产品中的 2B-GEOPROF 产品。

图 8.12 显示了在 08 时、09 时和 11 时的 CloudSat 的 3 条轨道,该轨道和 Aqua 卫星的轨道重合,因此用来考证 EOS-Aqua AIRS 和 MODIS 的云反演产品作为参考。沿着图 8.12 中的 3 条轨道,图 8.13 给出了以上 3 个时刻的云反演产品的剖面图。可见,从 AIRS 和 MODIS 得到的云分布和厚度与 CloudSat 雷达反射率较为吻合。从 AIRS 中得到的云量略大于 MODIS 得到的云量,这一结果与图 8.8 较为一致。另一方面,AIRS 反演的云高要优于 MODIS

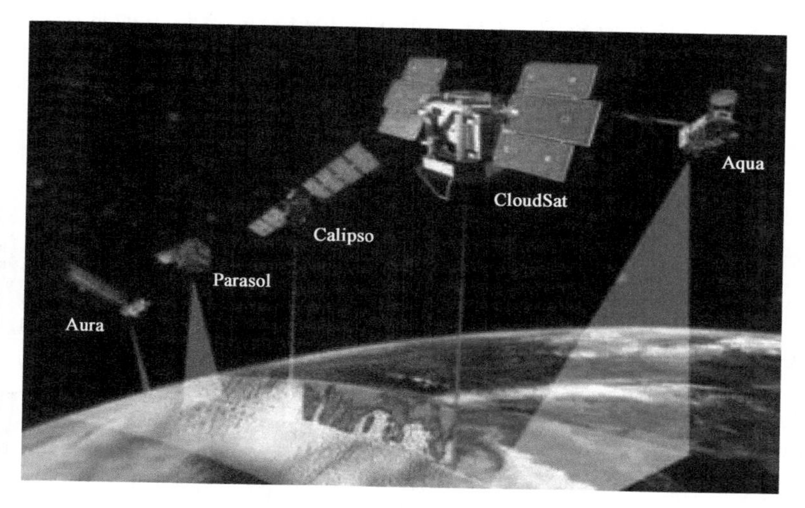

图 8.11 云探测卫星 CloudSat 观测全球三维云结构的示意图

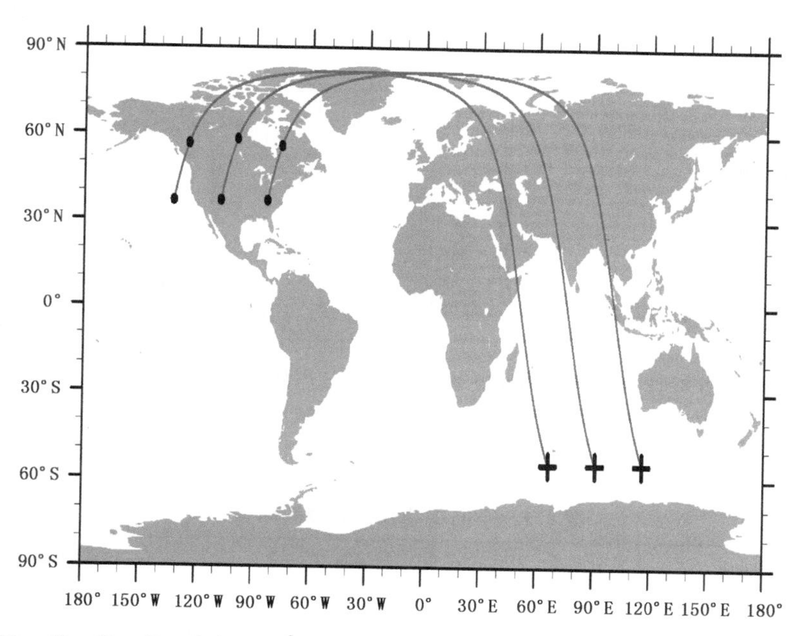

图 8.12 CloudSat 的 3 条轨道，✚ 为扫描轨道的起点，其中 ● 之间的线段为模式区域内轨

得到的云高，MMR 方法在大部分情况下高估了 MODIS 资料中得到的云高(图 8.13c、图 8.13f 和图 8.13i)。这一结果与 Li 等(2004)中使用一维变分方法对于 MODIS 和 AIRS 反演云参数的结论较为一致。MODIS 资料的水平分辨率较高，因此 MMR 方法使用 MODIS 资料得到了较为接近的水平云分布，然而，MMR 方法在 AIRS 资料的云参数并没有识别两个云区之间的晴空特征(例如，在图 8.13d、图 8.13e 和图 8.13f 中 45°N 附近的晴空信息)。从表 8.1 可见，MMR 对于中高水平的云(3 km 和 5 km)要优于对高云的检测(9 km)和低云(2.5 km)的检测。这表明 MMR 对高云(大多冰云存在)检测时，有效辐射率的假设(即云发射率乘云量百分比)是不准确的。对于低云(如 950 hPa)，MMR 利用大多数传感器辐射率资料得到的云

反演产品与 GOES 云产品对应较差，这与 Auligné(2014a)的检测出的低云较差的理论论证一致。

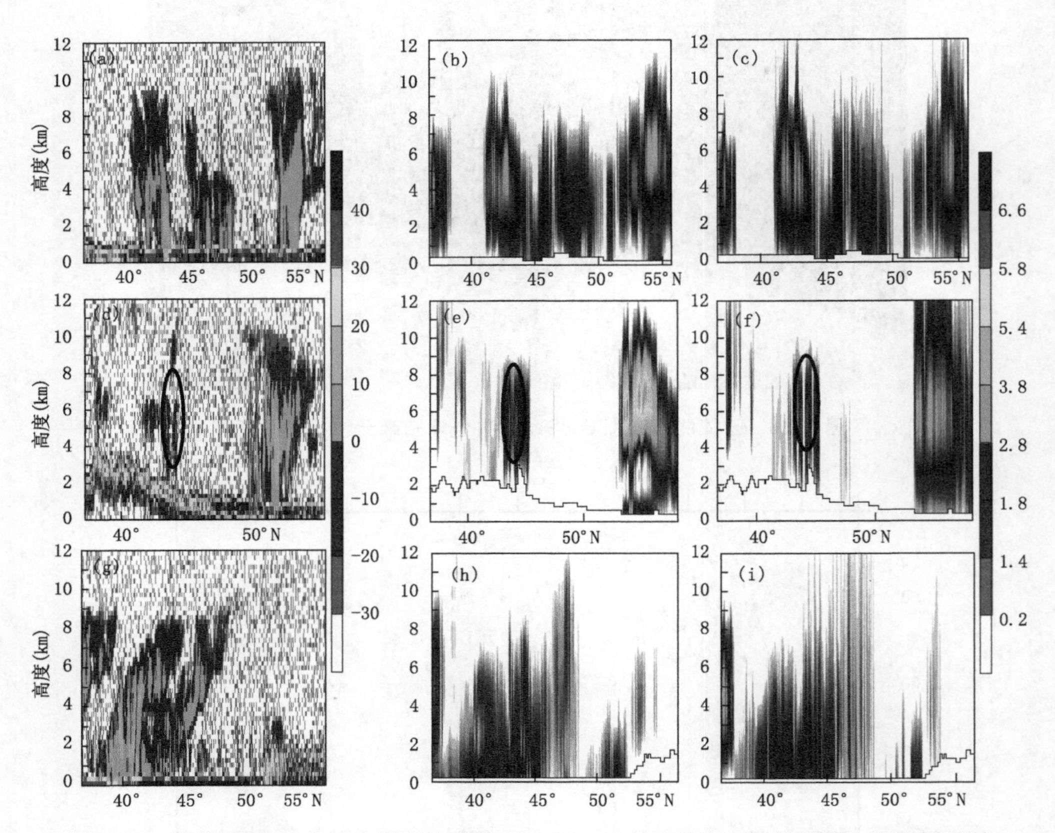

图 8.13　沿着图 8.12 中黑点间的轨迹的 CloudSat 云产品雷达反射率(单位:dBZ)剖面图((a)08 时;(d)09;(g)11 时)，相应位置 MMR 得到云百分比((b)AIRS 08 时;(e)AIRS 09 时;(h)AIRS 11 时;(c)MODIS 08 时;(f)MODIS 09 时;(i)MODIS 11 时)

表 8.1　不同观测仪器的资料属性

观测仪器	水平分辨率	扫描宽度	通道选择
MODIS	星下点分辨率 1 km	2330 km	5 个通道(32，33，34，35，36)
IASI	星下点分辨率 12 km	2400 km	193 个通道(16，38，…，2239)
AIRS	星下点分辨率 13.5 km	1650 km	86 个通道(92，93，…，950)
GOES-Sounder	10 km	N/A	7 个通道(1，2，…，7)
GOES-13 Imager	1 km (通道 1) 4 km (通道 2、3、4 和 5)	N/A	2 个通道(4，5)

8.4　多种资料的同步反演

以上小节初步介绍了多元极小残差云检测试验方案(MMR)，开展了多元极小残差法

(MMR)利用不同辐射率资料得到的云产品直接的对比,考察了多元极小残差法(MMR)对辐射传输模式的敏感性。结果显示,多元极小残差法(MMR)是一种简单易行,计算代价较小的云检测方案;该方法利用各种红外辐射率资料得到云反演场较为一致;其对云高和云廓线的反演能力依赖于红外辐射率资料的谱分辨率;多元极小残差法(MMR)利用不同辐射传输模式得到的云反演场也较为稳定。本节将进一步根据不同辐射率资料的谱分辨率、水平分辨率和时间分辨率的优势充分有效地得到一个综合的反演场。表 8.1 是各种红外辐射率资料的观测属性。可见,AIRS、IASI 探测的辐射率资料属于高光谱红外资料,然而水平分辨率相对较低。GOES-Imager、GOES-Sounder 还有 MODIS 辐射率资料的水平分辨率较高,谱分辨率较低。

多元极小残差法(MMR)对于不同类型的红外辐射率资料采用顺序反演的方式:即依次逐个处理各个观测仪器上的辐射率资料,进行云产品反演。因而后反演得到的云产品将覆盖同一位置之前的云产品。根据表 8.1 中不同辐射率资料的特性设计了两组反演试验(如表 8.2):方案 1:首先处理水平分辨率较高的辐射率资料(归类为成像资料),然后处理谱分辨率较高的辐射率资料(归类为垂直探测资料)。为了尽可能地保留垂直探测资料得到的云廓线精度和避免垂直探测器资料反演过程中的水平插值误差,当成像资料整层晴空时,不采用垂直探测资料向外插值的云反演产品;这种方案往往会在没有垂直探测资料过境时得到较差的云廓线,在大部分时刻从成像资料中得到较多的虚假云;方案 2:先垂直探测资料后成像资料,把垂直探测资料反演的云参数加入极小化约束项中,以保留和提取来自于 AIRS 和 IASI 辐射率资料对云廓线的准确描述,如:

$$J(N) = \frac{1}{2}\sum_{\nu}\left[\frac{R_{\nu}^{\text{cloud}} - R_{\nu}^{\text{obs}}}{R_{\nu}^{0}}\right]^2 + \frac{1}{2}\sum_{\nu}[N - N_b]^2 \tag{8.5}$$

式中,数组 $N = N^0, N^1, N^2, \cdots, N^n$ 涵盖了 n 个模式层的云参数信息($N = N^1, N^2, \cdots, N^n$),$N_b$ 表示背景场的数组信息。反演时刻的背景场是上一个反演时刻的预报的云反演场。

表 8.2　多种资料组合的不同试验设计

试验名称	反演顺序
方案 1	反演顺序:GOES-Sounder、GOES-Imager、MODIS、AIRS 和 IASI
方案 2	反演顺序:AIRS、IASI、GOES-Sounder、GOES-Imager 和 MODIS

图 8.14 给出了 MMR 在 2012 年 6 月 3 日 19 时的云覆盖量结果。其反演使用的背景场为 2012 年 6 月 3 日 18 时得到的反演场的 1 h 预报。图 8.14a 和图 8.14b 分别使用表 8.2 方案 1 和方案 2 的试验设置得到的云反演结果。可见两种试验得到的云分布形势总体较为一致。在图 8.14a 中,由于方案 1 最后被 MMR 云反演系统的处理的资料为垂直探测资料,在模式西北区域的云覆盖量水平分辨率较低。在图 8.14b 中,由于方案 2 方案最后进入 MMR 云反演系统的为成像资料,对于大部分区域云覆盖量水平分辨率较高,在模式西北区域的云覆盖量较方案 1 方案偏多。这一结果与图 8.8 中多元极小残差法(MMR)利用 GOES-Imager 辐射率资料得到的云覆盖偏高一致。方案 1 中最后的云反演效果很大地依赖于此时是否有垂直探测器资料的读入,而方案 2 可以反复利用前几次反演时刻中较好的云廓线信息,因此方案 2 是今后研究中进一步改善云反演系统的研究重点。

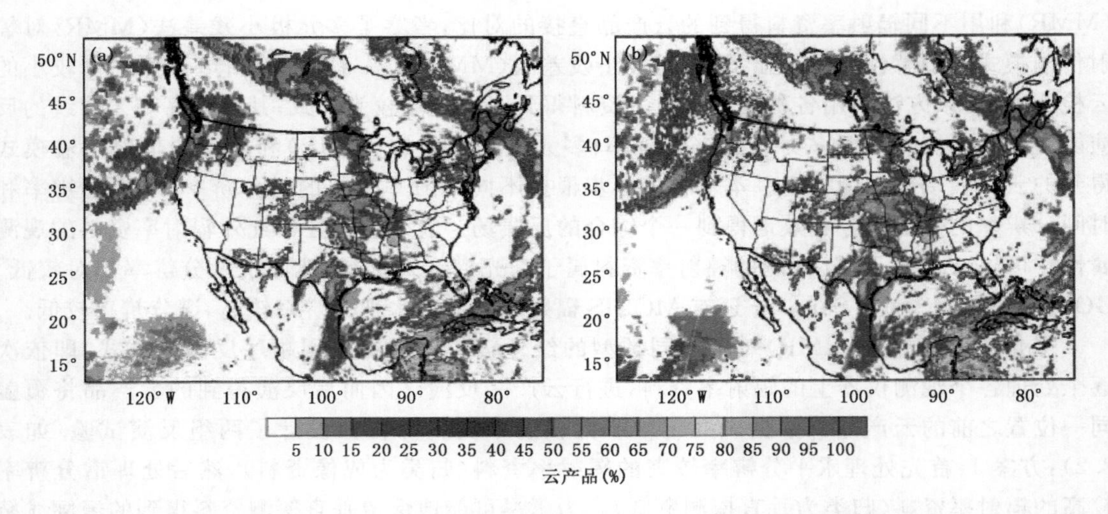

图 8.14　2012 年 6 月 3 日 19 时的 MMR 云覆盖云产品(%)对于不同试验组合：方案 1(a)和方案 2(b)的结果(附彩图)

8.5　小结

本章基于简单易行的多元极小残差(MMR)云参数反演方法，实现了来自静止卫星 GOES-Sounder、GOES-Imager，极轨卫星 MetOp-A IASI、MODIS 和 AIRS 等多种探测器的红外辐射率资料的云参数反演。MMR 云检测方案则通过构建代价函数，采用极小化算法来拟合观测，模拟得到各个模式层上的云量参数。根据晴空下的辐射率和模拟的全天空条件下的辐射率值差异确定通道是否受云的影响。利用 WRFDA 系统发展了一套快速循环更新的云反演系统，实现了多种资料的综合利用和有效合并。进一步发展了一套云产品评估系统。分别选取了来自 GOES-Imager 的云产品，MODIS 的 6 级产品以及 CloudSat 云廓线产品作为云产品评估系统的参考资料。结果显示，该套系统能提供较为合理的云产品分析，为其他的应用研究提供一定的平台。

第9章 风云三号气象卫星大气温度垂直探测仪资料同化

数值天气预报(numerical weather prediction,NWP)质量取决于模式本身的完善程度以及初始场精度。因此,选择精确的模式和改善初始场精度至关重要。资料同化作为改善初始场精度的有效方法已在天气预报业务中得到广泛应用。利用观测资料来修正模式预报得到更接近实况的大气状态,为下一时刻预报提供更准确的初始场是资料同化的目标。常规资料受地形因素影响,缺乏海洋、高原等区域的观测资料,卫星资料以其资料较为一致、覆盖范围广、空间分辨率高的优点很好地弥补了这一不足。21世纪初,中国开始对卫星资料同化进行集中研究,且新一代卫星资料也已在同化系统中得到了初步应用,但是与总观测资料相比,同化的资料所占比例明显偏低。因此,为了进一步改善数值预报效果,弥补缺乏常规资料对模式初值的影响,研究我国卫星资料在中尺度数值模式中的有效应用关键技术。

FY-3A 探测资料同化包含许多关键技术:卫星资料的质量控制和偏差订正、背景误差协方差构建、卫星传感器观测误差协方差统计、同化系统构建等。参照 Harris 等(2001)辐射率资料偏差订正方法,结合 FY-3A 微波温度计(MWTS)资料特征,开展 MWTS 资料质量控制和偏差订正方法研究。在 WRF-3DVar 系统的基础上,研制偏差订正软件系统,并将该方法加入到同化系统中,构建直接同化 MWTS 资料的同化系统。利用构建好的同化系统,直接同化 MWTS 资料,并分析资料同化对分析场和预报场的改进效果。

9.1 研究区与数据

卫星资料同化效果受下垫面和天气条件的影响。由于陆地区域地表特征复杂,地表温度和比辐射率空间差异大,受复杂地表影响陆地区域卫星资料同化更为复杂;此外,辐射传输模式对云雨区大气辐射描述的还不够精确。为减小其他与湿度信息无关因素的影响,本研究选择“晴空洋面”为试验区(图 9.1),评价微波湿度探测仪资料同化对大气湿度分析和预报的影响。该研究区位于我国近海洋面,区域中心经纬度为(165.139°E,34.717°N),模式格点为 170×210,模式水平分辨率为 15 km。

试验选用了 2010 年 1 月 1—30 日 NCEP FNL 全球分析资料(final operational global analysis)、FY-3A MWTS、NOAA AMSU-A 资料。NCEP FNL 资料网格大小为 1°×1°,时间间隔为 6 h(00、06、12、18 UTC),包含地表边界层到对流层顶 26 个标准等压层(1000—10 hPa)的温、压、风、湿等信息。FNL 资料主要用于 WRF 模式的驱动,并用于评价同化预报结果。FY-3A MWTS 有 4 个探测通道,对地扫描张角为 48.3°,星下点分辨率为 50 km,每条扫

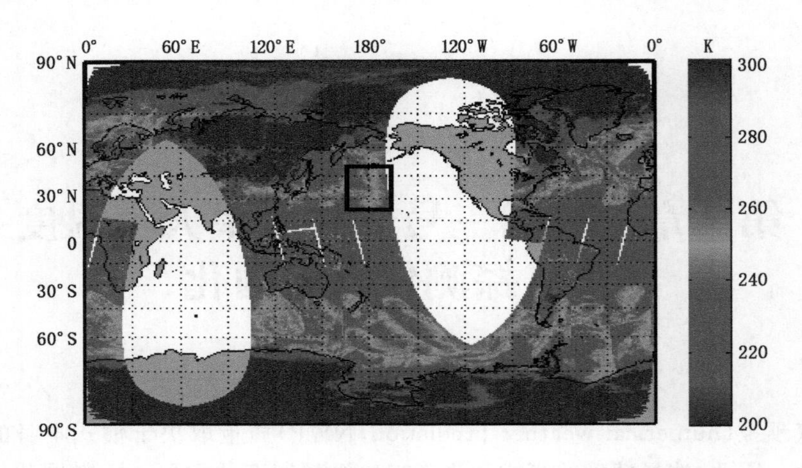

图 9.1　MWTS 图像数据和试验区(黑色边框为试验区范围)

描线上有 15 个扫描点,主要用于探测地表发射率和 700 hPa、300 hPa 和 90 hPa 高度层上的大气温度状态(表 9.1)。MWTS 的 4 个通道分别对应 AMSU-A 的第 3、5、7 和 9 通道,对应通道的传感器探测高度、中心波长和带宽基本一致。

表 9.1　FY-3A 微波温度计(MWTS)光谱通道特征

通道	中心频率(MHz)	通道宽度(MHz)	主要吸收成分	峰值能量贡献高度	主要探测目的
1	50310	180	窗区	地表	地表发射率
2	53596	170	O_2	700 hPa	大气温度
3	54940	400	O_2	300 hPa	大气温度
4	57290	330	O_2	90 hPa	大气温度

9.2　MWTS 资料质量控制和偏差订正

由于受到天气条件、下垫面状况以及观测几何条件等影响,卫星观测数据可能存在较大误差,因此在同化前需进行质量控制和偏差订正。为筛选出海面上质量较好的晴空观测数据,剔除受地表、云和雨影响的卫星观测数据,结合 FY-3A MWTS 资料数据特征,设计的质量控制方案如下。

(1)极值检测:参考 FY-3A MWTS/MWHS L1C 数据说明:微波温度/湿度计观测亮温值合理范围为 150～350 K,剔除此范围外的观测资料;

(2)临边检测:每条扫描线边缘探测角较大,大气辐射路径较长,易产生临边效应,导致观测辐射量偏低,因此,去掉两侧各 6 个扫描点 MWTS 资料;

(3)地表类型检测:以 USGS 高分辨率地形数据(分辨率为 10′)为基础,检测每个像元对应地面类型,剔除陆地、海冰、雪地及混合地表像元卫星观测资料;

(4)云量和降水云检测:MWTS 数据包含云量和降水信息,利用云量和降水信息,判别像元对应观测区域是否为晴空区,若该扫描位置的云量或降水大于零,则剔除该像元所有通道观测资料;

(5)水滴检测:基于 WRF 模式 6 h 预报场,计算大气柱液态水含量(cloud liquid water precipitation,CLWP),如 CLWP>0.2 mm,剔除此扫描位置的观测资料;

(6)残差检测:统计观测残差均值 E 和标准差 δ,以$(E-3\delta, E+3\delta)$为标准,剔除超出其范围的所有通道观测资料。

经过质量控制后的资料还存在一定的系统性误差,因此需要做偏差订正。本次试验所用的偏差订正方法参考 Harris 等(2001)提出的方法。利用 2015 年 12 月 1—15 日的 FY-3A MWTS 资料,统计扫描偏差和气团偏差订正因子,并利用统计好的订正因子,订正 MWTS 资料扫描偏差和气团偏差。

9.3 MWTS 和 MWHS 资料同化试验方案

为考察 FY-3A MWTS 资料同化对数值预报影响,设计三组试验(表 9.2),利用研发的三维变分同化系统,开展同化试验研究。

(1)控制试验:不同化任何资料。利用 2010 年 1 月 21—30 日 FNL 资料,启动 WRF 模式,做 6 h 预报,将该预报场作为初始场,继续向前积分 42 h。

(2)AMSU-A 资料同化试验:仅同化 AMSU-A 资料。以 WRF 6 h 预报场为同化背景场,同化 AMSU-A 资料;将同化得到的分析场作为初始场,驱动 WRF 模式,先前积分 42 h,做 42 h 数值预报。

(3)MWTS 资料同化试验:仅同化 MWTS 资料。试验方法与同化 AMSU-A 资料类似,仅卫星资料选用 MWTS 资料。

各试验方案如表 9.2 所示。

表 9.2 数值试验方案

试验序号	试验名称	观测资料	同化窗口	积分时间
方案 1	控制试验	无	无	42 h
方案 2	AMSU-A/AMSU-B 同化试验	AMSU-A/AMSU-B 资料	±3 h	42 h
方案 3	MWTS/MWHS 同化试验	MWTS/MWHS 资料	±3 h	42 h

为评价卫星资料同化有效性,对比 MWTS 和 AMSU-A 资料同化后的 400、600、800 hPa 温度增量场空间分布,并以 NCEP FNL 温度场资料为标准,检验同化和预报时刻 400、600、800 hPa 温度分析场和预报场的均方根误差(RMSE)。RMSE 具体定义为:

$$\mathrm{RMSE}=\sqrt{\sum_{i=1,j=1}^{i=N,j=22}(X_{ij}-X_{ij}^{0})^{2}/(N\times 22-1)} \tag{9.1}$$

式中,N 为格网点个数,取值为 35700;j 为时次数,每天 2 个时次,11 天共 22 个时次;X_{ij} 为分析或预报时刻温度,X_{ij}^{0} 为 NCEP FNL 温度再分资料。

9.4 MWTS 资料偏差订正及同化结果

9.4.1 MWTS 扫描偏差订正结果

图 9.2 给出了 MWTS 资料扫描偏差订正因子 4 个通道 6 个纬度带的统计结果。如图 9.2

所示，各通道扫描偏差的特征各不相同，并且不同纬度带扫描偏差也明显不同。通道1的15个扫描点的扫描偏差几乎全为负值，并且呈现出以星下扫描点为中心，越往两侧，扫描偏差的绝对值越大的特点，偏差绝对值最大为4.4 K；通道2扫描中心两侧的偏差区别很大，左侧为正，右侧为负，扫描偏差的总体趋势为单调递减，单调递减的速率也有明显的变化，扫描位置1～5的递减率最大（0～0.5 K），而位置6～14变化率则较小（−0.1～0.15 K）；图9.2c表现的是通道3不同纬度带的扫描偏差，在偏离星下点较远的扫描位置，扫描偏差绝对值在中低纬度带（0°～40°N）的值明显大于中高纬度带（40°～60°N），其变化范围分别是（−0.305～0 K）、（−0.077～0.037 K），星下点左侧扫描偏差的特征是：偏离星下点扫描偏差的绝对值呈现出先增大后减小的特征，星下点右侧中低纬度带扫描偏差的绝对值表现出偏离星下点越远偏差变大的特点；通道4的扫描偏差表现出双谷特点：偏离星下点越远扫描偏差绝对值先增大后减小，扫描偏差值的变化范围为（−0.150～0.196 K）。与40°～50°N纬度带AMSUA的偏差订正结果相对比，AMSUA的扫描偏差最大值大于MWTS扫描偏差的最大值。从图9.2可以看出，3、4通道高纬度带（50°～60°N）的扫描偏差随位置的没有表现出明显的变化趋势，主要原因是该纬度带参与统计的数据较少，不能很好地统计该纬度带这两个通道的偏差分布特征。

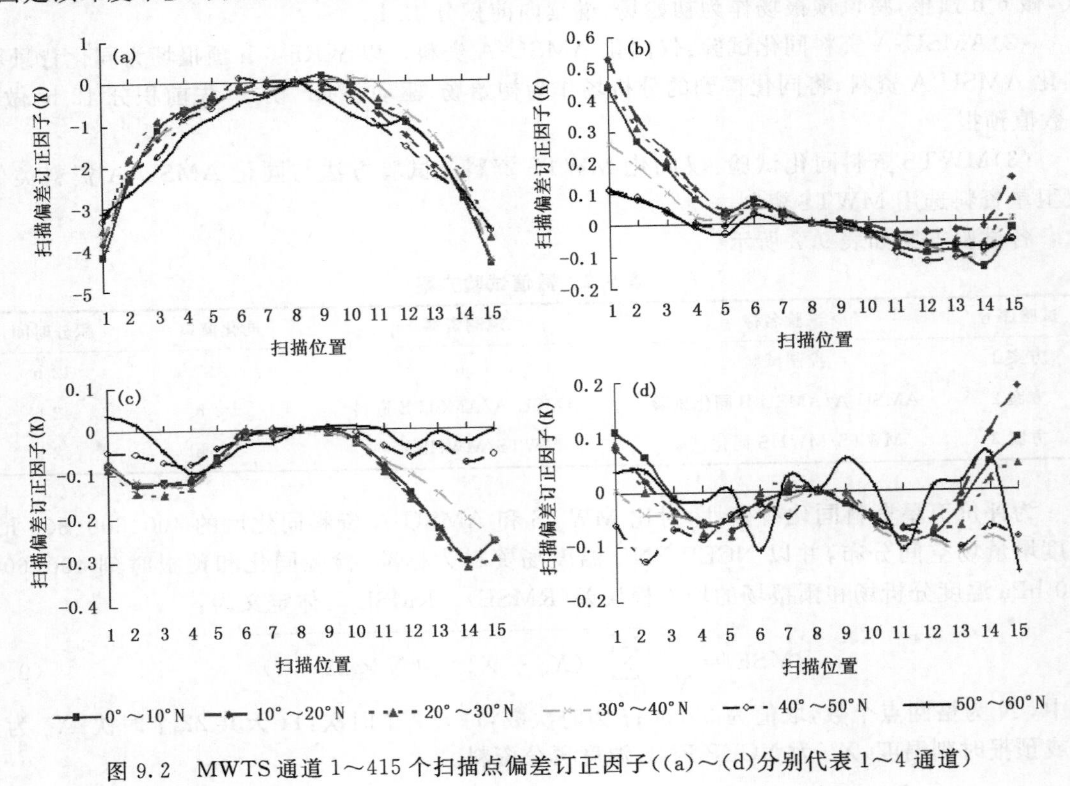

图9.2 MWTS通道1～415个扫描点偏差订正因子（(a)～(d)分别代表1～4通道）

9.4.2 气团偏差订正结果

基于扫描偏差订正后的观测残差和从6 h预报场中提取的4个预报因子数据，利用最小二乘方法，最佳拟合出气团偏差订正系数，见表9.3。

表 9.3　气团偏差订正系数表

通道	系数				
	b 常数项	a_1 1000—300 hPa 的厚度	a_2 200—50 hPa 的厚度	a_3 表面温度	a_4 水汽总量
1	−18.0688	0.4718	1.687	0.0037	0.1094
2	0.2290	−0.0639	0.0293	−0.0001	0.0229
3	6.1793	−0.5300	−0.1266	−0.0002	0.0253
4	5.4953	−0.2256	−0.2941	−0.0004	−0.0094

使用上表中统计的气团偏差订正系数，对 2010 年 1 月 21—31 日 12 时和 18 时的 MWTS 各通道的观测值进行气团偏差订正。图 9.3 表示的是 MWTS 4 个通道气团偏差订正前后观测残差的空间平均值的时间序列。与 AMSUA 通道 3 的时间序列图相似，受地面复杂因素的影响，MWTS 通道 1(图 9.3a)的观测残差偏差订正前较大，偏差订正后则明显减小，并且订正后的观测残差一直在 0 附近扰动。通道 2(图 9.3b)的观测残差偏差订正前的值在±0.1 周围变化，相对较小，订正后则有所减小，与 0 更接近。通道 3(图 9.3c)与通道 4(图 9.3d)相似，与偏差订正前相比，订正有明显的改善，大部分平均偏差都小于 0.5 K，由于 31 日 12 时参与统计的数据太少，订正后的平均偏差超过了 0.5 K。

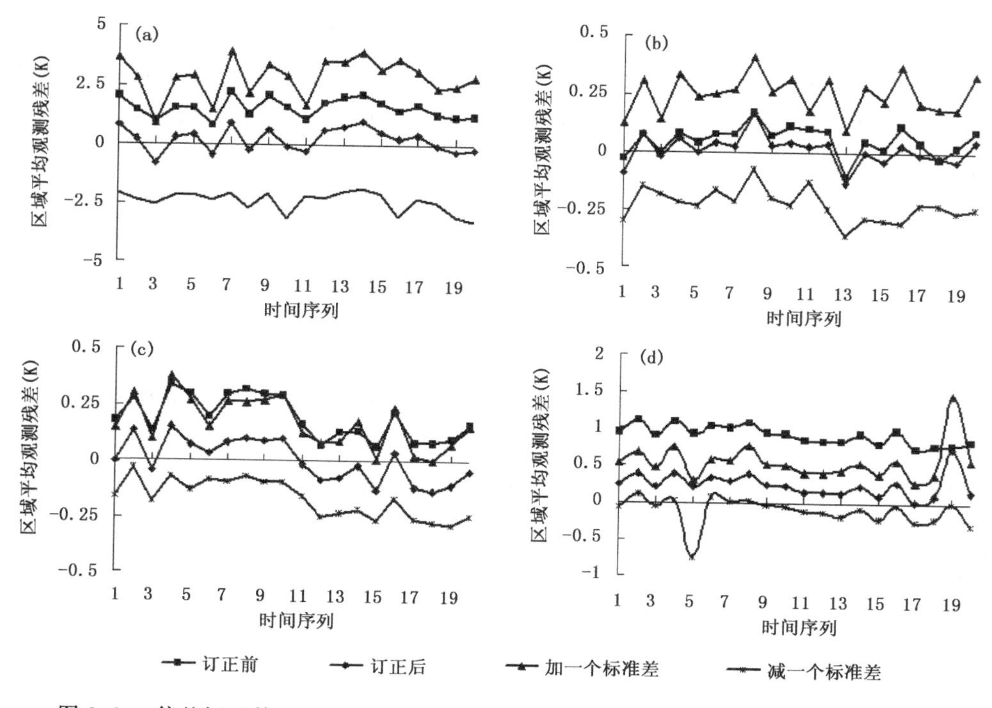

图 9.3　偏差订正前后区域平均观测残差时序图((a)～(d)分别对应通道(1)～(4))

MWTS 资料一条扫描线上有 15 个扫面点，第 8 个扫面点的位置为星下点。根据对扫描偏差的定义可知，星下点观测资料不存在扫描偏差；所以，星下点观测资料的偏差仅由气团偏差引起。气团偏差主要是模式预报的不准确性带来的，因此，模式预报不准确性可以由星下点观测资料的偏差特征来反映。本研究利用2010年1月17—31日MWTS星下点的观测资料，统计MWTS资料通道1～4的观测偏差，结果如表9.4第二列所示。表中第三列是气团偏差订正后的平均残差。如表9.4所示，第一通道模式预报不准确性带来的观测偏差最大(2.912 K)，第四通道(0.964 K)次之，然后是第三通道(0.315 K)和第二通道(−0.01 K)。通道1的权重高度为地面，这说明WRF模式预报的地表温度和RTTOV模式的地表比辐射的综合误差，使得MWTS地面通道的模拟资料精度较差；第二通道(对应700 hPa高度)的模拟精度最高，说明模式在这一高度层温度的预报精度最高。从表9.4中可以看到各个通道订正后偏差大幅减小，各个通道的值分别为0.08 K、−0.013 K、0.002 K和−0.002 K。显然偏差订正消除了模式预报不准确性给各个通道资料带来的系统偏差。

表9.4 模式预报不准确带来的偏差及订正效果

偏差	订正前(模式预报不准确性引起)	订正后
第一通道	2.912	0.08
第一通道	−0.01	−0.013
第一通道	0.315	0.002
第一通道	0.964	−0.002

9.4.3 同化结果分析

表9.5给出了从2010年1月18—29日分别同化MWTS、AMSU-A资料的分析场温度与对应时刻的FNL资料对比的均方根误差(RMSE)。如表9.5所示，在300 hPa高度，同化MWTS资料甚至比同化AMSU-A所得到的分析场更接近于FNL再分析资料；在700 hPa高度，同化两种资料的效果相当。

表9.5 两种同化方案在300 hPa、700 hPa高度分析场均方根误差

实验方案	300 hPa均方根误差	700 hPa均方根误差
MWTS 2-3	1.841	1.752
AMSUA 5-7	1.873	1.814

表9.6为各个预报时次300 hPa、700 hPa的温度场RMSE。如表9.6所示，同化MWTS 2、3通道资料对700 hPa、300 hPa气压层温度的调整与同化AMSU-A相应通道所取得的效果一致；而且，MWTS资料同化试验的24 h内温度场预报误差更小。

表9.6 各个预报时次300 hPa、700 hPa的RMSE平均值

预报时次(h)	气压层(hPa)	AMSUA5-7	MWTS2-3	预报时次(h)	气压层(hPa)	AMSUA5-7	MWTS2-3
6	300	1.751	1.681	30	300	1.663	1.707
	700	1.69	1.588	—	700	1.401	1.389
12	300	1.673	1.631	36	300	1.699	1.735
	700	1.582	1.533	—	700	1.294	1.358
18	300	1.708	1.709	42	300	1.62	1.706
	700	1.478	1.457	—	700	1.221	1.312
24	300	1.731	1.754	—	—	—	—
	700	1.445	1.44	—	—	—	—

9.5 小结

本研究基于 WRF-VAR 系统，开发了我国风云三号微波温度计资料偏差订正和同化系统，实现了 FY-3A MWTS 资料的有效同化，并评价了资料同化对温度场预报影响。主要结论如下。

(1)用经典的 Harris 等(2001)卫星资料偏差订正方法，能够有效消除 FY-3A MWTS 资料的扫描偏差和气团偏差，通过偏差订正后的观测残差更接近均值为零的正态分布，说明我国风云卫星上装载的大气温度垂直探测仪具有一定的精度。

(2)对比 FY-3A MWTS 与 NOAA AMSU-A 资料同化对分析场的调整作用，结果表明同化后的分析场比背景场更为接近再分析资料，说明卫星资料同化对初始场的调整有正效果。对比两种卫星资料的同化效果，FY-3A MWTS 资料同化对分析场的调整更为有效。

(3)对比 FY-3A MWTS 与 NOAA AMSU-A 资料同化对温度预报的影响，结果表明在 18 h以内，FY-3A MWTS 同化试验的温度预报误差更小；总体来看，FY-3A MWTS 资料同化试验的温度预报误差更小。这说明我国微波温度探测仪的精度较高，对改进数值天气预报有较大的应用前景。

第10章　风云三号气象卫星大气湿度垂直探测仪资料同化

水汽是大气中的重要衡量气体，且时空分布差异较大。水汽通过凝结、蒸发及升华影响潜热的传递，从而影响天气过程的发生与发展。强对流天气发展需要水汽水平方向上的输送和垂直方向上的相态变化，只有具备充沛的水汽条件，强对流天气才能发展。雾的发生也离不开水汽条件，研究发现1964—2014年中国雾天气发生频次的变化和近地面相对湿度的变化趋势一致。此外，水汽也是重要的温室气体，参与大气的辐射、化学和动力过程，大气中的水汽含量及其垂直分布对气候变化具有直接的影响。

水汽的主要探测方法包括无线电气球探空、微波辐射计探测、全球定位系统（global positioning system，GPS）探测、卫星遥感探测和激光雷达探测等。卫星遥感探测由于具有空间覆盖广、时空分辨率高、资料一致性好及经济效益高等特点，与其他探测方法相比具有自身特有的优势，特别是微波遥感可以穿透云探测大气水汽。

中国科学院空间中心研制的微波大气湿度垂直探测仪（microwave humidity sounder，MWHS），首次在国内实现了大气湿度的星载微波垂直探测。MWHS主探测频点为183.31 GHz，在183.31 GHz附近设置了3个双边带通道，分别为183.31±1 GHz、183.31±3 GHz、183.31±7 GHz。183.31±1 GHz通道位于水汽强吸收波段，对大气上层水汽含量敏感；而183.31±3 GHz和183.31±7 GHz通道逐渐远离吸收线中心，穿透深度逐渐加强，分别对大气中层和底层的水汽较敏感（Anderson et al.，1994；Derber et al.，1998）。由于MWHS的3个水汽通道分别对不同高度的大气湿度敏感，由此可以实现大气湿度信息的垂直探测。装载MWHS的风云三号A、B和C星分别于2010年5月、2010年11月和2013年9月发射，增加了大气湿度垂直探测资料，可以为大气湿度廓线的反演及预报模式的资料同化提供相应的观测资料。

本研究参照Harris等（2001）辐射率资料偏差订正方法，结合FY-3A MWHS资料特征，开展MWHS资料偏差订正方法研究；在WRFVAR框架下，研制偏差订正软件系统，检验该方案对MWHS资料偏差订正的效果。为检验FY-3A MWHS资料同化对数值预报的影响，在WRF-3DVar系统的基础上，研制直接同化FY-3A MWHS资料的同化系统。利用构建好的同化系统，直接同化FY-3A MWHS资料，并分析资料同化对分析场和预报场的改进效果。

10.1　研究区与数据

FY-3A MWHS资料质量控制和偏差订正借助于辐射传输模式（RTTOV）。为减小RTTOV自身误差对FY-3 MWHS数据分析的影响，选择辐射模拟精度更高的“晴空洋面”为试验区。研究中选择离中国区域较近的太平洋地区为研究区，其经纬度范围为75°E～100°W、0°～60°N，如图10.1所示。

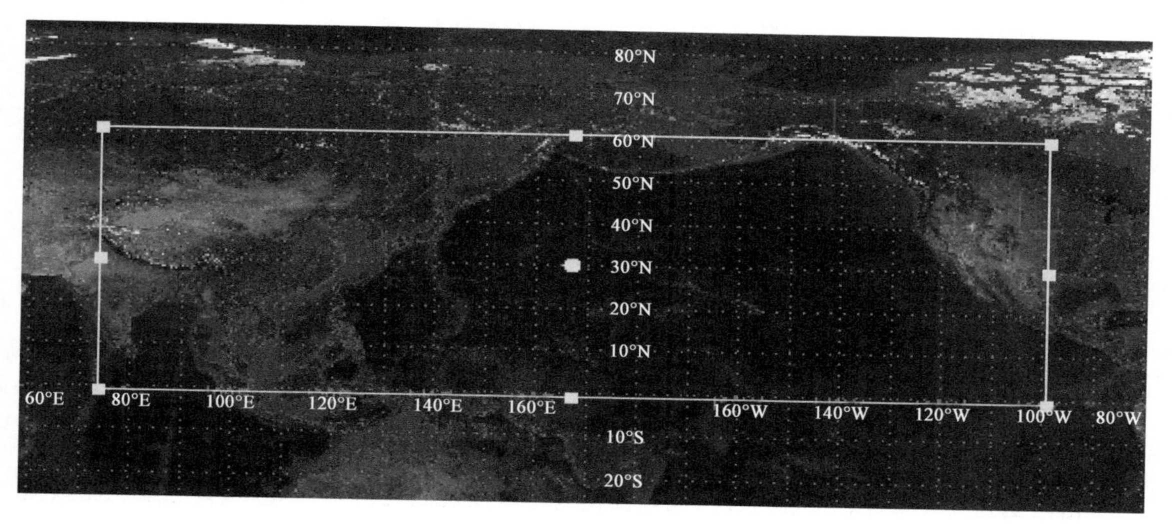

图10.1 偏差订正试验区域

试验中，选用2010年1月1—30日FY-3A MWHS资料和NCEP FNL全球分析资料(final operational global analysis)来统计分析。NCEP FNL资料网格大小为1°×1°，时间间隔为6 h(00、06、12、18时UTC)，包含地表边界层、对流层顶及26个标准等压层(1000—10 hPa)的温、压、风、湿等信息。

FY-3A MWHS共有5个通道，1、2通道用于探测地表比辐射率，3、4、5通道用于探测400 hPa、600 hPa和800 hPa的大气湿度。MWHS对地采用跨轨扫描，在轨扫描角度范围为±53.35°，地面扫描刈幅约2700 km，星下点分辨率约为15 km，每条扫描线上有98个扫描点，主要通道性能参数如表10.1所示。

表10.1 FY-3A微波湿度计(MWHS)通道性能参数

通道	中心频率(GHz)	星下点分辨率(km)	主要吸收气体	灵敏度(K)	测量精度(K)	探测高度	主要探测目的
1	150(V)	15	窗区	0.9	1.3	地表	地表比辐射率
2	150(H)		窗区	0.9	1.4	地表	地表比辐射率
3	183.31±1(V)		H_2O	1.1	1.5	400 hPa	大气湿度
4	183.31±3(V)		H_2O	0.9	0.9	600 hPa	大气湿度
5	183.31±7(V)		H_2O	0.9	1.1	800 hPa	大气湿度

10.2 质量控制与偏差订正

FY-3A MWHS质量控制和偏差订正流程如图10.2所示，主要包括：①FY-3A MWHS质量控制，筛选出晴空条件下海洋区域的卫星资料；②统计计算扫描偏差和气团偏差订正系数；③利用统计所得的扫描偏差和气团偏差订正系数，对另一组资料进行质量控制和偏差订正;④对订正后的卫星资料特征进行分析,评价该方案的有效性。

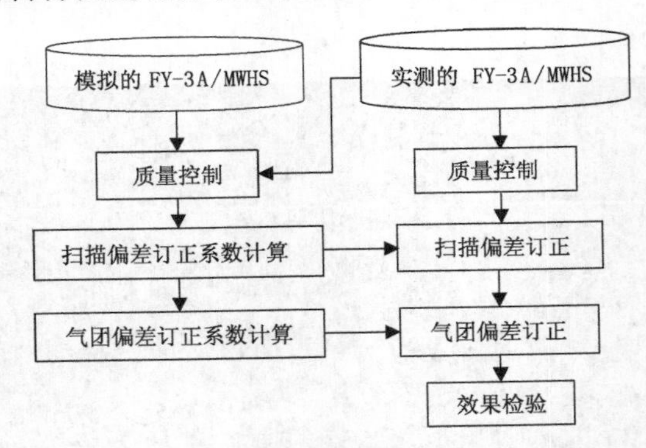

图 10.2 质量控制与偏差订正流程图

10.2.1 质量控制

由于受到天气条件、下垫面状况、地理位置变化以及观测几何条件等影响,卫星观测数据可能存在的误差较大,因此在偏差订正前需进行质量控制。试验以"晴空洋面"为试验区,为筛选出海面上质量较好的晴空观测数据,需要剔除受地表、云和雨影响的卫星观测数据,参与偏差订正统计。结合 FY-3A MWHS 资料数据特征,在参照 NCAR(美国国家大气研究中心)的 WRFVAR 中 AMSU-B 辐射率资料质量控制方法的基础上,设计的质量控制方案如下。

(1)极值检测:参考 FY-3A MWHS L1C 数据格式,微波湿度计观测亮温阈值为 150~350 K,剔除此范围外的观测资料;

(2)临边检测:每条扫描线边缘探测角较大,大气辐射路径更长,产生临边效应,导致观测辐射量偏低,因此,去掉两侧各 6 个扫描点 MWHS 资料,不使用较高纬度的数据(杜明斌等,2012);

(3)地表类型检测:以 USGS 高分辨率地形数据(分辨率为 10′)为基础,检测每个像元对应地面类型。首先剔除混合地表上所有通道卫星观测,然后剔除陆地、海冰、雪地上的卫星观测;

(4)云量和降水云检测:MWHS 数据中包含云量和降水信息,以云量和降水信息,判别像元对应观测区域是否为晴空区,若该扫描位置的云量或降水$\leqslant 0$,则保留该扫描位置的卫星观测资料;

(5)水滴检测:计算大气柱液态水含量 CLWP,当 CLWP<0.2 mm 时,此扫描位置的观测被保留(沈桐立等,1996;张华等,2004);

(6)残差检测:统计观测残差标准差,以 3 倍标准差为标准,当观测残差绝对值大于 3 倍标准偏差时,舍去观测资料。

10.2.2 扫描偏差订正系数计算

Harris 等(2001)研究表明:观测残差的系统偏差与扫描位置有关,并将扫描位置定义为与纬度带和扫描角有关。本研究中,以每 10°纬度间隔划分研究区域(0°~60°N),共分成 6 个纬度带,分别统计各纬度带的扫描偏差订正系数。具体流程如下。

10.2.2.1　统计观测残差

$$R = y - H(x) \tag{10.1}$$

式中，R 为观测残差，y 为 MWHS 的观测亮温，$H(x)$ 为 RTTOV 模式模拟的亮温值；基于 2010 年 1 月 1—15 日资料，统计试验区每个纬度带 ϕ 和扫描角 θ 的平均观测残差 $\overline{R}(\phi,\theta)$。

10.2.2.2　计算扫描偏差订正系数

扫描偏差订正系数 $s(\phi,\theta)$ 定义为：各扫描位置的观测残差相对于星下点方向观测残差的系统偏差，可以通过计算各扫描位置的平均观测残差 $\overline{R}(\phi,\theta)$ 与星下点平均观测残差 $\overline{R}(\phi,\theta=0)$ 之差得到，即：

$$s(\phi,\theta) = \overline{R}(\phi,\theta) - \overline{R}(\phi,\theta=0) \tag{10.2}$$

式中，$\overline{R}(\phi,\theta=0)$ 表示 ϕ 纬度带，星下点方向上观测的平均残差。

由于各纬度带扫描偏差订正系数是分别统计的，这可能造成扫描偏差订正系数在纬度带之间的不连续。因此，对跨越纬度带试验区采用“三点”平滑，得到连续订正系数。计算公式为：

$$s'(\phi,\theta) = \frac{1}{4}s(\phi-1,\theta) + \frac{1}{2}s(\phi,\theta) + \frac{1}{4}s(\phi+1,\theta) \tag{10.3}$$

10.2.2.3　扫描偏差订正系数

利用 2010 年 1 月 1—15 日共 15 d 的数据，统计 MWHS 5 个通道 6 个纬度带的扫描偏差订正系数 $s(\phi,\theta)$（图 10.3）。如图 10.3 所示，各通道扫描偏差具有星下点对称性，且不同纬度带和扫描角之间扫描偏差具有一定的差异。通道 1 的 86 个扫描点中，扫描点 7～12 和 81～92 几乎全为负偏差，且越往两侧，偏差绝对值总体呈现出增大趋势，偏差可到 −1.13 K；其余扫描点偏差均在 0 刻度线上下扰动，变化范围为（−1.13～0.37 K）。通道 2 的扫描偏差几乎全为负值，并以星下点为中心呈现出双谷特征，在远离星下点方向呈现：扫描偏差绝对值先增大后减小的趋势，扫描偏差值变化范围在（−6.4～0.89 K），且除纬度带 50°～60°N 外，随着纬度的增大，对应扫描偏差绝对值逐渐增大。通道 3 的扫描偏差在 0 刻度线上下扰动；对比通道 3 不同纬度带扫描偏差大小，中低纬度带（0°～30°N）扫描偏差小于中高纬度带（30°～60°N），它们的变化范围为（−0.41～0.63 K）、（−0.46～0.76 K）。通道 4 的变化趋势与通道 3 类似，扫描点 7～14 中，除第 8 和第 9 个扫描点外，全为正偏差；扫描偏差范围为（−0.66 ～0.84 K）。通道 5 的扫描偏差大部分为负偏差，呈现出多谷变化趋势，偏离星下点往两侧扫描偏差均表现出绝对值多次增大多次减小的趋势，扫描偏差值变化范围在（−2.1～0.99 K）。

将上述扫描偏差订正系数应用于 2010 年 1 月 16—31 日研究区 MWHS 资料的订正，对比扫描偏差订正前后观测亮温与模拟亮温残差均值，订正后的残差变化范围明显减小，通道 1～5的残差绝对值变化范围分别由原来的（1.75～3.79 K）、（2.1～4.95 K）、（4.24～5.51 K）、（2.45～4 K）和（0～1.74 K）变为（0.74～2.09 K）、（0.93～4.02 K）、（1.99～2.96 K）、（1.35～2.62 K）和（0～1.37 K）（图略）。

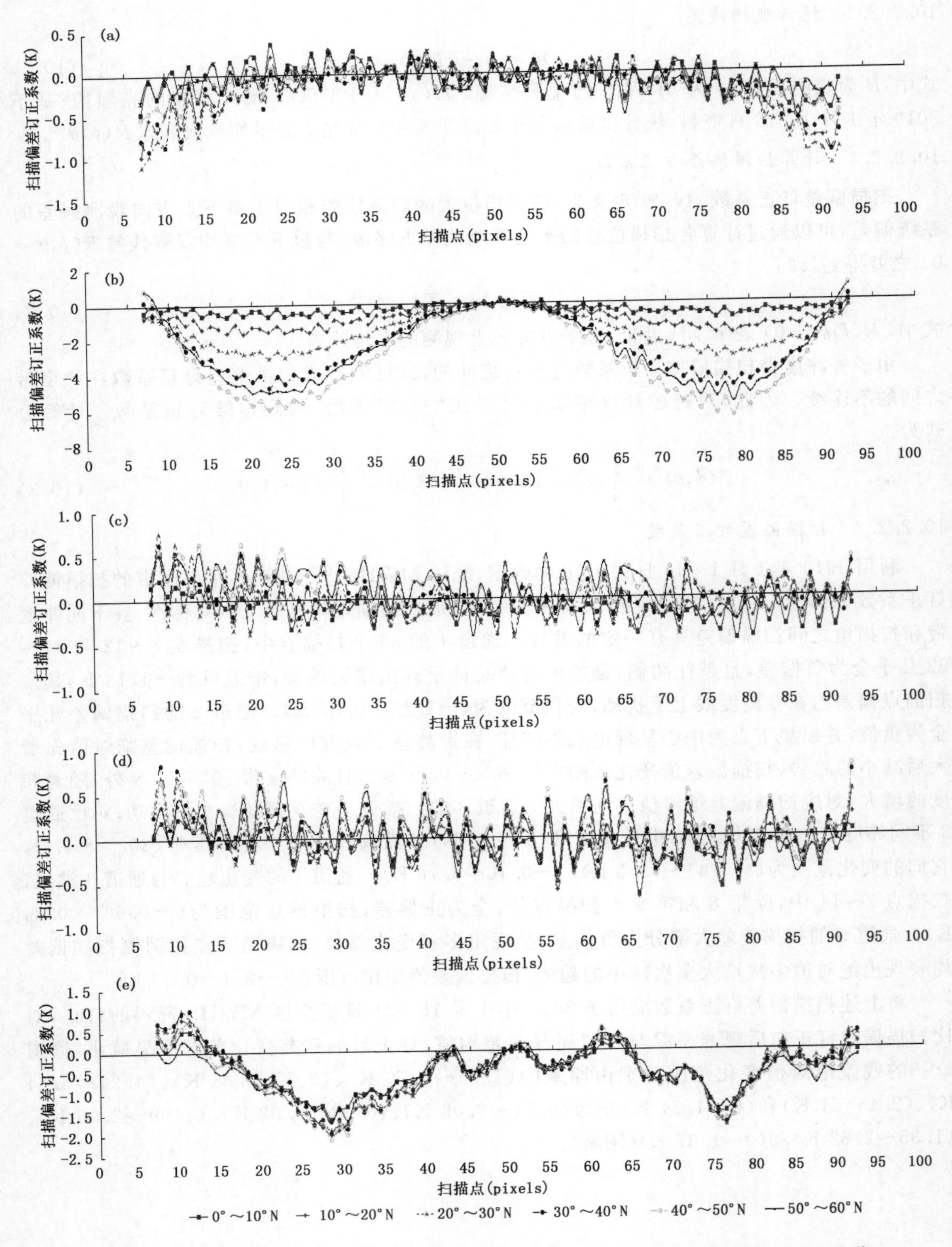

图 10.3　MWHS 通道 1～586 个扫描点扫描偏差订正系数((a)～(e)分别代表 1～5 通道)

10.2.3　气团偏差订正系数计算

10.2.3.1　气团偏差订正系数计算方法

RTTOV 模式模拟 MWHS 的误差与大气状况及地表特征有关，由模式误差引起的观测偏差定义为气团偏差。气团偏差 r_j 可以由一组偏差预报因子 $x_i(i=1,2,\cdots,n-1,n)$ 来描述：

$$r_j = \sum_{i=1}^{4} a_{ij} x_i + b_j \tag{10.4}$$

式中，r_j 为 j 通道的气团偏差，$r'_j(\phi,\theta) = R(\phi,\theta) - s'(\phi,\theta)$；$x_i$ 为 1000—300 hPa 厚度、200—50 hPa 厚度、预报场下垫面温度和 300 hPa 以下预报场水汽总量(Derber et al.，1998)。a_{ij}、b_j 为气团偏差订正系数，由大量样本通过最小二乘法拟合得到。

为进一步检验偏差订正方案的效果，将上述统计得到的偏差订正系数用于 16—31 日的 MWHS 数据的偏差订正，其公式为：

$$R''_j(\phi,\theta) = R_j(\phi,\theta) - s'_j(\phi,\theta) - \left(\sum_{i=1}^{4} a_{ij} x_i + b_j\right) \tag{10.5}$$

式中，$R_j(\phi,\theta)$、$R''_j(\phi,\theta)$ 分别为偏差订正前后的亮温观测模拟偏差，$s'_j(\phi,\theta)$、a_{ij} 和 b_j 分别为扫描和气团偏差订正系数，x_i 为气团偏差预报因子。通过分析偏差订正前后区域平均残差变化及订正后残差的概率分布，评价偏差订正效果。

10.2.3.2　气团偏差订正系数

利用 1 月 1—15 日研究区数据，统计得到的气团偏差订正系数如表 10.2 所示。

表 10.2　气团偏差订正系数表

通道	系数				
	b（常数项）	a_1（1000—300 hPa 的厚度）	a_2（200—50 hPa 的厚度）	a_3（表面温度）	a_4（水汽总量）
1	42.9076	0.0035	−0.0029	−0.1693	−0.0807
2	16.5491	0.0047	−0.0008	−0.1699	−0.0787
3	−14.0395	0.0015	−0.0015	0.0624	−0.0331
4	−61.1961	0.0037	0.0012	0.0700	−0.0218
5	−19.5154	0.0030	−0.0006	−0.0072	0.0096

针对 2010 年 1 月 5—15 日每日 12 和 18 时共 20 个时次的 MWHS 各通道观测值，利用表 10.2 的偏差订正系数对其进行订正，结果如图 10.4 所示。MWHS 通道 1 和通道 2 探测的主要是地表发射率，受地面复杂因素的影响，在订正之前，1、2 通道观测残差几乎全为负偏差。通道 1(图 10.4a)，偏差订正后观测残差绝对值大大减小，且在 0 附近扰动。通道 2(图 10.4b)的观测残差订正前后变化不大，其值变化范围为−1.2～0.2 K。通道 3～5(图 10.4c～e)，订正后效果显著，其值均在 0 刻度线上下扰动，且大部分时刻订正后的平均偏差变化范围都在(0～1 K)。

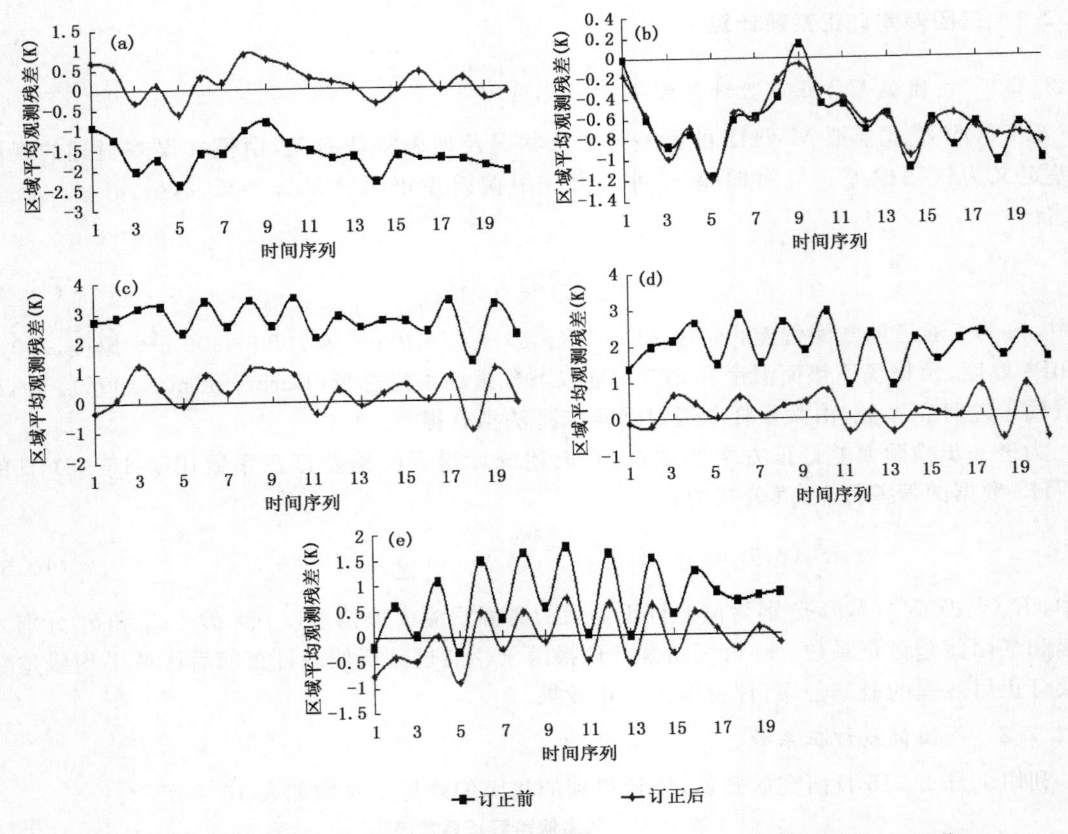

图 10.4 偏差订正前后区域平均观测残差时序图((a)～(e)分别代表 1～5 通道)

10.2.4 偏差订正系数应用效果评价

利用以上扫描和气团偏差订正系数对 2010 年 1 月 21 日 12 时 MWHS 资料进行偏差订正,偏差订正前后观测残差的直方图如图 10.5 所示。如图 10.5 所示,订正后的观测残差概率分布更趋于高斯分布,其中 2、3、4 通道观测残差概率分布的峰值分别从订正前的－1 K、3 K、2 K 变为订正后的 0 K,效果最好。1、5 通道订正后观测残差概率分布的峰值分别处于 1.5 K 和－1 K,说明仍有少量系统偏差存在,这可能由洋面温度和比辐射率预报的不准确性所致。

以 2010 年 1 月 16—31 日数据为基础,统计 MWHS 1～5 通道偏差订正前后观测残差标准差(表 10.3)。表 10.3 中的观测残差标准差将作为观测误差协方差,在卫星资料同化系统中使用(McNally et al.,2000;蒲朝霞等,1994)。如表 10.3 所示,订正后的观测残差标准差有所减小,这将有利于卫星资料在同化分析中发挥更大作用。

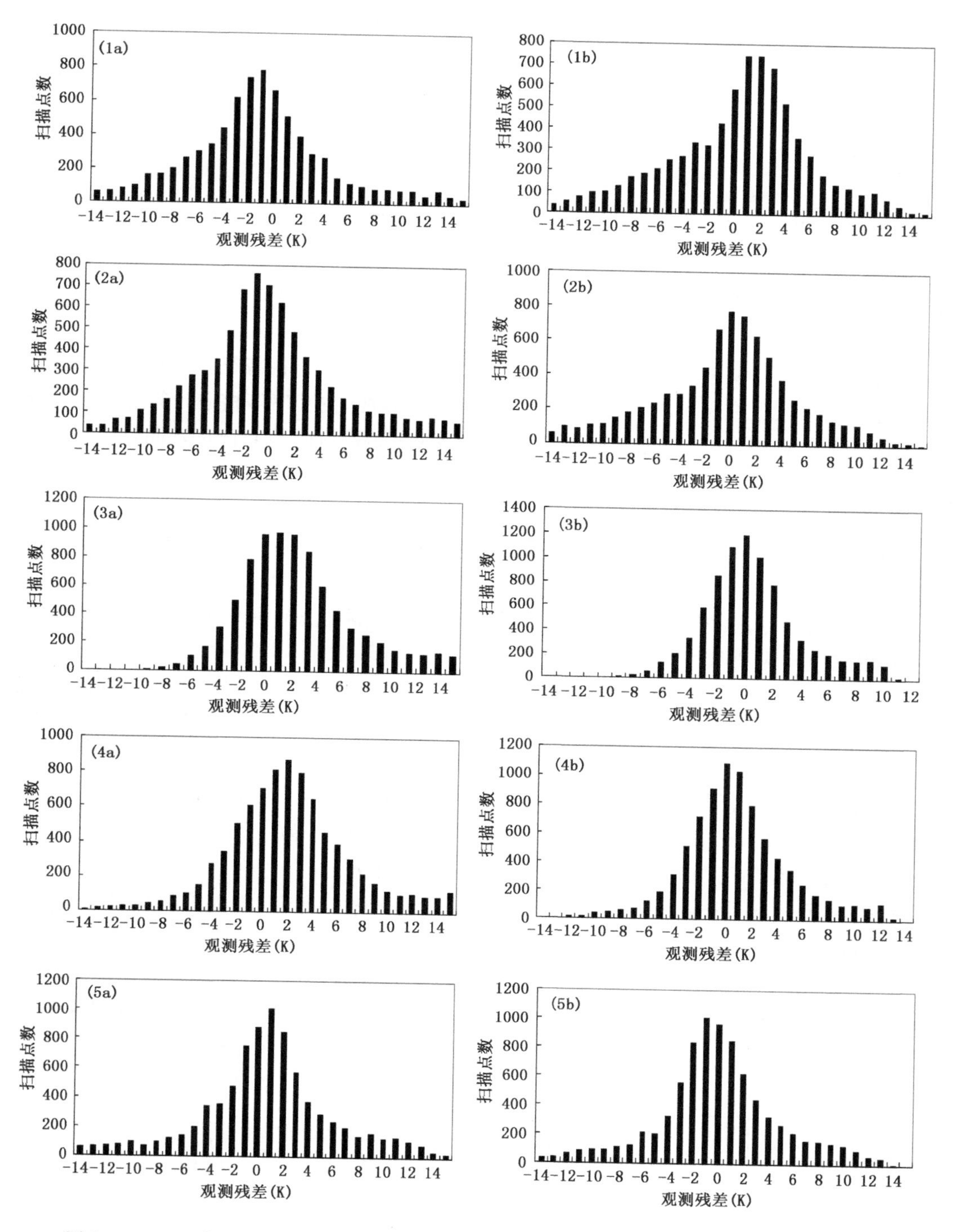

图 10.5　2010 年 1 月 21 日 12 时 MWHS 通道 1～5 偏差订正前后观测残差分布直方图
(1、2、3、4、5 分别代表 5 个通道，a、b 分别代表订正前和订正后)

表 10.3 MWHS 通道 1～5 订正前后观测残差标准差(单位:K)

通道	订正前	订正后
1	4.852	4.023
2	4.744	4.216
3	5.198	3.719
4	4.566	3.627
5	3.920	3.408

10.3 FY-3A MWHS 资料偏差订正及同化系统构建

针对计算的扫描偏差和气团偏差订正系数，结合 MWHS 资料特征，建立 FY-3A MWHS 资料偏差订正方案。在保留 WRF-3DVar 同化系统的算法、主程序等核心计算程序的基础上，添加和修改部分程序和文件，完成适用于 FY-3A MWHS 资料的偏差订正及同化的系统构建。

10.3.1 偏差订正系统构建

参照 Harris 等(2001)辐射率资料偏差订正方法，构建的偏差订正系统将偏差订正分两步进行。

(1)扫描偏差订正：依据纬度依赖性，以每 10°纬度间隔划分研究区域，统计扫描偏差订正系数，采用临边检测消除临边效应造成的系统偏差。

(2)气团偏差订正：目的是为了订正受大气状况及地表特征影响的系统偏差。选用 1000—300 hPa 的厚度、200—50 hPa 的厚度、预报场下垫面温度和 300 hPa 以下预报场水汽总量(刘志权等，2007)作为气团偏差预报因子。

实现思路为：利用程序读入统计计算得到的扫描偏差和气团偏差订正系数，并在程序中定义相关变量，最终在 da_varbc_direct. inc 程序中实现对观测残差的偏差订正。

程序实现流程如图 10.6 所示，具体分为以下几个部分。

(1)da_define_structures. f90：对结构体 varbc_type 进行定义，添加扫描偏差订正系数新变量 scanposparam(:,:)。

(2)VARBC. in：该文件为偏差订正系数文件，主要分为两部分：统计得到的 2010 年 1 月 1—15 日 MWHS 5 个通道 6 个纬度带的扫描偏差订正系数；通过对 pred_use 变量赋值，选择相应的预报因子来进行气团偏差订正，并对气团偏差订正系数进行更新。

(3)da_varbc_init. inc：该文件为初始化信息文件。首先读取来自 VARBC. in 文件中的卫

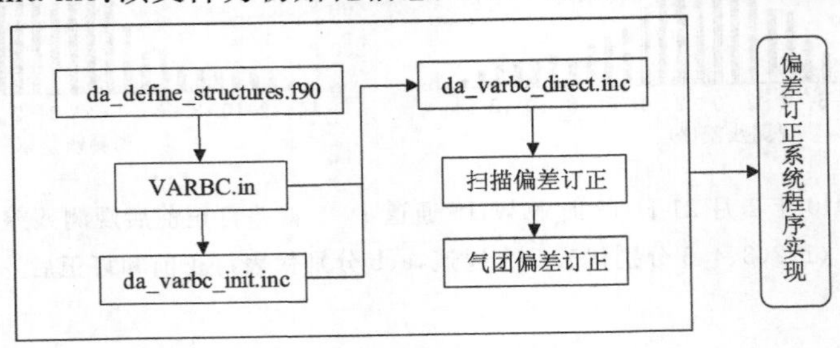

图 10.6 偏差订正系统程序流程图

星平台、传感器、通道等所有信息，并选择合适的预报因子对 MWHS 资料进行气团偏差订正；同时对扫描偏差订正系数 iv%instid(n)%varbc(k)%scanposparam、气团偏差订正系数 in%instid(n)%varbc(k)%param 等在偏差订正过程中所要用到的变量进行赋值。

(4)da_varbc_direct. inc：该文件将偏差订正系数直接用于 MWHS 资料的偏差订正。主要分为两部分：扫描偏差订正和气团偏差订正。首先，依据扫描位置对观测资料进行划分，匹配不同纬度带和不同扫描角的扫描偏差订正系数，对观测残差进行扫描偏差订正；然后对观测残差进行质量控制，统计扫描偏差订正后观测残差标准差，以 3 倍标准差为标准，当观测残差绝对值大于 3 倍标准偏差时，舍去观测资料。其次，MWHS 资料气团偏差订正选择了 4 个预报因子：1000—300 hPa 厚度、200—50 hPa 厚度、预报场下垫面温度和 300 hPa 以下预报场水汽总量，对相应的预报因子进行赋值 iv%instid(inst)%varbc_info%pred，再根据气团偏差订正方程完成气团偏差订正。上述步骤结束后，完成对 MWHS 资料的偏差订正。

10.3.2　同化系统构建

参照 NCAR 开发的三维变分同化系统，其算法可归结为背景场与分析场及观测场与分析场偏差的泛函极小化问题，以此为依据，结合 MWHS 资料特征，同化 MWHS 资料需要设计的关键环节主要包括：MWHS 资料数据读入、信息初始化、质量控制方案设计、偏差订正系统设计。同时需要相对应的信息文件，包括：观测误差、背景误差、FY-3A MWHS 传感器通道信息以及辐射传输正演模式系数文件等。FY-3A MWHS 资料同化程序实现思路为：首先在 WRF-3DVar 同化系统中初始化辐射率资料信息，定义同化 MWHS 资料所需要的变量，完成 MWHS 辐射率资料的读入；然后，进行质量控制，并在构建成功的偏差订正系统基础上，完成偏差订正；最后，在极小化模块中完成对观测增量的计算。

流程图如图 10.7 所示，具体分为以下几个部分。

(1)初始化信息向量：da_setup_radiance_structure. inc 为卫星资料同化的初始化模块，da_radiance_init. inc 为辐射率资料初始化信息向量模块，RTTOV 和 CRTM 的接口初始化也是在该模块中进行。

(2)MWHS 资料数据读入：各类卫星数据的读取程序主要是在 da_radiance 目录下，参考 da_read_obs_bufrtovs. inc 读取 bufr 格式辐射率资料程序段，并查找 RTTOV 中对应的 FY-

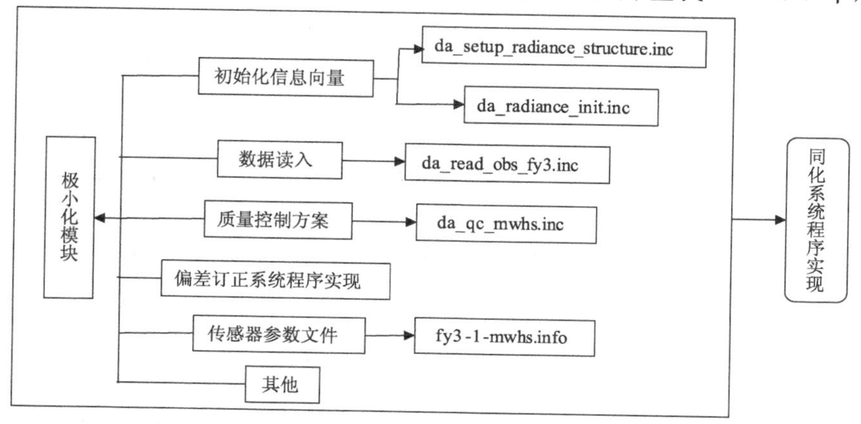

图 10.7　同化系统程序实现流程图

3A 平台 ID 以及 MWHS 传感器 ID,在该目录下添加 da_read_obs_fy3. inc。针对 MWHS 资料,该程序段会做初步的质量控制,剔除不在同化时间段、同化区域内的观测资料。

(3)质量控制方案:结合 FY-3A MWHS 资料数据特征,在参照 NCAR 的 WRFVAR 中 AMSU-B 辐射率资料质量控制方法的基础上,设计了质量控制方案,并添加了程序段 da_qc_mwhs. inc。

(4)偏差订正部分实现:偏差订正主要分扫描偏差和气团偏差来进行。

(5)FY-3A 传感器参数文件:fy3-1-mwhs. info 为传感器通道特征文件,需要在 radiance_info 目录下添加,并将统计得到的 MWHS 资料的误差值写入。

(6)其他:上述为主要的程序段和文件,除此之外,还有若干需要稍作修改的程序,包括:与(1)相关的 da_radiance. f90、da_radiance1. f90,与(3)相关的 da_qc_rttov. inc、da_qc_rad. inc,以及卫星传感器 ID 处理程序 Module_radiance. f90、da_tune_desroziers. f90 等。

10.4 FY-3A MWHS 资料直接同化试验

10.4.1 试验方案

为了考察 FY-3A MWHS 资料同化对数值预报的影响,设计 3 组试验(表 10.4),利用改进的三维变分同化系统,开展同化试验研究。

(1)控制试验:不同化任何资料,利用 2010 年 1 月 21—30 日 FNL 资料,启动 WRF 模式,进行 6 h 预报,将该预报场作为初始场,继续向前积分 42 h。

(2)AMSU-B 资料同化试验:仅同化 AMSU-B 资料,以 WRF 的 6 h 预报场为同化背景场,同化 AMSU-B 资料;将同化得到的分析场作为初始场,驱动 WRF 模式,先前积分 42 h,进行 42 h 数值预报。

(3)MWHS 资料同化试验:仅同化 MWHS 资料,试验方法与同化 AMSU-B 资料类似,仅卫星资料选取 MWHS 资料。

表 10.4 数值模拟试验方案

试验序号	试验名称	观测资料	同化窗口	积分时间
方案 1	控制试验	无	无	
方案 2	AMSU-B 同化试验	AMSU-B 资料	±3 h	42 h
方案 3	MWHS 同化试验	MWHS 资料	±3 h	

为了评价卫星资料同化的有效性,对比 MWHS 和 AMSU-B 资料同化后的 400 hPa、600 hPa、800 hPa 高度湿度增量场空间分布;并以 NCEP FNL 湿度场资料为标准,检验同化和预报时刻 400 hPa、600 hPa、800 hPa 高度湿度分析场和预报场的均方根误差(root mean square error,RMSE)。RMSE 的公式为:

$$\mathrm{RMSE} = \sqrt{\sum_{i=1,j=1}^{i=N,j=22} (X_{ij} - X_{ij}^{0})^2 / (N \cdot 22 - 1)} \tag{10.6}$$

式中,N 为格网点个数,本研究取值为 35700;j 为时次数,每日 2 个时次,11 日共 22 个时次;X_{ij} 为分析或预报时刻的湿度场;X_{ij}^{0} 为 NCEP FNL 湿度场再分析资料。

10.4.2　相对湿度增量场空间分布

为了检验资料同化效果，任取2010年1月21日06时同化个例，分析分别同化MWHS和AMSU-B资料对分析场的调整。图10.8为400 hPa、600 hPa和800 hPa高度相对湿度分析场与背景场的差值场，由图可见，同化MWHS和AMSU-B资料后对各高度层的相对湿度均有调整，且相对湿度正负增量区的分布类似，仅量级上有一定的区别。由图10.8a和图10.8b可见，400 hPa高度层上存在多个相对湿度正增量区和负增量区，MWHS同化试验相对湿度最大负增量中心（−5%）出现在45.000°N、165.000°W，相对湿度最大正增量中心（9%）出现在40.000°N、175.000°W，相同高度AMSU-B同化试验也具有类似的调整（分别为−4%和7%）；从全局来看，MWHS和AMSU-B两种资料同化对400 hPa高度湿度场的调整非常类似。对比MWHS和AMSU-B两种卫星资料同化后的600 hPa相对湿度的增量场可见（图10.8c和图10.8d），两种资料相对湿度的最大负增量中心分布一致，MWHS同化试验相对湿度的最大负增量（−21%）略大于AMSU-B同化试验相对湿度的最大负增量（−18%）；此外，两种卫星资料同化试验相对湿度的正增量区的分布也较一致（图10.8e和图10.8f）。800 hPa高度层上，MWHS和AMSU-B两种卫星资料同化试验相对湿度正负增量区的分布一致性较强，虽然MWHS资料同化后相对湿度的最大正增量（24%）略小于AMSU-B资料同化后相对湿度的最大正增量（27%），但总体上来看，同化MWHS资料对湿度场的调整更大。综合对比MWHS和AMSU-B两种卫星资料同化对400 hPa、600 hPa和800 hPa高度湿度场调整，发现MWHS资料同化对湿度场具有更大的调整作用。

10.4.3　相对湿度分析场均方根误差

为了进一步评价卫星资料同化对分析场的影响，以FNL资料为标准，统计2010年1月21—31日各时次相对湿度的均方根误差，由图10.9可见，总体来看同化试验相对湿度均方根误差小于控制试验，MWHS资料同化试验相对湿度的均方根误差也明显小于AMSU-B资料同化试验，说明卫星资料同化对湿度场调整具有正效果，且FY-3A MWHS资料同化对湿度场的调整更有效。

10.4.4　预报场均方根误差

利用2010年1月21—31日各同化时刻的分析场驱动WRF模式，进行42 h预报，每6 h输出一次预报结果。以FNL资料为标准，统计各预报时次400 hPa、600 hPa和800 hPa高度的相对湿度均方根误差，由图10.10可见，MWHS和AMSU-B两种卫星资料同化试验相对湿度预报的均方根误差为16%～24%；在18 h以内，FY-3A MWHS资料同化试验的400 hPa、600 hPa和800 hPa高度相对湿度预报场均方根误差明显小于NOAA AMSU-B同化试验；在400 hPa高度，6～42 h内同化MWHS资料相对湿度预报的均方根误差更小；对于600 hPa，6～18 h内同化MWHS资料相对湿度预报的均方根误差更小，但24～42 h内同化AMSU-B资料相对湿度预报的均方根误差更小；对于800 hPa，6～30 h内同化MWHS资料相对湿度预报的均方根误差更小。对比两类卫星资料同化对多个高度湿度场预报的影响，总体来说，同化中国FY-3 MWHS资料对提高相对湿度的预报效果更好，说明中国气象卫星资料对湿度场的调整具有有效性。

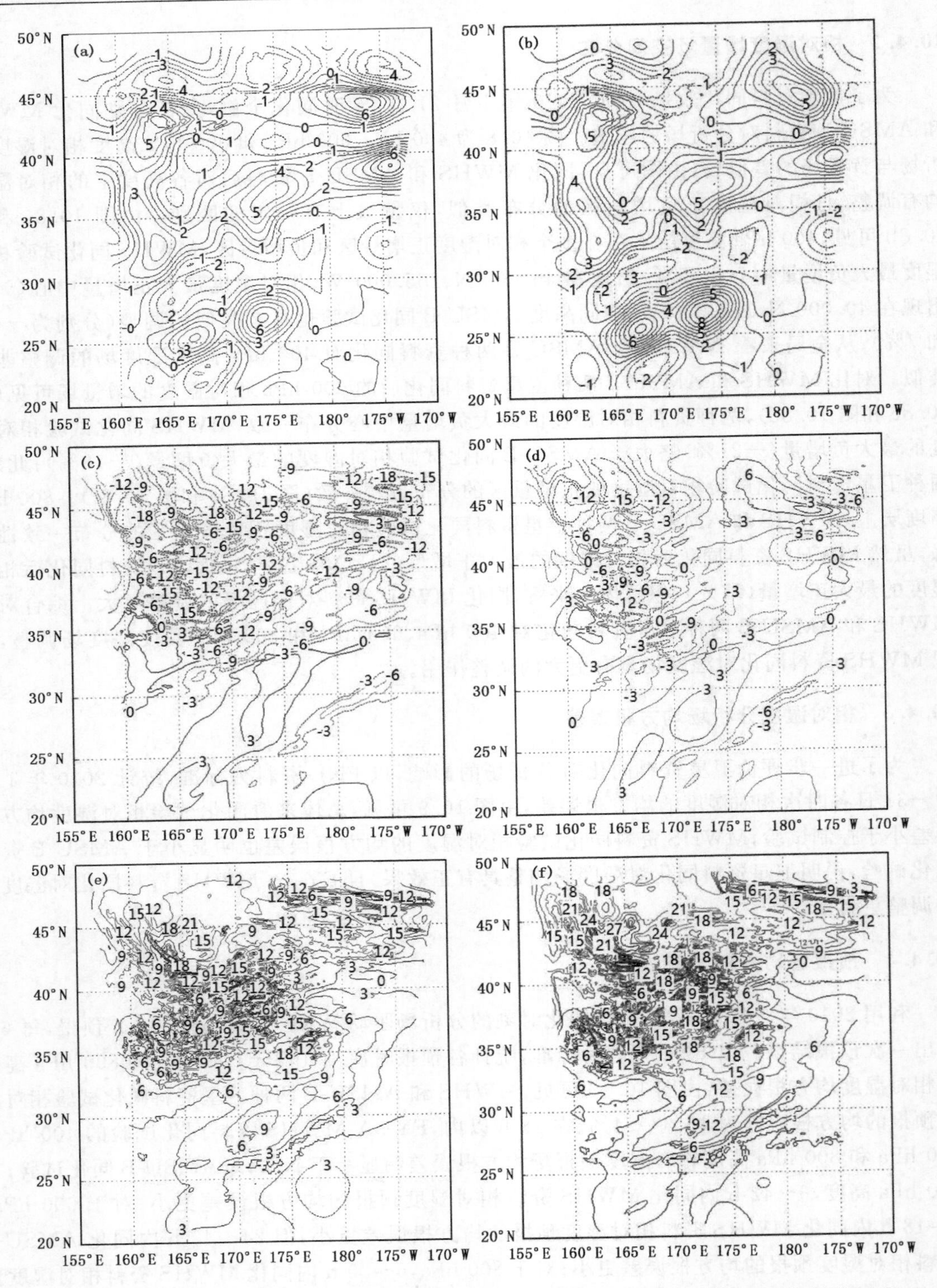

图 10.8　同化 400 hPa 的 MWHS 资料(a)和 AMSU-B 资料(b)、600 hPa 的 MWHS 资料(c)和 AMSU-B 资料(d)、800 hPa 的 MWHS 资料(e)和 AMSU-B 资料(f)相对湿度增量

(等值线为相对湿度增量,单位为%)

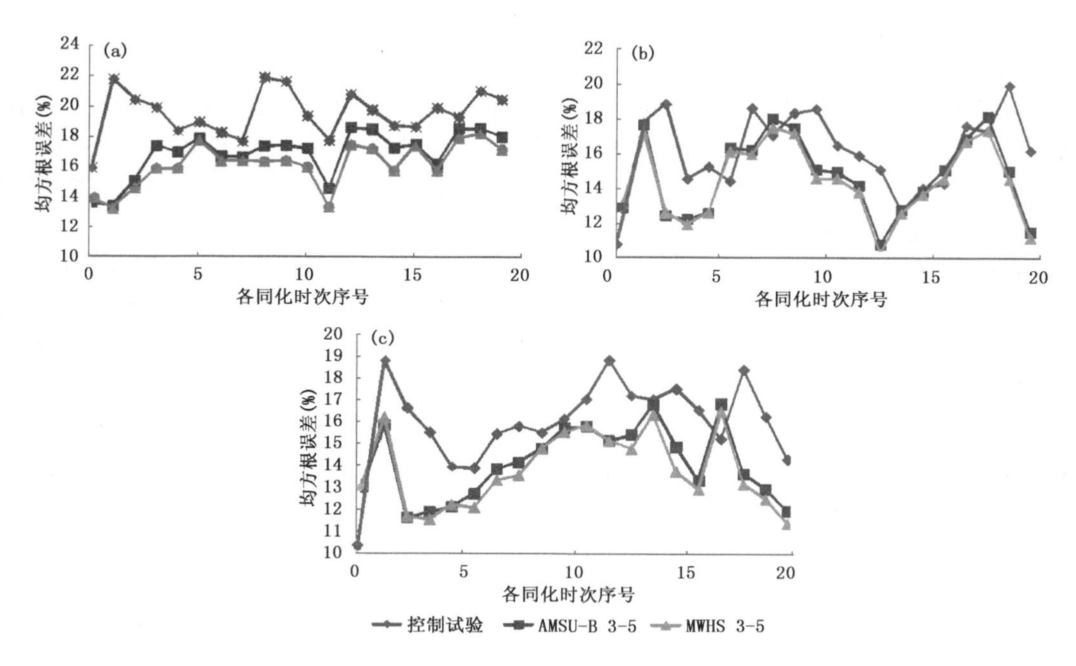

图 10.9　400 hPa(a)、600 hPa(b)、800 hPa(c)高度控制试验和同化试验不同分析时次相对湿度均方根误差

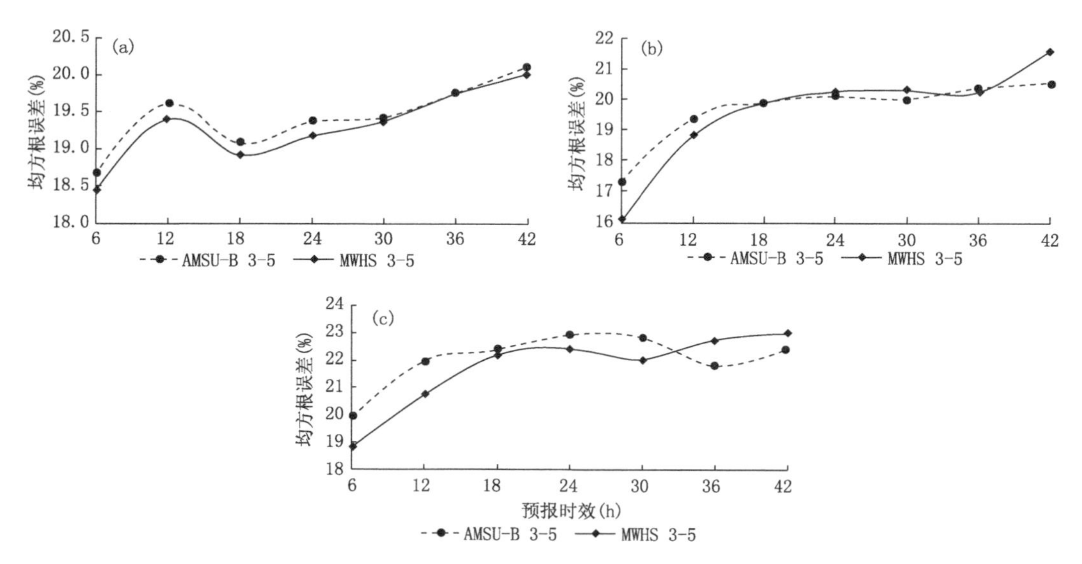

图 10.10　同化 MWHS 和 AMSU-B 资料 400 hPa(a)、600 hPa(b)、800 hPa(c)高度相对湿度预报场均方根误差

10.5　小结

(1)利用经典的 Harris 等(2001)卫星资料偏差订正方法，可以有效消除 FY-3A MWHS

的扫描偏差和气团偏差，偏差订正后的亮温观测残差更接近平均值为零的正态分布，说明中国风云卫星上装载的大气湿度垂直探测仪具有一定的精度。

(2)对比 FY-3A MWHS 与 NOAA AMSU-B 资料同化对分析场的调整作用，结果表明同化后的分析场比背景场更接近再分析资料，说明卫星资料同化对初始场调整具有正效果。对比 FY-3A MWHS 与 NOAA AMSU-B 两种卫星资料的同化效果，FY-3A MWHS 资料同化对分析场的调整更有效。

(3)对比 FY-3A MWHS 与 NOAA AMSU-B 资料同化对相对湿度预报的影响，结果表明在 18 h 以内，FY-3A MWHS 同化试验相对湿度的预报误差更小；总体来看，对于 42 h 内各高度层相对湿度的预报，FY-3A MWHS 资料同化试验相对湿度的预报误差更小，说明中国微波湿度探测仪的精度较高，在中尺度数值预报中具有较好的应用前景。试验中使用了离线的偏差订正方法，针对试验区统计出一套 FY-3A MWHS 资料偏差订正系数，并使用此套系数对 MWHS 资料进行偏差订正；离线的偏差订正方法对研究区卫星资料偏差订正具有较好的适用性，可能是 FY-3A MWHS 资料同化试验相对湿度预报误差更小的可能原因。

第 11 章 极轨气象卫星资料在暴雨预报中的同化应用

我国是一个多暴雨的国家，除西北个别省区外，其他各省几乎每年都有暴雨灾害出现。每年的 6—7 月间，长江中下游常有持续性暴雨，具有历时长、面积广、雨量大等特点。暴雨常常带来严重的洪水灾害，如新中国成立以来发生的 1954 年长江大水，1958 年黄河大水，1963 年海河大水，1975 年淮河大水，1998 年发生的我国大面积洪涝灾害等。暴雨具有强度大、突发性强、先兆特征不明显、落区与落点离散、时空分布很不均匀、难于监测和追踪等特点（朱乾根等，2000）。对于暴雨的准确预报（包括暴雨的落区、爆发时间、暴雨强度等）是气象工作中的一个难点和迫切需要解决的问题。自 20 世纪 50 年代 Chamey 等（1950）第一次成功实现天气系统数值预报以来，经过半个多世纪的发展和完善，数值天气预报模式已经成为气象业务预报和科研工作中的重要工具和手段，其中就包括对降水天气过程的模拟和预报。

气象预报准确率的提高很大程度上取决于数值天气预报水平的提高，数值天气预报水平则依赖于数值预报模式本身的准确程度和模式初始场的质量。目前，数值预报模式无论是其结构设计还是物理过程方案均已趋近完善，越来越精细的数值预报模式可以在一定程度上真实地模拟出实际天气过程的发展演变，在这种情况下，初始条件的优劣对数值天气预报结果的影响日益突出。如何充分、有效地利用各种常规、非常规观测资料来形成较为准确的模式初值场，已经成为进一步提高数值预报水平的关键性问题，这就使资料同化的研究和应用越来越广泛。

与常规资料相比，卫星资料的优势更为明显，其观测资料较为一致，覆盖面积广，时空分辨率高，不受地理条件限制，加上地球静止卫星观测时间间隔不断缩短，卫星探测功能和地面处理能力不断增强，由卫星得到的气象信息不断增多，其对提高数值预报的精度和准确度做出很大的贡献。

卫星辐射率资料包括可见光资料、红外资料、微波资料。微波具有一定的穿透能力，可以穿透云层，获得云层下面大气廓线的信息。红外观测与微波观测具有不同的特点，红外波段由于无法穿透云层，它对云的整体特征十分敏感，导致红外资料受到云的影响较大，且热带地区云的覆盖率很高，台风、暴雨等极端天气过程都与云雨过程密不可分。因此，在数值预报系统中同化微波和红外卫星资料，可以进一步提高云中尺度三维结构特征预报能力，从而来提高暴雨等极端天气的预报能力。为评价卫星资料同化对降雨预报影响，本研究以 ATOVS 和 IASI 资料为同化试验数据源，开展卫星资料变化同化试验研究。

11.1 研究区和数据

11.1.1 研究区

研究目标是江淮暴雨的预报，研究中将中国陆地和近海区域设置为试验区，模式区域中心为35°N、102°E，水平网格为188×137，格距为30 km。

11.1.2 卫星资料

11.1.2.1 ATOVS辐射率资料

新型大气垂直探测器ATOVS(advanced TIROS-N operational vertieal sounder)是搭载在美国国家大气海洋局第五代NOAA系列卫星和欧洲气象极轨系列卫星Metop-A上的重要传感器。ATVOS是大气垂直探测器TOVS的改进型，比TOVS卫星增加了微波探测通道，提高了垂直探测分辨率。ATOVS探测仪器包括先进的微波探测仪A型(AMSUA)、先进的微波探测仪B型(AMSUB)、高分辨率红外探测仪3型(HIRS3)。AMSUA和AMSUB主要用来探测大气的温度和湿度，HIRS3可用于大气温度和湿度以及云参数的探测。2007年开始，AMSUB传感器被先进的微波湿度探测器(MHS)所代替，红外探测器3型(HIRS3)被红外探测器4型(HIRS4)代替。本研究使用的ATOVS资料为由GDAS提供的AMSUA、MHS和HIRS4lb辐射率资料。

AMSUA主要有15个通道，空间分辨率为48 km。表11.1给出了AMSUA通道的光谱特征。

表11.1 AMSUA通道的光谱特征

通道序号	中心频率(GHz)	温度灵敏度(K)	峰值能量贡献高度	主要探测目的
1	23.8	0.30	地表	地表、可降水量
2	31.4	0.30	地表	地表、可降水量
3	50.3	0.40	地表	表面发射率
4	52.8	0.25	1000 hPa	大气温度
5	53.59±0.115	0.25	700 hPa	大气温度
6	54.40	0.25	400 hPa	大气温度
7	59.94	0.25	270 hPa	大气温度
8	55.50	0.25	180 hPa	大气温度
9	$F_{LO}=57.29$	0.25	90 hPa	大气温度
10	$F_{LO}\pm0.217$	0.40	50 hPa	大气温度
11	$F_{LO}\pm0.3222$	0.40	25 hPa	大气温度
12	$F_{LO}\pm0.3222$	0.60	12 hPa	大气温度
13	$F_{LO}\pm0.3322$	0.80	5 hPa	大气温度
14	$F_{LO}\pm0.3267$	1.20	2 hPa	大气温度
15	89.0	0.50	地表	地表、可降水量

MHS 由 5 个通道组成，主要探测大气湿度信息和地表信息，星下分辨率约为 16 km。表 11.2 为 MHS 通道的光谱特征。

表 11.2　MHS 通道的光谱特征

通道序号	中心频率(GHz)	温度灵敏度(K)	峰值能量贡献高度	主要探测目的
1	89.0	1.0	地表	地表、可降水量
2	157.0	1.0	地表	地表、可降水量
3	183.311±1.00	1.0	440 hPa	大气湿度
4	183.311±1.00	1.0	600 hPa	大气湿度
5	190.311	1.0	800 hPa	大气湿度

HIRS4 的基本性能与 HIRS3 相同，包含 20 个通道，19 个红外，1 个可见光，星下点分辨率为 18.9 km。表 11.3 为 HIRS4 通道的光谱特征。

表 11.3　给出了 HIRS4 通道的光谱特征

通道序号	中心频率(μm)	最大预期现场温度(K)	峰值能量贡献高度	主要探测目的
1	14.959	280	30 hPa	大气温度
2	14.706	265	60 hPa	大气温度
3	14.493	240	100 hPa	大气温度
4	14.225	250	400 hPa	大气温度
5	13.966	265	600 hPa	大气温度、云参数
6	13.643	280	800 hPa	大气温度、云参数
7	13.351	290	900 hPa	大气温度、云参数
8	11.111	330	地表	表面温度
9	9.709	270	25 hPa	臭氧总含量
10	12.469	300	900 hPa	水汽
11	7.326	275	700 hPa	水汽
12	6.523	255	500 hPa	水汽
13	4.570	300	100 hPa	大气温度
14	4.525	290	950 hPa	大气温度
15	4.474	280	700 hPa	大气温度
16	4.454	270	400 hPa	大气温度
17	4.132	330	5 hPa	大气温度
18	3.976	340	地表	表面温度
19	3.759	340	地表	表面温度
20	0.690	100%反照率	地表	表面反照率

11.1.2.2 IASI辐射率资料

装载在欧洲极轨气象卫星MetOp-A上的IASI传感器采用迈克尔逊干涉技术，在3.62～15.5 μm光谱范围共有8461个通道，通道的光谱分辨率为0.25 cm^{-1}，辐射分辨率范围为0.1～0.5 K，从星下点到两边边缘的扫描角各48.3°，两边共有60个扫描点，对应于星下点分辨率12 km。IASI仪器的光谱范围覆盖CO_2、H_2O、O_3、CO、CH_4和N_2O等气体吸收带（表11.4），可以实现大气温度、湿度以及大气成分的反演（表11.5（张磊等，2008））。

表11.4 IASI光谱特征及探测目的

波谱范围(cm^{-1})	吸收带	探测目的
650～770	CO_2	温度探测
770～980	大气窗	地表和云的特性
1000～1070	O_3	O_3探测
1080～1150	大气窗	地表和云的特性
1210～1650	H_2O	H_2O探测，N_2O、SO_2、CH_4探测
2100～2150	CO	CO柱容量
2150～2250	N_2O和CO_2	温度探测、N_2O柱容量
2350～2420	CO_2	温度探测
2420～2700	大气窗	地表和云的特性
2700～2760	CH_4	CH_4柱容量

表11.5 IASI探测性能

物理变量	垂直分辨率	水平分辨率	精度
温度廓线	1 km（对流层低层）	25 km（晴空）	1 K（晴空）
湿度廓线	1～2 km（对流层低层）	25 km（晴空）	10%（晴空）
臭氧总量	总含量	25 km（晴空）	5%（晴空）
CO、N_2O、CH_4	总含量	100 km	10%（晴空）

11.1.3 卫星观测资料的质量控制

质量控制是卫星观测资料同化的关键步骤，主要目的是剔除误差较大、可能给同化带来负效果的卫星观测数据。在WRFDA同化系统中，微波数据（AMSUA、MHS）和红外数据（IASI）的质量控制方案略不相同，下面将分别介绍。

11.1.3.1 AMSUA和MHS卫星资料质量控制

AMSUA和MHS资料的质量控制方案大致如下。

(1)地表类型检测：首先剔除所有通道混合地表的卫星数据，然后剔除AMSUA 1～4通道和MHS 1～2通道陆地、海冰、雪地上的卫星观测。

(2)剔除AMSUA 13、14、15通道权重函数高于模式顶（10 hPa）高度的卫星观测数据。

（3）临边检测：对AMSUA资料，每条扫描线上位于两端1～3和28～30扫描点剔除；对MHS资料，每条扫描线两端1～8和83～90扫描点剔除。

（4）云、降水检测：

定义散射指数：

$$SI(\mathrm{AMSUA}) = TB(15) - TB(1) \tag{11.1}$$

$$SI(\mathrm{MHS}) = TB(1) - TB(2) \tag{11.2}$$

表示AMSUA的散射指数是15通道的亮温减去1通道的亮温；MHS的散射指数是第1通道的亮温减去第2通道的亮温。若 $SI > 3$ 则剔除。

计算大气柱液态水含量CLWP，当CLWP≥0.2 mm时，此扫描位置的观测被剔除。

（5）残差检测：统计观测残差标准差，以3倍标准差为标准，当观测残差绝对值大于3倍标准偏差时，舍去观测资料。

11.1.3.2　IASI卫星资料质量控制

IASI卫星资料的质量控制方案如下。

（1）地表类型检测：剔除所有通道混合地表的卫星数据。

（2）临边检测：将每个扫描线上边缘上5个扫描点剔除。

（3）云滴检测：计算大气柱液态水含量CLWP，当CLWP≥0.2 mm时，此扫描位置的观测被剔除。

（4）残差检测：统计观测残差标准差。当观测残差大于15 K，舍弃观测资料；当观测残差绝对值大于3倍标准偏差时，舍去观测资料。

（5）云检测：云检测方法参考McNally等（2003）的云检测方案。根据通道对云的敏感性将模拟亮温与观测亮温的差进行排序，采用移动平均滤波滤除仪器噪声，对集中不同的情景（晴空、低冷云、高冷云、高暖云、低暖云）的偏差，逐步寻找完全不受云污染的晴空通道。

具体步骤如下。

①根据通道对云的敏感度计算各通道高度。计算公式为：

$$\left|\frac{R_{\mathrm{clear}} - R_{\mathrm{cloudy}}}{R_{\mathrm{clear}}}\right| > 0.01 \tag{11.3}$$

式中，R_{clear} 表示晴空条件下的辐射率，R_{cloudy} 表示黑体云向上发射的辐射率。

②将模拟的晴空亮温与观测亮温的偏差分为5个光谱带，然后根据通道高度对每个光谱带的偏差进行排序。

③采用移动平均滤波减少各种噪声在云信号中的幅度，使得偏差中包含云的信息。

④从每个带中云敏感性最强的通道开始检测，当某个通道亮温偏差和目标函数的梯度同时满足：

$$\mathbf{grad}(d_{L_p}^{i}) < \mathbf{grad}d_{\max} \tag{11.4}$$

$$d_{L_p}^{i} < d_{\max} \tag{11.5}$$

那么，这个通道的高度就是云顶高度，高于此通道的就是晴空通道，低于这个高度的通道就是有云通道。图11.1为 晴空通道的检验流程。一般情况下，窗区通道的梯度阈值为0.4 K，其他通道的梯度阈值为0.02 K。偏差阈值为1.0 K。

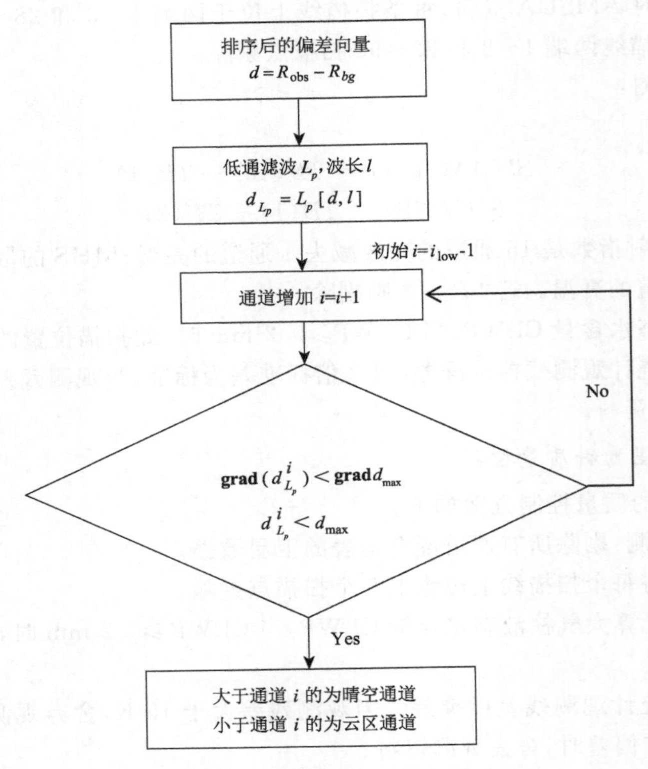

图 11.1　晴空通道的检验流程

11.1.3.3　通道选择

对卫星通道的选取，首先参考 NECP 的设定，关闭通道质量不佳的通道，如 AMSUA 传感器 11～14 通道、HIRS4 传感器 1 和 14～19 通道。同时将权重函数峰值贡献高于模式层顶的通道关闭，剔除地面通道避免地表反照率对大气温度和湿度反演的负面影响。对 IASI 卫星数据，WRFDA 同化系统中仅能同化 8461 个通道中的 616 通道，选择的通道参考 Collard(2007)选择的 300 个通道(160 个近 15 μm，140 个近 6.7 μm)。最后确定的方案为 AMSUA 选择 5～9通道，MHS 选择 3～5 通道，HIRS4 选择 2～13 通道，IASI 主要参考 Collard 结论选择 8000 多个通道其中的 300 通道。

11.2　预报和同化系统

11.2.1　WRF 模式

本研究使用的预报系统为中尺度预报模式 WRF。该系统主要由美国国家大气研究中心(NCAR)、美国环境预报中心(NCEP)、Oklahoma(俄克拉何马)大学的风暴分析和预报中心(CAPS)等多家科研机构共同开发和建立的。经过多年的不断更新和完善，现已广泛应用于台风、热带气旋、暴雨等重要天气过程的模拟和研究。WRF 模式有两套动力解决方案，为研究型的 ARW 和业务型的 NMM，本研究中使用了 ARW 方案。该模式为非静力中尺度模式，完全可压缩，控制方程选用通量形式。其水平方向选取 Arakawa-C 坐标，垂直方向采用高度坐标或者地形追随质量坐标。时间积分方案则采用 3 阶或 4 阶 Runge-Kutta 算法，垂直和水平方向采用第二至第六的顺序平流方案，根据对模式预报过程中重力波和声波不同，分别采用小步长和较大步长，提高计算效率和稳定性。

11.2.1.1 WRF 模式的结构流程

WRF 模式程序设计具有结构化、易用性等优点，可拥有多个物理过程，包含多个动力框架。整层结构分为驱动层、中间层和模式层三层。主要功能为：驱动层用来控制程序安装、预报区域、初始化、输入输出(I/O)等；模式层提供所需要的物理过程、预报方程的源代码；中介层连接其他两层。

WRF 模式主要包括以下四个模块。

(1)标准初始化模块(WPS)：主要为模式建立输入文件。包括定义模拟区域、插值静态地形数据、将其他气象数据插值到模式区域中。

(2)资料同化模块(WRFDA)：此模块可选择使用，可将各种常规和非常规观测资料信息，融合到初始场，丰富模式初始场信息，更新初始场。

(3)预报模式(WRF ARW)：WRF 模式的主要关键模块。主要用来积分运算所选区域内的物理过程和动力过程。

(4)后处理模块(post-processing)：分析模式积分结果，将其转化成各种绘图软件所需要的格式，从而进一步分析结果。

各模块相互独立又相互联系，具体流程图如图 11.2 所示。

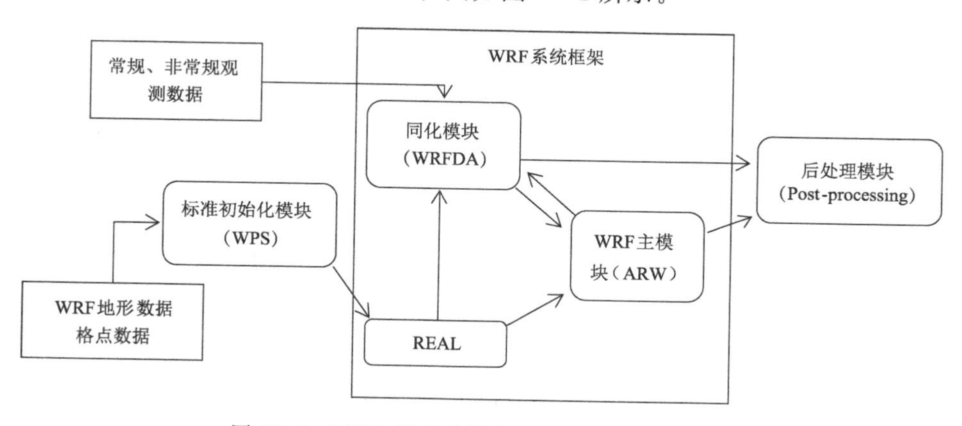

图 11.2 WRF 模式系统主要模块及其运行流程

11.2.1.2 WRF 模式的物理参数化方案

WRF 模式主要的物理参数化方案包括：云微物理过程、积云参数化方案、大气辐射过程、行星边界层、陆面过程等。

模式云微物理参数化方案在 3.5.1 版本有 15 种，常用的方案有以下 9 种，分别为：Kessler 方案、Lin 方案、WSM3 方案、WSM5 方案、WSM6 方案、Eta 格点尺度云和降水方案、Thompson 方案、Goddard 方案以及 Morrison 方案。WSM5 方案包含水汽、云水、云冰、雨和雪 5 类物种，固相和液相是分开的，允许过冷水的存在，包含融化线以下雪的逐渐融化过程，比较适合介于中尺度和云分辨尺度的网格，本研究选用此方案。

积云参数化方案负责对流和/或浅云的次网格尺度作用，理论上仅对较粗网格尺度（例如大于10 km）有效，常用的主要有3种，包含Kain-Fritsch(new Eta)方案、Betts-Miller-Janjic方案及Grell-Devenyi ensemble方案。Kain-Fritsch(new Eta)方案是一个具有潮湿的上升气流和下沉气流的简单的云模式，包括卷入、夹卷作用和相关的简单微物理过程。

大气辐射过程包括长波辐射方案和短波辐射方案。研究中使用的是快速辐射传输模式(RRTM)和Dudhia短波辐射方案。快速辐射传输模式(RRTM)是一个使用关联K模型的谱带方案，Dudhia短波辐射方案采用对太阳通量的简单的向下积分，解决晴空散射、水汽吸收和云反照率和吸收，使用来自Stephens (1978)的对云的查算表。

边界层参数化方案主要包括YSU方案、MRF方案、MYJ方案，主要负责整个大气柱中由涡动输送导致的垂直方向次网格尺度通量。

陆面过程包括Noah方案、RUC方案、5层热扰动热量扩散方案。文中使用的是Noah方案，它是NCAR和NCEP联合开发陆面模式，是一个具有顶层湿度和雪盖预报的4层土壤温度和湿度模型。

11.2.2　WRFDA同化系统

研究中使用的同化系统为WRFDA三维变分同化系统。WRF模式的三维变分同化系统目标函数采用增量形式，分析增量选用不交错的A网格，用递归滤波来表示区域的水平背景场误差协方差，并且模式中提供了不同的背景误差、控制变量供用户选择。WRFDA能够同化各种资料，在各个国家被广泛使用。WRF同化系统的结构如图11.3所示。

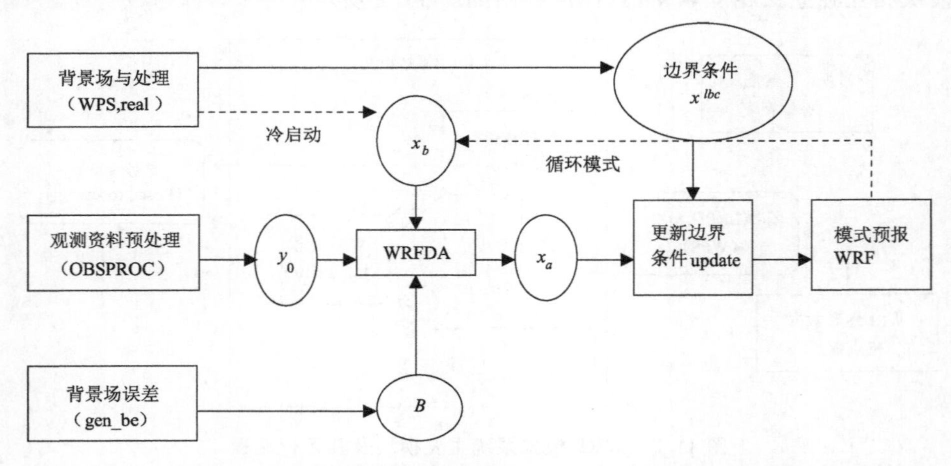

图11.3　WRFDA输入数据（圆圈）及各模块（方框）之间的关系（Barker等，2003）

11.2.3　模式参数设置

本研究的目的在于准确预报江淮暴雨，研究区设在中国大陆和沿海区域。模式区域中心设为35°N、102°E，水平网格为188×137，格距为30 km；地图投影方式为兰伯特投影，垂直层数为非均匀51层，eta_levels分别为：1.000、0.993、0.986、0.978、0.968、0.957、0.945、0.931、0.915、0.897、0.876、0.854、0.829、0.802、0.772、0.739、0.705、0.667、0.629、0.588、0.550、0.513、0.478、0.445、0.413、0.383、0.355、0.328、0.303、0.279、0.256、0.234、0.214、0.195、

0.176、0.159、0.143、0.128、0.114、0.101、0.088、0.076、0.065、0.055、0.045、0.036、0.027、0.020、0.012、0.0056、0.000。时间积分步长为 180 s，模式层顶设为 10 hPa。模式的初始场和边界场选用美国国家环境中心全球预报系统再分析资料，水平分辨率为 1°×1°。

物理参数化方案选择如下：微物理方案 WSM 5，积云参数化方案 new Kain-Fritsch，长波辐射方案 RRTM，短波辐射 Dudhia 方案，以及 Noah land-surface 陆面方案和 YSU 边界层方案。主要的物理参数化方案选择如表 11.6 所示。

表 11.6　模式物理参数化方案

方案类别	方案名称
微物理过程	WSM5 scheme
短波辐射过程	Dudhia scheme
长波辐射过程	RRTM scheme
地表过程	MM5 scheme
陆面过程	Noah land-surface scheme
行星边界层方案	YSU scheme
积云参数化方案	New Kain-Fritsch scheme

11.3　卫星辐射率资料的直接同化试验

11.3.1　试验方案设计

为定量评价 IASI、AMSUA、MHS、HIRS4 资料同化对初始场的改进及数值预报影响，设计了六组同化试验（表 11.7）。

表 11.7　直接同化多种卫星辐射率资料试验方案

试验方案	卫星	观测资料	同化时间
CTL	无	无	2014062512
DA-IASICO_2	METOP-A/B	obs+IASICO_2	2014062512
DA-AMSUA	METOP-A/B、NOAA-15、NOAA-18、NOAA-19	obs+AMSUA	2014062512
DA-MHS	METOP-A/B、NOAA-18、NOAA-19	obs+MHS	2014062512
DA-HIRS4	NOAA-18	obs+HIRS4	2014062512
DA-ATOVS	METOP-A/B、NOAA-15、NOAA-18、NOAA-19	obs+ATOVS	2014062512

控制试验不同化任何观测资料；DA-IASICO_2～DA-HIRS4 试验均同化一种传感器数据，分别为 ISAS 的大气温度探测通道数据、AMSUA 数据、MHS 数据和 HIRS4 数据；DA-ATOVS 试验同化的数据包括 AMSUA、MHS、HIRS4 三种卫星资料。同化时间窗设置为同化时刻前后 3 h，将同化得到的分析场作为初始场，驱动 WRF 模式向前积分 60 h，预报到 2014 年 6 月 28 日 00 时。

11.3.2　同化数据量分析

资料同化过程中进行了卫星资料稀疏化处理、卫星资料质量控制和卫星资料偏差订正等预处理过程，表 11.8 给出了预处理后进入同化系统的卫星数据量。如表所示，资料稀疏化后进入同化系统的 IASI、AMSUA、MHS、HIRS4 卫星数据分别有 221028、15700、6063、12947 个像元，经过质量控制和偏差订正进入同化系统的卫星数据分别有 80075、6574、2708、56 个像元。IASI 卫星资料进入同化系统的数据量近似为 AMSUA、MHS、HIRS4 数据总和的三倍；而红外资料 HIRS4 数据几乎全部被剔除，仅保留 56 个数据。从数据量上看，高光谱 IASI 数据由于波段多数据量大，相比 AMSUA、MHS、HIRS4 资料优势更加明显。

表 11.8　质量控制前后观测资料数据量

传感器	卫星	稀疏化后观测资料		质量控制后进入同化系统观测资料	
IASI	METOP-A/B	221028		80075	
AMSUA	METOP-A/B	4765	15700	1829	6574
	NOAA-15	6170		2502	
	NOAA-18	4765		2243	
MHS	METOP-A/B	3036	6063	1660	2708
	NOAA-18	3027		1048	
HIRS4	NOAA-18	12947		56	

11.3.3　增量场分析

降水发生与温度、湿度、风等气象要素密切相关，这些要素的初始值对数值模拟效果有重要影响。卫星数据同化可直接调整气象要素场，同化后气象场直接影响模拟效果。

DA-IASICO_2、DA-AMSUA、DA-MHS、DA-ATOVS 四组试验 500 hPa 温度增量图对比可知，试验 DA-AMSUA、DA-MHS 在温度增量上差异不明显，均只在内蒙古附近有正增量中心，青藏高原地区有值为－1.2 K 的负增量中心；DA-IASICO_2 同化试验在中国南部有几个分布较零散的正增量中心，在青藏高原的负增量中心值高达－3 K；DA-ATOVS 试验增量中心区域与 DA-AMSUA、DA-MHS 试验相似。DA-MHS 试验对海上区域基本无任何改进作用，DA-AMSUA 和 DA-ATOVS 试验在海上有约 0.25 K 的正增量中心，而 DA-IASICO_2 试验在海上有值为 1.2 K 的正增量中心。由此可见，同化 IASI 资料比同化 AMSUA、MHS 资料对 500 hPa 温度初始场改进效果更明显。此外，各同化试验 850 hPa 温度增量与 500 hPa 相似。

分析同化时刻 500 hPa 和 850 hPa 相对湿度增量图(图略)，试验 DA-IASICO_2 陆面和海上区域增量明显，最大值增量可达 20％以上；试验 DA-AMSUA 湿度增量出现在陆面区域；其中，中国东南部主要呈负增量，西北和东北部呈正增量(高达 25％以上)。在 500 hPa 湿度增量场改进上，同化 IASI 资料比同化 AMSUA、MHS 资料对初始场相对湿度改进效果更明显。850 hPa 相对湿度增量图同样体现出 IASI 高光谱数据的优势，这与 IASI 数据波段多，进入同化系统内的数据较多有很大的关系。

11.3.4　降水模拟分析

图 11.4 为 2014 年 6 月 26 日 24 h 累计降水量图。图 11.4a 为控制试验，图 11.4b～e 为同化试验。与图 11.4a 实况降水对比，控制试验 CTL 模拟海上降水区域面积和量级偏大，未准确模拟出位于江苏、浙江、上海交界处的强降水中心，而对位于江西和安徽交界的弱降水中

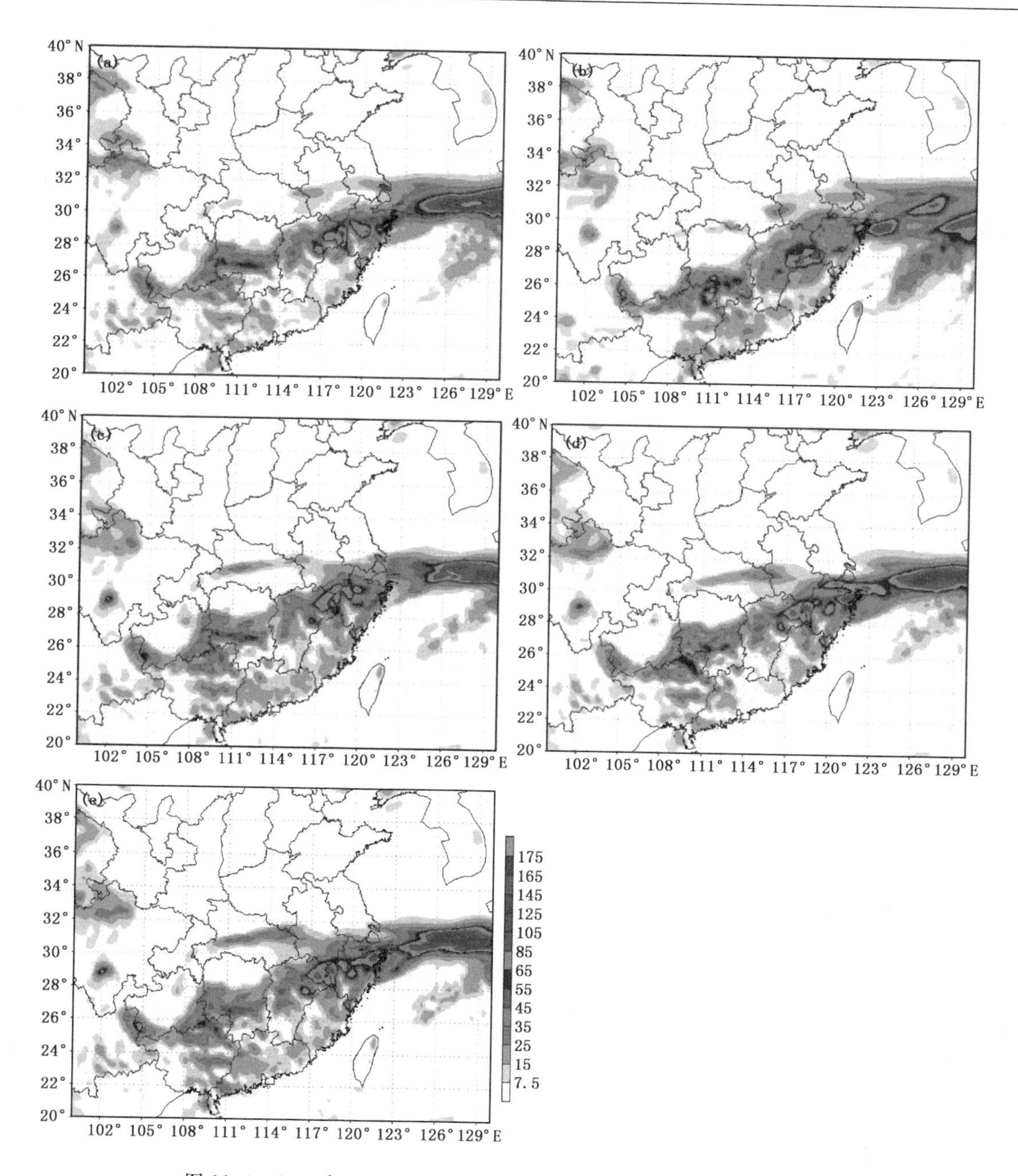

图 11.4　2014 年 6 月 26 日 24 h 累计降水量图(单位:mm)(附彩图)

(a)CTL 试验;(b)DA-IASI CO_2 试验;(c)DA-AMSUA 试验;(d)DA-MHS 试验;(e)DA-ATOVS 试验

心模拟位置偏南,面积偏大。DA-IASI CO_2 试验(图 11.4b)基本上模拟出该时段的几个主要降水,不足之处同样是模拟的江西安徽交界弱降水中心雨量偏强。DA-AMSUA 试验(图 11.4c)对海上的降水模拟的位置和方向与实况图相似度极高,但面积略大;对江西安徽交界弱降水中心模拟的降雨量级和位置也较准确,面积同样过大;对江苏、浙江、上海交界处的强降水中心与控制试验一样未准确模拟出来。DA-MHS 试验(图 11.4d)模拟的海上降水强度偏强,降水范围偏大;江西安徽交界弱降水中心位置和降水范围与实况相比较准确,但量级偏大;DA-MHS 试验准确地模拟出江苏、浙江、上海交界处的强降水落区和大致降水面积,但降水量级略偏小。DA-ATOVS 试验(图 11.4e)海上模拟面积和量级偏大,陆面上两个降水中心均模拟出来,但降水量级和面积与实况有差距。

图 11.5 为 2014 年 6 月 26 日 12 时—6 月 27 日 00 时(UTC)12 h 累计降水量图,图 11.5a 为实况降水图,图 11.5b~f 为同化试验 12 h 累计降水量图。对比分析可知,DA-IASICO_2 同化试验预报的降雨与实况最接近。

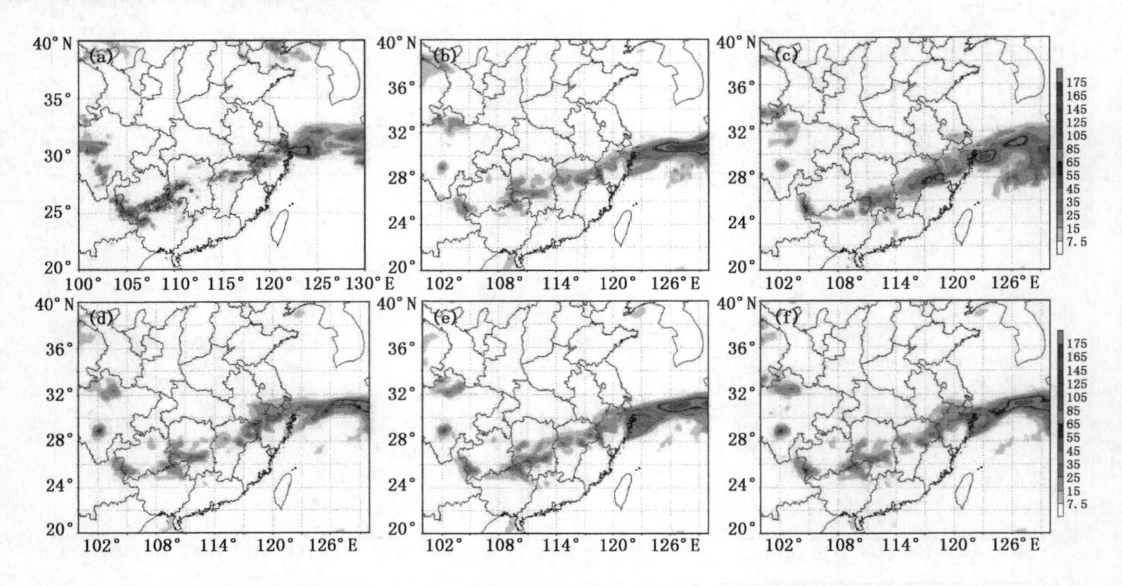

图 11.5 2014 年 6 月 26 日 12 时—6 月 27 日 00 时 12 h 累计降水量(单位:mm)
(a)实况图;(b)CTL;(c)DA-IASI CO_2;(d)DA-AMSUA;(e)DA-MHS;(g)DA-ATOVS

综合对比可知,几组同化方案相比于控制试验均有一定的改进作用,说明卫星资料同化对暴雨预报改进作用明显。分别分析几组同化试验,可知 DA-IASICO_2 试验和 DA-MHS 试验的降雨预报与实况降水图最为接近。DA-IASICO_2 试验对海上的降水中心模拟更准确,而 DA-MHS 试验对陆面的降水中心模拟更准确。DA-ATOVS 试验同化了 AMSUA、MHS、HIRS4 数据,但在该时段降水模拟上并未体现出结果更好,单从 24h 累计降水量图来看,该实验方案更接近 DA-MHS 试验,说明 MHS 数据对本个例而言作用更大。

11.3.5 降水预报效果评估

传统的数值预报精度检验大致基于二种分类方法,主要将预报结果与观测资料进行匹配,并进行一系列评分指数计算,如:命中率(HIT)、空报率(FAR)、漏报率(PO)、*TS* 评分、ETS 评分等。本研究主要使用较常用的 *TS* 降水评分,其公式如下:

$$TS = \frac{NA}{(NA + NB + NC)} \tag{11.6}$$

在对降水进行评分时,根据国家气象中心业务常用的降水量级划分标准,将降水划分为 5 个等级,分别是小雨、中雨、大雨、暴雨、大暴雨。虽然本次降水过程有达到大暴雨的降水范围,但由于面积小不便于统计分析，因此将暴雨和大暴雨归类为暴雨，具体检验阈值标准参照表 11.9，每一级的降水评分参照表 11.10。

表 11.9 累计降水量分级(单位:mm)

累计时效(h)	小雨	中雨	大雨	暴雨
12	0.1～4.9	5.0～14.9	15.0～29.9	30～
24	0.1～9.9	10.0～24.9	25.0～49.9	50～

表 11.10　降水检验分类

降水预报(达到指定阈值)	观测(达到指定阈值)		
	是	否	总
是	*NA*	*NB*	*NA*+*NB*
否	*NC*	*ND*	*NC*+*ND*
总	*NA*+*NC*	*NB*+*ND*	*NA*+*NB*+*NC*+*ND*

图 11.6 为几组控制试验和同化试验在 2014 年 6 月 26 日 24 h 累计降水量 *TS* 评分图和 6 月 26 日 12 时—27 日 00 时(UTC)12 h 累计降水量 *TS* 评分图，*TS* 评分值越高，表示预报的效果越好。分析图 11.6 可知，在小雨评分上，DA-IASICO_2、DA-MHS、DA-ATOVS 试验 *TS* 评分值比控制试验小，DA-MHS 试验效果最好，与控制试验 *TS* 评分值最为接近；中雨评分上，几组同化试验均优于控制试验，DA-MHS 评分最高，其次为 DA-IASICO_2 试验；大雨评分上，几组试验方案均高于控制试验，相对于控制试验有正提高效果，DA-IASICO_2 试验评分最高，DA-AMSUA 试验和 DA-MHS 试验评分值十分接近，但 DA-ATOVS 试验 *TS* 值高于这两个试验；暴雨评分上，DA-IASICO_2 和控制试验结果相近，DA-MHS、DA-AMSUA 和 DA-ATOVS 试验结果优于控制试验，DA-MHS 试验提高效果尤其明显。在 12 h 累计降水 *TS* 评分上，小雨量级的几组同化方案效果均不理想；中雨评分和大雨评分上只有 DA-AMSUA 方案 *TS* 评分高于控制试验。

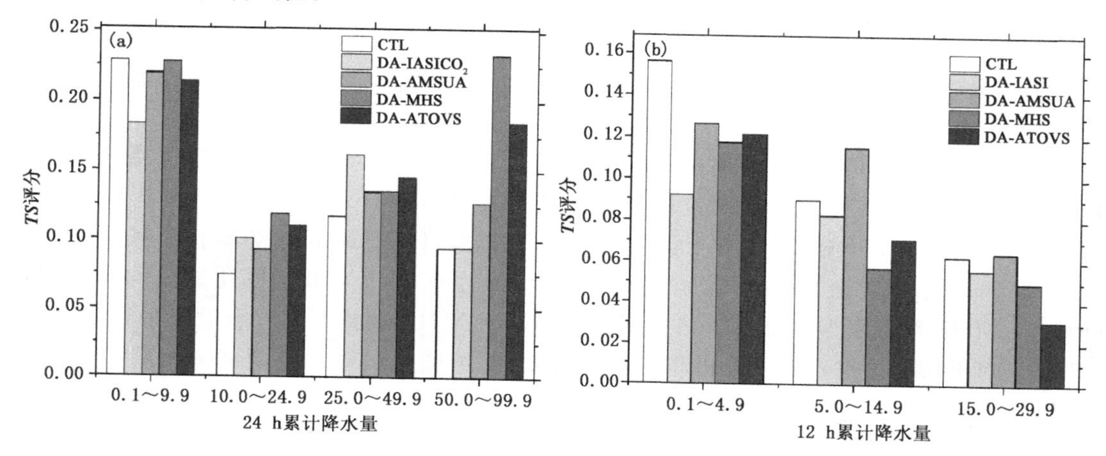

图 11.6　控制试验和同化试验模拟的不同时段各量级累计降水的 *TS* 评分，条形图从左到右分别为 CTL、DA-IASICO_2、DA-AMSUA、DA-MHS、DA-ATOVS

(a)6 月 26 日 24 h 累计降水量；(b)6 月 26 日 12 时—27 日 00 时(UTC)12h 累计降水量

11.3.6 误差分析

为了进一步评价同化效果，将欧洲中心的再分析资料 ERA-interim 作为真值，通过对比同化前后模拟值和观测的误差定量描述同化效果。表 11.11 表示的是模拟区域内不同试验方案纬向风 U 和经向风 V 在不同气压高度层上的平均均方根误差值。试验中，统计了大气低层、中层和高层风、温度和湿度预报值每 6 h 均方根误差(表 11.11)。分析表 11.11 可知，纬向风均方根误差随气压层高度变化规律为：①低层(1000、950、850、700 hPa)几组同化方案的均方根误差值均小于 CTL 试验，DA-IASICO_2 方案纬向风 U 均方根误差最小；②中层(500、400、300 hPa)几组方案均方根误差差别不大，总体 CTL 值较小；③高层(250、200 hPa)同化试验均方根误差略高于控制试验，DA-AMSUA、DA-MHS 方案均方根误差值最小。经向风均方根误差显示相似规律。总体来看，同化试验优于控制试验，具体表现在：低层 DA-ATOVS 方案均方根误差最小，中层差别不明显，高层 DA-IASICO_2 方案均方根误差较小。

表 11.11　2014 年 6 月 25 日 12 时—28 日 00 时不同试验方案在不同气压高度与 ERA-interim 资料纬向风和经向风均方根误差(单位：m/s)

气压层(hPa)	控制变量									
	U(纬向风分量)					V(经向风分量)				
	CTL	DA-IASI	DA-AMSUA	DA-MHS	DA-ATOVS	CTL	DA-IASI	DA-AMSUA	DA-MHS	DA-ATOVS
1000	1.239	1.227	1.235	1.254	1.238	1.862	1.871	1.875	1.873	1.870
950	1.767	1.746	1.757	1.754	1.755	2.355	2.341	2.339	2.345	2.334
850	1.894	1.888	1.903	1.899	1.888	2.079	2.067	2.094	2.092	2.072
700	1.975	1.963	1.975	1.97	1.975	1.904	1.908	1.913	1.910	1.899
500	2.638	2.643	2.638	2.639	2.643	1.646	1.645	1.647	1.647	1.648
400	3.719	3.72	3.725	3.722	3.724	1.721	1.718	1.719	1.723	1.717
300	6.014	6.016	6.015	6.015	6.015	2.229	2.238	2.234	2.228	2.234
250	7.492	7.491	7.487	7.492	7.493	2.567	2.559	2.568	2.559	2.559
200	8.487	8.487	8.489	8.49	8.488	2.430	2.426	2.426	2.428	2.432

表 11.12 展示的是温度(T)和相对湿度(RH)平均均方根误差随高度变化。温度变化趋势为：低层几组同化试验均方根误差均小于控制试验，DA-MHS 试验均方根误差最小；中层 DA-IASI CO_2 试验方案较差，均方根误差大于 CTL 试验，DA-AMSUA 方案优于其他试验；高层 DA-IASI CO_2 方案比 CTL 试验均方根误差大(约为 0.07 K)，其他同化试验均小于 CTL 试验，DA-MHS 均方根误差最小。综上分析可知，DA-MHS 试验方案综合效果最佳，DA-IASI CO_2 只对低层有改进作用。分析相对湿度可知，几组同化试验和控制试验相差不大，某些高度几组方案值相同，DA-MHS 方案在 850 hPa 和 500 hPa 高度展现出优于其他方案的优势，高层几组同化试验均方根误差均高于控制试验，相对而言 DA-IASI 试验与 CTL 试验相差最小。

表 11.12　2014 年 6 月 25 日 12 时—28 日 00 时不同试验方案在不同气压高度与 ERA-interim 资料温度和相对湿度均方根误差

气压层 (hPa)	控制变量									
	T(K)					*RH*(%)				
	CTL	DA-IASI	DA-AMSUA	DA-MHS	DA-ATOVS	CTL	DA-IASI	DA-AMSUA	DA-MHS	DA-ATOVS
1000	1.020	1.070	1.040	1.02	1.013	30.688	30.669	30.642	30.685	30.650
950	1.900	1.725	1.842	1.753	1.765	28.005	28.027	27.999	28.039	27.997
850	1.659	1.629	1.569	1.482	1.557	25.210	25.216	25.147	25.204	25.174
700	1.084	1.085	1.076	0.999	1.048	25.144	25.140	25.156	25.157	25.145
500	0.880	0.935	0.873	0.887	0.913	22.937	22.937	22.937	22.929	22.905
400	0.842	0.911	0.789	0.786	0.792	20.907	20.909	20.907	20.915	20.917
300	0.905	0.97	0.838	0.816	0.834	18.894	18.904	18.914	18.901	18.896
250	1.06	1.15	1.035	0.975	1.03	17.467	17.464	17.474	17.478	17.459
200	1.111	1.187	1.137	1.044	1.1	14.370	14.370	14.367	14.393	14.343

综上所述，不同卫星资料对不同高度控制变量的调整影响不同。针对本试验而言，DA-IASI CO_2 试验对低层经向风、高层纬向风改进效果明显，对低层温度有一定的调节作用；DA-AMSUA 试验对高层经向风、中层温度改进明显；DA-MHS 试验对高层经向风、低层和高层温度、850 hPa 和 500 hPa 相对湿度改进明显。

为进一步分析不同卫星资料同化后预报影响，分别大气低层、中层、高层纬向风、径向风、温度、相对湿度四个变量随预报时次变化情况。图 11.7、11.8、11.9 分别为 850 hPa、500 hPa、300 hPa 三个气压高度层四个控制变量预报误差随预报时间变化趋势图。

图 11.7a～d 分别为纬向风、经向风、温度和相对湿度均方根误差趋势图。如图 11.7a 所示，几组试验纬向风相差不大，随预报时间变化趋势大致相同，均表现出先增大后减小再增大减小趋势，且随着预报时间的增大，几组试验方案相差的误差值越大。在预报 24 h 范围内，可以清楚地看到 DA-IASI CO_2 试验的纬向风均方根值小于其他方案，而 DA-AMSUA 试验纬向风均方根值最大，相对于 CTL 试验无改进效果；预报 24～36 h 范围内，几组方案差别不明显；预报 36～48 h 范围内，DA-IASI CO_2 方案效果最好。如图 11.7b 所示，随预报时间变大，经向风均方根误差呈现出，先增大后减小然后逐步增大的变化趋势。整体来看，预报 48 h 内，DA-IASI CO_2 试验的均方根值误差最小，其次为 DA-ATOVS 试验。温度的均方根误差趋势图(11.10c)差别较明显，在预报 30 h 内，几组同化试验方案均小于 CTL 试验，DA-MHS 方案均方根误差值最小，其次是 DA-ATOVS 方案，30 h 以后，DA-IASI CO_2 方案效果极差，均方根值大于控制试验，同样 DA-MHS 方案值最小。由此可知，在 850 hPa 气压层上，DA-MHS 方案的综合结果高于其他方案。相对湿度趋势图(11.10d)整体呈现出均方根误差先增大后减小后增大趋势，且各试验方案差别极小，总体来看 DA-AMSUA 方案效果较好。

图 11.8 为 500 hPa 纬向风、经向风、温度和相对湿度均方根误差变化趋势图。纬向风误差(图 11.8a)呈现出先减小后增大减小趋势，在 2.5～2.8 m/s 变化范围内，总体来看，DA-AMSUA 方案均方根值相对于其他方案最小，DA-IASI CO_2 方案在预报 42 h 左右均方根值较

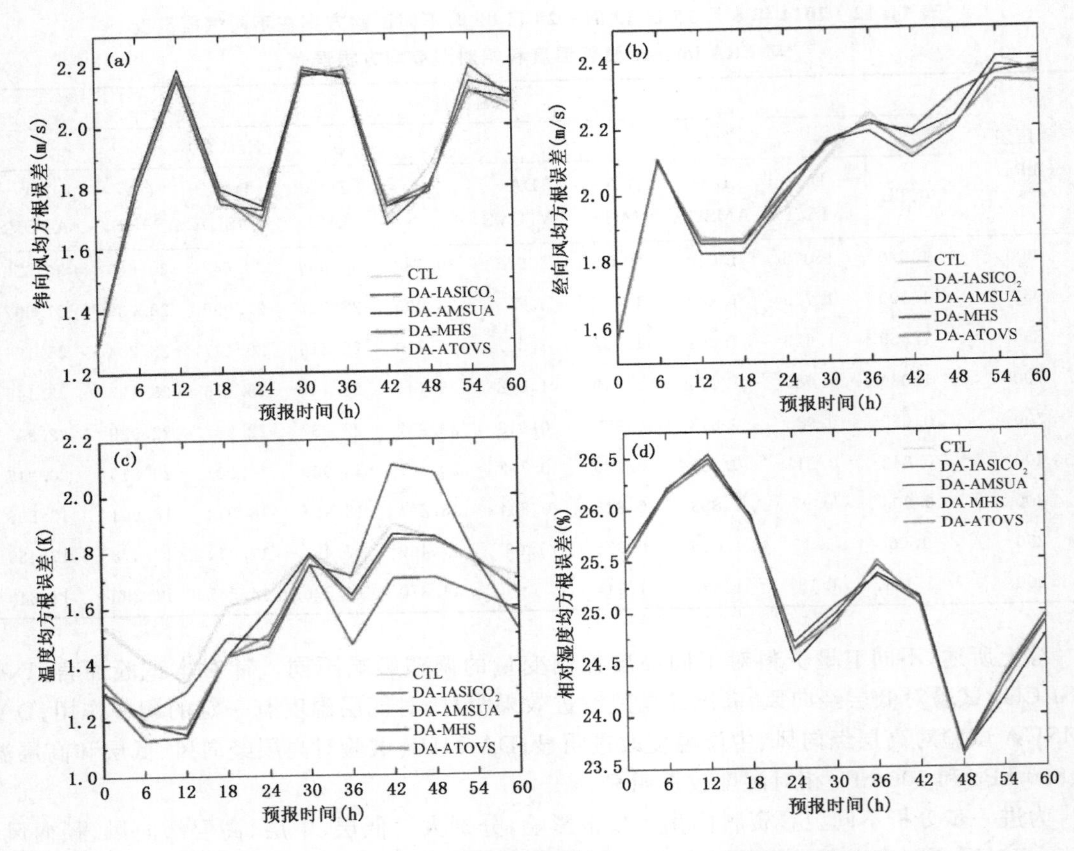

图 11.7　850 hPa 均方根误差随预报时间变化关系趋势图(附彩图)

(a)纬向风;(b)经向风;(c)温度;(d)相对湿度

大,效果不佳。经向风误差(图 11.8b)总体表现出先增大、后减小的趋势,几组方案差别极小。温度误差(图 11.8c)总体变化趋势相似,呈现先上升后下降的趋势,各试验误差随预报时间变化增加;DA-AMSUA 和 DA-MHS 试验总体误差较小,但在预报 48 h 有一个均方根误差迅速增加的趋势,且值高于 CTL 试验;DA-IASICO$_2$ 试验预报 6～12 h 和 24～42 h 范围内误差值高于控制试验。相对湿度误差(图 11.8d)总体呈现先下降后上升趋势,差别极小。

300 hPa 均方根误差随预报时间变化关系趋势图(图 11.9)显示:纬向风、径向风、相对湿度三个变量几组试验方案变化趋势相似,差别很小。温度图中,DA-MHS 方案均方根误差最小,相对于控制试验改进效果最明显;DA-IASICO$_2$ 试验对温度预报有所改进,但效果不明显,部分时间段比 CTL 试验均方根误差大。

11.4　小结

本研究针对 2014 年 6 月 26—28 日发生在我国长江中下游一次强降水天气过程,利用 WRFDA 同化系统,对常规观测资料、IASI 卫星资料以及 ATOVS(AMSUA、MHS)卫星亮温资料进行直接同化和数值模拟,得到以下结论。

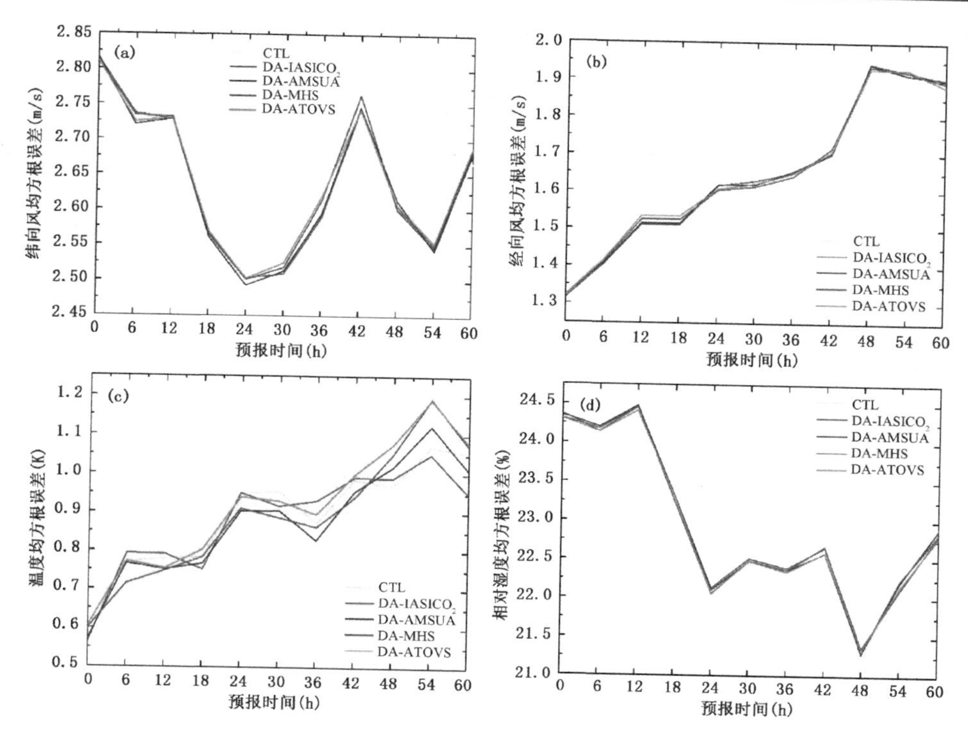

图 11.8　500 hPa 均方根误差随预报时间变化关系趋势图
(a)纬向风;(b)经向风;(c)温度;(d)相对湿度

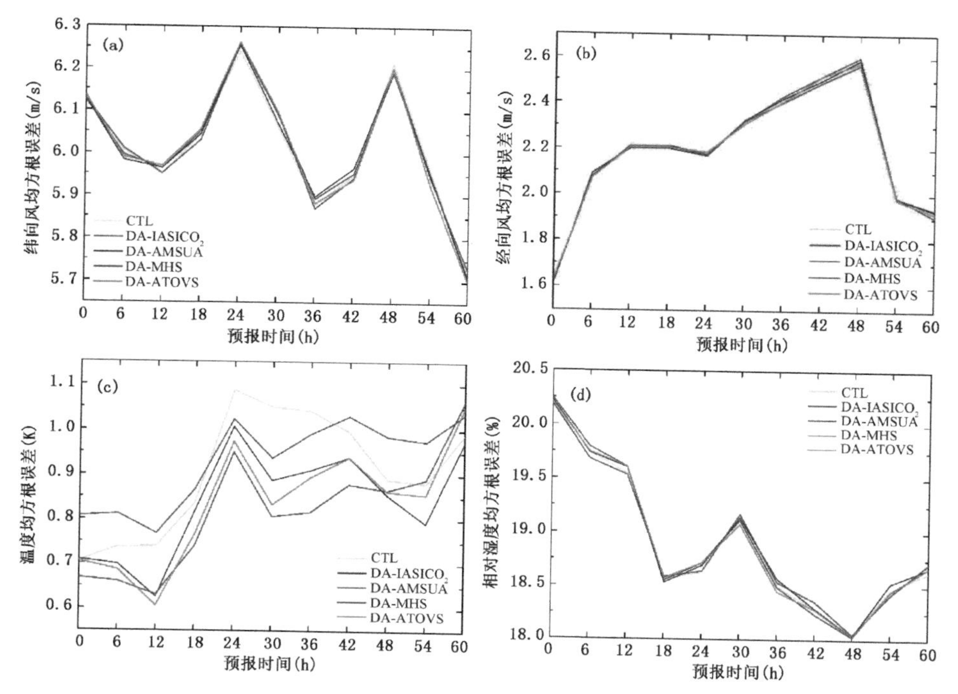

图 11.9　300 hPa 均方根误差随预报时间变化关系趋势图
(a)纬向风;(b)经向风;(c)温度;(d)相对湿度

(1)从进入同化系统的资料数目和分布情况来看,IASI资料因波段多优势十分明显,进入同化系统内的点数目为ATOVS资料的三倍左右。

(2)同化卫星资料对背景场起到了较好的调整作用,同化后的分析场具备了更加丰富的观测信息。其中,同化IASI资料对背景场的调整作用优于ATOVS资料。经过同化调整之后的分析场与卫星实际观测更为接近。

(3)定性分析累计降水量情况,24 h和12 h累计降水量图显示,几组同化试验均较控制试验在降水量级和落区有一定的改进效果,改进效果最大的是同化IASI方案和同化MHS方案,在降水中心和范围上与实况最为接近。

(4)客观分析*TS*降水评分表明,IASI同化试验在中雨和大雨量级上评分较高,小雨和暴雨量级上效果不佳;AMSUA和MHS资料同化试验在中雨、大雨和暴雨级上评分均高于控制试验;在暴雨评分上,MHS资料方案优于其他方案。

(5)误差分析可知,几种资料对不同高度不同控制变量改进不同;总体上,IASI资料表现出优于其他资料的优势,说明该资料在数值天气预报中具有重要的研究价值和广阔的应用前景。

第 12 章　红外大气垂直探测仪卫星资料在台风预报中的同化应用

2006 年 10 月欧洲发射了极轨卫星 METOP，欧洲 METOP 极轨气象卫星携带有高光谱大气红外干涉探测仪 IASI。IASI 是 METOP 上关键仪器和重要仪器之一。它采用麦克尔逊干涉技术实现高光谱卫星观测，在 3.62～15.50 μm 红外光谱范围内，IASI 进行连续观测，而且每个通道的分辨率相等（0.25 cm^{-1}），星下点的空间分辨率为 12 km，共有 8461 个通道（Blumstein et al.，2004）。在每个卫星扫描轨道上，对称于中心星下点，一共有 30 个视场，每个视场间的角度为 3.3°。在本章的研究中，我们使用了由 NCEP（national centers for environmental prediction）选定的 616 个通道进行云参数反演研究。

12.1　红外高光谱 IASI 辐射率资料在 3DVAR 同化系统中的作用

12.1.1　个例介绍和试验设计

本章基于大西洋“玛利亚”（2011：Maria）和太平洋“鲇鱼”（2010：Megi）两次热带气旋过程，检验了 WRFDA 中 MW03 云检测方法的检测效果（Xu et al.，2013），并且首次考察了 IASI 辐射率资料水汽通道和温度通道的直接同化对于台风（飓风）的初始场，以及路径和强度预报的影响。如图 12.1 所示，北大西洋一级飓风“玛利亚”于 2011 年 9 月 7 日在大西洋形成，英文名为 Maria。“玛利亚”随后沿着副高的南部边缘快速向西北方向移动，并于 9 月 9 日强度减弱，低压系统填塞。“玛利亚”然后转向西北，并于 9 月 14 日 00 时加速前进。“玛利亚”于 9 月 14 日缓慢加强，并在 9 月 15 日向北转向。“玛利亚”在 16 日 18 时 30 分在纽芬兰以强热带风暴的强度登陆后，随后升级为一类 1 级飓风。2010 年第 13 号超强台风“鲇鱼”，英文名 Megi，于 10 月 13 日 20 时在西北太平洋洋面上生成，17 日 08 时加强为超强台风，18 日 12 时 25 分在菲律宾吕宋岛东北部沿海登陆，登陆后减弱为强台风，随后进入南海东部海面，强度再度加强为超强台风，23 日 12 时 55 分在我国福建省漳浦县登陆。

对于飓风“玛利亚”个例，资料同化试验和 WRF 模式预报的模式水平分辨率为 15 km，水平方向的格点数是 718×373，垂直为 43 层，模式层顶为 30 hPa。对于台风“鲇鱼”（Megi）资料同化实验和 WRF 模式预报的模式水平分辨率为 36 km，水平方向的格点数是 215× 156，垂直为 43 层，模式层顶为 30 hPa。在同化过程结束并得到初始分析场后，模式预报 72 h。实验采用了 Kain-Fritsch 积云参数化方案，Goddard 云微物理过程和 Yonsei University（YSU）的行星边界层参数化方案。

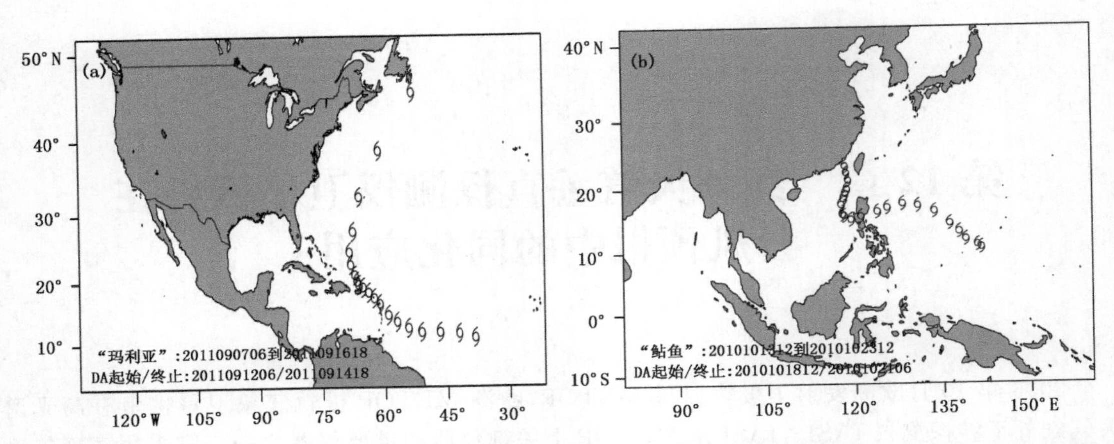

图 12.1 实验模式区域以及每 12 h 一次的最佳路径。"玛利亚"个例:起止时间分别为 2011 年 9 月 7 日 06 时和 2011 年 9 月 16 日 18 时,模式分辨率为 15 km(a);"鲇鱼"个例:起止时间分别为 2010 年 10 月 13 日 12 时和 2010 年 10 月 23 日 12 时,模式分辨率为 36 km(b)

本章设计了四组同化试验:"CTRL""IASI""IASI_WV"和"IASI_DE"。考察单独同化其他常规观测资料(包括 GTS 常规资料和搭建在 NOAA-15,16,18 上的 AMSU-A 卫星辐射率资料)和同时增加 IASI 卫星辐射率资料时对分析和预报影响。考查了 15 μm 附近的通道和 6.7 μm 附近的水汽通道的同化效果。第一组试验"CTRL"只同化常规资料;第二组试验"IASI" 同化配套的观测资料和 IASI 卫星辐射率长波波段资料;第三组试验"IASI_WV"在第二组试验的基础上同化了 IASI 卫星辐射率水汽通道。我们另外额外设计了一组同化试验来考查在云检测中使用默认参数化的效果。

模拟过程涵盖台风发展直到登陆的过程:2011 年 9 月 12 日 06 时—14 日 18 时每 6 h 循环同化观测资料,第一次同化试验的背景场由 2011 年 9 月 12 日 00 时的 6 h 预报得到。而 2011 年 9 月 12 日 00 时的分析场和初始场合边界条件是由美国国家环境预测中心 NCEP 1°× 1°再分析资料插值得到。在试验中共包含 11 个分析时次和 11 个 48 h 预报。背景误差协方差矩阵用 NMC 方法(Parrish et al.,1992)生成,具体做法:对 2011 年 8 月 12 日—9 月 12 日,每日的 00 时和 12 时分别作 12 h 和 24 h 的预报,通过对这一段时间序列中的同一时刻不同时效的预报值之间的差作为预报误差的近似。

对于台风"鲇鱼"个例,试验的模拟时间为 2010 年 10 月 18 日 12 时—21 日 06 时,初始场资料为 NCEP 1° ×1° 再分析资料,边界条件由 NCEP 资料提供。同样通过 NMC 方法得到背景误差协方差方法。我们使用 90 km 的稀疏化半径来计算代价,并且避免观测间的误差相关。同化窗前后 2 h 的观测资料被引入了同化系统。我们把位于复杂下垫面(例如沿海地带)和扫描位置位于边界处的资料进行了剔除。

12.1.2 云检测过程

通过识别云的高度信息,有效地保留了云顶以上的通道资料从而能够最大程度上吸收更多的观测信息。在本章的同化试验中选用了通道排序云检测方案,来进一步验证该方法在真实个例中的效果。图 12.2 给出了 2011 年 9 月 14 日 00 时云检测后被确认为晴空资料的数目。其中 DE 和 P4 方案分别参照表 12.1 中的对应设置。在当亮温偏差和亮温偏差梯度这两个参数取值越小，检测到的云层高度越高，被剔除的观测则越多。当为默认设置时，云检测系统很保守地保留了极小部分的观测(每个通道小于等于 300)。

表 12.1　参数敏感性试验方案

	Default	P2	P4
Threshold	0.5	2	4
Grad_Threshold	0.02	0.05	0.06

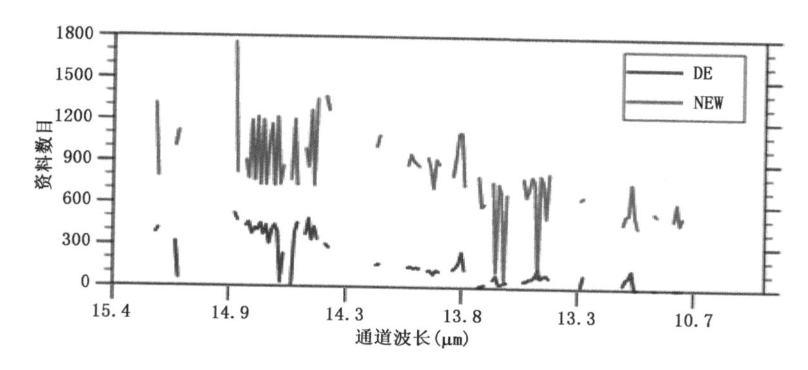

图 12.2　2011 年 9 月 14 日 18 时，默认云检测设置(DE)和新的云检测设置(NEW)得到的未受云影响的资料数目(附彩图)

图 12.3 和图 12.4 分别给出了在 2011 年 9 月 14 日 00 时和 2010 年 10 月 18 日 12 时的晴空资料。在图 12.3a 和图 12.4a 中，我们选取通道 646(～12.4 μm) 来代表低峰值高度的通道(特征高度在 850 hPa 左右)；在图 12.3b 和图 12.4b 中，选取通道 299 (～13.89 μm)来代表低峰值高度的通道(特征高度在 200 hPa 左右)。同时利用通道 3527 (～6.55 μm) 来代表高度特征在 400 hPa (图 12.3c 和图 12.4c)左右的水汽通道。图 12.3d 和图 12.4d 显示的通道与图 12.2b 和 12.4b 一致，但采用默认参数化。结果发现，利用默认参数化设置时，即使对于较高的通道(如图 12.3d)大量的资料被剔除。与预期一致的是，较高通道相对于低通道在云检测后能有效地保留较多的资料。

鉴于 AVHRR 云量资料和 IASI 资料的时间和空间的同步性，被用来评估云检测方案对“玛利亚”(Maria)个例的云检测效果。我们可以发现对于 AVHRR 云量资料和 FY-2 亮温资料中显示有云的很多情况，低通道甚至高通道资料均能被很好地被定为有云。然而，有些区域(图 12.4a 和 12.4b 中黑圈附近)，在云产品中显示晴空的区域被误测为有云。造成这一现象的可能原因是，地表温度的误差很容易被云检测方案检测为云信号(McNally et al.，2003)。对于较高通道的资料，由于对地表温度的敏感性相对低通道要弱，因此云产品中的晴空区和高通道对应性更好。另外使用 FY-2 亮温资料来验证“鲇鱼”(Megi)个例的云检测效果。其中 FY-2 亮温资料显示的温度越低，表明有云的高度越高。图中可见，被检测为有云的区域和 AVHRR 云量资料和 FY-2 亮温资料均有很好的对应。

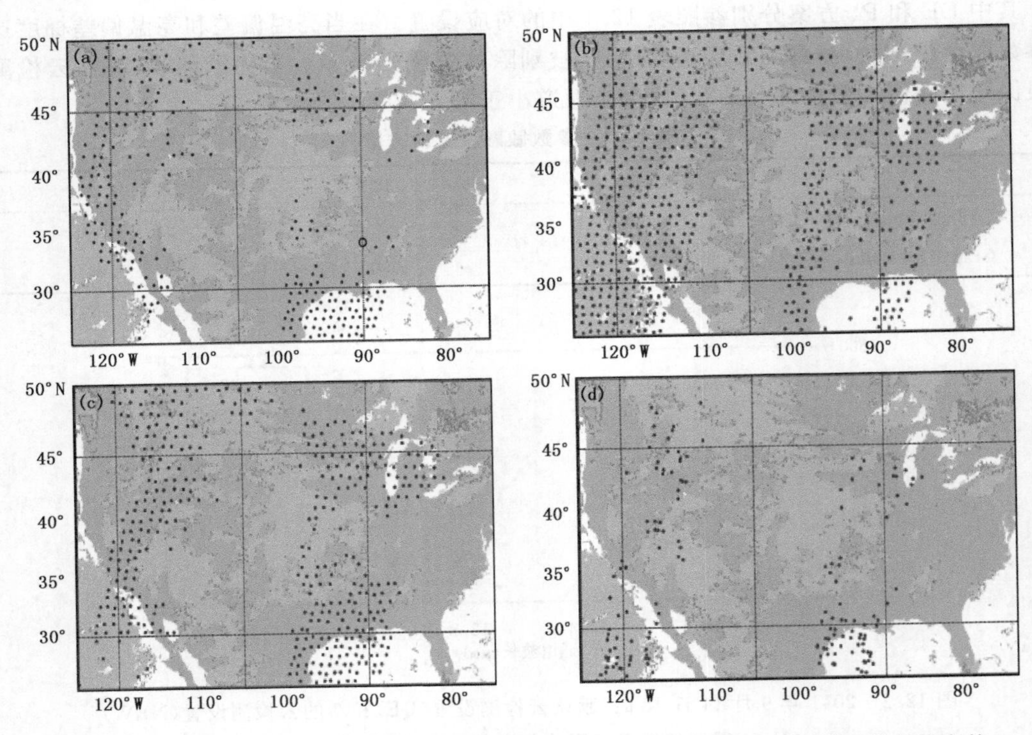

图 12.3　2011 年 9 月 14 日 18 时“玛利亚”个例中，云检测得到的未受云影响的扫描点的地理分布以及 AVHRR 云产品资料提供的云产品中的云覆盖

(a)通道号 646(波长 12.4 μm,波数为 806.25)；(b)通道号 299(波长 13.89 μm,波数为 719.5)；(c)位于水汽波段的通道号 3527(波长 6.55 μm,波数为 1526.5)；(d)使用默认云检测设置，通道号 299(波长 13.89 μm,波数为 719.5)

12.1.3　与 ECMWF 再分析资料进行比较

欧洲中期预报中心(ECMWF)被公认为全球最好的气旋系统预报中心之一(Fiorino,2009)。ECMWF 的 ERA-Interim (～79 km) 再分析资料(Dee et al.,2011)被当作参考场来考查同化场和预报场中的大尺度天气特征。我们通过和 ECMWF 的 ERA-Interim 再分析资料和其他常规观测资料的对比,可以检验模式对风、温度以及湿度的预报效果。使用美国国家飓风中心(NHC)和中国气象局(CMA)提供的最小海平面气压,观测路径和最大风速等资料来检验台风强度和路径的预报。

图 12.5 显示了各组试验 48 h 预报相对于 ERA-Interim 再分析资料的温度、风场和湿度场的均方根误差平均值。从图 12.5a～c 可以看出,对于“玛利亚”个例,IASI 资料中的 CO_2 长波波段显著改善了各个层次的温度和湿度预报,对于风场的改进主要体现在低层。IASI 辐射率资料中的水汽通道在大部分层次没有能改善预报效果,仅仅对湿度场在 1000 hPa 有较小的改进。值得注意的是,“IASI_DE”使用了默认的参数化方案,因而被同化进模式的资料数量较小,其预报效果和“CTRL”试验几乎相当。

“IASI_DE”在台风“鲇鱼”个例中也得到了相类似的预报效果。因此在台风个例中,我们只对比了“CTRL”“IASI” 和 “IASI_WV”这三组试验。从图 12.5d～f 可以发现,IASI 同化试

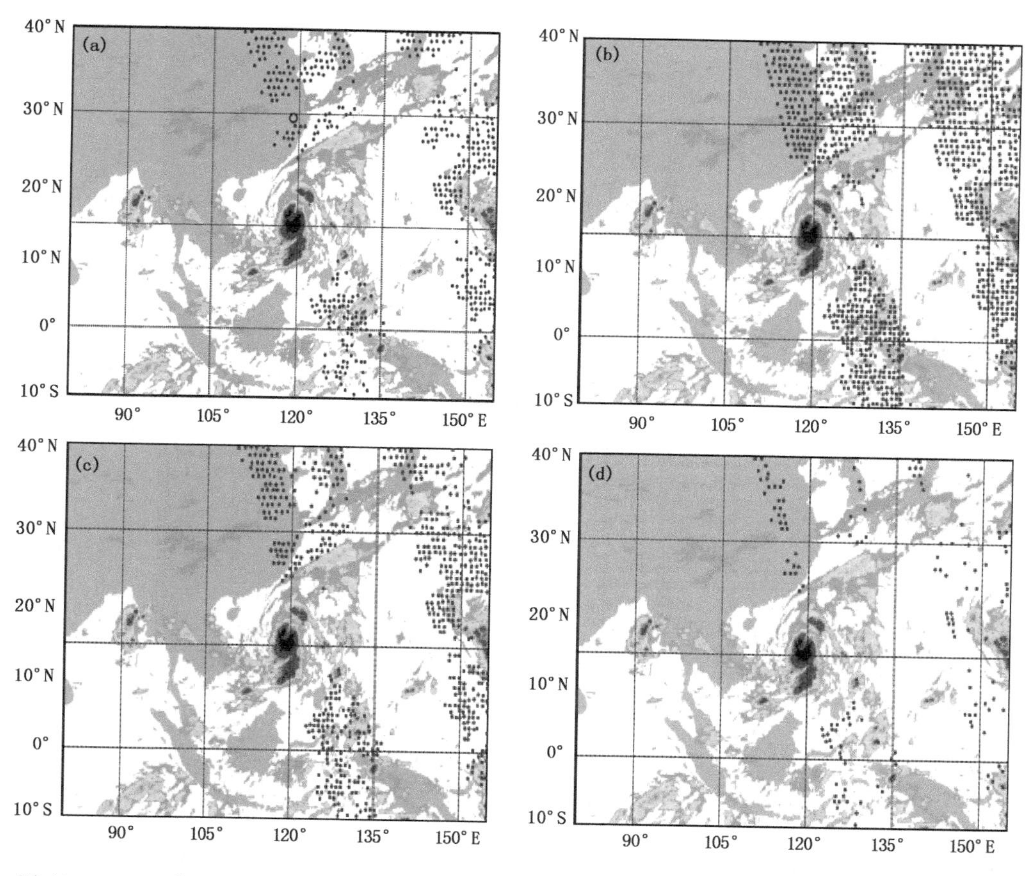

图 12.4　2010 年 10 月 18 日 12 时"鲇鱼"个例中，云检测得到的未受云影响的扫描点的地理分布以及 FY-2 云产品资料提供亮温(单位：℃)

(a)通道号 646(波长 12.4 μm，波数为 806.25)；(b)通道号 299(波长 13.89 μm，波数为 719.5)；(c)位于水汽波段的通道号 3527(波长 6.55 μm，波数为 1526.5)；(d)使用默认云检测设置，通道号 299(波长 13.89 μm，波数为 719.5)

验在各个模式层相比于"CTRL"试验更接近于 ERA-Interim 再分析资料。加入水汽通道后，"IASI_WV"试验的温度和风场预报要差于 IASI 试验，而对于低层的水汽场合风场预报要好于"CTRL"和"IASI"试验。IASI 辐射率资料对于风场和湿度场的预报影响主要是来源于变量之间的误差协方差相关。其中卫星资料对风场产生较大的影响，这与其他研究中得到的结论较为一致，如 Liu 等(2012)中利用集合卡尔曼滤波方法在大西洋区域同化 AMSU-A 辐射率资料和 McNally(2007)同化 AIRS 资料的研究。

12.1.4　与常规观测资料的比较

图 12.6 显示了各组试验所有 48 h 预报相对于常规观测资料(radiosondes 和 GeoAMV)的温度、风场和湿度场的均方根误差。可见发现，常规观测作为参考场得到的均方根误差与 ERA-Interim 再分析资料作为参考资料得到的均方根误差相近。其中对大部分层次，IASI 试验中的风场和湿度场得到的误差最小，而"CTRL"试验得到的误差最大。对于飓风"玛利亚"，

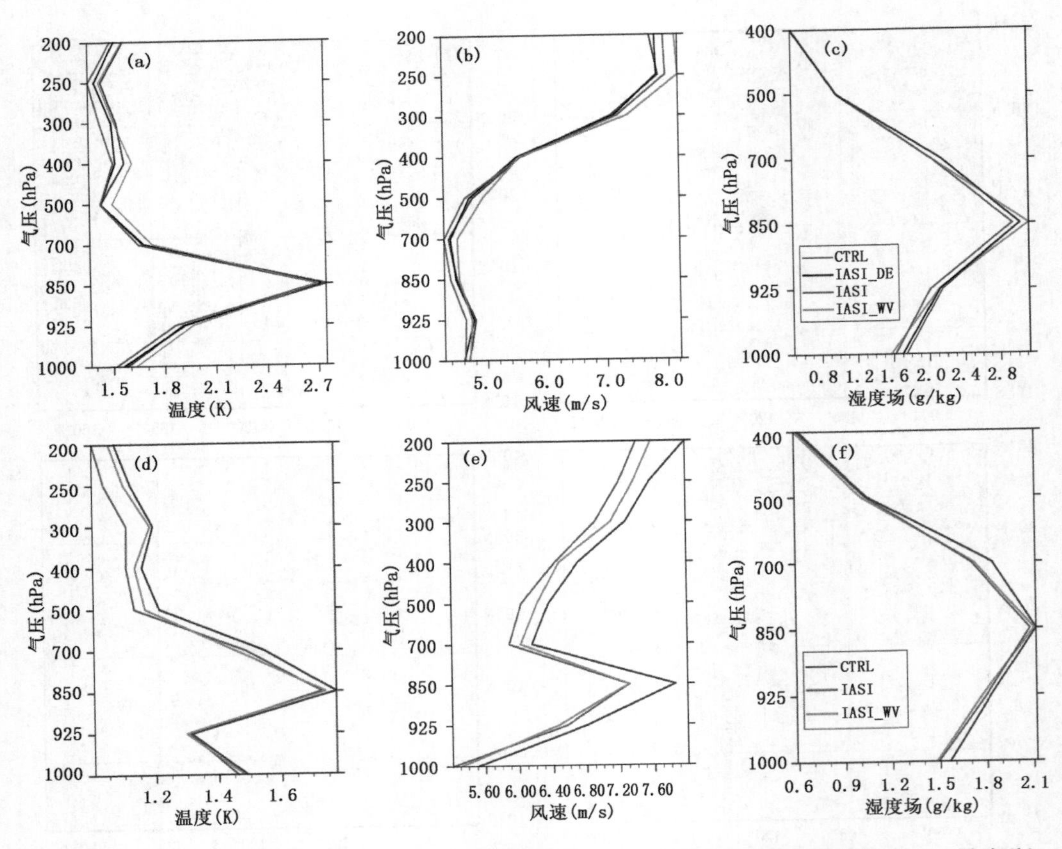

图 12.5　“玛利亚”个例:对于 ERA-Interim 再分析资料 48 h 预报的 RMSE,包括温度(a)、风速(b)、湿度场(c);“鲇鱼”个例:对于 ERA-Interim 再分析资料 48 h 预报的 RMSE,包括温度(d)、风速(e)、湿度场(f)(附彩图)

“IASI”和“IASI_WV”试验在温度场和湿度场的均方根误差相当,而卫星资料中的水汽波段对风场预报产生了负效果。和图 12.2 较为一致的是,“IASI_DE”使用了默认的参数化方案,因而被同化进模式的资料数量较小,其对风场和温度场的预报效果略优于“CTRL”试验。对于“鲇鱼”个例,“IASI_WV”试验相比“IASI”试验在大部分层次对温度和风场未有改进。

12.1.5　路径强度预报

为了减轻台风灾害,路径预报是台风预报的重点。图 12.7a 显示了起始时间为 9 月 13 日 18 时的 48 h 路径预报。图 12.7a 中的黑点为美国国家飓风中心发布的台风路径。可以发现,“IASI_WV”试验的路径预报相对于“CTRL”和“IASI”试验更接近于观测路径。“CTRL”试验得到的路径要显著偏西。尽管“IASI”和“IASI_WV”的预报路径移动较慢,“IASI”辐射率资料显著改善了其他试验路径偏西的情况。总体来说,大多数时间“IASI”和“IASI_WV”试验的路径预报效果相当。“IASI_DE”试验的预报效果和“CTRL”试验最为相近。图 12.7b 显示了起始时间为 10 月 21 日 06 时的 48 h 路径预报。其中黑点是中国气象局发布的台风实况路径。“CTRL”试验显著偏北,移动过快。“IASI”和“IASI_WV”试验相比“CTRL”试验和实况更接

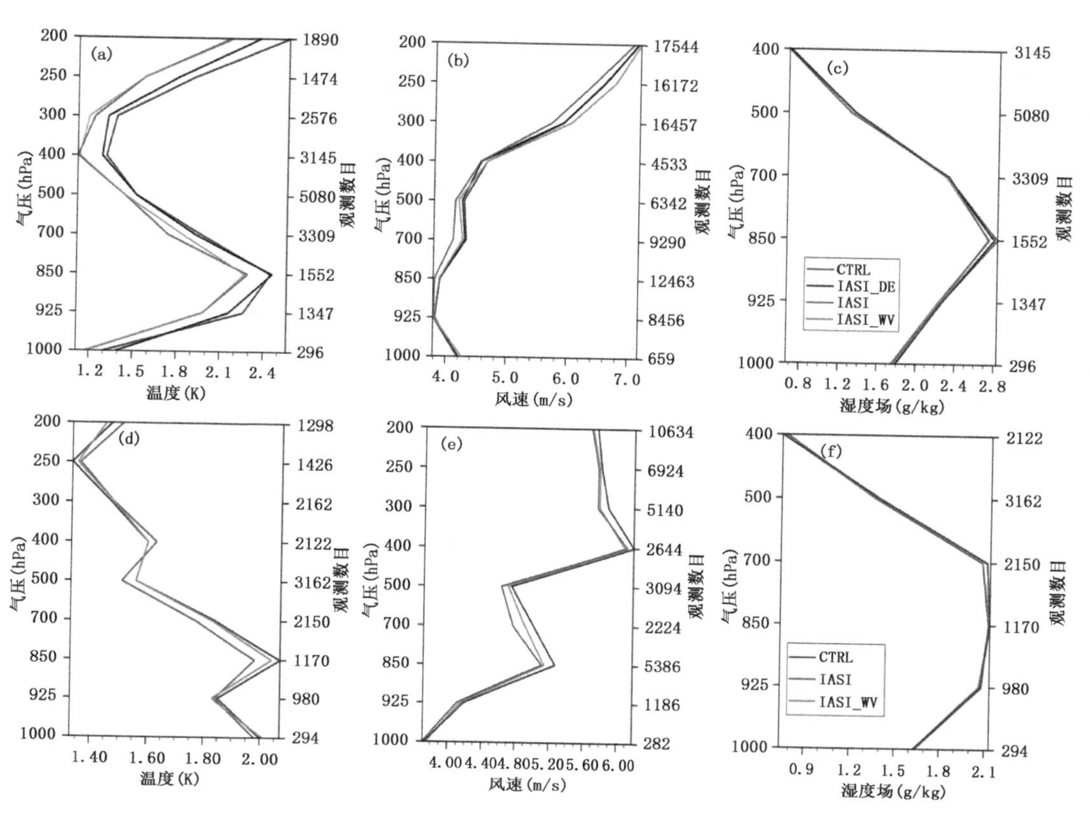

图 12.6 "玛利亚"个例:对于常规资料的 48 h 预报的均方根误差,包括温度(a)、风速(b)、湿度场(c);"鲇鱼"个例:对于常规资料的 48h 预报的均方根误差,包括温度(d)、风速(e)、湿度场(f)

近，并在后期差异更为显著。"IASI_WV"试验有效地减缓了台风的前进速度,并改善了控制试验中台风西北转向的情况。"IASI_DE" 的路径和"CTRL"试验接近(图略)。

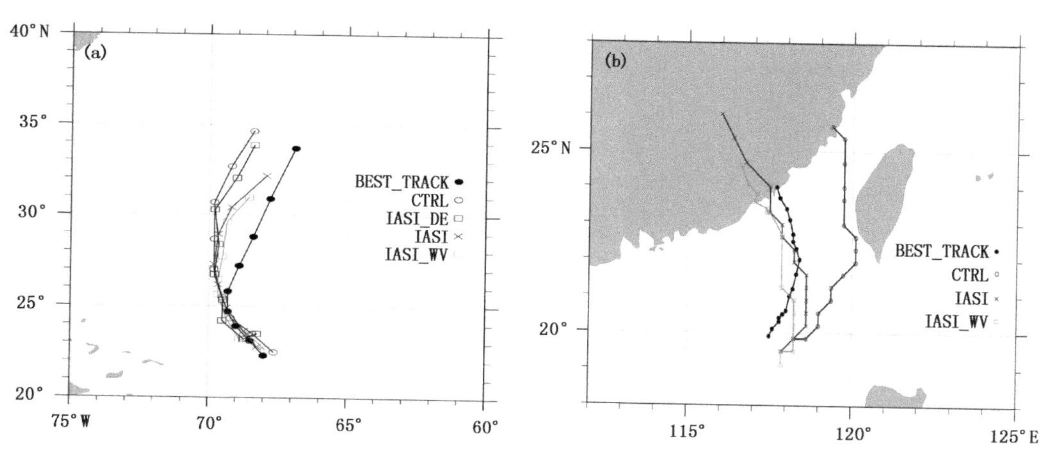

图 12.7 "玛利亚"个例中起始于 2011 年 9 月 13 日 18 时 48 h 路径预报(a),"鲇鱼"个例中起始于 2010 年 10 月 21 日 06 时 48 h 路径预报(b)

图 12.8a 和 b 显示了“玛利亚”个例中对于所有循环同化时刻为起点的 48 h 预报的绝对风速和最小海平面气压误差的平均值。可以发现，在“IASI”和“IASI_WV”试验中，最大风速的误差降低了约 3 m/s，最小海平面气压降低了约 3 hPa 。“IASI”辐射率资料对于路径预报的改善一直维持了 42 h。而 6.7 μm H_2O 水汽通道在最大风速预报上更优于“IASI”试验。“IASI_DE”试验的同化效果甚微。3 组同化试验对于最小海平面气压的改进效果相当。图 12.8c 和 d 显示了“鲇鱼”个例中对于所有循环同化时次的绝对风速和最小海平面气压误差的平均值。“IASI”试验在前 24 h 对于最小海平面气压的改善较为显著(误差减小了约 2 hPa)。“IASI_WV”对于前 36 h 的最大风速预报得到了进一步的改进。“IASI”试验对于最大风速误差的改善主要在前 42 h(图 12.8c)。尽管同化试验对飓风(台风)的强度有所改善，强度误差仍较大，主要原因可能是较粗的网格分辨率等原因，这一结果与 Davis 等(2010)和 Liu 等(2002)的结果类似。

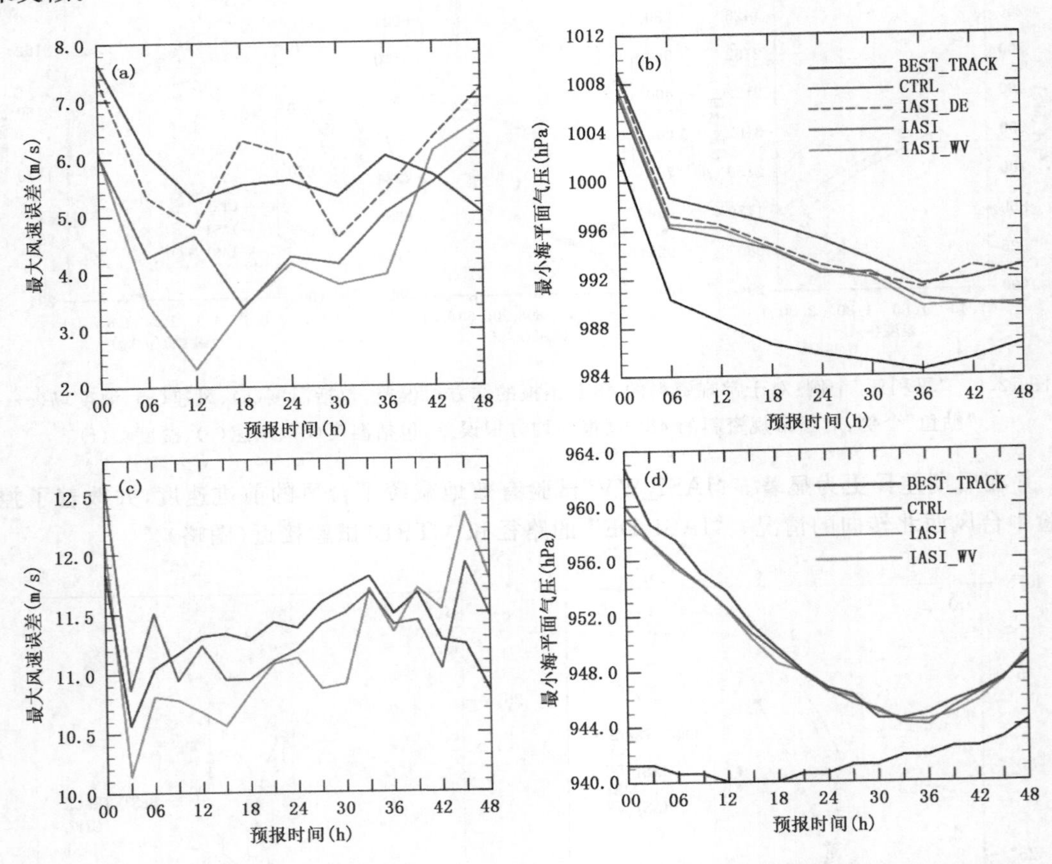

图 12.8　“玛利亚”个例中从 2011 年 9 月 12 日 00 时—14 日 18 时时间平均的绝对最大风速误差(a)，最小海平面气压随预报时间的变化(b)，“鲇鱼”个例中，从 2010 年 10 月 18 日 12 时—21 日 06 时的时间平均得到的绝对最大风速误差(c)，最小海平面气压随预报时间的变化(d)(附彩图)

12.1.6　对分析场的改进

在上一小节，我们发现 IASI 辐射率资料能有效地改善控制试验中路径西偏或者东偏的情况。过去的研究(Wang,2011)显示,热带气旋环境场中的风场对于热带气旋的发展和移动的预报至关重要。在这一节,我们通过考察“IASI”和“CTRL”试验的分析场的差异,对 IASI 辐射率资料在路径预报的改进作用中的内在机制进行分析。图 12.9 显示了两个个例的700 hPa 和 500 hPa 的 U 风场的“IASI”和“CTRL”试验的时间平均差异。对于“玛利亚”个例(图 12.9a 和图 12.9b),统计样本是基于 2011 年 9 月 12 日 06 时—14 日 18 时逐 6 h 分析场;对于“鲇鱼”个例,样本为 2010 年 10 月 18 日 12 时—21 日 06 时的逐 6 h 分析场。此外,图中同时给出了 500 hPa 的风场平均和实况位置。从图 12.9a 和 12.9b 中可见,在两个高度层次,在飓风路径移动带附近,西向风偏差(正值)较为显著。这股西风偏差有效地修正了控制试验中的西偏路径。图 12.2c 和 12.9d 中台风周边显著的东风偏差(负值)能驱使“鲇鱼”向西靠拢实况路径。

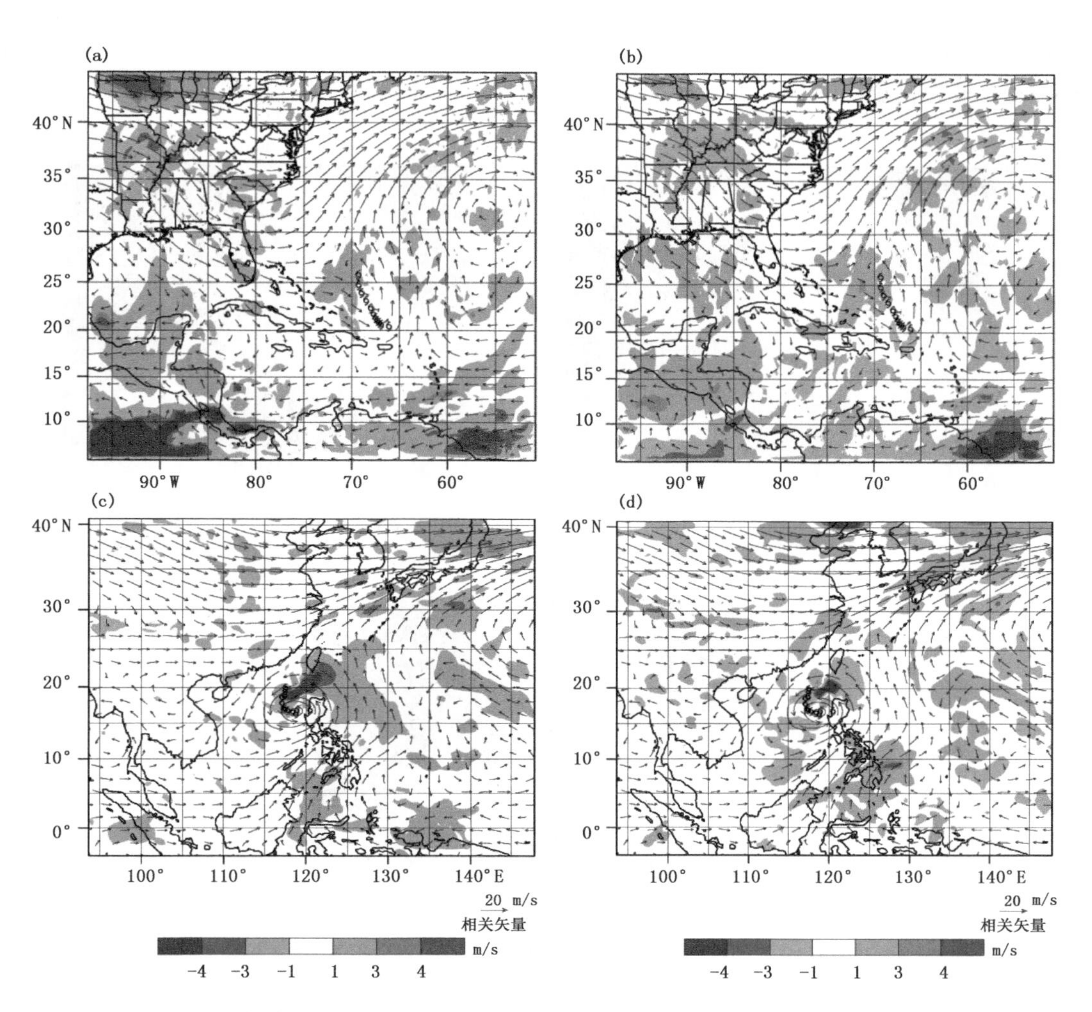

图 12.9　“玛利亚”个例中,“IASI”和“CTRL”试验的基于 2011 年 9 月 12 日 06 时—14 日 18 时的时间平均的 U 风场在 700 hPa(a)和 500 hPa(b)上的分析差异;“鲇鱼”个例中,IASI 和 CTRL 试验的基于 2010 年 10 月 18 日 12 时—21 日 06 时的时间平均的 U 风场在 700 hPa(c)和 500 hPa(d)上的分析差异(附彩图)

最后，通过对比各组试验的台风垂直结构来分析IASI辐射率资料对热带气旋强度的改善的机制。图12.10给出了在2011年9月13日06时沿飓风中心的潜温扰动、水平风速和沿剖面的扰动剖面图。过去很多研究发现(Hsiao et al.,2010;Wang,2011;Zhao et al.,2012)，模式模拟的热带气旋往往都被低估。这一预报偏弱的现象在本研究中也有体现(图12.8)。在图12.10b和图12.10c中，在潜温扰动场中可以看出，“IASI”和“IASI_WV”试验有明显的暖核结构的存在。图12.10c显示的“IASI_WV”试验得到的眼强更直，风切变更大，并且相比于“IASI”和“CTRL”试验，延伸到了更高的高度。同样，IASI辐射率资料对于“鲇鱼”个例的动力和热力场有较大的影响(图12.11)：“IASI”和“IASI_WV”试验比“CTRL”试验的风场更紧凑，环流特征更强，在台风的南侧风速增大。同时可见，台风个例中的加入IASI辐射率资料后，潜温存在暖心结构，并且伴有较强的垂直结构。控制试验中的同化试验的台风眼较“IASI”同化试验要松散，并且较弱。“IASI_WV”试验中的风场要略大于“IASI”试验，并且在12 km高度处最为显著。

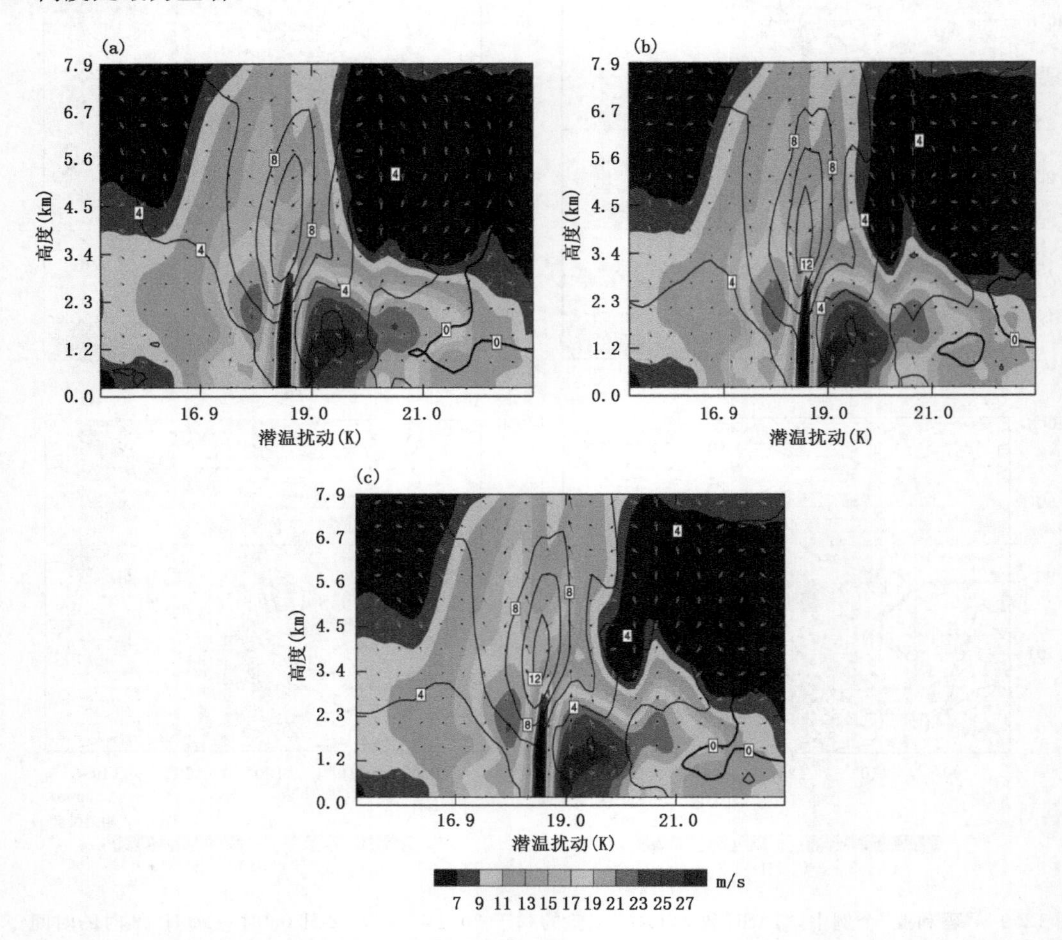

图12.10 “玛利亚”个例，各组试验包括，“CTRL”(a)、“IASI”(b)和“IASI_WV”(c)在2011年9月12日18时沿着飓风中心的对于分析的水平风速(阴影，单位：m/s)，潜温扰动(等值线，单位：K)和延剖面的风矢量剖面图

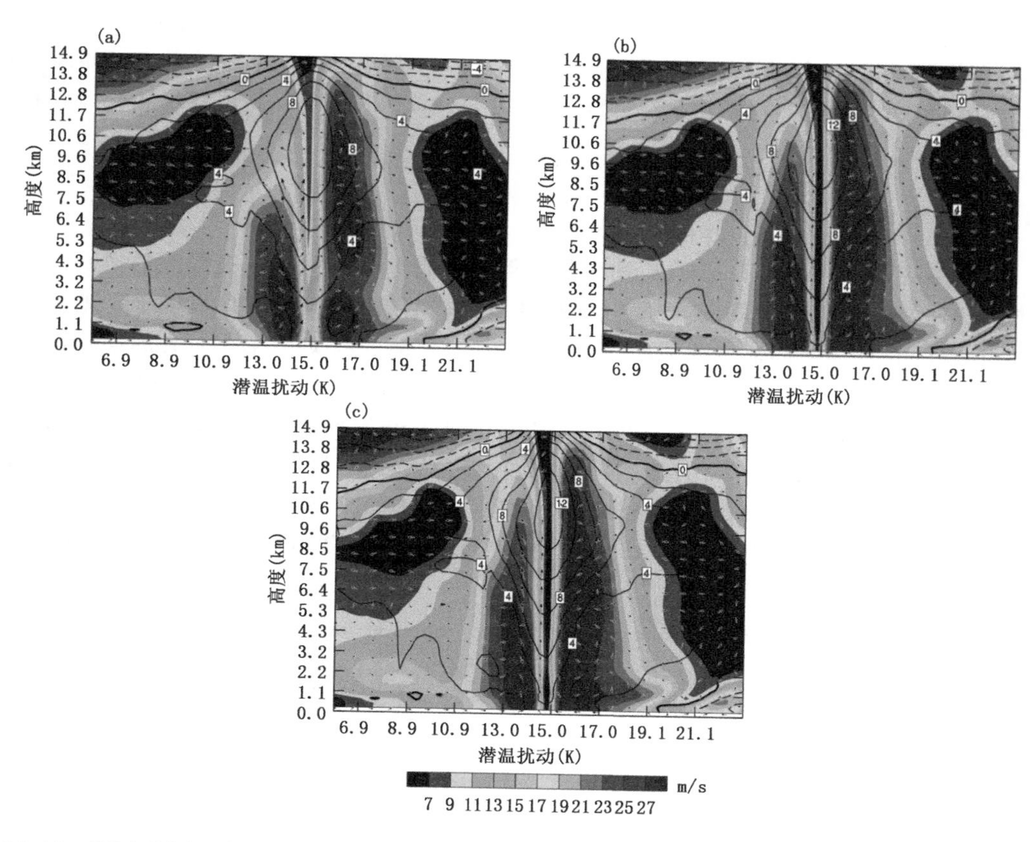

图 12.11　"鲇鱼"个例，各组试验包括，"CTRL"(a)、"IASI"(b) 和"IASI_WV"(c)在 2010 年 10 月 21 日 06 时沿着台风中心的对于分析的水平风速(阴影，单位：m/s)、潜温扰动(等值线，单位：K)和延剖面的风矢量剖面图

12.2　IASI 辐射率资料在 Hybrid 同化系统中的作用

近年来，Torn 等(2009)不少国内外专家学者利用集合同化方法对台风预报进行初始化研究，取得令人鼓舞的结果。集合资料同化的关键在于利用一组集合成员来估计"流依赖"的预报误差，因此观测信息将会以比较合理的权重和发散度与背景场相糅合。而且更为重要的是，集合协方差可以真实的推断出"流依赖"的变量间的误差协方差统计，从而可以更新不在观测空间的状态变量。一些研究学者提出了一种有效结合集合同化方案和变分方法的新方法——Hybrid ensemble-variational DA(Hamill et al.，2000；Lorenc，2003；Etherton et al.，2004；Wang，2010)。与传统使用静态各向同性的背景误差协方差的变分同化方法相比，Hybrid 同化方法在原有的变分框架基础上，通过采用额外控制变量的方式，提供一个"流依赖"的背景误差协方差的估计。最近的一些研究表明：Hybrid 同化方法可以兼顾 3DVAR 和 ENKF(Ensemble Kalman filter)各自的优势。台风预报是目前业务数值预报上非常关心的一个热点问题，前人使用 Hybrid 同化方法在台风模拟方面展现了巨大的应用潜力(Wang，2011；Buehner et al.，2010)，然而到目前为止，还很少有在对流尺度上用 Hybrid 方法同化雷达资料来研究

对台风预报影响的工作。本章利用 Hybrid ETKF-3DVAR(Wang,2011)同化方法,揭示其同化模拟多普勒雷达资料对台风预报的影响。本节进一步展开了 IASI 辐射率资料相对于微波资料(如 AMSU-A),在不同同化系统(3DVAR 和 Hybrid)下对台风周边环境和台风路径预报的影响。

12.2.1　个例介绍和试验设计

台风"韦森特"(2012,Vicente)被视为是近年来造成生命和财产损失最大的风暴之一。台风"韦森特"始于 2012 年 7 月 18 日发生在菲律宾的一个热带低气压,并很快平稳地移入中国南海,于 7 月 23 日早期逐渐得到了加强,并开始向广东地区移动。在同一天后期,台风"韦森特"在中国广东登陆过泰山。台风"苏拉"是一个影响了菲律宾和中国的热带气旋。7 月 26 日,一个热带低气压在离马尼拉东南部 1000 km 的地方开始形成和发展。7 月 28 日,该热带低气压升级为热带风暴,并于 7 月 30 日被列为一级台风,然后到第二天早期发展为二级台风。台风"苏拉"于 8 月 1 日 19 时往后登陆中国台湾。在 8 月 2 日晚,"苏拉"降级为热带风暴,并于 22 时 50 分在中国福建登陆。图 12.12 给出了台风"韦森特"和"苏拉"的移动路径。

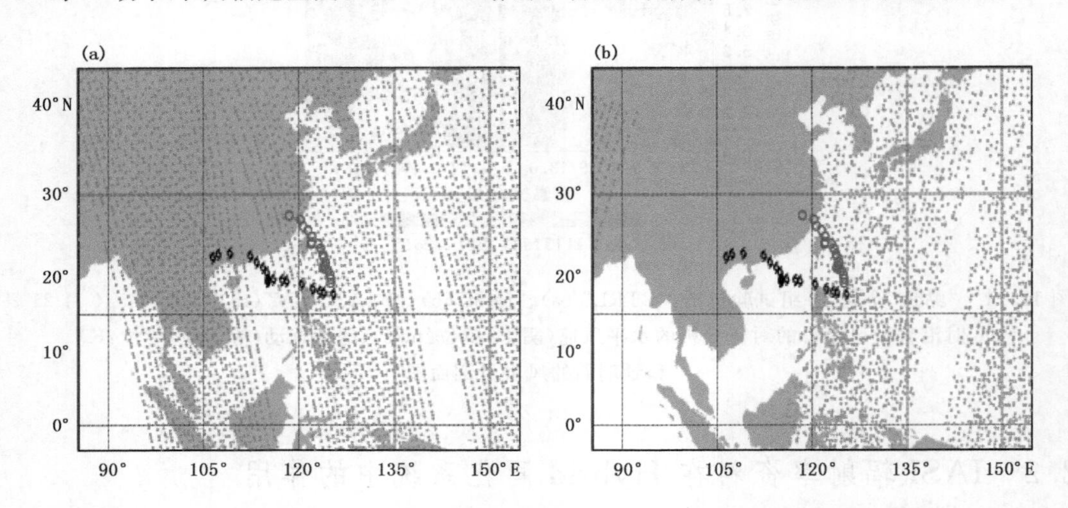

图 12.12　(a)为 2012 年 7 月 18 日 06 时 AMSU-A 和 IASI 同化窗内的辐射率资料分布,(b)为 2012 年 7 月 19 日 00 时的 AMSU-A 和 IASI 同化窗内的辐射率资料分布(橙色点为 AMSU-A,绿色点为 IASI;黑色符号为台风"韦森特"从 7 月 20 日 00 时—25 日 00 时的路径,红色符号为从 7 月 29 日 18 时—8 月 3 日 06 时的台风"苏拉"的路径)(附彩图(P4))

本章应用非静力中尺度模式 WRF 的 ARW 版本作为预报模式。该模式水平方向采用荒川 C 网格,垂直方向采用随地形的质量坐标。模拟区域中心经纬度为 26.362°N、122.548°E,水平格点数为 400×300,格距为 18 km,垂直方向分为不等距的 43 层,模式层顶气压为 10 hPa。采用 NCEP GFS 6 h 间隔 1°×1°再分析资料作为模式的初始条件和侧边界条件,微物理过程采用 WSM 6 类冰雹方案,由于格点分辨率尚不能完整刻画出小尺度的对流特征,故采用 Grell-Devenyi 积云参数化方案。其他物理参数化方案包括 Yonsei University (YSU)边界层方案,5 阶热量扩散方案。

为了测试微波资料 AMSU-A 和 IASI 资料对台风预报的分别影响,本节的模式试验设计具体如表12.2。前3组实验“CTRL”“3DVAR_AM”“HYBRID_AM”主要为了评估AMSU-A资料的作用。试验“CTRL”主要利用3DVAR同化了来自NCEP业务中心的GTS资料。试验“3DVAR_AM”和试验“CTRL”类似，但是同时同化了来搭建在NOAA-18和MetOp-A上的AMSU-A的辐射率资料。试验“HYBRID_AM”利用Hybrid系统同化了“3DVAR_AM”试验中的同样的资料。另外2组实验“3DVAR_AMIA”与“HYBIRD_AMIA”和“3DVAR_AM”与“HYBRID_AM”相似，但同时同化了来自于MetOp-A的波长在15.0 μm左右的IASI辐射率资料。

表12.2　试验描述

试验名称	同化系统	同化的观测
CTRL	3DVAR	conventional observations
3DVAR_AM	3DVAR	conventional observations + AMSU-A radiances (NOAA-18 and MetOp-A)
HYBRID_AM	HYBRID	与3DVAR_AM试验一致
3DVAR_AMIA	3DVAR	conventional observations + AMSU-A radiances (NOAA-18 and MetOp-A) +IASI radiances (MetOp-A)
HYBRID_AMIA	HYBRID	与3DVAR_AMIA试验一致

本章主要针对WRFDA-Hybrid中背景误差协方差CV5(5 control variables)进行调整，引入“流依赖”背景误差协方差信息，探讨背景误差协方差对同化分析以及预报的影响。其中静态的背景误差协方差的统计区间为2011年7月1—30日，通过WRF模式以NCEP的GFS(1°×1°分辨率)再分析资料为初始场24 h与12 h预报之差统计得到。在这一时段，4个台风在西太平洋形成，对中国西南部造成了较大的影响。试验选用的背景场由2012年07月18日00时的NCEP GFS再分析资料插值得到。采用NCEP的GFS 6 h间隔1°×1°再分析资料作为模式的初始条件和侧边界条件。

3DVAR同化试验选取2012年7月18日06时的NCEP的GFS再分析资料作为启动资料，预报6 h到第一个分析时刻(即2012年7月18日06时)。每6 h同化一次观测资料，到最后一个分析时刻2012年8月1日00时。然后从分析时刻开始作48 h确定性预报(一共56个分析和预报时次)。对于Hybrid同化试验，采用的WRFDA-3DVAR系统里面的“random-cv”模块，基于静态的背景误差协方差产生随机初始集合成员(集合成员数为20)。作6 h集合预报(spinup)得到2012年7月18日06时的集合预报，随后用同一时刻的GFS分析场来代替集合预报的平均(重定中心)。和3DVAR试验类似，Hybrid同化试验选取2012年7月18日06时为第一个同化时刻，每6 h同化一次观测资料到2012年8月1日00时。从每个分析时刻开始作56个48 h确定性预报。

12.2.2　集合离散度

基于集合技术的同化方法的关键是通过集合离散度来估计流依赖的预报误差。集合离散度的大小和分布是体现同化时刻的“流依赖”的背景误差协方差特征的一个重要方面。图12.13中给出了2012年7月20日00时(即同化2 d后)第9个模式层上的风场和温度场的离散度。可见，2012年7月20日00时，热带气压于17.6 °N、125.4 °E附近初步形成。图12.13中的风场和温度场的集合离散度体现了气象条件和观测分布(Torn et al.,2006)。在菲律宾东北部有较大的离散度存在，这是由于这些区域的观测资料较少造成的。风场和温度场的离散度的大值区正是台风移动区域，体现了台风预报的不确定。

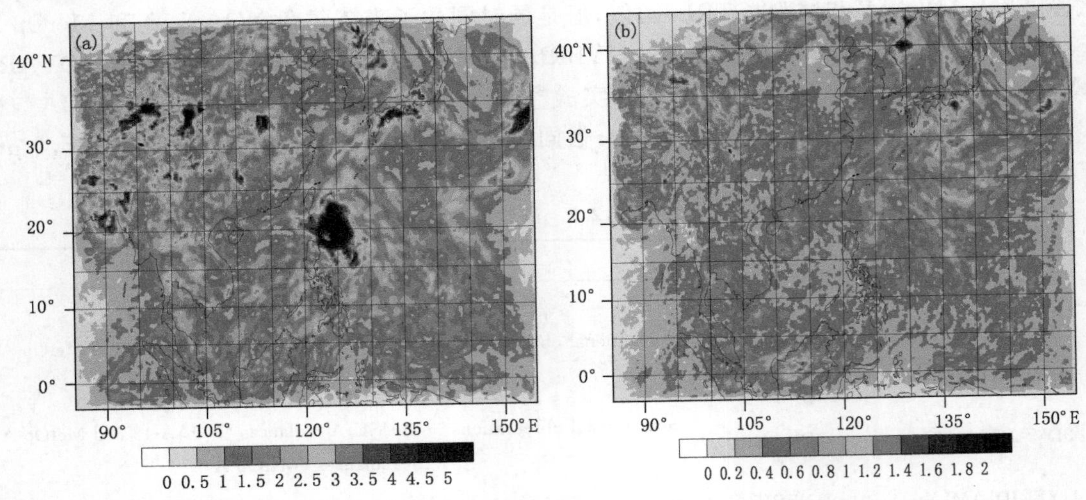

图 12.13　2012 年 7 月 20 日 00 时，第 9 个模式层的集合离散度风场（单位：m/s）(a)和温度（单位：K）(b)

在一个集合同化系统中，集合平均相对于观测（或其他参考）的均方根误差应与集合离散度有较好的一致性（Houtekamer et al.，2001）。图 12.14 给出了从 7 月 19 日 00 时—31 日 00 时期间的估计的预报误差和集合离散度的平均值、气候统计的静态背景误差协方差。其中静态背景误差协方差由 NMC 方法统计得到，其值的大小是使用静态背景误差协方差里的误差加高斯扰动得到集合成员之间的离散度估计得到的。预报误差是同化的背景场相对于 GFS 分析场作为参考值得到的。从图中可见，风（温度）的总体平均均方根误差都小于 3 m/s(1 K)。对于风场，WRFDA 中的“gen_be”模块利用 NMC 方法得到的静态背景误差协方差是被严重低估，这也和 Wang H 等(2014)结果较为一致 。“流依赖”的背景误差协方差的值在预报误差和

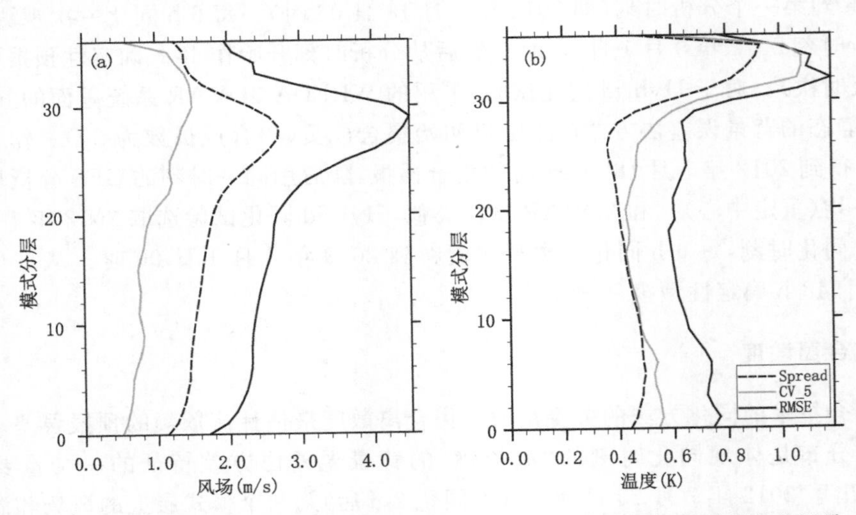

图 12.14　静态的背景误差协方差(CV_5)，相对于 GFS 分析场的预报误差以及
7 月 19 日 00 时—31 日 00 时集合离散度的平均值。风场（单位：m/s）(a)和温度（单位：K）(b)

静态的背景误差协方差的值之间，相对于气候统计的静态背景误差协方差能更好地估计预报误差。对于温度场集合离散度和静态的背景误差协方差则较为接近，离散度不足。离散度较小的地方，体现了较小的预报误差，同化得到的增量也就较小。在 Hybrid 系统中的最终的背景误差协方差是流依赖的背景误差协方差和静态的背景误差协方差的一个组合，通过这种方式调整背景误差协方差对同化后的分析增量起到了重要作用。

12.2.3 与 ECMWF 资料进行比较

图 12.15 给出了在试验期间，00 时和 12 时同化的分析场和相应的 ERA-Interim 的风场和温度场的差异的平均值。由图 12.15a 和 b 可见，“3DVAR_AM”试验的分析场相对于“HYBIRD_AM” 试验，在大部分试验区域(特别在台风形成和发展的区域)，展现了较为显著的暖偏差(分别为 3.28 和 2.82)，这和 Liu 等(2012)中的结果较为一致。过去的很多试验显示，在气旋周边的环境风场对台风位置预报起到了较为关键的作用(Wang，2011)。由图 12.15c 和 d 显示，“HYBRID_AM” 试验相对于“3DVAR_AM”试验得到了较小的风速偏差。在中国西

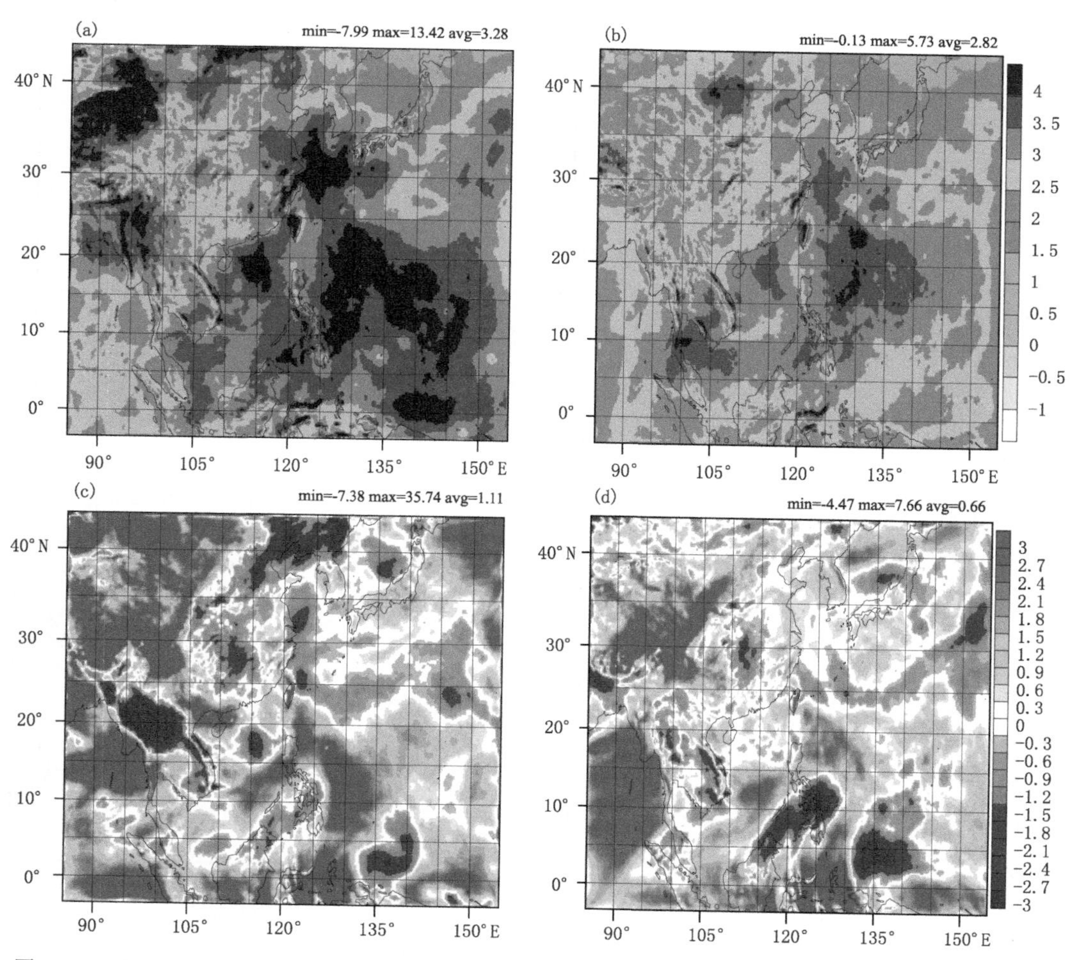

图 12.15 2012 年 7 月 19 日 00 时和 2012 年 8 月 1 日 00 时第 9 个模式层的和 ERA-Interim 分析的平均温度差异风场 (单位：m/ s) (a、c)和温度 (单位：K) (b、d)(附彩图)

部存在较少的观测,“HYBRID_AM”试验的分析场相对于 ERA-Interim 的分析场的偏差仍较小,这是由不同变量间的背景误差协方差造成的。

12.2.4 路径强度预报

图 12.16 显示了在 7 月 21 日 00 时和 7 月 31 日 00 时起报的每 6 h 初始化的 72 h 路径预报。其中黑色点位来自中国气象局(CMA)预报的最佳路径位置。对于开始 7 月 21 日 00 时的预报(图 12.16a),AMSU-A 辐射率资料对台风路径的预报对于“3DVAR_AM”和“HYBRID_AM”试验均有正的效果,防止控制试验显著偏北的情况。“HYBRID_AM” 试验相对于“CTRL” 和 “3DVAR_AM”试验与最佳路径更加接近。对于“苏拉”试验,台风预报较差,在“3DVAR”试验中有显著的向东北方向的偏差。对于 7 月 31 日 00 时的预报,从“CTRL” 和“3DVAR_AM”试验得到了更为显著东北偏差。然而,在这些台风路径预报较差的阶段,Hybrid 同化系统改善了台风的 36 h 的路径预报。图 12.17 显示了两个 3DVAR 试验(“3DVAR_AM”和“3DVAR_AMIA”)和两组 Hybrid 试验(“HYBIRD_AM”和“HYBRID_AMIA”)的路径误差图。IASI 辐射率资料在 3DVAR 试验中对前 54 h 的路径预报有较好的改进,这一结论

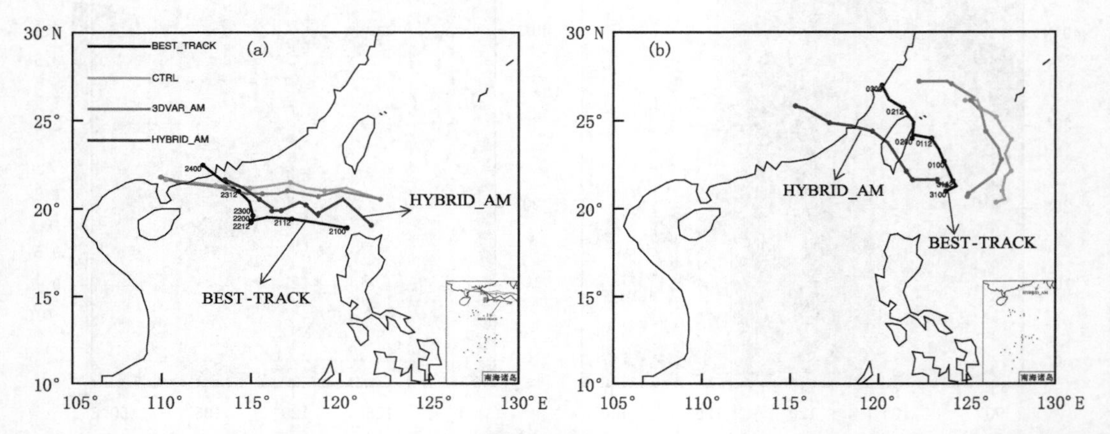

图 12.16 起始于 2012 年 7 月 21 日 00 时 72 h 路径预报(a),起始于 2012 年 7 月 31 日 00 时 72 h 路径预报(b)

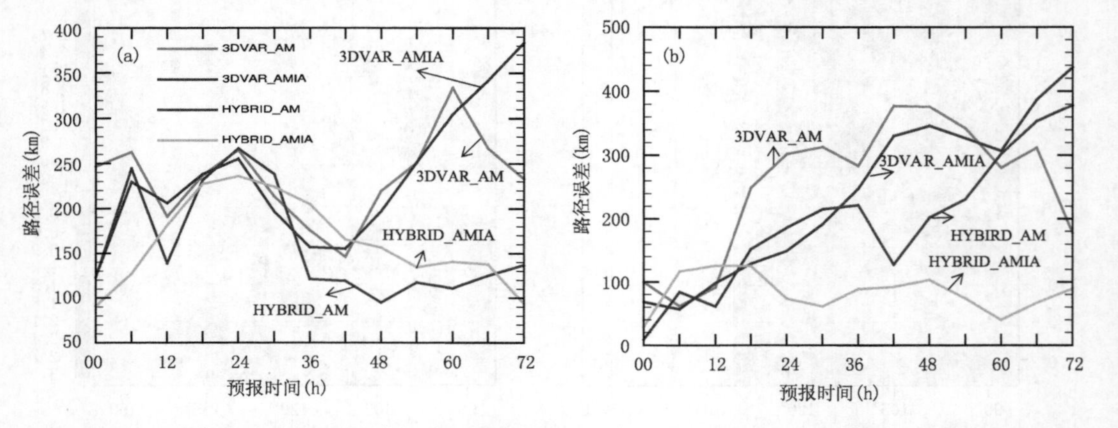

图 12.17 各组试验的 72 h 路径误差,包括从 2012 年 7 月 20 日 00 时—21 日 18 时期间(a)和从 2012 年 7 月 30 日 00 时—31 日 18 时期间(b)

与 Xu 等(2013)的结果一致。总体来说，Hybrid 系统中的路径预报优于或者相当于 3DVAR 中的路径预报。“HYBRID_AMIA”对于台风“韦森特”的预报的改善较台风“苏拉”的路径预报更为显著。可见，IASI 辐射率资料在混合(Hybrid)同化系统中相对于 AMSU-A 资料带来了一定的正效果，但是不如在 3DVAR 中显著。

12.2.5　与常规资料比较

图 12.18 和图 12.19 显示了各组试验的 36 h 预报相对于常规观测资料(radiosondes 和 GeoAMV)的温度、风场和湿度场的均方根误差(RMSE)。由图 12.18 可见，AMSU-A 辐射率资料的同化(HYBRID_AM 和 3DVAR_AM)对所有变量的改进较大。其中对大部分层次，对于风场和湿度场，HYBRID_AM 资料同化试验得到的误差最小，“CTRL”得到的误差最大。在图 12.19 中，Hybrid 系统中的卫星辐射率资料可以很显著地改善模式变量的预报，显著地减小了风场和风，和比湿的预报误差。在 3DVAR 系统中，“3DVAR_AMIA”试验相对于“3DVAR_AM”

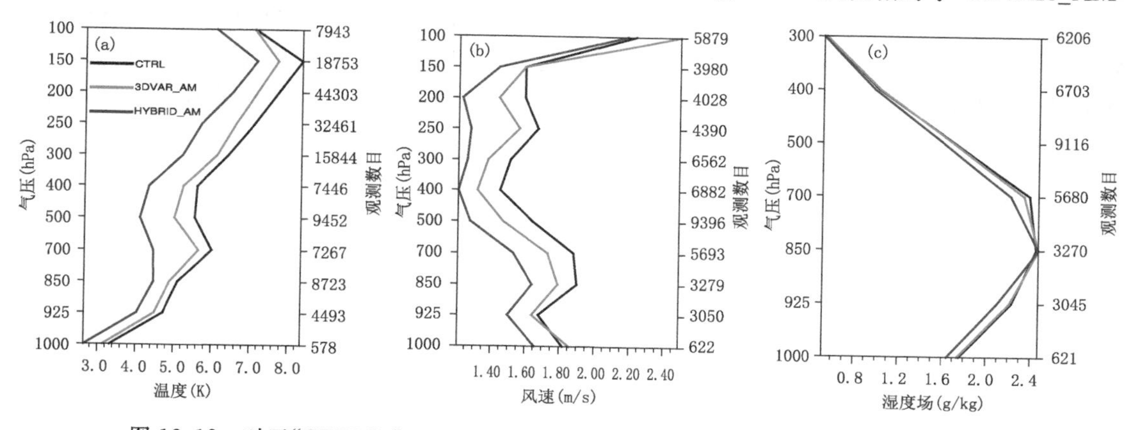

图 12.18　对于“CTRL”，“3DVAR_AM”和“HYBRID_AM”试验相对于 ERA-Interim 再分析资料的 48 h 预报的 RMSE(附彩图)
(a)温度；(b)风速；(c)湿度场

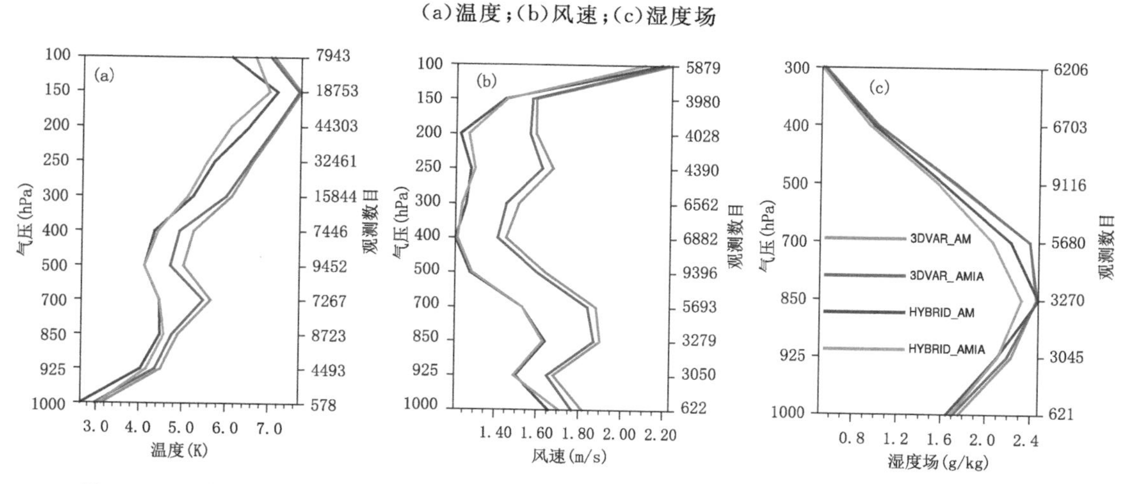

图 12.19　对于“3DVAR_AM”，“3DVAR_AMIA”，“HYBRID_AM”和“HYBRID_AMIA”试验相对于 ERA-Interim 再分析资料的 48 h 预报的 RMSE(附彩图)
(a)温度；(b)风速；(c)湿度场

试验对温度,风,和比湿场，具有较小的 RMSE。在 Hybrid 系统中，加入 IASI 辐射率资料的同化试验“HYBRID_AMIA”相对于没有 IASI 辐射率资料的同化试验“HYBRID_AM”得到温度场的预报误差相当,“HYBRID_AMIA”相对于“HYBRID_AM”对于风速和湿度预报均有部分改进。IASI 辐射率资料在混合(Hybrid)同化系统中相对于 AMSU-A 资料带来了一定的正效果,但是不如在 3DVAR 中显著。

12.3 小结

MW03 云检测方案能有效地保留或剔除云上和云下的红外辐射率通道资料。WRFDA-3DVAR 中直接同化晴空区的 IASI 辐射率观测,对于本章中选取的两次热带气旋的路径预报均由较明显的改进。IASI 红外辐射率资料有效地改进了风场预报,对台风的暖心和垂直结构也有较好的描述。然而由于 WRF 物理参数化和辐射率资料观测算子等局限性,WRFDA-3DVAR 同化 IASI 辐射率资料的水汽通道对台风(飓风)的预报改进效果仍有限。IASI 辐射率资料在混合(Hybrid)同化系统中较其在三维变分(3DVAR)中对台风预报的影响有进一步改进;IASI 辐射率资料在混合(Hybrid)同化系统中相对于 AMSU-A 资料带来了一定的正效果,但是不如在 3DVAR 中显著。

第13章　微波大气垂直探测仪卫星资料在台风预报中的应用

自从数值天气预报试验以来，数值天气预报(NWP)作为一种重要预报手段得到人们越来越多的重视，同时，对数值预报的准确度要求也越来越高。数值预报的准确度主要受两方面约束：①数值预报模式本身，即数值模式的物理框架和计算方法；②资料同化系统提供的初始场好坏，包括观测资料的数量、质量以及用来同化观测的方法等多方面影响(陈东升等，2004)。数值预报模式本身框架已经确定，因此，初始场的精确度成为影响数值天气预报准确性的关键。

提高初始场精度的有效途径之一便是将多种高质量观测资料加入到模式中进行同化(程麟生等，1994)。目前，观测资料包括地面观测、无线电探空等常规观测资料与雷达、卫星等非常规观测资料。卫星资料相比于常规观测，填补了因海洋、高原等地形因素影响地区资料的缺失，资料能够覆盖全球，极大地丰富了模式的观测场信息。同时，卫星资料对地观测不受地表下垫面的影响，可以提供高时空分辨率的大气结构信息，并能描述天气系统的时空变化。因此，卫星资料作为一种重要而有效的观测数据，对于改进模式预报具有重大潜力(董佩明等，2008)。

卫星观测不同于常规探空观测，观测量为辐射率，不是数值模式变量，且与模式中温度、湿度等变量为非线性的，不能直接进入模式。因此，需要将卫星资料进行同化，才能改进模式预报。卫星资料同化方式分为两种(张爱忠等，2005)：间接同化和直接同化。间接同化即利用卫星资料反演的大气温度、湿度等垂直廓线资料，分析反演资料的观测误差，进一步引入到模式中进行同化。直接同化是借助与快速辐射传输模式，定义一个代价函数，通过极小化求解，将卫星关系信息有效融合到模式的初始场中去。由于间接同化带来的反演误差较大，本研究采用直接同化进行同化试验。

NPP卫星发射成功后，很快完成了微波垂直探测仪ATMS(advanced technology microwave sounder)资料的初步应用试验和评估，并开始业务应用(Bell et al.，2012)。ATMS以其高空间分辨率和增多的通道数及扫描点数，对大气的温度和湿度进行探测，为资料同化系统提供了更丰富的观测信息。本研究针对台风预报，利用三维变分同化方法，开展ATMS资料同化关键技术研究，评价ATMS资料同化对台风预报的影响。

13.1　研究区与数据

由于海洋上的数据受残云污染较少，研究中设定太平洋主要海域为研究区，其经纬度范围为75°E～100°W、0°～60°N(图10.1)。

试验中使用的模式资料为NCEP FNL全球分析资料，其网格大小为1°×1°，时间间隔为6 h(00、06、12、18时UTC)；该资料包含了地表边界层、对流层顶及26个标准等压层的温、压、风、湿等信息。

试验中使用的ATMS卫星辐射率资料来自于NCEP，其数据格式为BUFR格式，每日4个时次数据，每个时次数据包含该时次前后3 h的卫星观测资料。ATMS通道1～5是窗区通道，用于探测降水和地表信息。通道1、2、3和5分别与AMSUA通道1、2、3和4相对应，探测频率完全相同。通道6～15为大气探测通道；除了通道8，AMSUA通道6～15和AMSUA通道5～14基本相同。ATMS后7个通道为大气湿度探测通道，通道16和17为地面通道，分别对应MHS通道1和2；通道18、20和22分别对应MHS通道5、4和3，通道4、19和21为新增通道。

ATMS卫星资料地面扫描刈幅为2300 km，扫描步长为1.11°，扫描周期为8/3 s，星下点分辨率：通道1～2为75 km，通道3～16为32 km，通道17～22为16 km。每条扫描线上有96个扫描点，增加的扫描点数增大了卫星观测覆盖率，减小了扫描幅间隙，这些特征为卫星数据资料同化提供了更多的观测信息。表13.1给出了ATMS各探测通道性能参数。

表13.1　ATMS各探测通道性能参数

通道	中心频率(GHz)和极化方式	星下点分辨率(km)	主要吸收成分	峰值能量贡献高度	主要探测目的
1	23.8 V	75	H_2O	地表	地表特征、可降水
2	31.4 V	75	H_2O	地表	地表特征、可降水
3	50.3 H	32	O_2	地表	地表发射率
4	51.76 H	32	O_2	地表	地表发射率
5	52.8 H	32	O_2	地表	大气温度
6	53.596+/−0.115 H	32	O_2	700 hPa	大气温度
7	54.4 H	32	O_2	400 hPa	大气温度
8	54.94 H	32	O_2	250 hPa	大气温度
9	55.5 H	32	O_2	180 hPa	大气温度
10	57.29 H	32	O_2	90 hPa	大气温度
11	52.79+/−0.3222+/−0.217 H	32	O_2	50 hPa	大气温度
12	52.79+/−0.3222+/−0.048 H	32	O_2	25 hPa	大气温度
13	52.79+/−0.3222+/−0.022 H	32	O_2	10 hPa	大气温度
14	52.79+/−0.3222+/−0.010 H	32	O_2	6 hPa	大气温度
15	52.79+/−0.3222+/−0.0045 H	32	H_2O	3 hPa	地表特征、可降水
16	88.2 V	32	H_2O	地表	地表特征、可降水
17	165.5 H	16	H_2O	1000 hPa	地表特征、可降水
18	183.31+/−7.0 H	16	H_2O	800 hPa	大气湿度
19	183.31+/−4.5 H	16	H_2O	700 hPa	大气湿度
20	183.31+/−3.0 H	16	H_2O	600 hPa	大气湿度
21	183.31+/−1.8 H	16	H_2O	500 hPa	大气湿度
22	183.31+/−1.0 H	16	H_2O	440 hPa	大气湿度

13.2　预报模式和同化系统

13.2.1　预报模式

研究中使用的预报模式为 WRF 模式。该模式由美国大气研究中心(NCAR)、国家环境预报中心(NCEP)的环境模拟中心(EMC)、预报系统试验室的预报研究处(FRD)、俄克拉何马大学的风暴分析预报中心(CAPS)等多部门联合发起开发的。WRF 模式设计的目标是要构建一个易于维护、高效率以及可扩展和可移植等特性的模块化,最终能够在不同类型的计算机上运行的软件结构。为了满足科研和业务的需求,使研究成果能够迅速地应用到现实的天气预报当中去,WRF 模式分为 2 种解决方案,分别为 ARW 和 NMM,即为 NCAR 管理维持的研究型和 NCEP 管理维持的业务型。本研究使用的是研究型 ARW。WRF 模式是一个完全可压非静力平衡模式,应用 F90 语言编写。水平方向采用 Arakawa C 网格点,在垂直方向上,采用地形跟随质量坐标。三阶或者四阶的 Runge-Kutta 算法应用于时间积分方面,包含具有通量形式的控制方程组,根据对模式预报过程中高频波以及慢波的不同,分别采用小步长和较大步长,提高计算效率及稳定性。

13.2.1.1　WRF 模式的结构流程

WRF 模式具有结构化、模块化、交互性等特点,这些特点使得其物理过程和动力框架同时并存。模式采用三层设计结构,具体可分为:①驱动层(driver level):实现任务制定,控制初始化,输入与输出(I/O),时间步长,预报区域以及程序的安装管理等;②中介层(mediation level):介于模式层和驱动层之间,对两层起着连接作用;③模式层(model level):为 WRF 模式提供核心源代码,执行实际的模式计算等。

WRF 模式程序结构流程如图 13.1 所示。

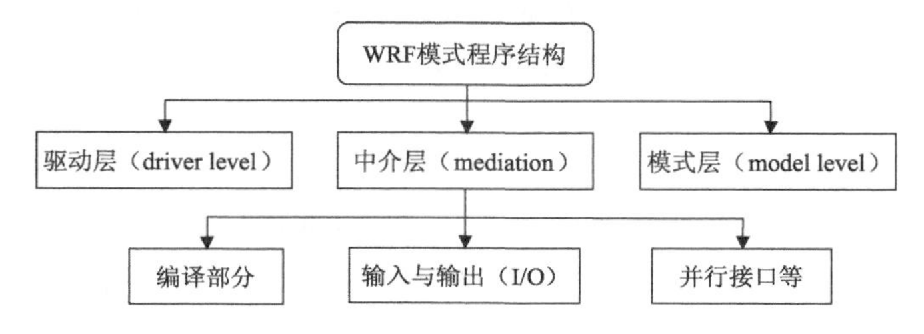

图 13.1　WRF 模式程序结构流程

WRF 模式的模块化设计包含以下四个部分:①标准初始化模块:为模式建立输入文件,将气象数据进行插值,定义模式区域和选择地图投影方式等;②资料同化模块:主要通过加入各种观测资料以达到改善模式初始场的目的,使其更接近于真实大气状态,可根据需要选用;③预报模式:WRF 模式核心运算模块,主要用来积分运算所选区域内的大气物理和动力过程;④后处理模块:处理和分析预报结果,使用模式系统提供的后处理工具,将预报结果进行格式转换,利用画图工具实现积分结果的可视化。

WRF 模式的系统流程图如图 13.2 所示。

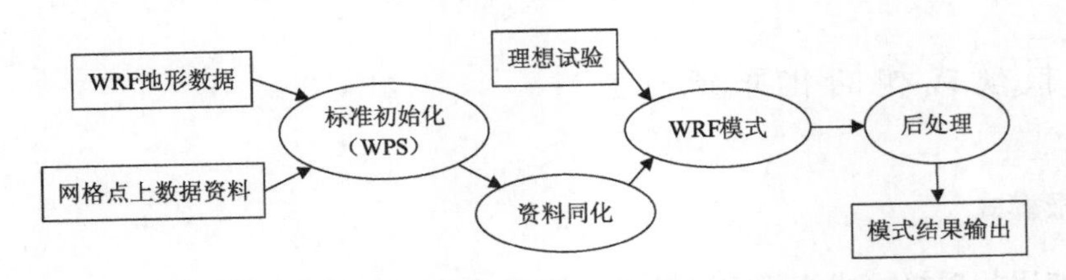

图 13.2　WRF 模式系统主要模块及其运行流程(周振波,2006)

13.2.1.2　WRF 模式的物理参数化方案

WRF 模式主要采用以下微物理过程和参数化方案。

(1)微物理过程参数化:主要包括以下 7 类方案。Kessler 方案为简单的暖云降水方案。Lin 方案是主要用于对水汽、云水、雨、云冰、雪和霰的预报。WSM3、WSM5 和 WSM6 方案是在简单冰方案的基础上,延伸发展的 3 种方案;Eta 方案主要用于平流项中的水汽和总凝结降水变化模拟;Thompson 方案是为提高冻雨天气条件下航空安全预报而设计的方案。

(2)积云参数化:主要包含以下 3 类方案。Kain-Fritsch(new Eta)方案:云模式中包含水汽抬升和下沉运动,而且考虑了云中冰化微物理过程;Betts-Miller-Janjic 方案:为对流调整方案,重要部分是对浅对流进行调整;Grell-Decenyi 方案:采用集合思想,对模式结果做出平均反馈。

(3)辐射过程参数化:主要包括长波辐射方案和短波辐射方案。其中,长波辐射方案包括 RRTM 长波方案和 ETA GFDL 长波方案,短波辐射方案包括 MM5 短波辐射方案、ETA GFDL 短波辐射方案和 Goddard 短波辐射方案。

(4)边界层参数化:主要包括 YSU 边界层方案、MYJ 边界层方案和 MRF 边界层方案。其中,YSU 边界层方案是一个典型的非局地性闭合方案,对边界层顶的夹卷过程进行了显式处理。

(5)陆面过程方案:主要包括 Noah 方案、RUC 方案、5 层热扰动热量扩散方案等方案。

所有的参数化方案可根据研究对象和研究区域有针对性地选择,使预报试验结果更精确。

13.2.2　同化系统

研究中,使用了 NCAR 开发的三维变分同化系统(WRF-3DVar)。WRF-3DVar 是 WRF 模式的三维变分同化系统,是在原 MM5 三维变分同化系统理论基础上研发的同化系统。该系统的主要特点为分析中采用增量形式,程序采用灵活的 F90 结构,分析增量选择采用弱平衡约束、非交错的 A 网格,分析前采用质量控制,用递归滤波来表示区域的水平背景场误差协方差,不同的背景误差、控制变量为用户提供了更多的选择。WRF-3DVar 能够同化多种资料,其结构如图 13.3 所示。

13.2.3　模式和系统方案设置

模式分辨率为 30 km,垂直层数为 50 层,积分步长为 180 s,同化使用的稀疏化网格距为 60 km。研究中,采用的物理参数化方案包括 Lin 方案、Kain-Fritsch (new Eta)积云对流方案、YSU 边界层方案、Rrtm 长波辐射方案及 Dudhia 短波辐射方案等。

同化试验方案设计如表 13.2,试验名称分别为:CTRL 试验(不同化任何卫星资料)、AT-

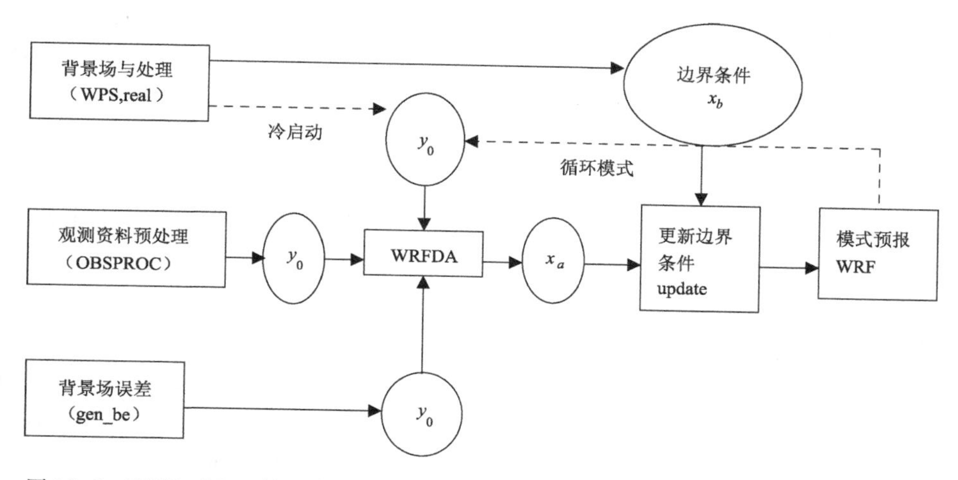

图 13.3　WRF-3DVar 输入资料(圆圈)及各模块(方框)之间的关系(Barker et al.,2003)

MS 试验(同化 ATMS 资料)、AMSUA 试验(同化 AMSUA 资料)、MHS 试验(同化 MHS 资料)和 ATOVS 试验(仅同化 AMSUA 和 MHS 资料)。各试验在初始时刻同化各种资料(控制试验除外)后,进行 72 h 预报。

表 13.2　台风"红霞"试验方案设计

试验序号	试验名称	方案设计	同化窗口	积分时间
方案一	CTRL	无	无	
方案二	ATMS	ATMS 资料	2015-05-08_15:00—21:00	
方案三	AMSUA	AMSUA 资料	2015-05-08_15:00—21:00	72 h
方案四	MHS	MHS 资料	2015-05-08_15:00—21:00	
方案五	ATOVS	AMSUA/MHS 资料	2015-05-08_15:00—21:00	

13.3　NPP ATMS 资料偏差订正试验

13.3.1　质量控制方案

由于受到复杂下垫面(如陆地和海冰等)、云和降水粒子等影响,使得观测算子模拟不准确。为了筛选出质量较好的"晴空洋面"数据来统计偏差系数,在偏差订正之前要进行质量控制,删除受云水、雨水及地表等影响的质量较差的数据。参考 NCAR 的 WRFVAR 中 ATMS 辐射率资料质量控制方法,具体质量控制方案如下。

(1)极值检测:微波垂直探测仪观测亮温阈值为 150～350 K 之间,剔除此范围之外的观测资料;

(2)地表类型检测:首先剔除混合地表上所有通道的卫星观测,然后剔除陆地、海冰、雪地等卫星观测,只保留海洋数据;

(3)云量和降水云检测:对于 ATMS 温度通道,使用通道 1 的观测模拟亮温差值作为阈值判断云区。若该阈值大于 3.0 K，则剔除 6～8 通道的观测资料。对于湿度通道，若 16、17 通道的观测亮温差大于 3.0 K，剔除 18～22 通道的卫星观测。此外，若通道 3 观测模拟亮温差绝对值不大于 5.0 K，则保留 6～8 和 18～22 通道的观测资料；

(4)水滴检测：计算大气柱液态水含量 CLWP，当 CLWP<0.2 mm 时，此扫描位置的观测被保留；

(5)残差检验：统计观测残差标准差，以 3 倍标准差为依据，如果观测残差大于相应通道观测残差的 3 倍标准差，则舍弃观测资料。

13.3.2 扫描偏差订正

试验中偏差订正方案是参考 Harris 等离线偏差订正方法，并加以改进，增加纬度因素的考虑，统计时间范围为 2015 年 1 月 1—15 日，统计区域为 75°E～100°W、0°～60°N，以每 10°纬线为一个带，将研究区域 0°～60°N 划分为 6 个带，分别统计不同纬度带各扫描位置的扫描偏差订正系数。

首先，计算观测残差，计算公式如下：

$$R = y - H(x) \tag{13.1}$$

式中，R 为卫星各扫描点的观测残差，y 表示卫星各扫描点的观测亮温值，$H(x)$ 表示快速辐射传输 RTTOV 的模拟亮温值，即为观测算子。

然后，计算扫描偏差订正系数 $s(\phi,\theta)$，计算公式如下：

$$s(\phi,\theta) = \overline{R}(\phi,\theta) - \overline{R}(\phi,\theta = 0) \tag{13.2}$$

式中，$\overline{R}(\phi,\theta)$ 为各纬度带、各扫描位置的平均观测残差；$\overline{R}(\phi,\theta = 0)$ 表示各纬度带星下点的平均残差；$s(\phi,\theta)$ 为扫描偏差订正系数，即为各扫描点位置与星下点位置之间平均观测残差的系统偏差。

由于各纬度带的扫描偏差分别统计，造成了扫描偏差纬度带间的不连续现象。为此，在纬度带交界试验区采用线性插值等简单平滑的方法，计算订正系数(刘志权等，2007)。计算公式如下：

$$s'(\phi,\theta) = \frac{1}{4}s(\phi-1,\theta) + \frac{1}{2}s(\phi,\theta) + \frac{1}{4}s(\phi+1,\theta) \tag{13.3}$$

最后，利用统计的扫描偏差订正系数，对观测残差进行订正，如公式(13.4)所示：

$$R'(\phi,\theta) = R(\phi,\theta) - s'(\phi,\theta) \tag{13.4}$$

式中，$R'(\phi,\theta)$ 表示各纬度带各扫描位置经过扫描偏差订正后的观测残差，等式右边第一项表示扫描偏差订正前的观测残差，右边第二项表示扫描偏差订正系数。

利用上述方法统计半个月的 ATMS 资料，得到 6～10、18～22 通道 6 个纬度带的扫描偏差订正系数。如图 13.4 所示，每条扫描线有 96 个扫描点，以 48 和 49 个点的平均值作为星下点位置。各个纬度带、各通道以及各扫描位置均表现出不同的特性，特别是在湿度通道。在温度通道 6～10，除临边位置，偏差随扫描位置变化相对较小。通道 6 扫描偏差在星下点位置左右两侧符号相反，且越远离星下点位置，偏差绝对值越大，而在第 96 个扫描点处扫描偏差陡然变为正值。通道 7、8 扫描偏差总体变化趋势相近，扫描偏差呈现先减小后增大的总体趋势，且除临边位置，几乎全为负值。通道 7 较通道 8，星下点右侧扫描偏差偏离星下点越远，偏差绝对值越大，不同纬度带的差异也更明显，其中低纬度带(0～10°)最大偏差可达到 −0.669 K，高纬度带(50°～60°)最大偏差不到 −0.2 K。通道 9 扫描偏差总体在 0 刻线上下波动，偏差范围

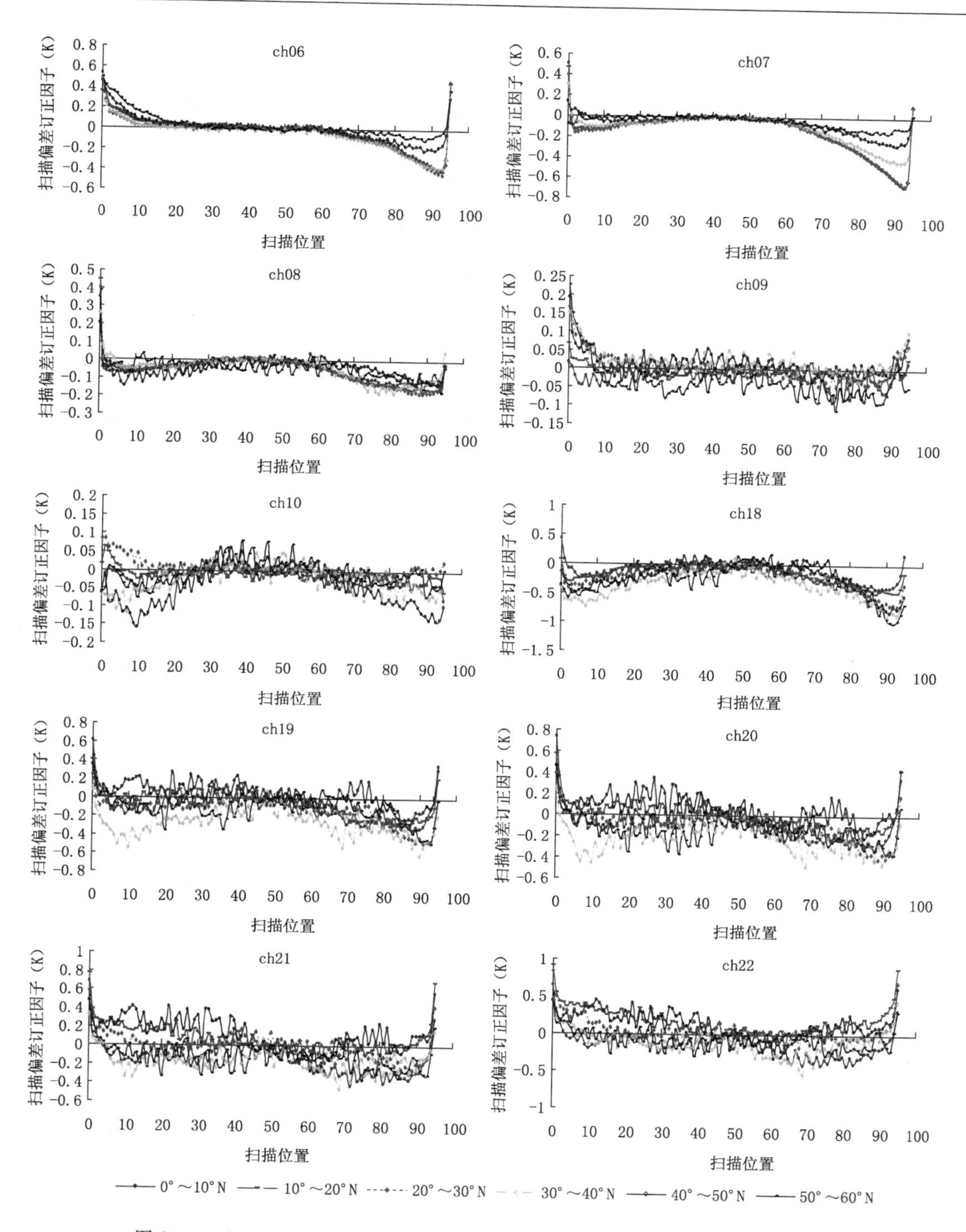

图 13.4　ATMS 通道 6～10(ch06～ch10)和 18～22(ch18～ch22)6 个纬度带 96 个扫描点扫描偏差订正系数

变化很小，除个别点外，扫描偏差的最大绝对值不到 0.2 K。通道 10 扫描偏差也很小，各纬度带变化不大，变化范围在(－0.158～0.08 K)之间，相较其他通道，受扫描偏差影响较小。在湿度通道，通道 18 的扫描偏差变化在临边位置呈现双谷特征，变化范围为(－0.999～0.427 K)。通道 19～22 变化趋势类似，大体呈现 U 型波动，而纬度带(10°～20°)和纬度带(40°～50°)扫描偏差在扫描中心左侧多为正值，其他纬度带多为负值。湿度通道的扫描偏差随扫描线位置变化不如温度通道平滑。

13.3.3　气团偏差订正

RTTOV 模拟 ATMS 资料的误差与大气状况及地表特征有关，由模式模拟误差引起的观测偏差定义为“气团偏差”，对气团偏差订正非常必要。气团偏差可以由一组预报因子 $x_i(i=1,2,3,4)$ 来描述：

$$r_j=\sum_{i=1}^{4}a_{ij}x_i+b_j \tag{13.5}$$

式中，r_j 为 j 通道的气团偏差，x_i 为四个预报因子，a_{ij}、b_j 为气团偏差订正系数。试验中，气团偏差订正系数是通过 1 月 1—15 日研究区半个月的数据样本，利用最小二乘方法最佳拟合得到。

最终，订正后的观测残差如公式(13.6)所示：

$$R''_j(\phi,\theta)=R_j(\phi,\theta)-s'(\phi,\theta)-(\sum_{i=1}^{4}a_{ij}x_i+b_j) \tag{13.6}$$

式中，$R_j(\phi,\theta)$、$R''_j(\phi,\theta)$ 分别为偏差订正前后的观测残差，后两项分别为上述(13.5)式和(13.6)式的结果。

对 2015 年 1 月 1—15 日试验区数据进行统计，统计得到气团偏差订正系数，如表 13.3 所示。

表 13.3　气团订正系数表

通道	系数				
	b 常数项	a_1 1000—300 hPa 的厚度	a_2 200—50 hPa 的厚度	a_3 表面温度	a_4 水汽总量
6	8.5721	－0.4400	－0.5433	0.0012	－0.0043
7	13.4239	－0.6030	－0.5697	－0.0096	0.0115
8	17.0451	－0.9194	－0.0062	－0.0319	0.0269
9	23.0193	－1.0267	0.0367	－0.0512	0.0162
10	29.1923	－1.7763	－0.2956	－0.0391	0.0367
18	6.0124	－0.5469	－0.1603	－0.0014	0.1105
19	－1.9687	－0.3901	0.2106	0.0103	0.1049
20	－1.4825	－0.3392	0.1809	0.0085	0.0737
21	1.2474	－0.3091	－0.0208	0.0051	0.0450
22	3.6411	0.1196	－0.2499	－0.0097	－0.0297

对 2015 年 1 月 1—10 日每日 12 时、18 时 ATMS 通道 6～10、18～22 的观测值，利用表 13.3 统计得到的订正系数对其进行订正，订正结果如图 13.5 所示，通道 6～10 观测残差在偏差订正前比较小，通道 6、7 观测残差为正偏差，通道 8～10 观测残差为负偏差，偏差订正后，观测残差均有所减小，在 0 左右摆动。通道 18、22 订正效果显著，订正后，大多数偏差绝对值范围在 0～0.5 K 之间；通道 19、20 订正后，观测残差均值在 0 刻线上下扰动，效果很好；通道 21 偏差订正前后，观测残差均值波动较大，订正后波动也较大，但在 0 刻线上下波动。

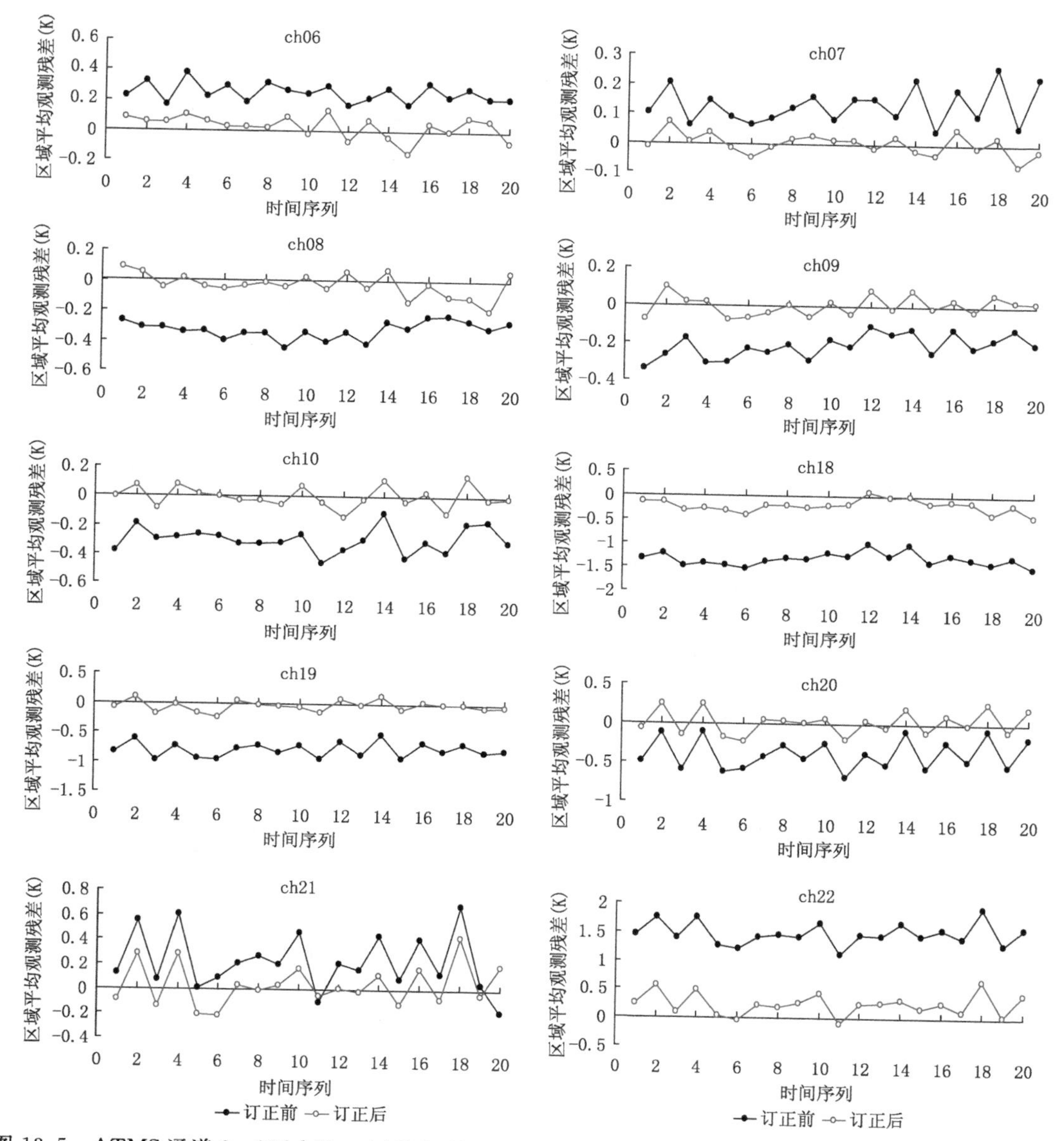

图 13.5 ATMS 通道 6～10(ch06～ch10)和 18～22(ch18～ch22)偏差订正前后区域平均观测残差时序图

13.3.4 偏差订正系数应用效果验证

结合统计的扫描偏差和气团偏差订正系数，研发了 ATMS 资料的偏差订正程序，在同化系统程序框架内，保留核心算法主程序的同时，只修改偏差订正程序模块，引入新的扫描偏差订正系数变量，将统计得到的扫描偏差系数和气团偏差订正系数写入程序，完成 ATMS 资料偏差订正系统的研制。

利用研制的 ATMS 资料偏差订正系统，对 2015 年 1 月 25 日 12 时 ATMS 资料进行订正，检验偏差订正系数的有效性。偏差订正前后的观测残差直方图如图 13.6 所示：通道 6～10 偏差订正前观测残差明显不趋于正态分布，特别是通道 8 和 9，订正前观测残差出现双峰分

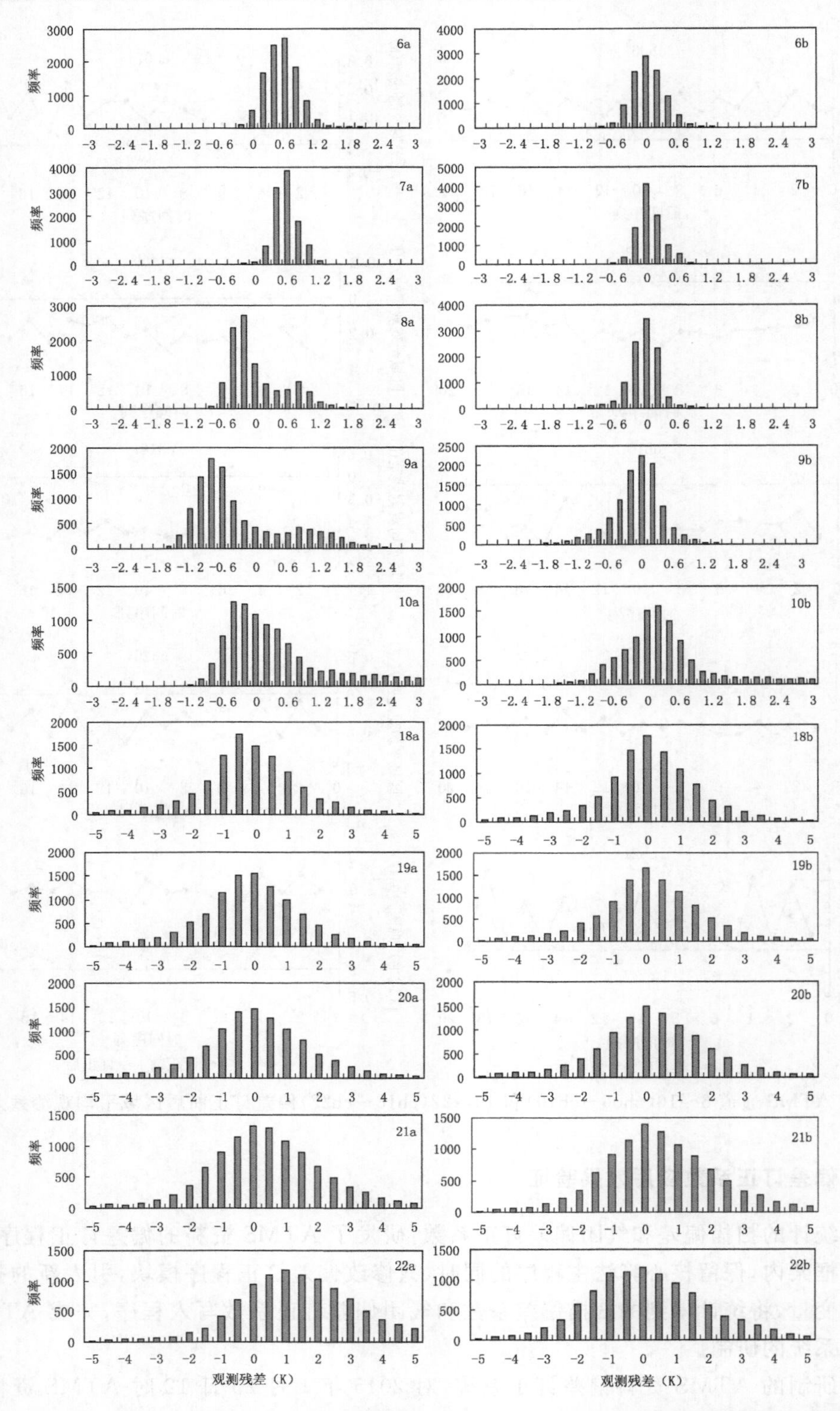

图 13.6　2015 年 1 月 25 日 12 时 ATMS 通道 6～10 和 18～22 偏差订正前后观测残差分布直方图（6～10 和 18～22 分别代表通道 6～10 和 18～22，a、b 分别代表订正前和订正后）

布，偏差订正后 6～9 各通道观测残差频率最高值位于 0 K，通道 10 的观测残差峰值由偏差订正前的－0.4 K 到订正后的 0.2 K。通道 18 和 22 偏差订正前，观测残差概率密度最大值分别为－0.5 K 和 1 K，订正后均符合均值为 0 的正态分布。对于通道 19、20 和 21，偏差订正前后调整较小，订正前，观测残差本身就趋于正态分布，订正后，分布更趋于正态，证明偏差订正方法有效。

以 2015 年 1 月 1—15 日的 ATMS 数据为基础，统计通道 6～10、18～22 偏差订正前后观测残差标准差，如表 13.4 所示，偏差订正后，通道 7～10、18、22 观测残差标准差显著减小，通道 6、20 和 21 观测残差标准差略有减小，而通道 19 在订正后有略变大的现象。表 13.4 中订正后的观测残差标准差将作为观测误差协方差，在卫星资料同化系统中使用（Collard et al., 2012）。

表 13.4　ATMS 通道 6～10 和 18～22 订正前后观测残差标准差（单位：K）

通道	6	7	8	9	10	18	19	20	21	22
订正前	0.2687	0.2860	0.4123	0.4726	0.4772	1.5996	1.7623	1.8808	1.9699	2.0562
订正后	0.2658	0.2705	0.2803	0.3621	0.4236	1.4940	1.7941	1.8646	1.9334	1.8052

13.4　NPP ATMS 辐射率资料直接同化台风试验

针对 2015 年“红霞”和“灿鸿”两个台风个例，分别进行 ATMS 资料与 AMSUA/MHS 资料同化的对比试验，研究同化不同卫星资料对台风模拟路径的影响。并以台风“红霞”为例，分别从相对湿度、风场和位势高度等方面，进一步讨论了同化不同资料对台风路径改善的原因。

13.4.1　台风简介

台风“红霞”于 2015 年 4 月 30 日在楚克附近海面上生成一低压区，5 月 3 日早上 08 时，联合台风警报中心(JTCC)正式将它确定为热带低压，编号为 06W。4 日凌晨 2 时，联合台风警报中心和中国国家气象中心将“红霞”升格为热带风暴，5 日下午 4 时，将“红霞”升格为强热带风暴，6 日凌晨，联合台风预警中心率先将其升格为台风，此时，副热带高压脊在当日加强，填补先前的弱点位置，驱使“红霞”开始加速西移，移向菲律宾。5 月 7 日，由于副热带高压脊支配“红霞”继续采取西北偏西移动路径，直逼菲律宾吕宋。9 日下午，中国国家气象中心把台风“红霞”升格为超强台风，继续向西北方向移动。“红霞”于 10 日下午 5 时，擦过菲律宾卡加延省圣安娜沿岸，随即进入巴林坦海峡。5 月 11 日，中国台湾省气象部门在晚上 08 时把“红霞”降格为中度台风，午夜时分“红霞”开始采取北移路径，穿越吕宋海峡。此次台风对菲律宾东北部区域的卡加延省破坏极大，导致很多区域停电，数千人逃离家乡。

台风“灿鸿”是中国南海南部海面生成的第二号热带风暴，于 2015 年 6 月 30 日 20 时在西北太平洋上生成，7 月 1 日下午，升格为热带风暴，将其命名为“灿鸿”，7 月 2 日上午，“灿鸿”升格为强热带风暴。7 月 7 日凌晨，“灿鸿”继续加强升级为台风级，在凌晨 05 时台风中心位于中国钓鱼岛东南方的西北太平洋洋面上，距钓鱼岛大约 1620 km，中心附近最大风力有 12 级(33 m/s)，中心最低气压为 975 hPa，“灿鸿”以每小时 20 km 左右的速度向西北方向移动，强度持续增强，最强达到超强台风级(16～17 级，55～60 m/s)，9 日夜间到达东海东南部区域，然后逐渐靠近浙闽一带沿海区域。7 月 11 日下午,台风“灿鸿”在浙江舟山市朱家尖镇一带沿海登陆,登陆强度可达强台风级;7 月 13 日,在朝鲜西南部地区降级为热带低压。此次台风的主要特点为“强度强、生命史长、体积庞大”,登陆后给华东地区造成大范围的强风暴雨,致使江浙沪等地 300 余万人受灾,经济损失巨大,超过 85 亿元。

13.4.2 试验方案设计

试验数据选用 NCEP 处理生成的 BUFR 格式 Level 1b 次数据和 NCEP FNL 全球再分析资料。卫星资料为 NPP 卫星的 ATMS 辐射亮温资料和 NOAA-18 的 AMSUA/MHS 微波辐射亮温资料。数据每日 4 个时次,每个时次包括该时刻前后 3 h 观测。NCEP FNL 资料为模式提供背景场和边界条件,水平分辨率为 1°×1°。

台风“红霞”试验区域中心位于 130.32°E、17.12°N,水平分辨率为 30 km,水平网格数为 120×94。台风“灿鸿”试验区域中心位于 130.3°E、23.78°N,水平分辨率为 30 km,水平网格数为 130×120。模式垂直设置 50 层,模式层顶为 50 hPa。台风“红霞”以 2015 年 5 月 8 日 18 时为同化时刻,同化时间窗为前后 3 h。台风“灿鸿”以 2015 年 7 月 9 日 06 时为同化时刻,同化时间窗为前后 3 h。研究中采用的物理参数化方案为:Lin 方案、Kain-Fritsch (new Eta)积云对流方案、YSU 边界层方案、Rrtm 长波辐射方案及 Dudhia 短波辐射方案等。

本研究设计了 5 种试验方案,台风“红霞”试验方案如表 13.5 所示(台风“灿鸿”方案和“红霞”相同,只是同化窗口为 2015－07－09_03:00—09:00),试验名称分别为:CTRL 试验(不同化任何卫星资料)、ATMS 试验(同化 ATMS 资料)、AMSUA 试验(同化 AMSUA 资料)、MHS 试验(同化 MHS 资料)和 ATOVS 试验(同化 AMSUA 和 MHS 资料)。各试验在初始时刻同化各种资料(控制试验除外)后,进行 72 h 预报。

表 13.5 台风“红霞”试验方案设计

试验序号	试验名称	方案设计	同化窗口	积分时间
方案一	CTRL	无	无	72 h
方案二	ATMS	ATMS 资料	2015-05-08_15:00—21:00	
方案三	AMSUA	AMSUA 资料	2015-05-08_15:00—21:00	
方案四	MHS	MHS 资料	2015-05-08_15:00—21:00	
方案五	ATOVS	AMSUA/MHS 资料	2015-05-08_15:00—21:00	

13.4.3 试验结果及分析

台风“红霞”72 h 模拟路径、模拟路径误差与模拟路径误差之和如图 13.7 所示。图中红色标志代表台风实际观测,黑色实心圆代表台风控制实验预报路径。如图 13.7a 所示,控制试验模拟的台风路径比实际观测路径位置偏西,与实际观测路径相差很大。与控制试验相比,同化卫星资料后,对台风路径的模拟均有较大的改善。如图 13.7b 所示,54 h 之内,同化 ATMS 资料模拟的台风路径偏差最小,其次,是同化 MHS 资料,再次是同化 AMSUA 资料,同化 ATOVS 资料模拟的路径误差最大。54 h 之后时,同化 MHS 资料模拟的路径误差小于同化 ATMS 资料,并小于同化 AMSUA 资料和 ATOVS 资料。从模拟路径误差之和可以看出,同化 MHS 资料的模拟路径误差之和最小,同化 ATMS 资料路径误差之和仅次于同化 MHS 资料，主要是在预报后期，同化 ATMS 资料模拟的台风中心相对于实际观测有滞后现象，误差较大。但总体来看，与同化 ATOVS 资料相较，同化 ATMS 资料对台风路径的改善作用较大。

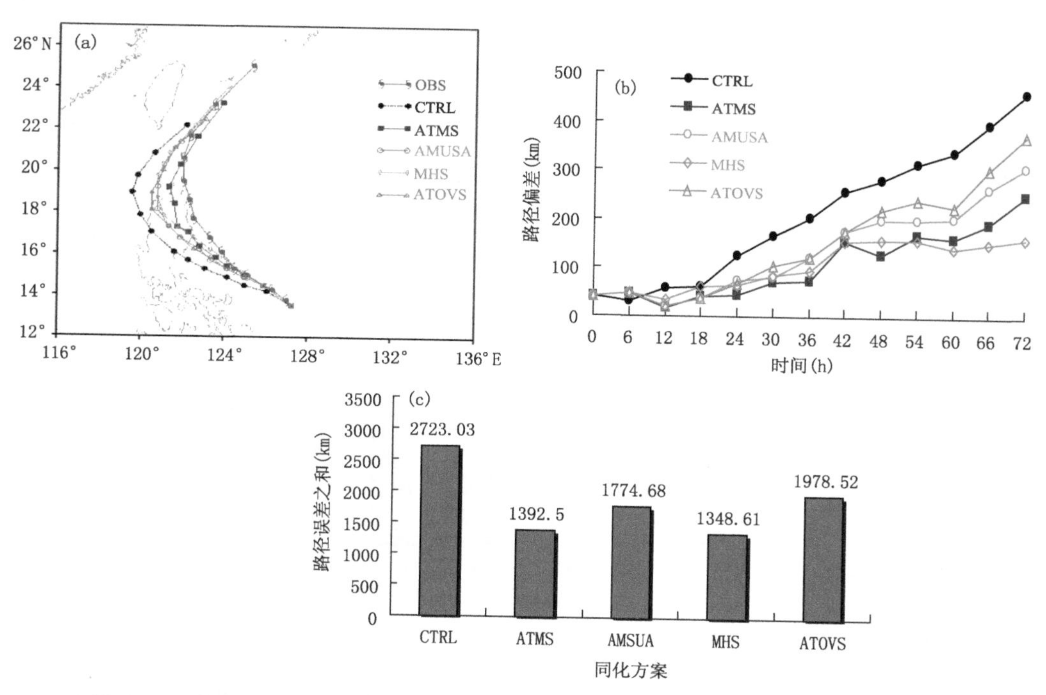

图 13.7　台风“红霞”模拟路径(a)、模拟路径误差(b)及路径误差之和(c)(附彩图)

台风“灿鸿”各试验 72 h 模拟路径、模拟路径误差与模拟路径误差之和如图 13.8 所示。如图所示，台风实际观测与控制试验相比，路径相差不是很大。如图 13.8b 所示，在预报初期(0～18 h)，同化 ATMS 资料的模拟路径误差相对较大，但在 18 h 之后，同化 ATMS 资料得到的模拟路径明显更接近于实际观测，比同化其他卫星资料的效果都好，而同化 MHS 资料对台风路径改善不大。与同化 ATOVS 资料相比，同化 ATMS 资料得到的模拟路径误差之和最小；出现这样结果的原因可能和进入同化系统的资料数量有关，同化 ATMS 资料进入同化系统的数据量相对较多，能更好地改善背景场；和 ATOVS 资料相比，ATMS 资料的扫描点增多且分辨率增大的优势得到体现。

同化 ATMS 资料对两个台风模拟路径均有改善，其中，对台风“红霞”的改善作用更为明显。与同化 ATVOS 资料相比，同化 ATMS 资料后的台风模拟路径更接近于实际观测。当控制试验模拟效果较好时，同化 ATOVS 资料对台风路径的模拟改善效果不明显；当控制试验模拟的台风路径误差较大时，同化 ATOVS 资料和 ATMS 资料对台风路径预报改进具有重要作用。

13.4.4　资料同化对初始场的调整分析

以下以台风“红霞”为例，进一步分析卫星资料同化对台风路径预报改进的原因。图 13.9 为同化时间窗内进入同化系统的 ATMS 第 6 通道和对应 AMSUA 第 5 通道观测亮温数据空

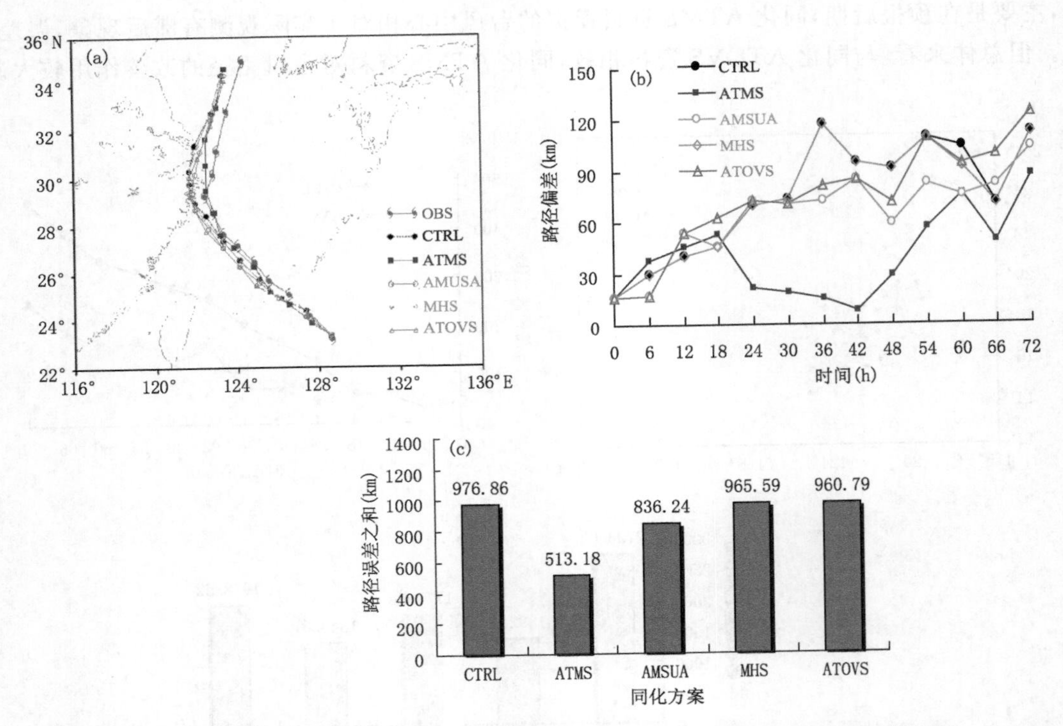

图 13.8 台风“灿鸿”模拟路径(a)、模拟路径误差(b)及路径误差之和(c)(附彩图)

间分布图。图 13.10 为同化时间窗内进入同化系统的 ATMS 第 18 通道和对应 MHS 第 5 通道的观测亮温数据空间分布。如图 13.9 和 13.10 所示,经过质量控制和偏差订正后,ATMS 资料进入同化系统的数量明显多于 AMSUA 和 MHS,进入同化系统的 ATMS 第 6 通道观测像元数为 1709 个,而对应 AMSUA 第 5 通道仅有 935 个;进入同化系统的 ATMS 第 18 通道观测像元数为 2161 个,而对应 MHS 第 5 通道仅有 1162 个。这表明 ATMS 传感器可以为同化系统提供更多的卫星观测资料,更好地改善背景场。

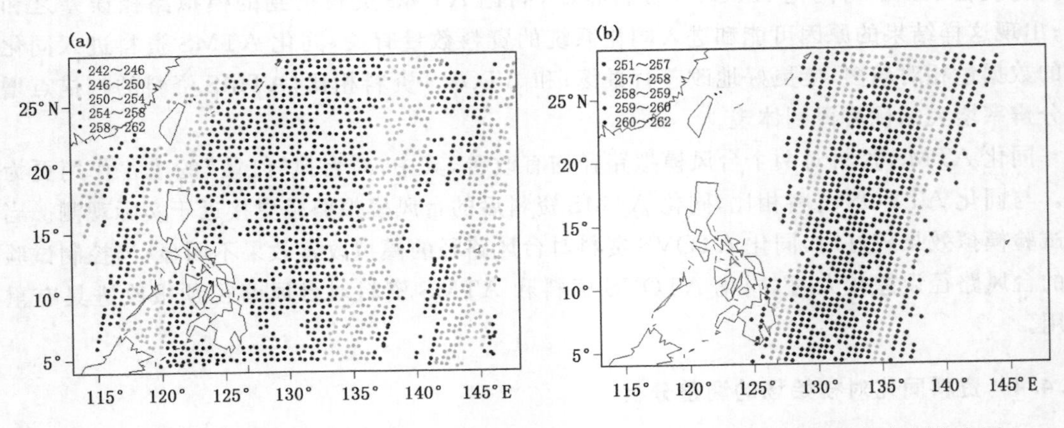

图 13.9 进入同化系统的 ATMS 第 6 通道(a)以及 AMSUA 第 5 通道(b)数据空间分布图

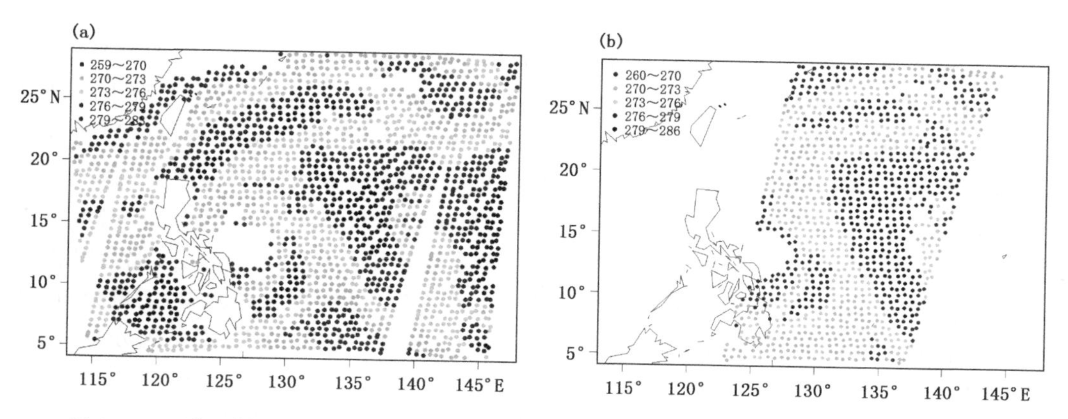

图 13.10　进入同化系统的 ATMS 第 18 通道(a)以及 MHS 第 5 通道(b)数据空间分布图

图 13.11 为各同化试验 500 hPa 相对湿度增量场(分析场和背景场差值)。如图所示,各种同化试验对相对湿度场起到不同程度的改善作用,正负增量区位置大体相似,但也有一定的差别。在 ATMS 资料同化试验中,整个研究区域表现出不同程度的正负值增量,在台风眼处有一

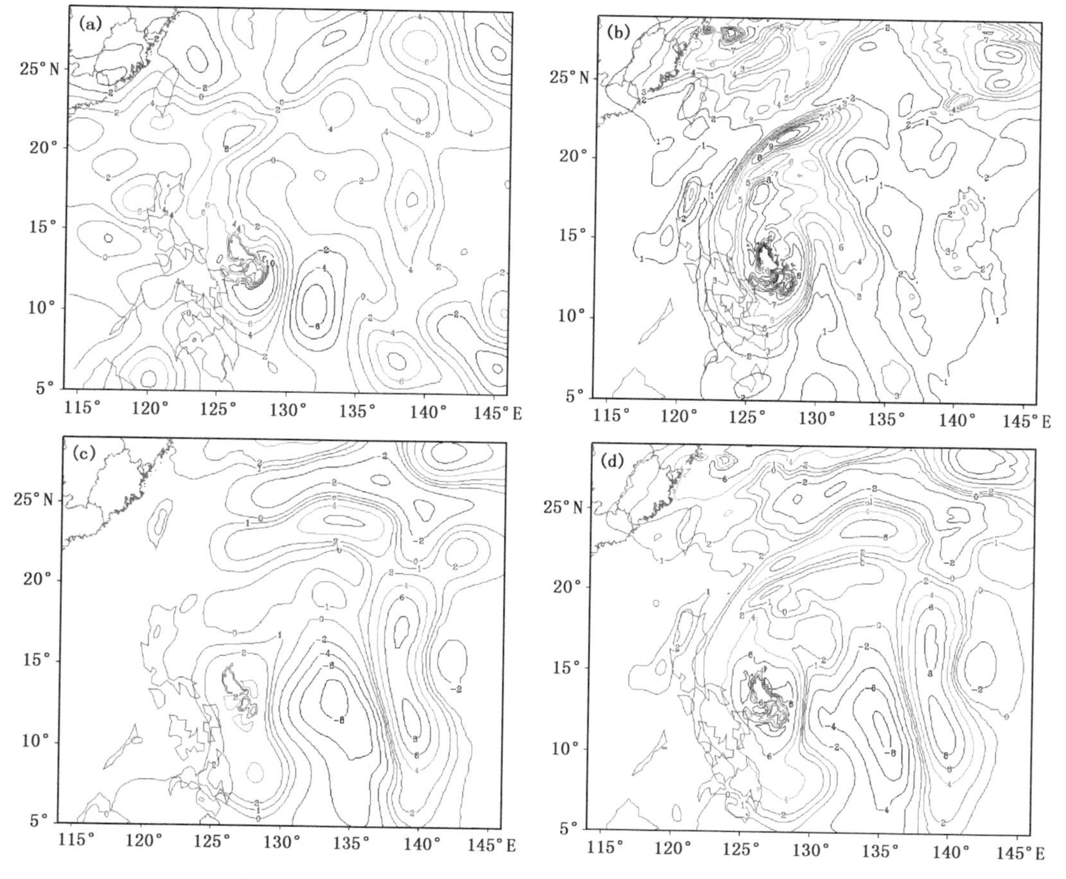

图 13.11　各同化试验 500 hPa 相对湿度增量场分布图

(a)ATMS 同化试验;(b)AMSUA 同化试验;(c)MHS 同化试验;(d)ATOVS 同化试验

个最大的正增量中心，最大值为 10%，在台风眼区域东侧有一个大的负值增量中心，最大增量值为－6%；在台风北侧有一个正增量条带，和台风的移动位置相吻合。在 AMSUA 资料同化试验中，整个区域都表现为不同程度的正增量，在台风中心处有一个较大的湿度正增量中心，增量值由台风中心向外侧逐渐增大，最大增量为 8%；同时，在台风眼北侧区域有一个正增量条带，最大增量值为 9%。在 MHS 资料同化试验中，台风中心增量较小，最大值为 2%，而台风眼东侧有一个大的负值增量中心，最大增量为－8%，且在负值增量中心的东侧还有一个大的正增量中心，最大增量为 8%。在台风中心区域的北偏东方向有一个小的正增量中心，和同化其他资料相比，同化 MHS 资料在台风中心北侧的增量条带不明显。在 ATOVS 资料同化试验中，增量分布类似于 AMSUA 资料同化试验，但在量级上偏小，并综合了同化 AMSUA 和 MHS 资料的分布特征。综合各个同化试验对相对湿度场的调整情况来看，同化 ATMS、AMSUA 和 ATOVS 资料后，在台风中心北部区域均出现了湿度增量条带，说明同化各种资料后，这一海域为高湿区，有利于台风向该区域移动，并且与控制试验相比，模拟的台风路径偏东，更接近台风实况路径。

图 13.12 为各同化试验 500 hPa 风场增量图。如图所示，各个试验的风场增量无论在幅度上（填色阴影部分），还是在方向上（图中矢量箭头方向）都有很大的差异。ATMS 资料同化试验（图 13.12a）得到的最大风速增量约为 5 m/s，而 AMSUA 试验（图 13.12b）、MHS 试验

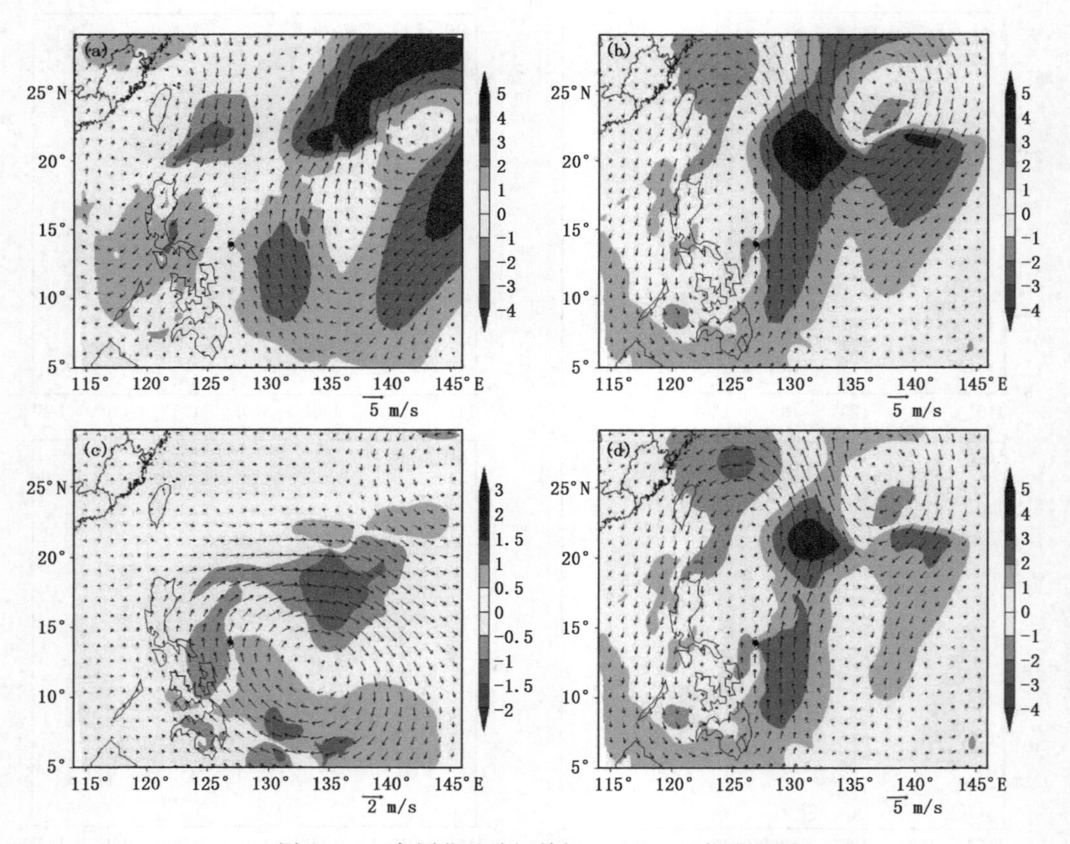

图 13.12　各同化试验初始场 500 hPa 风场增量图

（其中，填色阴影为增量大小，单位：m/s，矢量箭头为增量矢量场）

(a) ATMS 试验；(b) AMSUA 试验；(c) MHS 试验；(d) ATOVS 试验

(图 13.12c)和 ATOVS 试验(图 13.12d)最大风速增量分别为 5 m/s、2 m/s 和 5 m/s;由此可见,同化不同的卫星资料对风场的调整是有差别的。从图中可以看出,相比于 ATMS、AMSUA 和 ATOVS 资料同化,同化 MHS 资料后对风速调整最小。此外,同化 ATMS 资料后,最大风速增量出现在台风眼的北偏东方向;同化 AMSUA 资料和 ATOVS 资料后,最大风速增量出现在台风中心北侧;而同化 MHS 资料后,最大增量区出现在台风中心的东南侧。从图 13.12a 的台风增量(矢量箭头方向)可以看出,在台风中心的东北侧有一个顺时针环流增量,使台风中心东侧有向北偏东方向的气流,相对于控制试验,有利于台风向北偏东方移动。同化 AMSUA 和 ATOVS 资料后的台风矢量增量图可以看出,在台风中心的东北侧也有一个顺时针环流增量,使台风东侧区域有向北方向的气流,这种环流的调整有利于同化后的台风路径相对于控制试验向北方移动。而同化 MHS 资料后,在台风中心的东南侧有向北方向的正增量,增量幅度很小,对背景场的调整幅度不大。

图 13.13 为各同化试验 500 hPa 位势高度场和位势高度场增量。如图所示,各同化试验对位势高度场的调整有较大的差异,位势高度场的调整区域主要出现在台风中心的东北区域。同化 ATMS 资料后,最大位势高度增量出现在台风中心的东北和西北区域,分别有一个正增量中心,在东北区域的增量中心最大位势高度增量为 16 m,在西北区域的增量中心最大位势高度增量为 12 m。在两个增量中心有一个低增量区,这种位势高度的调整相对于控制试验有

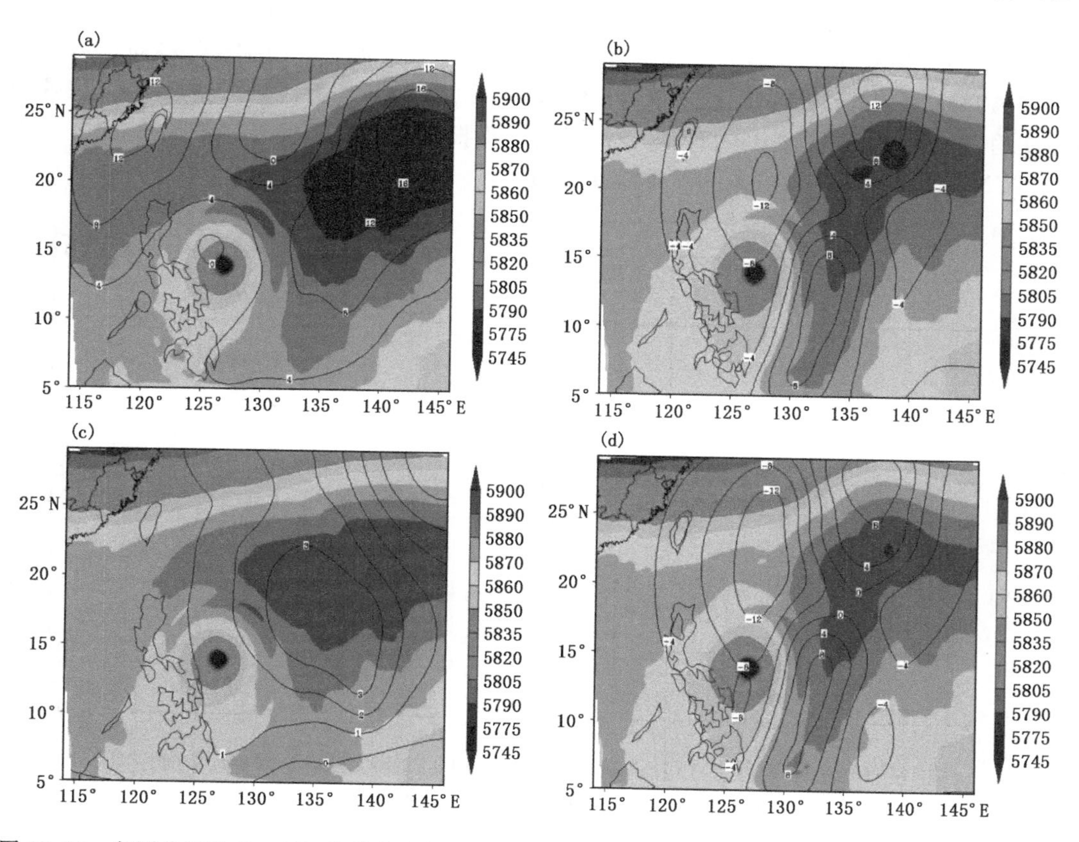

图 13.13 各同化试验 500 hPa 位势高度场(填色阴影,单位:gpm)和位势高度场增量(等值线,单位:m)
(a)ATMS 试验;(b)AMSUA 试验;(c)MHS 试验;(d)ATOVS 试验

利于台风向北偏东方向移动。而同化 AMSUA 资料和 ATOVS 资料后,在台风中心的北侧出现增量负距平,最大增量分别为－12 m、－12 m,在台风中心的北偏东方向出现增量正距平,这有利于同化后的台风相对于控制试验向偏北方向移动。同化 MHS 资料对位势高度场的调整较小。综合各同化试验对位势高度场的调整来看,分析结果与图 13.7 模拟的台风路径相吻合。

以 FNL 资料为标准,统计 ATMS 和 ATOVS 同化试验的 850 hPa 温度、相对湿度、风速和位势高度 72 h 预报场的均方根误差(图 13.14)。从图 13.14a 中可以看出,850 hPa 温度均方根误差变化范围在 0.6～1.0 K 之间,其变化趋势为先增大后减小再增大再减小的趋势。ATMS 资料同化试验的温度均方根误差最小值出现在积分 6 h 处,大约为 0.6 K,而 ATOVS 资料同化试验的温度均方根误差最小值出现在积分 24 h 处,大约为 0.7 K。整体而言,同化 ATMS 资料的温度均方根误差小于 ATVOS 资料,特别是在积分 24 h 之内,差距更明显。如图 13.14b,两种资料同化试验的 850 hPa 相对湿度均方根误差变化趋势相似,其值随着积分时间的增加而增大。两类试验的相对湿度均方根误差最小值都出现在积分 6 h 处,值大约为 10%。如图 13.14c 所示,同化 ATMS 资料对风场的调整效果较好,在积分前期(6～24 h),ATMS 资料同化试验的风速均方误差与 ATOVS 资料同化试验相差不大,效果略好于 ATOVS 资料。在积分 42 h 以后,同化 ATMS 资料对风场的调整明显好于同化 ATOVS 资料。如图 13.14d,在整个积分过程中,ATMS 和 ATOVS 资料同化试验的 850 hPa 位势高度均方根误差表现出较为一致的变化趋势,在积分 24 h 之内,两者均方根误差变化基本一致,之后,ATMS 资料同化试验的均方根误差小于 ATOVS。整体而言,ATMS 资料同化试验的效果好于 ATOVS。对比 ATMS 和 ATOVS 资料同化试验的 850 hPa 温度、相对湿度、风速及位势高度均方根误差,可以看出,ATMS 资料同化对预报的改进效果优于 ATOVS,这进一步证明了 ATMS 资料在数值天气预报中的应用前景。

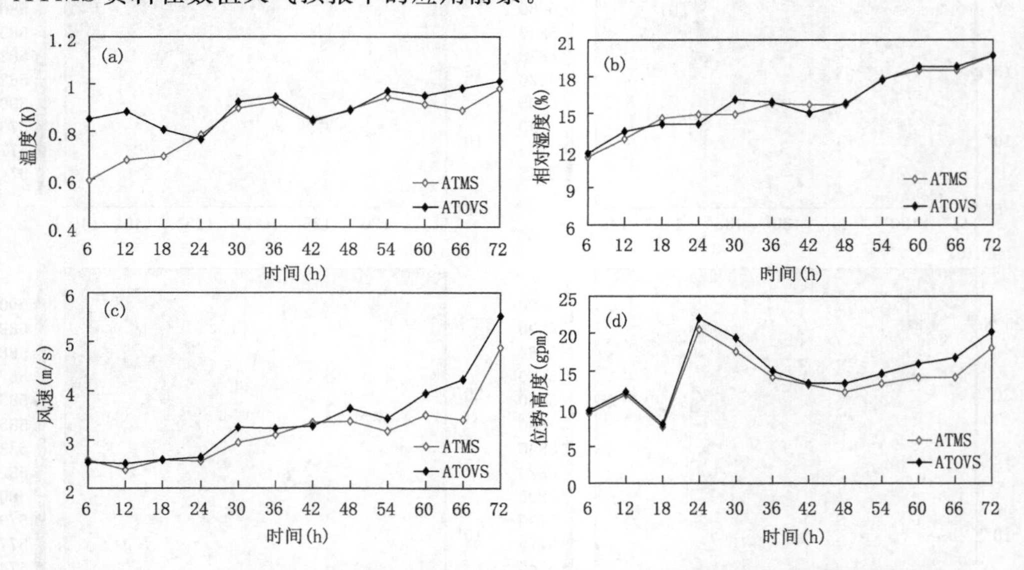

图 13.14　ATMS 和 ATOVS 同化试验的 850 hPa 72 h 预报场均方根误差时序图

(a)温度;(b)相对湿度;(c)风速;(d)位势高度

图 13.15 为 ATMS 和 ATOVS 同化试验 500 hPa 72 h 预报场均方根误差时序图(a:温度、b:相对湿度、c:风速、d:位势高度)。如图 13.15a 所示,ATMS 和 ATOVS 资料同化试验

的500 hPa温度均方根误差相差不大，在整个积分过程中，均方根误差变化趋势较为一致。如图13.15b所示，ATMS同化试验的500 hPa相对湿度均方根误差小于ATOVS，这说明ATMS资料同化对500 hPa湿度场的调整效果优于ATOVS。图13.15c显示，在积分36 h以后，同化ATMS资料对500 hPa风场的调整效果明显好于ATOVS资料同化；从整个积分过程来看，同化ATMS资料好于同化ATOVS资料。图13.15d显示，两类卫星资料同化试验的500 hPa位势高度场均方根误差变化趋势与850 hPa的均方根误差变化趋势相似。

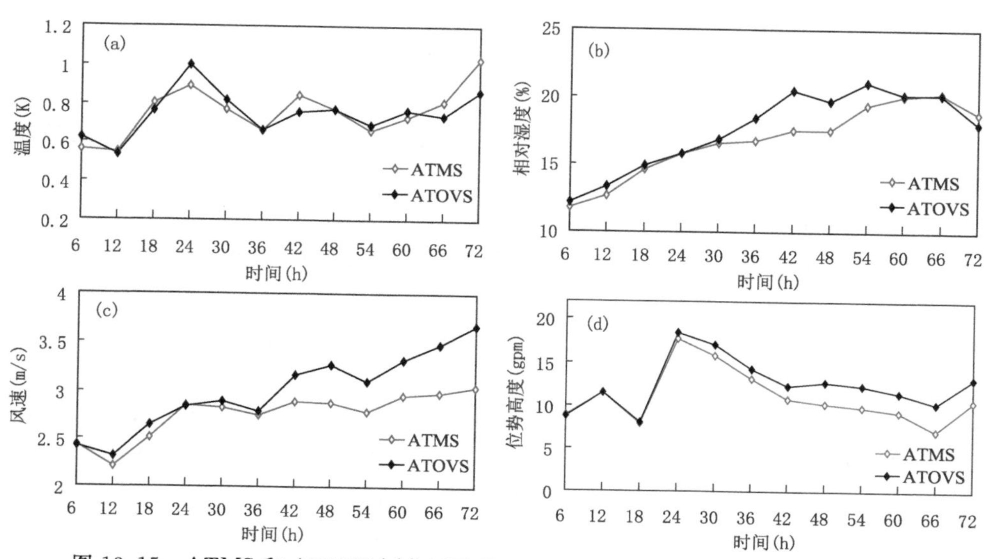

图13.15 ATMS和ATOVS同化试验的500 hPa 72 h预报场均方根误差时序图
(a)温度；(b)相对湿度；(c)风速；(d)位势高度

13.5 小结

本试验在WRFDA框架下，结合RTTOV快速辐射传输模式，研究了ATMS资料偏差订正方法，并构建了ATMS资料的偏差订正系统。结合统计的偏差订正系数，利用偏差订正系统，实现了ATMS资料的偏差订正，并开展了卫星资料同化对台风路径预报改进研究。主要结论如下。

(1)利用Harris等(2001)的经典离线卫星资料偏差订正方法，成功实现了ATMS资料偏差订正，偏差订正后观测残差概率分布更接近于均值为0的高斯分布。订正后，大多通道观测残差标准差有所降低。

(2)同化卫星微波亮温资料可以提高对台风路径的模拟精度，特别是在控制试验模拟的台风路径偏差较大时，显现出同化卫星资料的作用。但各种资料的同化效果不一样，对比ATOVS(AMSUA/MHS)资料同化，ATMS资料同化得到的模拟路径更接近实际观测路径。

(3)同化卫星资料对湿度场、风场和位势高度场产生不同程度的改善作用。分析ATMS资料和ATOVS(AMSUA/MHS)资料同化对850 hPa和500 hPa温度、相对湿度、风速及位势高度预报影响，可以得出：同化ATMS资料优于ATOVS(AMSUA/MHS)资料。这证明了ATMS资料具有较高的质量，在数值天气预报中具有较好的应用前景。

第14章 卫星AOD资料在空气质量预报中的应用

气溶胶光学厚度(aerosol optical depth,AOD)是表征大气气溶胶光学特征的最基本量。它可以用来推算大气气溶胶含量,是确定大气气溶胶辐射气候效应及大气污染程度的关键因子。卫星探测AOD资料具有资料一致性好、覆盖面积广和时空分辨率较高的特点,尤其是在常规观测资料不足的区域优势更为明显。如何利用卫星观测的AOD资料,提高大气化学模式预报的准确性具有重要研究意义。

AOD资料同化技术可以充分利用观测资料,提高空气质量预报精度。20世纪70年代,资料同化开始被引入空气质量预报领域;随着观测资料不断丰富和模式的不断改进,AOD资料同化研究也逐步得到了发展。如Collins等(2001)结合三维化学传输模式,利用最优插值法同化甚高分辨率辐射仪(AVHRR)AOD数据。Yu等(2003)、Generoso等(2007)、Adhikary等(2008)结合全球及区域化学传输模式,利用最优插值技术同化卫星反演气溶胶产品。Zhang等(2008)利用二维变分(2D-Var)方法,同化了MODIS三级AOD格点产品。研究表明,AOD资料同化能够显著提高气溶胶分析与预报系统(NAAPS)的全球气溶胶光学厚度分析能力,同时能够有效提高气溶胶预报能力。Niu等(2008)使用三维变分(3D-Var)的方法同化FY-2C反演的沙尘浓度资料,通过中国沙尘天气预报系统(GRAPES-CUACE/Dust)的研究结果表明3D-Var能有效提高沙尘天气短期预报能力。美国国家环境预测中心(NCEP)已将中分辨率光谱成像仪(MODIS)的AOD产品同化整合到业务使用的GSI系统中,Schutgens等(2010)使用局地集合转换卡尔曼滤波(LETKF)方法同化AERONET的AOD和Angstrom指数(AE)观测,研究表明,同化AOD观测资料能够提高全球AOD模式的预报能力,而仅当AOD很大时同化AOD才能改善模式预报效果。欧洲中期数值预报中心(ECMWF)已将气溶胶模式与分析系统整合进入业务使用的四维变分(4D-Var)同化系统中(Benedetti et al.,2009),同化MODIS AOD数据后的再分析资料应用研究表明同化AOD可以使背景场更加接近观测数据,并且能够有效地提高AOD的预报能力。

本研究采用三维变分同化方法,改进NOAA业务同化系统GSI,结合WRF-Chem大气化学模式,利用其GOCART方案的14个气溶胶变量作为分析变量,使用CRTM观测算子进行AOD的模拟,研制FY-3A AOD资料三维变分同化系统。通过对我国两次沙尘天气过程的研究,评价FY-3A AOD资料同化对空气质量预报影响。

14.1 研究区与资料

试验区(图14.1)覆盖中国、韩国、日本等在内的东亚地区,其经纬度范围为70°~150°E、0°

～60°N。网格距设置为 40 km，以中国中部四川盆地(107.46°E，30.09°N)为中心(图 14.1)。模式气象驱动场的初始条件和侧边界条件来自 NCEP 全球 1°×1°再分析资料，化学场的初始条件和侧边界条件来自 MOZART-4 模式(NCAR)每 6 h 的模拟数据。模式积分预报过程中的排放源使用 NOAA 中心的全球化学排放源数据集，并结合使用 ERDO 沙尘格点数据。

研究使用的气溶胶数据主要有 MODIS AOD 数据和 MERSI AOD 数据。MODIS AOD 数据为 MODIS Level 2(collection 051)气溶胶反演产品，产品空间分辨率为 10 km×10 km，包括来自 Terra 卫星的 MOD04_L2 数据集和来自 Aqua 卫星的 MYD04_L2 数据集。MERSI AOD 数据为我国风云三号 A 星(FY-3A) 搭载的中分辨率光谱成像仪(MERSI)的二级气溶胶反演产品。

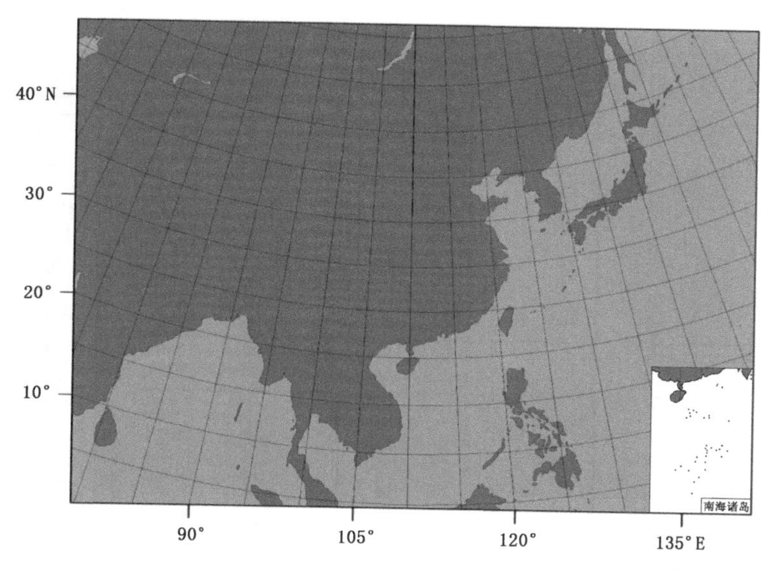

图 14.1　研究区域

14.2　背景误差协方差

本研究使用 NMC 方法，构造针对中国区域气溶胶变量的背景误差协方差矩阵。此方法是在假设不同时效的模式预报值之间的差额代表预报误差的前提下，用不同时刻预报同一时间的预报场之差作为预报误差的近似。公式如下：

$$\boldsymbol{B} = \overline{(x^b - x^t)(x^b - x^t)^T} \approx \alpha \times \overline{(x^{T_2} - x^{T_1})(x^{T_2} - x^{T_1})^T} \tag{14.1}$$

式中，$\boldsymbol{B}$ 是背景场误差协方差矩阵，x^b 是背景场，x^t 是真实场，x^{T_1} 和 x^{T_2} 分别表示同一时刻不同时效的两个预报场；本研究中，$T_1=12$ h，$T_2=24$ h。

14.2.1　误差标准差统计分析

背景误差标准差反映了模式预报的不确定性，在同化分析中决定着背景项的相对权重。图 14.2 所示为背景误差标准差的区域平均垂直廓线，单位为 μg/kg，这 14 种变量由 WRF-Chem/GOCART 方案模拟得到，分别是：疏水性的黑碳 BC1 和亲水性的黑碳 BC2(粒径 0.036

μm)、疏水性的有机碳 OC1 和亲水性的有机碳 OC2(粒径 0.087 μm)、四种粒径的海盐粒子 SeaSalt1～4(对应粒径 0.3 μm、1.0 μm、3.25 μm、7.5 μm)、五种粒径的沙尘粒子 Dust1～5(对应粒径为 0.5 μm、1.4 μm、2.4 μm、4.5 μm、8.0 μm)、硫酸盐粒子(粒径 0.242 μm)。如图所示,误差标准差与气溶胶粒子种类以及高度密切相关;随着高度的增加误差标准差越来越小,高层大气中气溶胶变量的背景误差标准差极小,随着高度的降低,标准差迅速增大,边界层内受到较强的湍流影响,气溶胶粒子可以得到充分的混合,加上边界层内较强的日变化,使得气溶胶变化幅度较大,因此误差标准差较大。

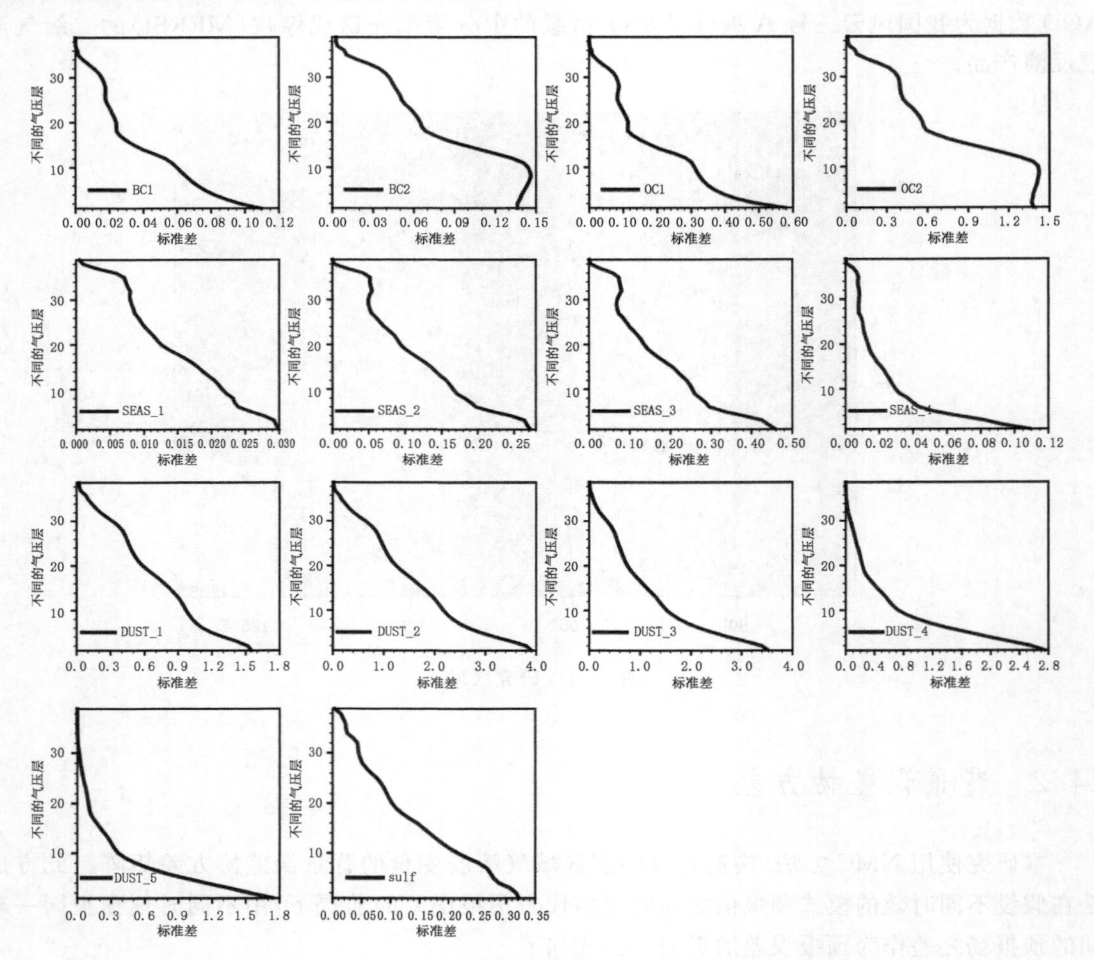

图 14.2　GOCART 气溶胶变量背景场误差标准差垂直廓线

14.2.2　递归滤波水平相关长度尺度分析

用于区域三维变分同化中的水平变换是递归滤波。递归滤波可以作用在不同的控制变量上。水平长度尺度是递归滤波的一个重要参数,它表征了观测与背景之间偏差的影响范围。图 14.3 为统计得到的 14 种气溶胶变量随垂直位置变化的水平长度尺度 s,单位为 km。如图所示,各变量的递归滤波长度尺度在边界层中较小,而在边界层以上则迅速增大,这说明了气溶胶各变量在边界层是局地性非常强的量,在边界层大气(1～2 km 处)中,观测对分析的影响主要集中在观测位置周围的局部格点。其中在边界层近地面高度，由于人类活动的影响，水平长度尺度有所增大；而在高层大气中，由于风速较大，受地形地表影响较小，对气溶胶粒子的输送作用加强，因此观测与背景之间偏差的影响范围较大。

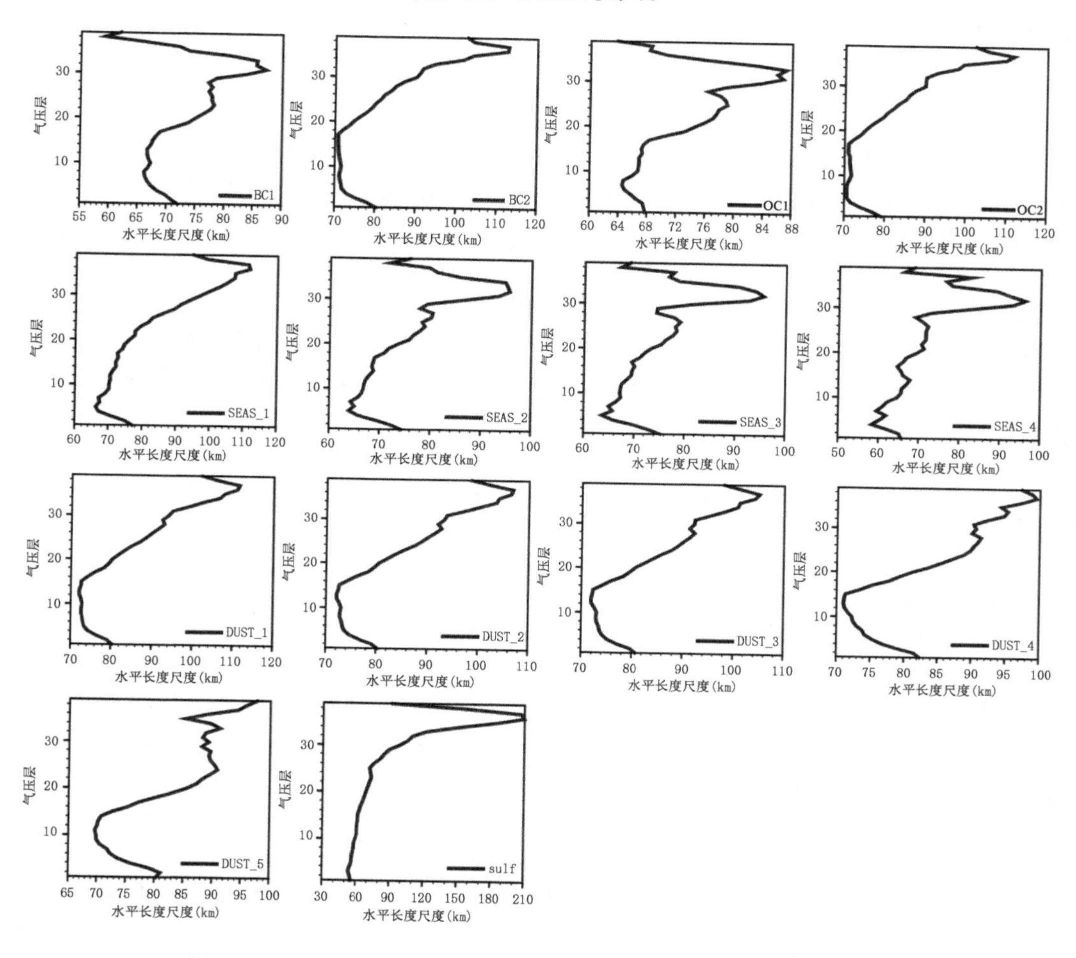

图 14.3　GOCART 气溶胶变量背景场误差水平长度尺度垂直廓线

14.3　AOD 观测算子

本研究通过在 GSI 同化系统中添加 CRTM_Aerosol 模块，建立 FY-3A AOD 观测算子，以 WRF−Chem/GOCART 模拟出的气溶胶廓线作为输入，进行 AOD 的模拟，实现 AOD 的直接同化。

气溶胶对于辐射传输中的散射和吸收效应取决于各种气溶胶粒子的粒径分布和折射指数。因为 CRTM 目前尚不具备处理非球形粒子的能力（董佩明等，2009；Kleespies et al.，2004）。首先假设气溶胶粒子为球形粒子，并假设其粒径分布满足正态分布。则气溶胶粒子的粒径函数可用下式表示：

$$n(\ln r) = \frac{N}{\sqrt{2\pi}\ln\sigma_g}\exp[-\frac{1}{2}(\frac{\ln r - \ln r_g}{\ln\sigma_g})] \tag{14.2}$$

式中，N 为气溶胶粒子数量，r 为粒子半径，r_g 为几何中值半径，σ_g 为几何平均标准偏差。粒径分布函数的 k 阶动差可表示为：

$$M_k = \int_{-\infty}^{\infty} r^k n(\ln r)\mathrm{d}\ln r = r_g^k \exp(\frac{k^2}{2}\ln^2\sigma_g) \tag{14.3}$$

式中，M_0 为气溶胶粒子数量 N，M_2、M_3 分别表示相对于地表面积和体积内气溶胶粒子总数的比例。因此可以计算出 14 种 WRF-Chem/GOCART 气溶胶变量的有效半径：

$$r_{\mathrm{eff}} = \frac{M_3}{M_2} = r_g \exp(\frac{5}{2}\ln^2\sigma_g) \tag{14.4}$$

对于硫酸盐、海盐以及亲水性的黑碳和有机碳颗粒物，在大气中容易潮解和吸湿增长，显著改变颗粒物的折射率和粒径分布，其粒径增长随着相对湿度(RH)的升高逐渐增大，对于吸湿性的气溶胶粒子，通过查找表可以得到有效半径的增长因子 a_g。并采用体积混合方法计算其折射指数：

$$n_r = n_w + (n_0 - n_w)a_g^3 \tag{14.5}$$

式中，n_0 为干气溶胶粒子折射指数，n_w 为水滴折射指数，a_g 为有效半径增长因子，n_r 为湿气溶胶粒子折射指数。

将得到的气溶胶粒子的粒径分布和折射指数结合米散射理论，可以求出各个类型气溶胶粒子在对应波长和大气层结中的质量消光系数 α，再利用下式计算得到光学厚度。

$$\tau_{ij}(\lambda) = \alpha(\lambda, i, r_{eff}) \times c_{ij} \quad (i = 1, 2, \cdots, 14) \tag{14.6}$$

式中，α 为质量消光系数，单位是 m^2/g，λ 为对应波长，i 为气溶胶类型，r_{eff} 为气溶胶粒子有效半径，单位是 μm，j 为大气层结，c_{ij} 为气溶胶柱总量，单位是 g/m^2，当模式垂直层数为 k 时，模式模拟出总的气溶胶光学厚度值为：

$$\tau_m(\lambda) = \sum_{j=1}^{k}\sum_{i=1}^{14}\tau_{ij}(\lambda) \tag{14.7}$$

由式(14.6)可以看出，AOD 与不同大气层上的气溶胶总量和消光系数线性相关。AOD 值的大小取决于对应的波长、气溶胶类型和粒子的有效半径，WRF-Chem/GOCART 模式 14 种气溶胶变量在 550 nm 波长的干气溶胶粒子光学特性如表 14.1 所示。

表 14.1 WRF-Chem/GOCART 模式 550 nm 波长干气溶胶粒子光学特性

气溶胶类型	粒子浓度(g/cm³)	有效半径(μm)	标准偏差(μm)	质量消光系数(m²/g)
Sulfate	1.7	0.242	2.03	1.13
OC1(亲水性)	1.8	0.087	2.20	2.65
OC2(疏水性)	1.8	0.087	2.20	2.65
BC1(亲水性)	1	0.036	2.0	9.16
BC2(疏水性)	1	0.036	2.0	9.16
SeaSalt1	2.2	0.3	2.03	2.59
SeaSalt2	2.2	1.0	2.03	0.90
SeaSalt3	2.2	3.25	2.03	0.24
SeaSalt4	2.2	7.5	2.03	0.097

续表

气溶胶类型	粒子浓度(g/cm^3)	有效半径(μm)	标准偏差(μm)	质量消光系数(m^2/g)
Dust1	2.6	0.5	2.0	1.61
Dust2	2.6	1.4	2.0	0.51
Dust3	2.6	2.4	2.0	0.27
Dust4	2.6	4.5	2.0	0.14
Dust5	2.6	8.0	2.0	0.076

FY-3A AOD 观测算子以 CRTM 快速辐射传输模式为基础，通过在 GSI 同化系统中添加 CRTM_Aerosol 模块，建立风云三号 AOD 数据的观测算子，以 WRF-Chem 模拟出的 GOCART 气溶胶廓线作为输入，进行 AOD 的正演模拟以及伴随的计算。

14.4　AOD 资料同化方案设计

表 14.2 给出了 3 种不同的同化实验方案设计。方案 A 为控制试验，不同化任何资料，从 2010 年 3 月 19 日 06 时向后积分做 24 h 预报，到 2010 年 3 月 20 日 06 时结束。

方案 B、C 为同化试验，其中方案 B 同化 MODIS AOD 资料，方案 C 同化 FY-3A/MERSI AOD 数据。两组试验均以 2010 年 3 月 19 日 00 时起报的 WRF-Chem 6 h 预报场作为背景场(spin-up 为 6 h)，同化 06 时的 AOD 资料，同化窗口设置为±3 h；将同化得到的分析场作为初始场，并更新模式的边界条件，向后积分 24 h。

14.2　同化试验方案设计

试验方案	试验名称	初始背景场	观测资料	积分时间
A	控制试验	2010 年 3 月 19 日 06 时	无	2010-03-19_06:00—2010-03-20_06:00
B	同化试验	2010 年 3 月 19 日 00 时 6 h 预报场	MODIS AOD 资料	
C		2010 年 3 月 19 日 00 时 6 h 预报场	FY-3A AOD 资料	

为进一步检验 FY-3A AOD 资料同化效果，选取另一个天气个例进行试验。以 2011 年 4 月 28 日—5 月 3 日的一次强沙尘暴过程为个例，数值模式参数化方案和试验方案设计与上个试验相同，从 2011 年 4 月 29 日 06 时向后积分做 24 h 预报，到 2011 年 4 月 30 日 06 时结束(表 14.3 所示)。同化时间为 2011 年 4 月 29 日 06 时，同化窗口设置为±3 h。通过同化我国 FY-3A/MERSI AOD 资料，比较卫星资料同化对分析场及预报场的调整效果。

表 14.3　试验方案设计

试验方案	试验名称	初始背景场	观测资料	积分时间
A	控制试验	2011 年 4 月 29 日 06 时	无	2011-04-29_06:00—2011-04-30_06:00
B	同化试验	2011 年 4 月 30 日 00 时 6 h 预报场	FY-3A AOD 资料	

为检验同化效果，考察同化前后 AOD 背景场、AOD 分析场和 AOD 卫星观测资料的一致性。同时，考察不同化卫星资料控制试验和同化卫星资料的同化试验 AOD 预报场与卫星观测及 AERONET 观测的一致性。

14.4.1　同化前后 AOD 模拟值分析

将同化之前背景场计算得到的 AOD、同化之后分析场计算得到的 AOD 分别与卫星观测值进行对比分析。两组同化试验均以 2010 年 3 月 19 日 06 时(UTC)为同化时刻，同化时间窗设为 6 h。在 MODIS AOD 同化试验中，系统共读取了来自 Terra 卫星的 41120 个观测点数据和来自 Aqua 卫星的 71514 个观测点数据，稀疏化之后进入模拟区域参与同化的观测点数量 Terra 卫星为 675 个观测点，Aqua 卫星为 1236 个观测点，进入同化分析观测点数共为 1911 个。FY-3A/MERSI AOD 同化试验中，系统一共读取了 2803301 个观测点，稀疏化之后进入模拟区域参与同化的观测点数量为 1005 个。为了检验同化之后观测资料对背景场的调整效果，图 14.4 给出同化前后卫星观测资料与模式模拟资料之间的关系散点图。(a)、(b)分别代表 MODIS 和 FY-3A 两组同化试验的结果，左图为同化前模拟和卫星 AOD 散点图，右边为同化后模拟和卫星 AOD 散点图。如图所示，利用分析场模拟的 AOD 值与卫星观测值更为接近，说明 AOD 资料同化对初始场有较大改进。

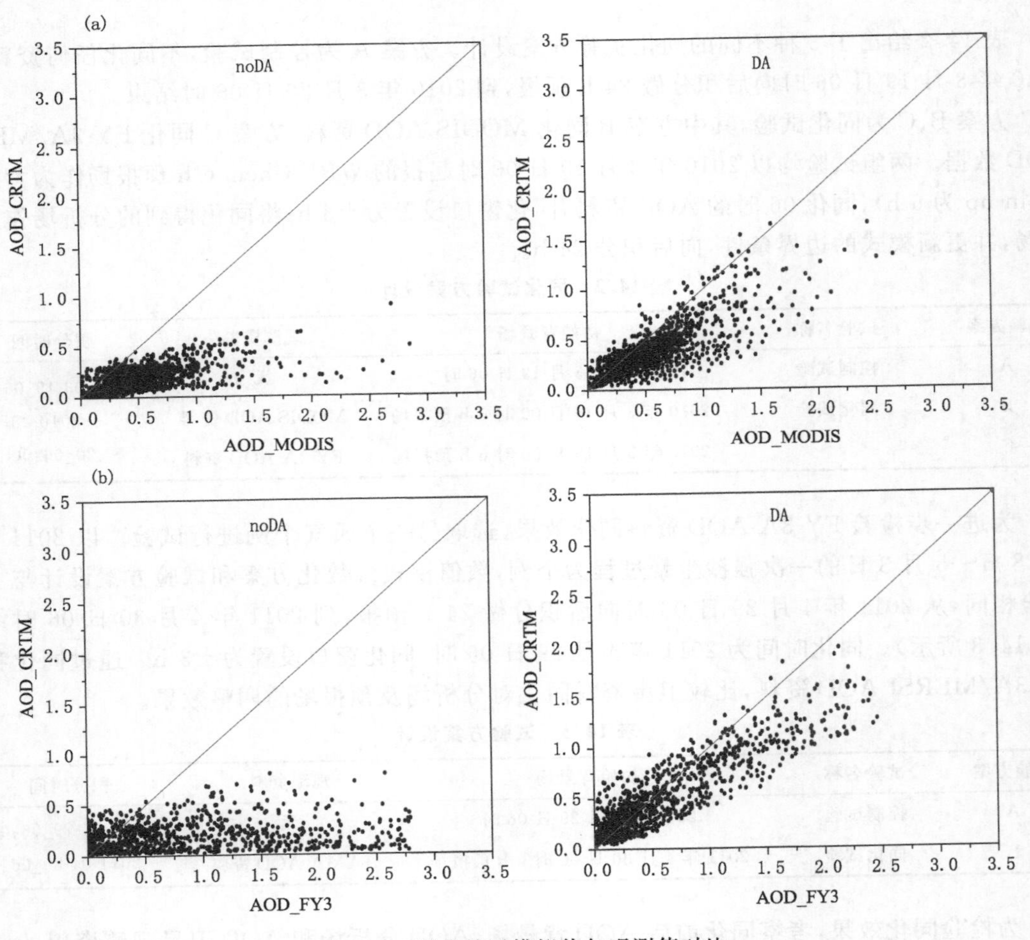

图 14.4　同化前后模拟值与观测值对比

(a)MODIS AOD 同化；(b)FY-3A/MERSI AOD 同化

表 14.4 为同化前后模拟与观测的误差统计。如表所示，基于背景场模拟的 AOD 值相比于卫星观测值偏小；相比于 MODIS AOD，FY-3A AOD 与模式模拟值的偏差更大。卫星 AOD 资料同化有效调整了背景场，分析场模拟的 AOD 与卫星观测之间偏差和均方根误差明显减小；其中，相比于 MODIS AOD 资料同化，FY-3A AOD 资料同化试验的 AOD 分析值误差更小，这表明 FY-3A AOD 资料同化对背景场的调整更优。

表 14.4　同化前后 AOD 模拟误差统计

		平均误差(ME)	均方根误差(RMSE)	相关系数(R^2)
MODIS AOD	同化前	0.289	0.415	0.353
AA	同化后	0.131	0.243	0.704
FY-3A/MERSI	同化前	0.613	0.856	0.014
AOD	同化后	0.097	0.206	0.786

14.4.2　AOD 水平分布分析

AOD 背景场较好地模拟出了西南区域缅甸、泰国等国家大片的气溶胶高值区。这片区域受热带季风气候影响，3 月冬末春初为当地的旱季，是农田、森林火灾高发期，背景场模拟出了大量的因生物质燃烧排放产生的污染物；但是，控制试验未能模拟出发生在中国北方的沙尘天气。同化卫星 AOD 资料后，分析场较好地再现了沙源区 AOD 高值区的分布，包括蒙古国西部和南部的沙地、内蒙古西部及周边的沙地以及新疆西北部的沙地。此外，分析场还模拟出了东北气旋导致的渤海湾、朝鲜半岛以及日本海附近的气溶胶浓度高值区。另外，对比 FY-3A 和 MODIS AOD 资料同化效果，在蒙古西北部、内蒙古西部、新疆中部、甘肃青海西北部、东北局部地区等，FY-3A AOD 资料同化的调整作用明显优于 MODIS AOD 资料同化。总体而言，同化后的 AOD 分析场与卫星观测更为接近，AOD 资料同化对背景场的调整起到了正效果。

14.4.3　消光系数场分析

AOD 资料同化对 500 hPa 以下的消光系数改善较明显，其中在 750 hPa(2 km)高度以下的调整作用较大；在边界层内气溶胶消光系数较大，同化后模拟结果更好反映了气溶胶消光系数的分布情况。在 950 hPa 近地层，AOD 同化对消光系数的调整具有调整范围小、区域集中、数量级大的特点。分析主要原因是由于近地面气溶胶粒子受到地形约束，城市建筑等影响，传播和输送能力较弱，并且较大粒径的沙尘气溶胶粒子具有较强的沉降作用，因此 AOD 资料同化主要调整了粒径较大的沙尘气溶胶消光系数的分布，主要包括蒙古国西部和南部的沙地、内蒙古西部及周边的沙漠和沙地，新疆中部的沙地，以及随着气旋和大风携卷至渤海湾、辽东半岛和东北局部以及日本海附近的沙尘分布区。在 850—750 hPa 大气层结中，AOD 资料同化对背景场消光系数的调整作用最大，大范围的调整都发生在该高度层中，分析主要原因是由于在这段高度层大气中，气溶胶多为混合型粒子，各种类型的气溶胶粒子得到充分的混合，加上受地形地表影响较小，风场对气溶胶粒子的输送作用加强。在 500 hPa 及以上高度层，虽然 AOD 资料同化对背景场也有所调整，但是在范围和数量级上都很小。

为了更好地分析 AOD 资料同化对整层大气消光系数调整作用，选取了青海西宁市(36.56°N，101.74°E)、甘肃兰州市(36.048°N，103.853°E)和韩国光州市(35.288°N，126.843°E)

三个站点，分析 AOD 资料同化前后 550 nm 大气消光系数廓线。如图 14.5 所示。AOD 资料同化对 500 hPa 以下的消光系数改善较明显，其中在 750 hPa(2 km)高度以下的调整作用最大。比较 MODIS 和 FY-3A AOD 资料同化的效果，在西部的青海西宁，FY-3A AOD 资料同化对消光系数场产生调整；在东部韩国光州，MODIS AOD 资料同化对消光系数场的调整作用明显；而在中部甘肃兰州，FY-3A 和 MODISAOD 资料同化对消光系数场的调整作用都较明显，且 FY-3A AOD 资料同化对消光系数场的调整作用更为明显。

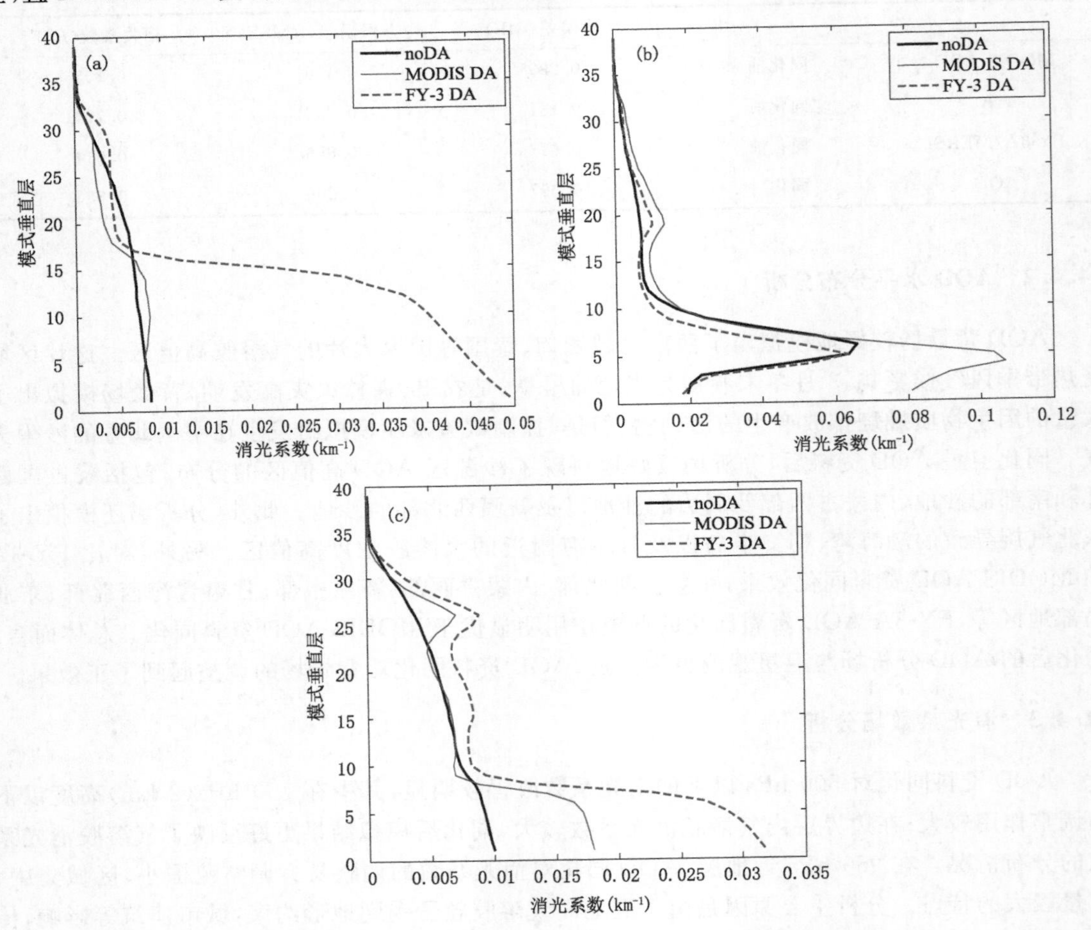

图 14.5　同化前后单站点消光系数(0.55 μm)垂直廓线
(a)青海西宁；(b)韩国光州；(c)甘肃兰州

14.4.4　AOD 预报场分析

按照试验方案设计，可以分别得到控制试验和同化试验的预报结果。模式起报时刻为 2010 年 3 月 19 日 06 时(UTC)，每 3 h 输出一次预报结果，直到 3 月 20 日 06 时(UTC)结束。比较同化前后的预报场，可以发现，相比于控制试验，同化 AOD 观测资料之后，模拟出的 AOD 值在中国西北地区、东北平原及辽东半岛、东南沿海以及韩国－日本海－日本区域均有较大的改善。其中，同化 FY-3A AOD 资料对我国西北部地区沙尘的分布和移动的模拟改善效果更为明显。

同化试验表明:同化 AOD 资料之后,模式 24 h 预报场在气溶胶分布和高值区上与卫星观测更为一致。模式起报 24 h 之后,气旋东移和强度减弱,但气旋后部的大风区继续维持,并影响我国华北、江淮地区。相比于控制试验,同化试验很好地模拟出其次沙尘过程。通过比较发现,同化试验模拟的结果与 MODIS 卫星观测更接近。这表明 AOD 资料同化很好地改善了模式初始场信息,从而改进了 AOD 数值预报效果。

14.4.5 AERONET 站点实测对比分析

AERONET(aerosol robotic network)气溶胶观测网使用 CE318 型太阳光度计进行气溶胶地基观测,目前在全球分布有 500 多个站点,提供全球不同气溶胶类型区的 AOD Angstrom 指数、反演参数产品和可降水量数据。AERONET 产品有很高的精度,其误差在 0.01～0.02 之间,AERONET 数据在气溶胶卫星遥感产品和模式产品的验证等方面发挥了重要作用。图 14.6 分别为兰州、北京、南京、太湖、韩国光州、日本六个测站各个预报时次气溶胶光学厚度预报和观测时序图,包含从 2010 年 3 月 19 日 06 时—20 日 06 时共 24 个时次,模式每一小时输出一次预报结果,AERONET 站点数据只在个别时刻有可用数据。如图所示,正常无污染天气情况下,控制试验预报的 AOD 值在 0.1 左右,同化试验预报的 AOD 值在 0.2 左右,同化试验的预报结果较控制试验改进不大,且只在一定范围内小幅波动。在有沙尘污染天气过程的时刻,同化对预报的改进效果明显。从起报时刻 2010 年 3 月 19 日 06 时(UTC)开始, 沙尘首

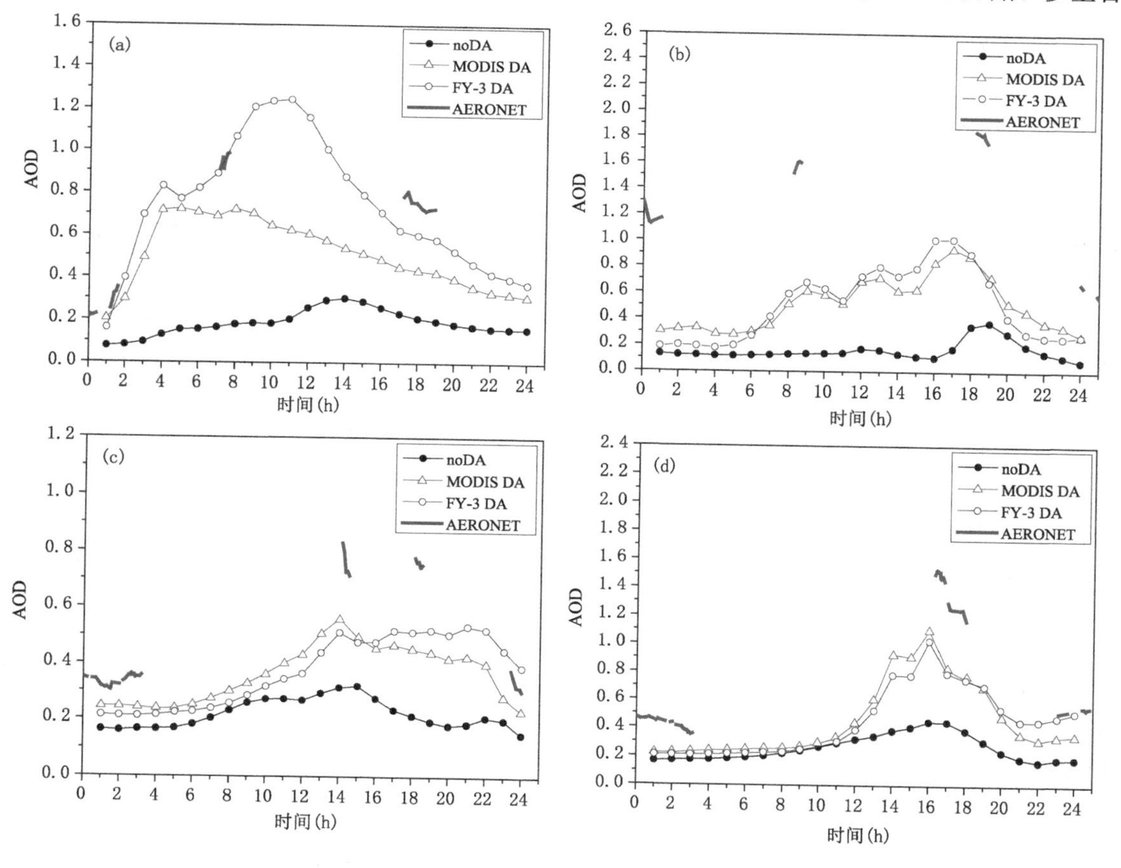

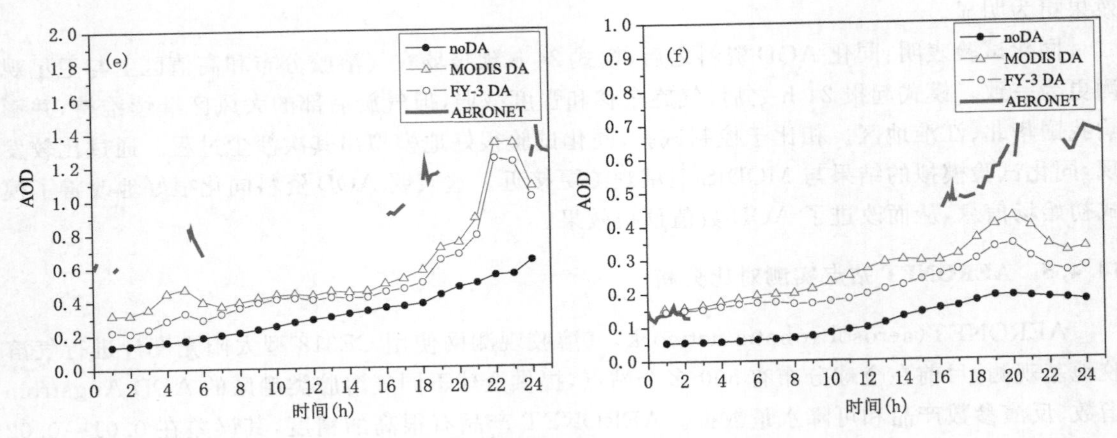

图 14.6　气溶胶 AOD 24 h 预报时序图

(a)兰州；(b)北京；(c)南京；(d)太湖；(e)韩国光州；(f)日本

先影响兰州，兰州在模式起报 4 h 之后预报值达到第一个最大值，并持续上升，同化 FY-3A AOD 资料的预报效果明显好于 MODIS，在 11 h 左右达到第二个峰值，预报结果与地基实测数据吻合。沙尘在西风和南下冷空气的作用下，分别向东部和南部移动，从 6 h 之后的预报值可以看出北京的 AOD 持续攀升，南京 14 h 的预报值达到最大，同化 FY-3A AOD 的预报效果也比 MODIS 略好。随后太湖测站 16 h 的预报和实测也达到峰值。之后，沙尘气溶胶继续东移，20 h 之后在韩国和朝鲜模式预报与实测数据显示达到最大。

14.5　小结

本研究结合 WRF-Chem 预报，在 GSI 同化系统基础上，开发了我国风云三号 AOD 资料同化系统，实现了 FY-3A AOD 资料的有效同化，并评价了 AOD 资料同化对空气质量预报的影响。主要结论如下。

(1)构造的针对中国区域的各气溶胶变量的背景误差协方差矩阵较好地反映了各个气溶胶变量背景误差的垂直特征，误差标准差与气溶胶粒子种类以及高度密切相关；各变量的递归滤波水平长度尺度在边界层中较小，而在边界层以上则迅速增大，表明气溶胶各变量在边界层是局地性非常强的量，边界层大气(1～2 km 处)观测对分析的影响主要集中在观测位置周围的局部格点。

(2)同化 AOD 观测资料对背景场起到了较好的调整作用，经过同化调整之后的分析场 AOD 分布与卫星实际观测更为接近。同化分析对 500 hPa 之下消光系数场改善较明显，其中在 750 hPa(2 km)高度以下的调整作用最大。

(3)AOD 资料同化对数值预报产生了积极的效果。相比于控制试验，AOD 资料同化对消光系数场的改善主要发生在 500 hPa 之下；同化试验的 AOD 的预报场与卫星实际观测更接近；AOD 24 h 预报时序更能体现 AOD 的变化趋势，预报结果与 AERONET 观测网的实测更加吻合。

第 15 章　臭氧和甲烷卫星产品在气候模式中的同化应用

臭氧资料同化。臭氧(O_3)是大气中一种重要的微量气体，是平流层大气的重要组成成分之一。平流层臭氧可以吸收紫外辐射，起着保护地球生态系统的作用，而其辐射加热又会影响平流层热力和动力，并通过平流层与对流层相互作用，影响着对流层气象要素变化。对流层也存在少量臭氧，因其可以吸收地球长波辐射，是一种温室气体；此外，近地面臭氧又常被当作一种污染气体。综上所述，开展大气臭氧的研究工作，对于全球气候变化和环境污染都具有非常重要的意义。

大气臭氧浓度主要由站点实测得到。从全球范围来看，站点分布较稀疏，很难实现全球高分辨率测量。卫星可以实现 O_3 垂直探测，获得时空分辨率更高的 O_3 观测资料。但由于卫星观测范围的限制，卫星臭氧探测也存在一定的局限性。数值模式的发展为研究臭氧提供了新的思路。如何将模式预报和卫星观测的大气层 O_3 资料进行融合(即 O_3 资料同化)，获得更准确的大气层 O_3 分布资料，是大气 O_3 研究的一个重要课题。

近年来，随着臭氧观测资料的不断丰富，欧美国家已成功将臭氧同化应用于业务再分析系统。目前臭氧资料同化主要采用三维变分、四维变分和集合卡尔曼滤波方法。如 Eskes 等(2003)利用三维变分技术研究臭氧资料同化，证实了臭氧资料同化可以改善全球臭氧三维分布。Errera 等(2008)在 CTM 化学传输模式中使用四维变分同化技术同化观测数据，同化结果表明四维变化同化改进了臭氧和其他化学成分的分析与预报。Kiesewetter 等(2010)利用卡尔曼滤波同化方法同化卫星臭氧资料，得到了 29 年的臭氧数据集。四维变分同化和集合卡尔曼滤波同化对比研究表明：两者在臭氧同化中效果相当。在对不同模式的适用性上，集合卡尔曼滤波同化技术具有一定的优势。

目前，国内有关臭氧资料同化研究主要有关地面观测站臭氧资料同化。如唐晓等(2013)基于集合卡尔曼滤波方法，建立了一个区域空气质量资料同化系统，进行了地面臭氧观测资料的同化试验，试验结果表明同化明显改善了观测站点的臭氧预报。然而，国内尚未开展有关对流层到平流层的臭氧资料同化研究。

为实现 O_3 卫星观测资料同化，需构建 O_3 预报和同化系统，本研究结合模式预报技术和资料同化技术，构建了通用地球系统模式——集合卡尔曼滤波同化系统(CESM-ENSRF)，并分析了卫星 O_3 资料同化对模式预报的影响。

甲烷资料同化。甲烷(CH_4)为最重要的温室气体之一，其温室效应(20%)仅次于二氧化碳(CO_2)。自工业革命以来，大气中的甲烷含量迅速增加，目前其含量已是工业化前的两倍多。虽然甲烷在大气中的含量远低于二氧化碳，但相同质量下甲烷的温室效应比二氧化碳大

25 倍。因此，大气中甲烷的持续增长会对地球的辐射平衡产生效应，进而影响全球气候变化。甲烷还是大气中最重要的化学活性含碳化合物，其改变了大气中 OH 和 CO 浓度，在大气 O_3 和 H_xO_y 的化学过程中起着重要作用。甲烷的观测试验始于 20 世纪 60 年代，1983 年起，世界气象组织(WMO)相继在全球范围内建立了大气本底观测站网，该观测站除了可以实现其他气象要素的观测，也可以对近地面层大气甲烷浓度进行连续监测。但由于观测站分布密集度有限，全球许多地方并无甲烷观测，其他甲烷观察实验数据也较为有限，因此至今对甲烷的全球分布及其变化规律认识仍有较大不足。

卫星遥感由于其具有空间分辨率高、数据稳定性好、时间持续性强等优点，成为探测大气甲烷的有效手段。CH_4 在红外 7.66、3.3 和 2.3 μm 光谱段具有较强吸收，这些波段被用于甲烷的卫星遥感探测。2002 年 5 月发射升空的美国 Aqua 卫星，搭载了 AIRS(atmospheric infrared sounder)仪器，该传感器是一个高光谱红外传感器，可以实现对流层中高层 CH_4 探测。此外，美国 NASA Aura 卫星上装载 MLS(microwave limb sounder)(Waters et al.，2006)、Aqua 卫星上的 AIRS 资料(Susskind et al.，2006)、欧洲空间局 ENVISAT 卫星上装载的 GOMES(Bertaux et al.，2000)、SCIAMACHY(Bovensmann et al.，1999)和 MIPAS (Fischer et al.，2008)及 MetOp 卫星上携带的 IASI。另外，掩星探测也可获得大气臭氧信息，如 NASA 的 HALOE(halogen occultation experiment)和加拿大的 ACE 卫星；它们都可以实现大气 CH4 的垂直探测。

近年来，随着 CH_4 资料不断丰富，欧美国家已成功将平流层 CH_4 同化应用于业务再分析系统(Massart et al.，2014)。同化后的 CH4 再分析资料应用研究表明：同化 CH_4 可以改善全球 CH_4 三维分布，改善平流层温度和风场预报，并在研究平流层低层与对流层高层 CH_4 传输上发挥了重要作用。平流层 CH_4 同化主要采用三维变分、四维变分和集合卡尔曼滤波方法。由于集合卡尔曼滤波同化方法，不需要模式的伴随；因此，随着模式的改进，原同化系统仍然适用；但对于四维变分同化，预报模式改动后，同化系统也需要改动。此外，集合卡尔曼滤波同化技术相比与变分同化技术另外一个优势在于，集合卡尔曼滤波同化所使用的背景误差协方差具有流依赖特征。因此，从理论上来讲，集合卡尔曼滤波同化比变分同化更具有优势。本项目将采用集合卡尔曼滤波同化方法，研究卫星甲烷资料同化的关键问题，构建甲烷廓线同化和预报系统，对卫星甲烷资料进行再分析，为气候变化研究提供精度更高的甲烷再分析资料。

15.1 CESM-ENSRF 同化预报系统的构建

15.1.1 CESM 模式及 O_3 和 CH_4 模拟

O_3 和 CH_4 资料同化依赖于 O_3 和 CH_4 数值预报，研究中使用通用地球系统模式 CESM (community earth system model)，实现对 O_3 和 CH_4 的数值模拟。CESM 是一种完全耦合的气候模式。它是由美国国家大气研究中心(NCAR)在 CCSM4.0 基础上发展来的，是目前被广泛使用的地球系统模式之一。模式的研究对象包括了大气、海洋、陆面和冰圈，设计过程中考虑了大气化学、生物地球化学和人文过程。模式采用了模块化的设计理念，包括有大气、陆地、海洋、海冰、陆冰等几大模块以及一个用来综合管理各模块的耦合器 cpl7。CESM 使用现阶段比较成熟的模式作为它的各个模块，比如：大气模块采用 CAM 模式，海洋模块采用 POP

模式,陆地模块采用 CLM 模式,海冰模块采用 CICE 模式,陆冰模块采用 CISM 模式。模式中的每个模块都有 active,data,dead,stub 等几种工作状态,根据实验目的和实验要求用户可以自己选择相应的模块组合形式(component set),具有很强的灵活性和可移植性。模式预报的水平范围可以覆盖全球,预报高度从对流层直到热层,这对于在平流层分布占多数的臭氧的预报模拟研究提供了很好的支持。

CESM 模式作为一个地球系统模式,需要运行一定时间进行 spin up,使模式趋于平衡。本研究从 2004 年 6 月 30 日开始预报,积分 45 d,得到 2004 年 8 月 12 日的臭氧模拟资料,并将 8 月 12 日的预报场作为后续试验的初始场。CESM 模式的安装运行前需要确保编译器、文件库、数学库、并行库等基本软件已成功安装。

在新建个例之前需要做如下准备工作。

(1)模式下载:通过 linux 下的 SVN 命令下载源代码,SVN 命令也可以用来升级模式版本。具体命令为 svn cohttps://svn-ccsm-release. cgd. ucar. edu/model_versions/cesm1_0 cesm1_0_4。

(2)输入数据下载:模式的输入数据由 NCAR 在专门的数据下载网站上提供(svn-ccsm-inputdata. cgd. ucar. edu/trunk/inputdata),可以根据研究需要下载对应的数据。

(3)配置文件移植:修改模式内置支持机器的环境配置文件,使其与自己的机器环境相匹配。CESM 模式有专门的 Machines 目录,可以根据机器环境选择对应的配置文件做修改。本次实验主要通过以下三个文件来完成机器环境配置:env_machopts. generic_linux_intel、Macros. generic_linux_intel、mkbatch. generic_linux_intel。

在准备工作完成后按照下面步骤完成模式的安装运行。

(1)新建个例:命令为 ./create_newcase,需要设置的参数如表 15.1 所示。

表 15.1　新建个例主要参数说明

主要参数	参数说明	本研究设置
—case	新建个例名称	test
—res	模式分辨率	f19_g16 代表的分辨率为水平分辨率为经纬度 1.9°×2.5°,垂直方向分为 66 层
—compset	模式的模块组合设置	F_2000_WACCM 主要以 WACCM 大气模式为主
—mach	指定机器配置文件	test_generic_linux_intel
—scratchroot	指定执行目录	在其后输入目录路径,使生成文件保存在该目录下
—din_loc_root_csmdata	指定输入数据	data_diretory 代表上一步下载的输入数据的路径
—max_tasks_per_node	设置每个节点上最大的运行任务数	根据使用的大型机条件,本次实验设置为 12

(2)配置模式:命令为 ./configure,需要设置的参数如表 15.2 所示。

表 15.2　模式配置主要参数说明

主要参数	参数说明	本研究设置
RUN_STARTDATE	模式起始时间	2004-06-30
STOP_OPTIONSTOP_N	设置运行时间	ndays　45 两个参数联合表示运行 45 天
CAM_NAMELIST_OPTS	预报文件输出频率	—24 1 天一个输出文件
NTASKS_ATM、NTASKS_ICE NTASKS_LND、NTASKS_CPL NTASKS_OCN	对每个模块设置其可运行的最大任务数	根据机器条件,将其设置为 120

(3)建立模式：命令为./build，使上一步的设置生效，产生符合要求的可执行文件。

(4)运行模式：运行命令为./ccsm.exe，因运行时间较长，可以根据机器配置选择是否进行断点运行。

依照上述步骤，我们成功运行得到了全球臭氧浓度分布。图15.1为CESM模式模拟的全球臭氧廓线分布的纬向平均图，单位为ppmv①。从图中可以看到，臭氧主要集中在平流层附近，其浓度在赤道上空10 hPa附近达到最大，随纬度升高浓度递减。这是由于热带地区太阳辐射最为强烈，O_3的产生率最高，模拟的臭氧浓度的垂直分布规律与实际情况较为一致。综合来看，CESM模式能较好地模拟出全球对流层到热层的臭氧廓线分布，可用于平流层臭氧预报软件。图15.2～15.5分别展示了CESM模式模拟的10 hPa全球臭氧分布，0.2 hPa全球甲烷分布，700 hPa全球温度分布以及700 hPa全球相对湿度分布。

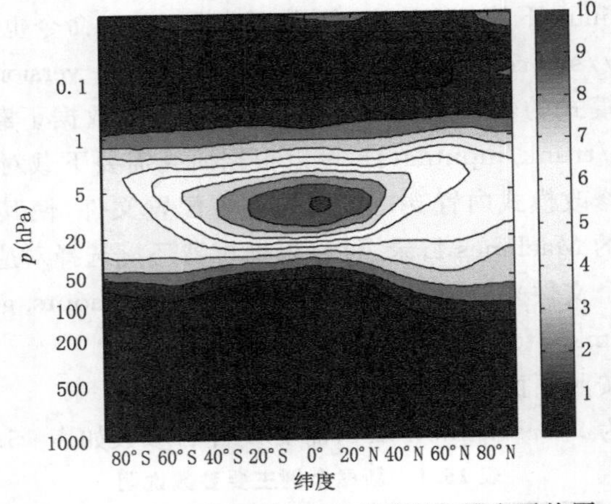

图15.1　2004年8月13日全球臭氧纬向平均图

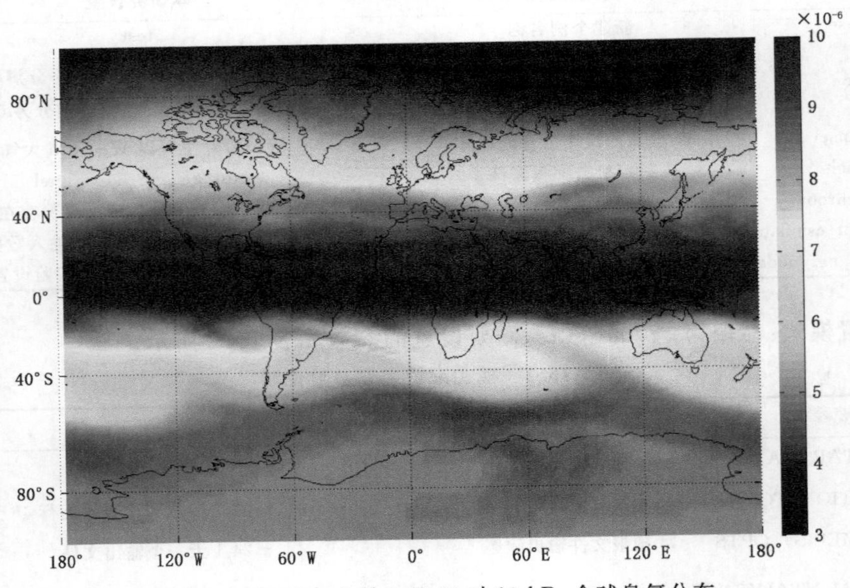

图15.2　2008年8月8日00时10 hPa全球臭氧分布

① 1 ppmv$=10^{-6}$(体积分数)，下同。

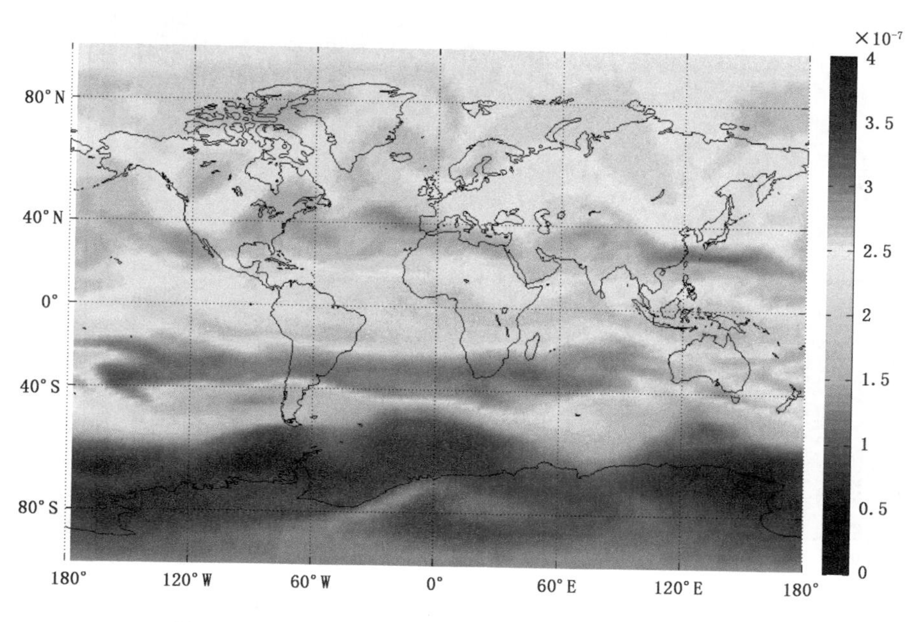

图 15.3　2008 年 8 月 8 日 00 时 0.2 hPa 全球甲烷分布

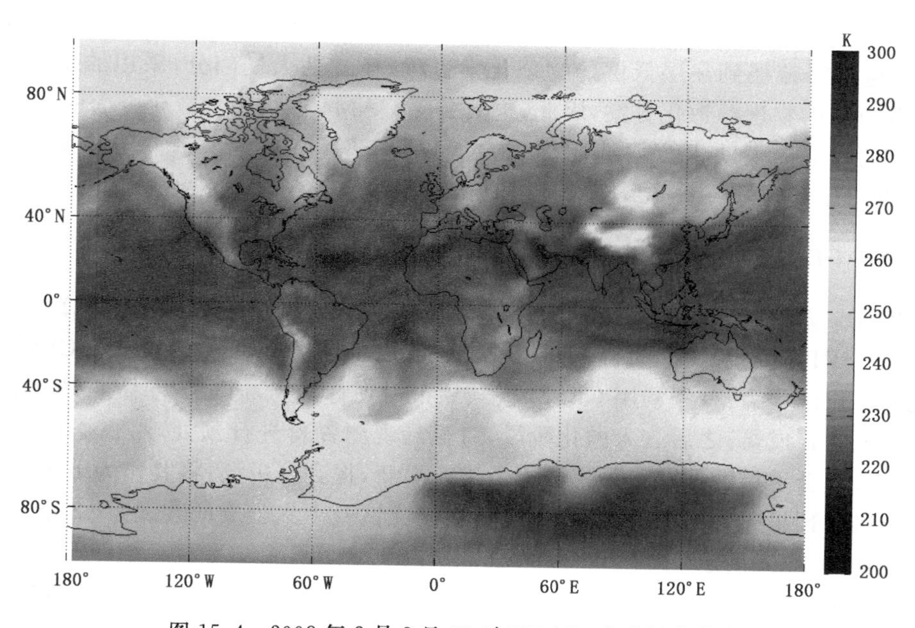

图 15.4　2008 年 8 月 8 日 00 时 700 hPa 全球温度分布

通用地球系统模式 CESM 包括大气、陆地、海洋、海冰、陆冰等模块以及一个用来综合管理各模块的耦合器 cpl7。CESM 使用已经成熟的模式作为它的各个模块，是完全耦合的气候模式，用户可以根据需要选择合适模块的组合，具有很强的灵活性和可移植性。模式预报的水平范围可以覆盖全球，预报高度从对流层直到热层，可用于研究主要分布在平流层的臭氧。

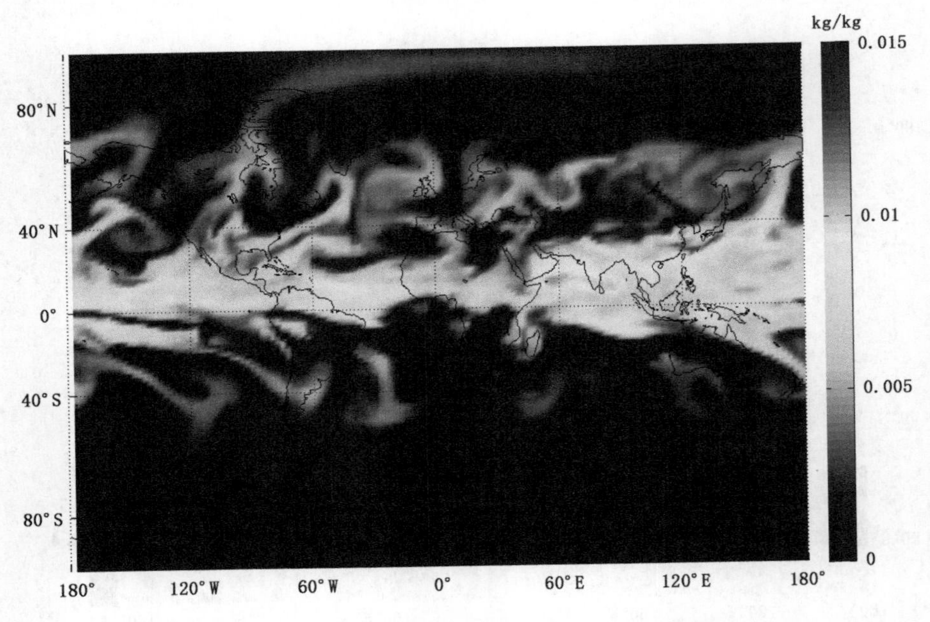

图 15.5　2008 年 8 月 8 日 00 时 700 hPa 全球湿度分布

试验中选用的模块组合形式为 F_2000_WACCM，该模块组合以 WACCM 模式为主。模式的动力部分采用了有限体积动力框架；大气化学部分使用 M0ZART-3 模式（Kinnison et al.，2007），包括对流层到热层低层的物理化学过程；模式的大气部分，采用的是 CAM4 的模式方程及其所有的物理参数化方案，因此，也具备了 CAM4 在物理参数化方面的优势。

本次试验模式的模块组合均选用 F_2000_WACCM，模式在水平方向分辨率为 1.9°×2.5°，垂直方向按气压分为 66 层，模式预报时长为 24 h。

15.1.2　CESM-ENSRF 同化系统设计

基于集合平方根滤波理论，结合 CESM 模式预报技术，使用 Fortran90 计算机语言，研制了 CESM-ENSRF 同化系统。为提高计算效率，系统采用了模块化的理念。CESM-ENSRF 同化系统的工作流程为：首先利用 CESM 模式预报得到背景场，通过卫星资料统计扰动振幅，对其加扰生成集合成员；之后进入同化阶段，对卫星观测资料进行预处理，根据集合平方根滤波的相关公式结合卫星数据对背景集合成员进行更新，得到分析场；将其作为下个时刻模式的初始场进行集合预报。参考相关文献，臭氧资料同化试验中集合成员数设为 32 个。系统的主要工作流程如图 15.6 所示。

CESM-ENSRF 采用模块化的理念设计完成，系统主要包含了 6 个子模块：输入输出模块、加扰模块、分析统计模块、同化主模块、通用库以及一些处理程序。其中，输入输出模块用来对模式的预报文件以及卫星观测数据进行读写；加扰模块用于对背景场加扰动，生成集合成员；分析统计模块主要用于计算偏差、均方差、集合离散度和一些集合特征；同化主模块是同化系统的核心部分，包括同化主程序和 ENSRF 更新方程的程序；通用库中主要存放一些较为通用的数学计算程序；处理程序主要为与同化相对独立的一些程序。图 15.7 给出了 ENSRF 同化系统的模块结构。

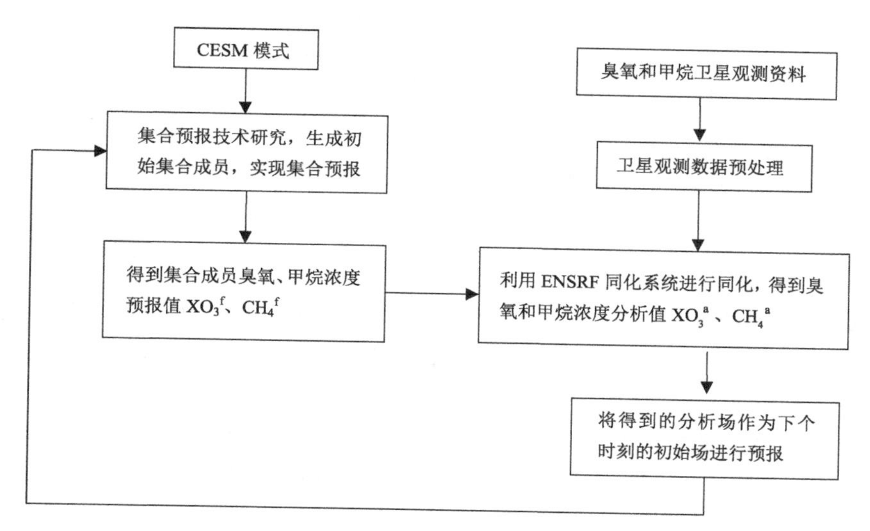

图 15.6　CESM-ENSRF 系统流程图

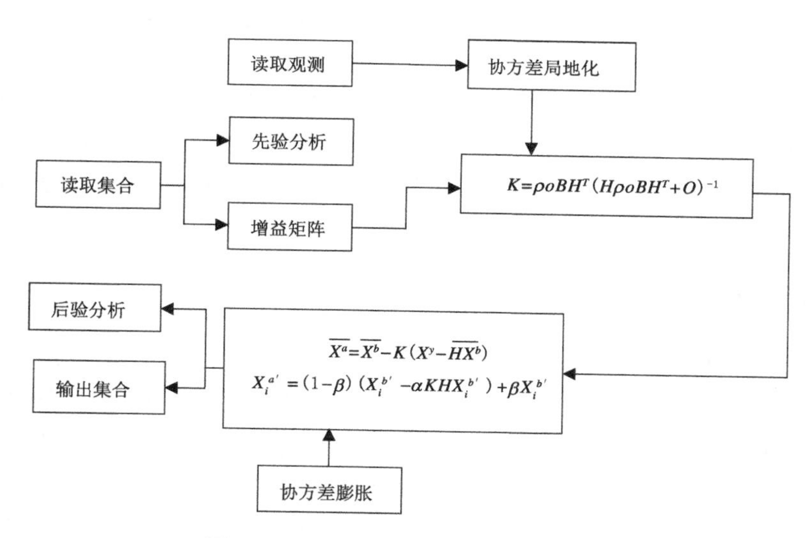

图 15.7　ENSRF 系统模块化设计框架

由于当前大部分主流模式及子程序系统中主要采用 Fortran 编写，为了方便将来的调用，本系统中所有程序文件都按照 Fortran90 标准格式编写完成。表 15.3 中列出了各模块中包含的子模块和相应的程序。

表 15.3　各同化模块包含的子模块和相应的程序

同化模块中包含的程序
输入输出模块 read_real_snd. f90　get_info_from_cdf. f90　output_data. f90
加扰模块 init_ens_sub. f90　init_ens. f90
分析统计模块 mean_cal. f90　ens_spread. f90　std_cal. f90　rms_cal. f90　output_rmse. f90

续表

同化模块中包含的程序
同化主模块 ensrf_sub. f90 ensrf. f90 hph_cal. f90 assimilate_sounding_cal. f90 localization_cal_snd. f90 zzh_cal. f90 simple _ local. f90 kalman _ cal. f90 innovate _ xstat. f90 inflation _ cal. f90 relax _ inflation _ scheme. f90merge_local
通用库 lib. f90 GASDEV
周边处理程序 calculate. f90 run. sh

同化系统创建了臭氧和甲烷卫星资料的同化程序。考虑到将来可能增加其他观测资料(温度、湿度)同化模块，为了加入新模块时对原文件做尽可能少的改动，对系统做了下面的设计。

①对不同类型的观测资料采取顺序同化，根据观测资料的特点编写相应的同化处理模块。某一类型的观测资料是否同化，可以根据 ensrf. input 中相应的开关控制。

②将所有同化所需的变量按一定的顺序放入向量 $\boldsymbol{X}$ 中，同化程序可以按照 EnSRF 同化理论的公式进行编写。观测变量存放在 $\boldsymbol{HX}$ 向量中，针对不同类型的观测资料，只需要对 $\boldsymbol{HX}$ 做出相应的修改，而 EnSRF 方程的其他部分程序可以不做修改，原样调用，减少了在加入新的观测资料时需要修改的程序代码的数量。

然而，第二项设计会使得模式变量在转换到 $\boldsymbol{X}$ 矩阵的过程中对内存的需求变大，在使用变量的三维格点下标时，需要将其与 $\boldsymbol{X}$ 中的下标进行转换，一定程度上会增加计算量，但在集合成员数和观测变量相对不多的情况下，这个缺点对程序的正常运行以及计算效率产生的负面影响不会太大。

15.1.3 系统中相关方案

15.1.3.1 *初始场扰动*

集合卡尔曼滤波同化需要多个集合成员，研究中一般采用初始场扰动方法产生多个成员。集合卡尔曼滤波同化中初值场扰动的构造是否合理，生成的集合成员是否正确，能否反映该时刻真实的大气状态，对最终的分析和预报结果有着很大影响。

由于使用的 MLS O_3、CH_4 资料精度高，本研究以 MLS O_3 资料为标准，统计其与背景初猜值的偏差标准差，将其作为扰动振幅，结合符合正态分布的全局随机扰动完成对背景场进行加扰：

$$X'_b = X_b + \text{ranpert} \times \text{std} \tag{15.1}$$

$$\text{std} = \sqrt{\frac{\sum_{i=1}^{n}((X_{bi} - y_i) - \overline{X_{bi} - y_i})^2}{n}} \tag{15.2}$$

式中，X'_b 为加扰后背景场，X_b 为原背景场，ranpert 为满足正态分布的三维随机扰动系数。std 为背景场与卫星观测数据之间的偏差标准差，y_i 为卫星观测。

15.1.3.2 *协方差膨胀*

随着模式向前积分，由于采样误差和模式误差的影响，会产生滤波发散现象，各集合预报成员的差异减小，集合成员统计特征并不能代表预报误差。协方差膨胀可以有效解决集合卡尔曼滤波中的滤波发散问题。

研究中，综合使用一般协方差膨胀方案（regular variance inflation）和松弛膨胀（relax inflation）方案。其中，一般协方差膨胀方案公式为：

$$X_i^{b\mathrm{inf}} = \sqrt{\beta}(X_i^b - \overline{X^b}) + \overline{X^b} \tag{15.3}$$

式中，β 为膨胀因子，通常为一个大于 1 的常数，系统中取值为 1.5，$X_i^{b\mathrm{inf}}$ 为膨胀后的背景场，X_i^b 和 $\overline{X^b}$ 分别为膨胀前背景场及背景场均值。使用简单协方差膨胀方案后，背景场中各集合成员的离散度得到增加，使得后续分析过程中集合成员不会太过发散。

松弛膨胀法是 Zhang 等(2004)提出，可以表达为：

$$X_{\mathrm{new}}^{a'} = (1-\alpha)X^{a'} + \alpha X^{b'} \tag{15.4}$$

式中，$X_{\mathrm{new}}^{a'}$ 为新的分析扰动场，$X^{a'}$ 为原分析扰动场，$X^{b'}$ 为背景扰动场，α 为可调系数，其取值一般在 0～1 之间，系统中取值为 0.5。松弛膨胀法通过对分析扰动场和背景扰动场进行加权使分析扰动发生变化。使用松弛协方差膨胀后，改变了分析误差协方差，但分析场平均没有变化，而且由于在协方差膨胀中背景扰动场参与了计算，分析场的协调性也有了一定的改善。

15.1.3.3　协方差局地化

为解决远距离观测虚假相关问题，同化系统引入了局地化方案，通过协方差局地化，超过一定距离的观测和背景场之间将不相关，对于距离内的观测，利用相关函数计算其相关系数。本研究的 CESM-ENSRF 系统引入的是 Houtekamer 等(2001)提出的协方差局地化的方案。该方案在水平和垂直方向均采用了一个五阶距离相关函数——“schur”算子，计算相关系数。其公式为：

$$\rho = \begin{cases} f_1(z/c) & 0 \leqslant |z| \leqslant c/4 \\ f_2(z/c) & c/4 \leqslant |z| \leqslant c/2 \\ f_3(z/c) & c/2 \leqslant |z| \leqslant 3c/4 \\ f_4(z/c) & 3c/4 \leqslant |z| \leqslant c \\ 0 & |z| \geqslant c \end{cases} \tag{15.5}$$

式中，f_1、f_2、f_3、f_4 分别为：

$$f_1(w) = -\frac{28w^5}{33} + \frac{8w^4}{11} + \frac{20w^3}{11} - \frac{80w^2}{33} + 1 \quad (w = z/c) \tag{15.6}$$

$$f_2(w) = \frac{20w^5}{33} - \frac{16w^4}{11} + \frac{100w^2}{11} - \frac{45w^2}{33} + \frac{51}{22} - \frac{7}{44w} \tag{15.7}$$

$$f_3(w) = -\frac{4w^5}{11} + \frac{16w^4}{11} - \frac{10w^3}{11} - \frac{100w^2}{33} + 5w - \frac{61}{22} + \frac{115}{132w} \tag{15.8}$$

$$f_4(w) = \frac{4w^5}{33} - \frac{8w^4}{11} + \frac{10w^3}{11} + \frac{80w^2}{33} - \frac{80w}{11} + \frac{64}{11} - \frac{32}{33w} \tag{15.9}$$

式中，z 为观测点距待更新格点的距离，c 为根据经验定义的局地化距离。

在经过局地化计算后，EnSRF 的分析方程变为：

$$\overline{X^a} = \overline{X^b} + \rho o K(X^y - H\overline{X^b}) \tag{15.10}$$

$$X_i^{a'} = X_i^{b'} - \rho o \alpha K H X_i^{b} \tag{15.11}$$

15.2 基于 CESM-ENSRF 系统 MLS 臭氧和甲烷廓线资料同化试验

15.2.1 卫星数据

本研究使用的同化数据为 MLS(微波临边探测器)的臭氧和甲烷廓线数据(3.3 版)。MLS(微波临边探测器)搭载在美国 NASA 发射的 Aura 卫星上的探测器,Aura 卫星为 EOS(地球观测系统)系列的第三颗卫星,于 2004 年 7 月 15 日发射升空,其上搭载了 MLS(microwave limb sounder)、OMI(ozone monitoring instrument)、TES(tropospheric emission spectrometer)和 HIRDLS (high resolution dynamics limb sounder)等观测仪器,能够提供全球每天的 O_3 层、CH_4 和一些气候参数方面的观测资料(图 15.8),其观测有助于认识平流层和对流层对 O_3 物理和化学过程。

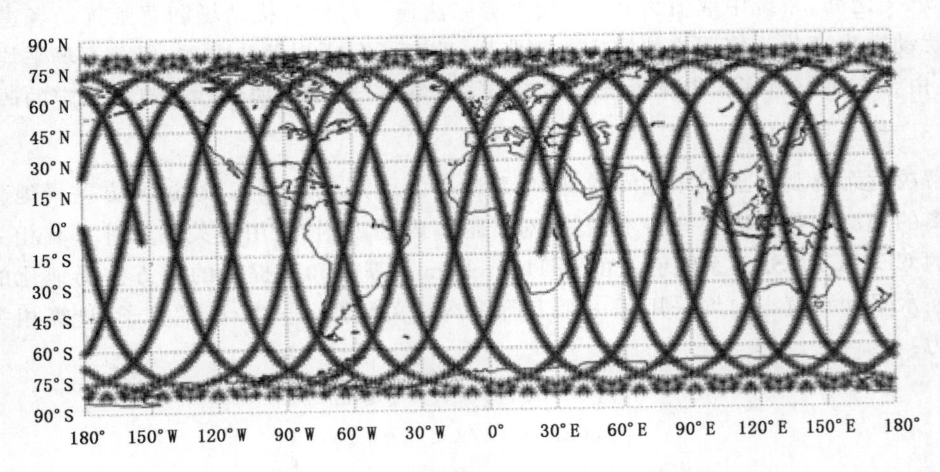

图 15.8　2004 年 8 月 13 日卫星的运行轨迹图

MLS 资料主要用于气候变化、平流层以及平流层与对流层交换等方面的研究,既可用于反演 O_3、H_2O、BrO、ClO、HCl、HOCl、HO_2、HCN、CO、HNO_3、N_2O 和 SO_2 混合比的垂直廓线,也可用于反演云含水量、含冰量和温度。MLS 资料的分辨率在 3 km 左右,探测范围在南北纬 82°之间,基本可以认为覆盖了全球。各廓线之间的间隔大小约为 1.5°(约 165 km),完成每条廓线扫描的时间间隔为 24.7 s。

关于 Aura-MLS 产品的验证工作已有较多结果:Froidevaux 等(2006)将其与其他卫星数据、飞机气球观测数据以及站点观测数据做对比,结果显示 MLS 的平流层臭氧数据(1.5 版)在平流层的不确定度大致在 5%量级以内。Jiang 等(2007)对 MLS2.2 的臭氧数据的验证结果显示在 150—3 hPa 臭氧廓线与探空结果比较一致,其全球的平均误差在 8%以内。作为最新的 3.3 版本,臭氧的误差进一步得到改善,在平流层上层的改善达到 50%。

综上所述,MLS 臭氧廓线数据精度很高,可用于同化应用研究;此外,也将其作为验证数据来,对构建 CESM-ENSRF 系统做进一步评估。由于卫星数据与模式的空间分布并不完全一致,为了便于计算,利用 matlab 对卫星数据进行了插值处理,将其插值到模式的格网点上。

15.2.2 臭氧资料同化试验

15.2.2.1 试验设计

CESM 模式作为气候模式，使用时需要进行一段时间的 spin up，试验中使用 CESM 模式从 2004 年 6 月 30 日 12 时，预报到 2004 年 8 月 12 日 12 时。从 2004 年 8 月 12 日 12 时驱动 CESM 模式，作 24 h 预报，将该 24 h 预报场作为同化试验的初始场。

为检验臭氧资料同化对模式预报效果的改进，设计了两组试验(表 15.4)。

方案 A 为控制试验，不同化任何观测资料，从 2004 年 8 月 13 日 12 时开始进行 24 h 预报，预报 2004 年 8 月 14 日的全球臭氧分布。

方案 B 为同化试验，在 2004 年 8 月 13 日 12 时背景场基础上，利用构建的 CESM-ENSRF 系统，同化 8 月 13 日的 MLS 臭氧廓线数据，得到 8 月 13 日 12 时的分析场。使用该分析场，驱动 CESM 模式，作 24 h 预报，得到 2004 年 8 月 14 日的 24 h 臭氧预报场。

表 15.4 臭氧资料同化方案设计

试验方案	试验名称	初始背景场	观测资料	积分时间
A	控制试验	8 月 12 日 12 时 24 h 预报场	无	24 h
B	同化试验	8 月 12 日 12 时 24 h 预报场	MLS 臭氧廓线	

15.2.2.2 同化试验结果分析

试验中，统计各气压层模式模拟与卫星观测数据之间的平均误差 ME、平均相对误差 MRE 和均方根误差 RMSE，分析臭氧卫星观测资料同化对分析场和预报场改进作用。

(1)分析场比较

以卫星观测资料为标准，统计背景场和分析场(2004 年 8 月 13 日 12 时)模式各气压层臭氧的均值(图 15.9a)、方差(图 15.9b)、平均偏差(图 15.9c)和相对误差(图 15.9d)。如图 15.9 所示，臭氧主要分布在 100 hPa 以上的平流层，在 200—0.1 hPa 高度臭氧浓度值较大，并在 0.01 hPa 和 5 hPa 高度处存在 2 个浓度分布峰值。对比背景场和同化分析场，同化对整个大

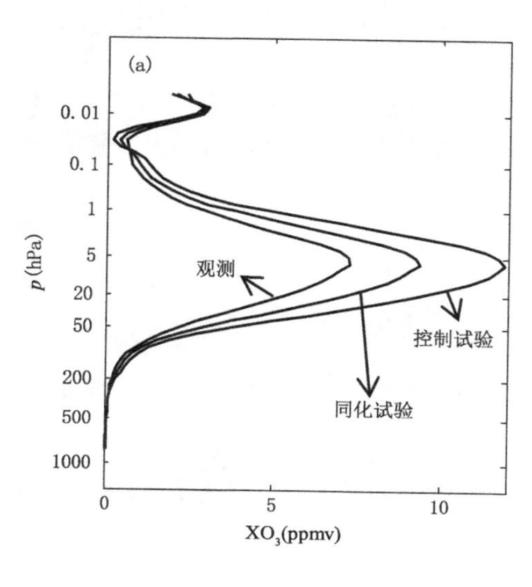

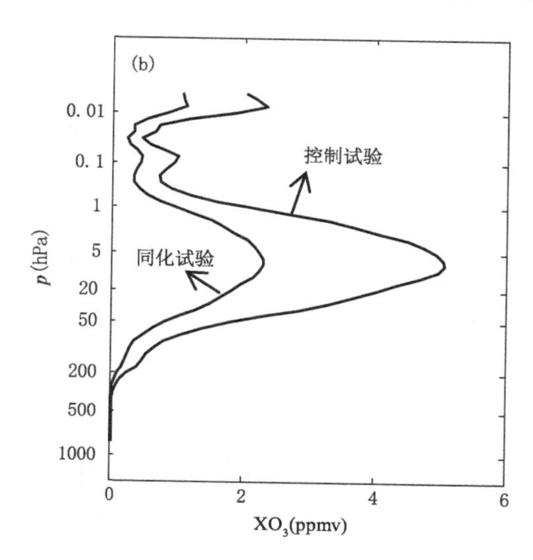

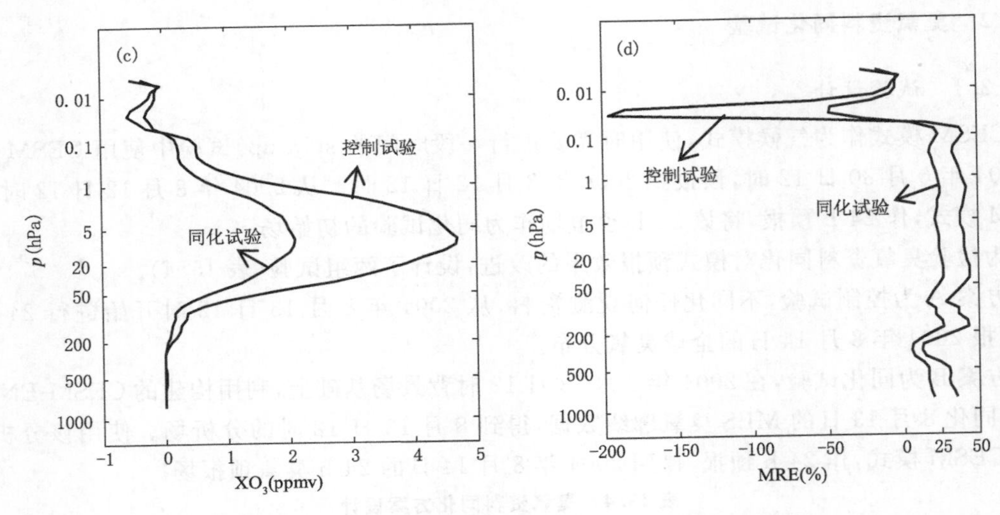

图 15.9　同化前后背景场与分析场比较

(a)各层平均值;(b)各层均方差;(c)各层平均误差;(d)各层平均相对误差

气层臭氧背景场都有明显调整(图 15.9d),绝对误差分布图(图 15.9b、c)显示调整幅度最大位置出现在臭氧浓度最高的 5 hPa 附近大气层。总体而言,分析场较背景场更接近卫星观测,整体改善效果明显。

图 15.10 为 2004 年 8 月 13 日全球臭氧观测场、背景场、分析场、背景与观测差值场、分析与观测差值场。统计背景与观测的偏差以及分析与观测差的偏差,分别为 199.11 DU 和 91.07 DU,分析场较背景场偏差减少 108 DU(54.27%)。

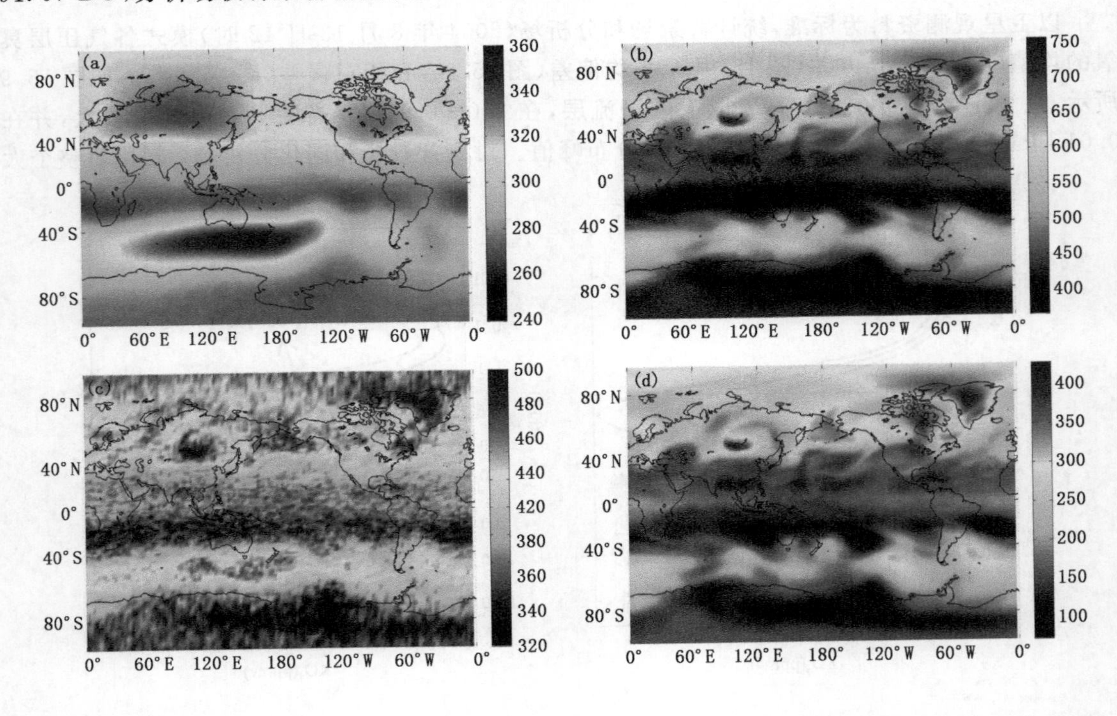

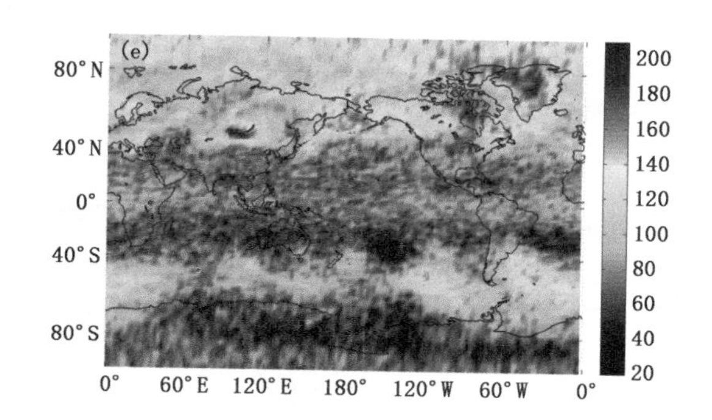

图 15.10 2004 年 8 月 13 日全球臭氧观测场(a)、背景场(b)、分析场(c)、背景与观测差值场(d)、分析与观测差值场(e)(单位:DU)

以 30 个地基观测的臭氧柱浓度为参考,对比同化前后背景场和分析场的臭氧总柱,并统计它们的误差(表 15.5)。分析臭氧背景场和分析场发现,CESM 模拟的臭氧浓度偏高,通过臭氧卫星观测资料同化,能有效减少臭氧模拟误差。

表 15.5 同化前后数值模拟的臭氧总柱误差

O_3	偏差(DU)	均方根误差(DU)
背景场	185.76	188.86
分析场	92.92	96.28

(2)预报场比较

以卫星观测资料为标准,统计控制试验和同化试验模式的 24 h 预报场(2004 年 8 月 14 日 12 时)各气压层臭氧的均值(图 15.11a)、方差(图 15.11b)、平均偏差(图 15.11c)和相对误差(图 15.11d)。对比同化试验和控制试验的预报场,资料同化对 1 hPa 高度以下的臭氧预报有明显调整(图 15.11d),绝对误差分布图(图 15.11b、c)显示调整幅度最大位置出现在臭氧浓度最高的 5 hPa 附近大气层。但在 1 hPa 高度以上,同化并没有显示出应有的效果,这可能是由于在该高度模式的参数化方案还不够完善,初始场的改进在预报过程中很快发散了。但该高度的臭氧对于气候变化影响很小,整体来看,同化后预报场较控制试验的预报场更接近卫星观测,尤其是在平流层区域,整体改善效果明显。

综上所述,构建的 CESM-ENSRF 同化系统有效实现了臭氧卫星资料同化,卫星臭氧资料同化对臭氧分析和预报精度有较大改进。

15.2.3 甲烷卫星资料同化试验

15.2.3.1 试验设计

为检验 CESM-ENSRF 同化预报系统的效果,并评价 MLS 甲烷卫星资料同化对甲烷浓度分析和预报的影响,设计了两组试验,如表 15.6 所示。

方案 A 为控制试验,不同化任何观测资料,从 2004 年 8 月 13 日 12 时开始进行 24 h 预报,预报到 2004 年 8 月 14 日 12 时。

方案 B 为同化试验,以 2004 年 8 月 13 日 12 时的预报场为背景场,利用构建的 CESM-

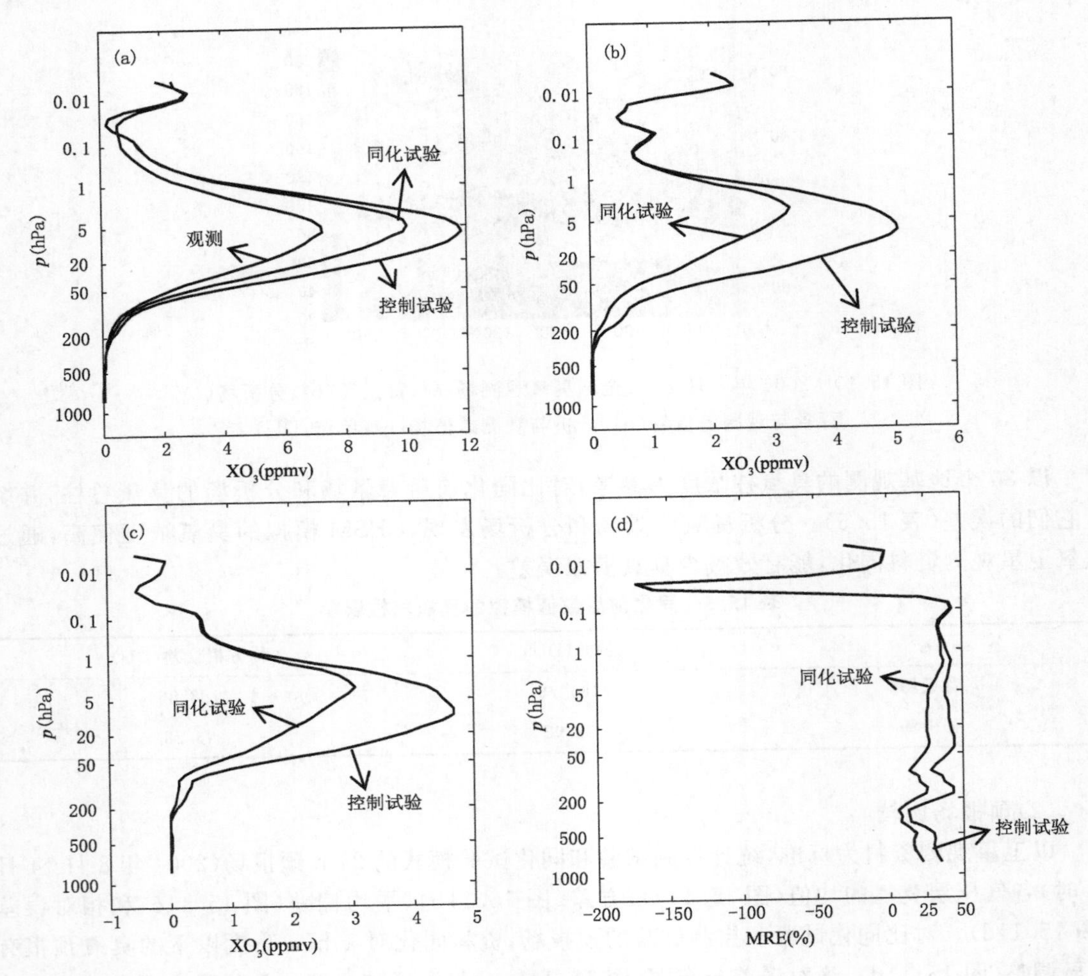

图 15.11　同化前后预报场比较

(a)各层平均值；(b)各层均方差；(c)各层平均误差；(d)各层平均相对误差

ENSRF 系统，同化 8 月 13 日的 MLS 甲烷廓线数据，获得 8 月 13 日 12 时的分析场；利用分析场驱动 CESM 模式，作 24 h 预报，预报到 2004 年 8 月 14 日 12 时。

表 15.6　甲烷资料同化方案设计

试验方案	试验名称	初始背景场	观测资料	积分时间
A	控制试验	8 月 12 日 12 时 24 h 预报场	无	24 h
B	同化试验	8 月 12 日 12 时 24 h 预报场	MLS 甲烷廓线	

15.2.3.2　同化试验结果分析

为检验资料同化效果，以 MLS 卫星观测作为标准，分别计算背景场、分析场及预报场与卫星观测之间的平均误差 ME 和均方根误差 RMSE，它们的定义分别为：

$$ME = \frac{1}{n}\sum_{i=1}^{n}(X_i - Y_i) \tag{15.12}$$

$$\mathrm{RMSE}=\sqrt{\frac{1}{n}\sum_{i=1}^{n}(X_i-Y_i)^2} \tag{15.13}$$

式中，n 代表样本总数，X_i 代表模式模拟甲烷浓度，Y_i 为 MLS 观测的甲烷廓线数据。

(1)分析场比较

以卫星观测资料为标准，统计控制试验和同化试验 2004 年 8 月 13 日 12 时模式各气压层甲烷预报场的均值(图 15.12a)、均方根误差 RMSE(图 15.12b)、平均偏差 BIAS(图 15.12c)。如图 15.12 所示，甲烷主要分布在 20 到 35 km 的平流层，并随高度增大浓度减少；相比于卫星观测，模式预报值偏大，同化后分析场离观测更为接近。对比控制试验和同化试验误差(图 15.12b)，同化试验甲烷分析值的均方根误差更小，且同化试验甲烷分析值的偏差也更小。这说明本研究构建的 ENRF 同化系统能有效改善平流层甲烷资料的分析。

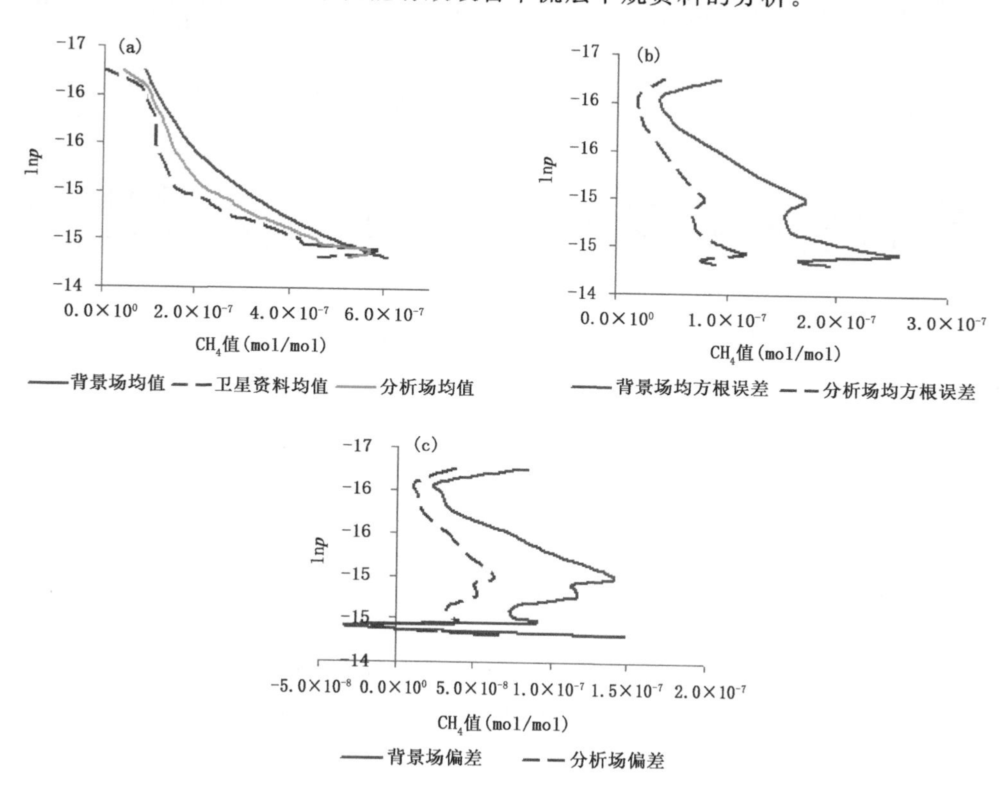

图 15.12　同化时刻各高度的 CH_4 背景场、分析场及卫星资料均值分布(a)、背景场和分析场均方根误差(b)、背景场和分析场偏差(c)

图 15.13 为 2004 年 8 月 13 日全球平流层甲烷观测场、背景场、分析场、背景与观测差值场、分析与观测差值场。统计背景与观测的偏差以及分析与观测差的偏差，分别为 1.19 DU 和 0.56 DU，分析场较背景场偏差减少 52.9%，说明甲烷卫星资料同化有效改善了分析场。从甲烷观测场和背景场来看，甲烷主要分布在南北纬 40°以内，相对于观测场模式在赤道附近地区的预报值偏低，而在中纬度到高纬度地区模式的预报值偏高。对比分析场和背景场的偏差，甲烷卫星资料同化有效减小了模式在高纬度地区的正偏差，并有效调整了在赤道附近地区的负偏差，全球各地区分析场误差在±1 DU 以内。

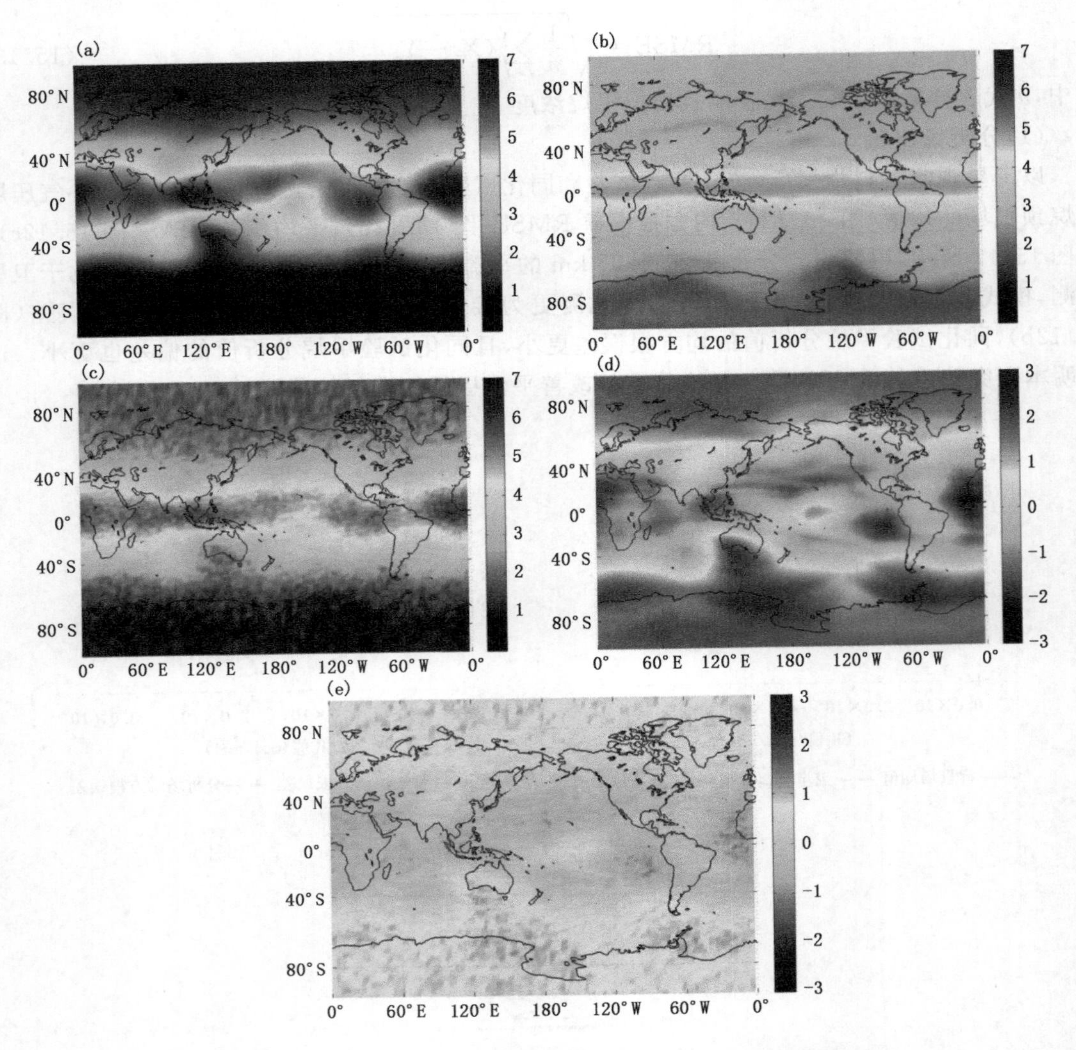

图 15.13 2004 年 8 月 13 日全球甲烷观测场(a)、背景场(b)、分析场(c)、背景与观测差值场(d)、分析与观测差值场(e)(单位:DU)

(2)预报场比较

为考察 MLS 甲烷资料同化对甲烷 24 h 预报影响,对比控制试验 24 h 预报场、同化试验 24 h 预报场及卫星资料在不同高度的水平方向均值分布(图 15.14a)、控制试验 24 h 预报场和同化试验 24 h 预报场均方根误差(15.14b)、控制试验 24 h 预报场和同化试验 24 h 预报场偏差(15.14c)。如图所示,同化试验甲烷的 24 h 预报结果相比于控制试验更接近于卫星观测(图 15.14a),且同化试验甲烷的 24 h 预报场均方根误差和偏差都小于控制试验(图 15.14a、b)。这说明 MLS 甲烷资料同化有效改进了全球甲烷的 24 h 预报。

对比控制试验和同化试验的分析场和预报场,本研究构建的 CESM-ENSRF 系统实现了卫星甲烷资料有效同化,同化后模式的初始场得到了明显改善,而且初始场的改善对模式的 24 h 预报也产生了积极的影响。

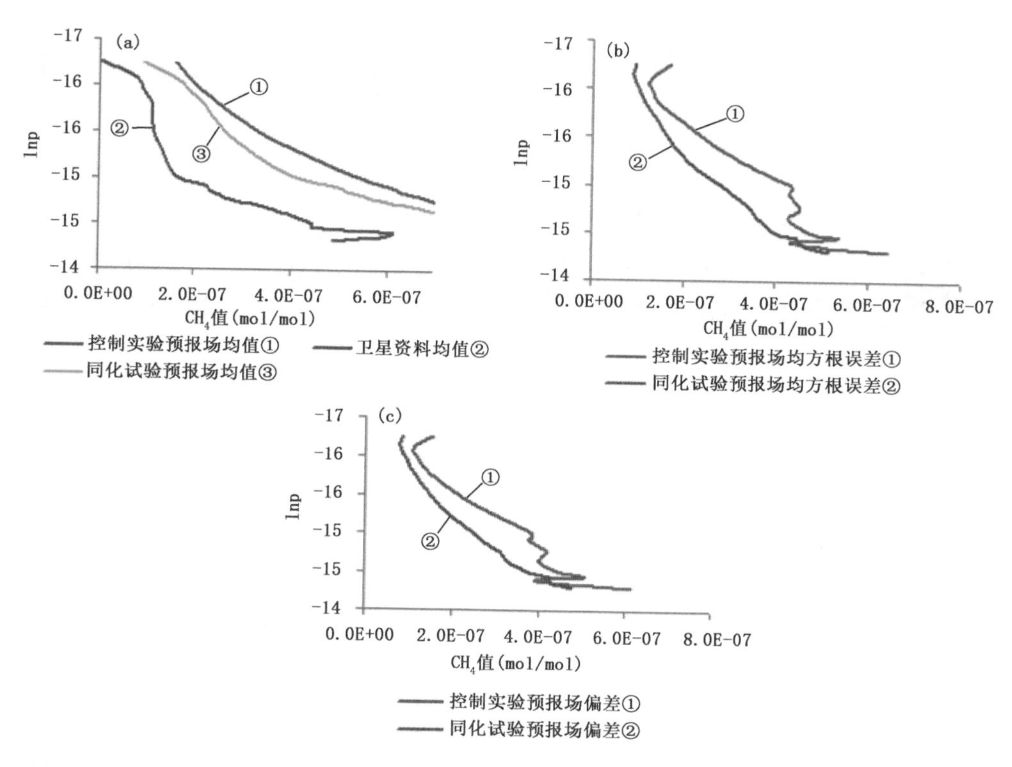

图15.14 控制试验24 h预报场、同化试验24 h预报场及卫星资料在不同高度的水平方向均值分布(a)、控制实验24 h预报场和同化试验24 h预报场均方根误差(b)、控制实验24 h预报场和同化试验24 h预报场偏差(c)

图15.15为2004年8月13日全球平流层甲烷观测场、背景场、分析场、背景与观测差值场、分析与观测差值场。统计背景与观测的偏差以及分析与观测差的偏差,分别为1.19 DU和0.56 DU,分析场较背景场偏差减少52.9%,说明甲烷卫星资料同化有效改善了分析场。从甲烷观测场和背景场来看,甲烷主要分布在南北纬40°以内,相对于观测场模式在赤道附近地区的预报值偏低,而在中纬度到高纬度地区模式的预报值偏高。对比分析场和背景场的偏差,甲烷卫星资料同化有效减小了模式在高纬度地区的正偏差,并有效调整了在赤道附近地区的负偏差,全球各地区分析场误差在正负1 DU以内。

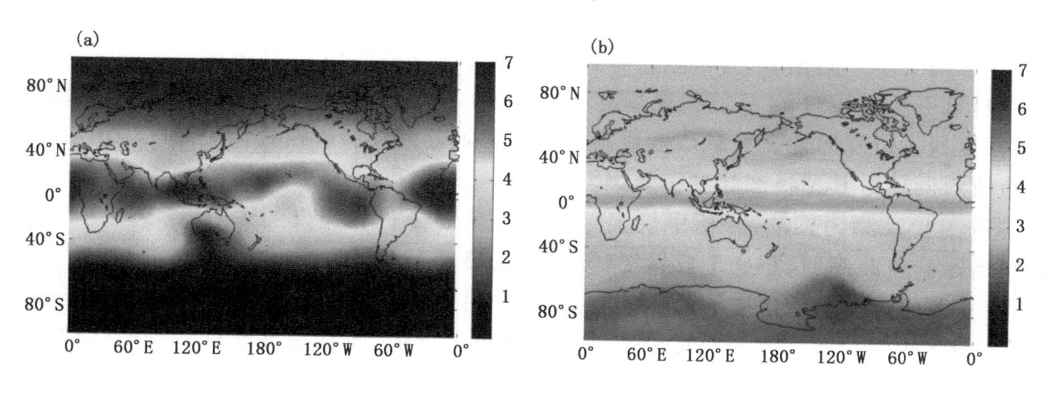

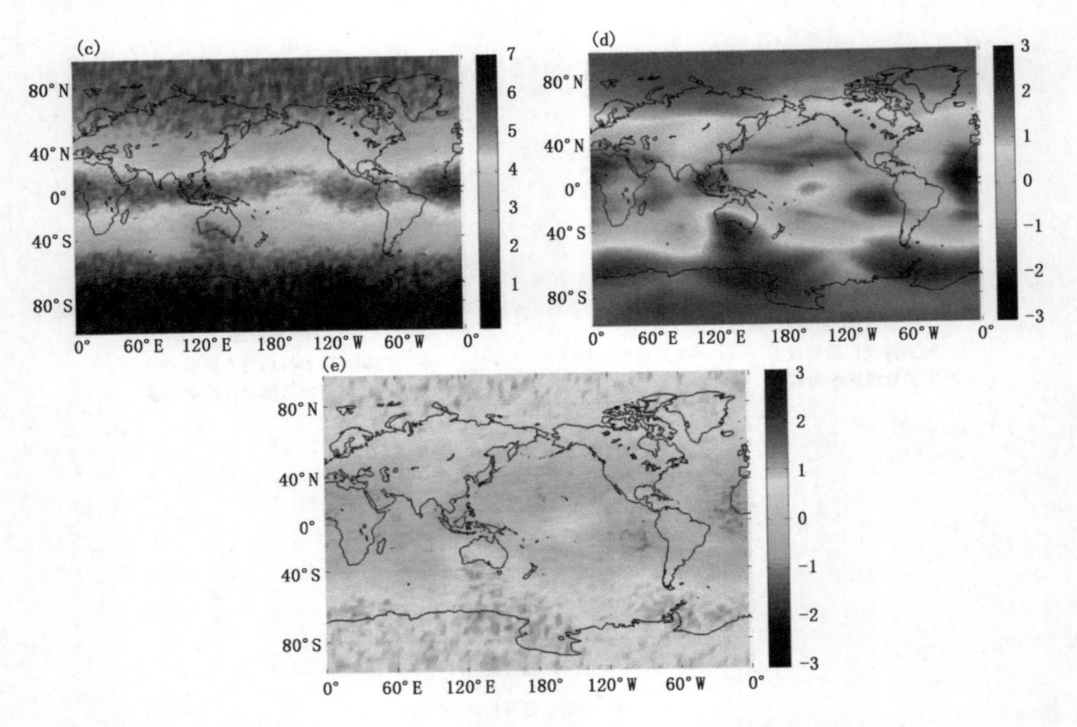

图 15.15 2004 年 8 月 13 日全球甲烷观测场(a)、背景场(b)、分析场(c)、背景与观测差值场(d)、分析与观测差值场(e)(单位:DU)

15.3 小结

本研究基于集合卡尔曼滤波同化方法,结合 CESM 气候模式预报技术,研制了 CESM-ENSRF 臭氧和甲烷卫星资料同化和预报系统,解决了臭氧和甲烷卫星资料集合卡尔曼滤波同化中的几个关键问题:初始扰动、协方差膨胀、协方差局地化、集合成员数。研究中,利用该系统开展了 MLS 臭氧和甲烷卫星资料同化试验,对比分析同化前后分析场和预报场,得出以下结论。

(1)CESM 模式可以预报对流层和平流层的臭氧分布。臭氧主要分布在平流层范围,其垂直分布变化趋势与卫星实测较为一致,但与卫星数据的偏差仍较大。

(2)臭氧资料同化对整层大气臭氧分布都有明显调整,在臭氧浓度最高的 5 hPa 附近大气层改善效果最明显。同化后,分析场较背景场更为接近卫星观测,整体效果改善明显。

(3)臭氧资料同化对 24 h 的预报场有明显改善,尤其是 1 hPa 高度以下大气层;臭氧预报场调整幅度最大位置出现在臭氧浓度最高的 5 hPa 附近大气层。在我们关注的平流层和对流层,臭氧资料同化对其预报都起到正效果。

(4)以卫星观测为标准,分析甲烷卫星资料同化对分析和预报的影响,结果显示:对于全球、南极地区和青藏高原,相比于背景场,分析场更接近于卫星观测,说明卫星资料同化对资料再分析有正效果;此外,相比于不同化的控制试验,同化试验的 24 h 预报结果更接近于卫星资料,说明 MLS 甲烷资料同化不仅可以改进甲烷资料再分析,而且能够改进气候模式的甲烷预报精度。

参考文献

边金虎,李爱农,宋孟强,等,2010. MODIS 植被指数时间序列 Savitzky-Golay 滤波算法重构[J]. 遥感学报,14(4):725-741.

陈东升,沈桐立,马革兰,等,2004. 气象资料同化的研究进展[J]. 南京气象学院学报,27(4):550-564.

陈佑启,VERBURG P H,2000. 中国土地利用/土地覆盖的多尺度空间分布特征分析[J]. 地理科学,20(3):197-202.

程麟生,丑纪范,1994. 中尺度大气数值模式和模拟[M]. 北京:气象出版社.

程也,2006. 从太空用雷达探测云:气象与气候研究的里程碑[J]. 气象科技,34(4):497-497.

董超华,杨军,卢乃锰,等,2010. 风云三号 A 星(FY-3A)的主要性能与应用[J]. 地球信息科学报,12(04):458-465.

董佩明,王海军,韩威,等,2009. 水物质对云雨区卫星微波观测模拟影响[J]. 应用气象学报,20(6):682-691.

董佩明,薛纪善,黄兵,等,2008. 数值天气预报中卫星资料同化应用现状和发展[J]. 气象科技,36(1):1-7.

董瑶海,2016. 风云四号气象卫星及其应用展望[J]. 上海航天,33(2):1-8.

杜明斌,杨引明,杨玉华,等,2012. FY-3A 微波资料偏差订正及台风路径预报应用[J]. 应用气象学报,23(1):89-95.

高大启,1988. 有教师的线性基本函数前向神经网络结构研究[J]. 计算机学,21(4):80-86.

郭焕成,1984. 土地利用调查与制图方法的初步研究[J]. 地理学报,39(3):259-267.

胡秀清,黄意玢,陆其峰,等,2011. 利用 FY-3A 近红外资料反演水汽总量[J]. 应用气象学报,22(1):46-56.

黄思训,伍荣生,2001. 大气科学中的数学物理问题[M]. 北京:气象出版社.

姜立鹏,覃志豪,谢雯,2006. 针对 MODIS 近红外数据反演大气水汽含量研究[J]. 国土资源遥感,3:5-10.

李杭燕,颉耀文,马明国,2009. 时序 NDVI 数据集重建方法评价与实例研究[J]. 遥感技术与应用,24(05):596-602.

李茂松,李森,李育慧,2003. 中国近 50 年旱灾灾情分析[J]. 中国农业气象,24(1):7-10.

刘梅,覃志豪,涂丽丽,等,2011. 利用 NDVI 估算云覆盖地区的植被表面温度研究[J]. 遥感技术与应用,26(5):689-697.

刘亚亚,毛节泰,刘钧,等,2010. 地基微波辐射计遥感人气廓线的 BP 神经网络反演方法研究[J]. 高原气象,29(6):1514-1523.

刘勇洪,牛铮,2004. 基于 MODIS 遥感数据的宏观土地覆盖特征分类方法与精度分析研究[J]. 遥感技术与应用,19(4):217-224.

刘志权,张凤英,吴雪宝,等,2007. 区域极轨卫星 ATOVS 辐射偏差订正方法研究[J]. 气象学报,65(1):113-123.

柳海鹰,高吉喜,李政海,2001. 土地覆盖及土地利用遥感研究进展[J]. 国土资源遥感,000(004):7-12.

骆成凤,2005. 中国土地覆盖分类与变化监测遥感研究[D]. 北京:中国科学院研究生院.

马占山,刘奇俊,秦琰琰,等,2008. 云探测卫星 CloudSat[J]. 气象,34(8):104-111.

彭丽春,李万彪,刘辉杰,等,2011. FY-3A/MWRI 数据反演半干旱地区土壤水分的研究[J]. 北京大学学报(自然科学版),47(5):797-804.

蒲朝霞,丑纪范,1994. 对中尺度遥感资料进行四维同化共轭方法及其数值研究[J]. 高原气象,13(4):419-429.

沈桐立,闵锦忠,吴诚鸥,1996. 有限区域卫星云图资料变分分析的试验研究[J]. 高原气象,15(1):58-67.

盛裴轩,毛节泰,李建国,等,2003.大气物理学[M].北京:北京大学出版社:278.
施建成,蒋玲梅,张立新,2006.多频率多极化地表辐射参数化模型[J].遥感学报,10(4):502-514.
孙志伟,唐伯惠,吴烨,等,2013.通用劈窗算法的OAA-18(N)AVHRR/3数据地表温度遥感反演与验证[J].地球信息科学学报,15(3):431-439.
唐晓,朱江,王自发,等,2013.基于集合卡尔曼滤波的区域臭氧资料同化试验[J].环境科学学报,33(3):796-805.
王波,赵振维,2007.双通道微波辐射计大气折射率剖面反演的神经网络算法[J].飞行器测控学报,26(5):1-4.
王卫东,赵青兰,权文婷,2015.FY-3VIRR数据在陕西省干旱监测中的应用[J].陕西气象,(2):15-18.
王祥,赵冬至,苏岫,等,2012.基于岸实测数据的FY-3A近红外通道海洋大气水汽反演[J].红外与毫米波学报,31(6):550-555.
杨虎,施建成,2005.FY-3微波成像仪地表参数反演研究[J].遥感技术与应用,20(1):194-200.
杨军,董超华,2011.新一代风云极轨气象卫星业务产品及应用[M].北京:科学出版社.
杨军,董超华,卢乃锰,等,2009.中国新一代极轨气象卫星——风云三号[J].气象学报,67(4):0577-6619.
杨立民,朱智良,1999.全球及区域尺度土地覆盖土地利用遥感研究的现状和展望[J].自然资源学报,14(4):340-344.
于文凭,马明国,2011.MODIS地表温度产品的验证研究——以黑河流域为例[J].遥感技术与应用,26(6):705-712.
余鹏,2010.不同植被指数与地表温度组合反演土壤湿度的研究[D].南京:南京信息工程大学.
张爱忠,齐琳琳,纪飞,等,2005.资料同化方法研究进展[J].气象科技,35(5):385-389.
张华,丑纪范,邱崇践,2004.西北太平洋威马逊台风结构的卫星观测同化分析[J].科学通报,49(5):493-498.
张磊,董超华,张文建,等,2008.METOP星载干涉式超高光谱分辨率红外大气探测仪(IASI)及其产品[J].气象科技,26(5):639-642.
周振波,2006.基于理想个例的风暴尺度集合预报试验研究[D].南京:南京信息工程大学.
朱乾根,林锦瑞,寿绍文,等,2000.天气学原理和方法[M].北京:气象出版社:411.
ADHIKARY B,KULKARNI S,DALLURA A,et al,2008. A regional scale chemical transport modeling of Asian aerosols with data assimilation of AOD observations using optimal interpolation technique[J]. Atmos Env,42(37):8600-8615.
ANDERSON E J,PAILLENX J N,1994. Use of cloud-cleared radiances in three/four-dimensional variational data assimilation[J]. Quart J Roy Meteor Soc,(127):627-653.
AULIGNé T,2007. Variational assimilation of infrared hyperspectral sounders data: Bias correction and cloud detection[D]. Toulouse: University Paul Sabatier:222.
AULIGNé T,2014. Multivariate minimum residual method for cloud retrieval. Part I: Theoretical aspects and simulated observation experiments[J]. Mon Wea Rev,142(12):4383-4398.
BARKER D M,HUANG W,GUO Y-R,et al,2003. A Three-Dimensional Variational (3DVAR) Data Assimilation System For Use With MM5[R]. NCAR Tech Notes.
BELL W,BORMANN N,MCNALLY T,et al,2012. Preparations for the Assessment of NPP Data at ECMWF and the Met Office,Doherty,2011[C]. A Early analysis of ATMS data at the Met Office.
BENEDETTI A,MORCRETTE J-J,BOUCHER O,et al,2009. Aerosol analysis and forecast in the European Centre for Medium-Range Weather Forecasts Integrated Forecast System: 2. Data assimilation[J]. J Geophys Res,114(D06):206-222.
BERTAUX J,KYROLA E,WEHR T,2000. Stellar occultation technique for atmospheric ozone monitoring: GOMOS on Envisat[J]. Earth Observation Quarterly,(67):17-20.
BLUMSTEIN D,CHALON G,CARLIER T,et al,2004. IASI instrument: Technical overview and measured performances[J]. Proceedings of SPIE,5543:196-207.

BOVENSMANN H, BURROWS J P, BUCHWITZ M, et al, 1999. SCIAMACHY: Mission objectives and measurement modes[J]. J Atmos Sci, 56, 127-150.

BUEHNER M, HOUTEKAMER P L, CHARETTE C, et al, 2010. Intercomparison of variational data assimilation and the ensemble Kalman Filter for global deterministic NWP. part ii: One-month experiments with real observations[J]. Mon Wea Rev, 138: 1567-1586.

CHAMEY J G, FJOITOFT R, VON NEUMAN J, 1950. Numerical integration of the barotropic vorticity equation[J]. Tellus, 2: 237-254.

COLLARD A D, 2007. Selection of IASI channels for use in numerical weather prediction[J]. Quarterly Journal of the Royal Meteorological Society, 133(629): 1977-1992.

COLLARD A, DERBER J, TREADON R, et al, 2012. Toward Assimilation of CrIS and ATMS in the NCEP Global Model[C]. Proceedings of the 18th International TOVS Study Conference.

COLLINS, W D, RASCH P J, EATON B E, et al, 2001. Simulating aerosols using a Chemical transport model with assimilation of satellite aerosol retrievals: Methodology for INDOEX[J]. J Geophys Res, 106(D7): 7313-7336.

CRESSMAN G P, 1959. An operational objective analysis system[J]. Mon Wea Rev, 87(10): 367-374.

DAVIS C, WANG W, DUDHIA J, et al, 2010. Does increased horizontal resolution improve hurricane wind forecasts[J]. Wea Forecasting, 25: 1826-1841.

DEE D P, UPPALA S M, SIMMONS A J, et al, 2011. The ERA-Interim reanalysis: configuration and performance of the data assimilation system[J]. Quart J Roy Meteor Soc, 137: 553-597.

DEETER M N, 2007. A new satellite method for retrieving precipitable water vapor over land and ocean[J]. Geophysical Research Letters, 340(2): 155-164.

DEFRIES R S, TOWNSHED J G R, 1994. NDVI derived land cover classification at a globe scale[J]. INT J Remote Sensing, 5: 3567-3586.

DERBER J C, WU W S, 1998. The use of TOVS cloud-cleared radiances in the NCEP SSI analysis system[J]. Mon Wea Rev, 126: 2287-2299.

ERRERA Q, DAERDEN F, CHABRILLAT S, et al. 2008. 4D-Var Assimilation of MIPAS chemical observations: Ozone and nitrogen dioxide analyses[J]. Atmospheric Chemistry & Physics, 8(20): 6169-6187.

ESKES H J, VELTHOVEN P F J V, VALKS P J M, et al, 2003. Assimilation of GOME total-ozone satellite observations in a three-dimensional tracer-transport model[J]. Quart J Roy Meteor Soc, 129(590): 1663-1681.

ETHERTON B, BISHOP C H, 2004. Resilience of hybrid ensemble/3DVAR analysis schemes to model error and ensemble covariance error[J]. Mon Wea Rev, 132: 1065-1080.

FANG H, LIANG S, KIM H, et al, 2007. Developing a spatially continuous 1km surface albedo data set over North America from Terra MODIS products[J]. Journal of geophysical research, 112(D20): D20206.

FIORINO M, 2009. Record-setting performance of the ECMWF IFS in medium-range tropical cyclone track prediction[J]. ECMWF Newsletter, 118: 20-27.

FISCHER H, BIRK M, BLOM C, et al, 2008. MIPAS: an instrument for atmospheric and climate research[J]. Atmospheric Chemistry and Physics, 8(8): 2151-2188.

FROIDEVAUX L, LIVESEY N J, READ W G, et al, 2006. Early validation analyses of atmospheric profiles from EOS MLS on the aura Satellite[J]. Geoscience & Remote Sensing IEEE Transactions on, 44(5): 1106-1121.

FROUIN R, DESCHAMPS P Y, LECOMTE P, 1990. Dermination from space of atmospheric total water vapor amounts by differential absorption near 940nm: Theory and airborne verification[J]. J Appl Meteor, 29(6): 448-459.

GAO B C, GOETZ A F H, 1990a. Column atmospheric water vapor and vegetation liquid water retrievals from airborne imaging spacetrometer data[J]. J Geophys Res, 95(D4): 3549-356.

GAO B C, HEIDEBRECHT K B, GOETZ A F H, 1990b. Derivation of scaled surface reflectances from AVIRIS data[J]. Remote Sensing of Environment, 44(2-3): 165-178.

GEER A J, BAUER P, 2010. Enhanced use of all-sky microwave observations sensitive to water vapor, cloud and precipitation [R]. Technical Memo, 620, 41pp. ECMWF: Reading, UK.

GENEROSO S, BRéON F M, CHEVALLIER F, et al, 2007. Assimilation of POLDER aerosol optical thickiness into the LMDz-INCA model: Implications for the Arctic aerosol burden[J]. J Geophys Res, 112(D2): 311.

GUTMAN G G, 1991. Vegetation indices from AVHRR: An update and future prospects[J]. Remote Sensing of Environment, 35(2): 121-136.

HAMILL T M, SNYDER C, 2000. A hybrid ensemble Kalman filter-3D variational analysis scheme[J]. Mon Wea Rev, 128: 2905-2919.

HARRIS B A, KELLY G A, 2001. A satellite radiance-bias correction scheme for radiance assimilation[J]. Quart J Roy Meteorol Soc, 127: 1453-1468.

HECHT-NIELSEN R, 1989. Theory of the backpropagation neural network[M]//Neural networks for perception. Academic Press, 1992: 65-93.

HOUTEKAMER P L, MITCHELL H L, 2001. A sequential ensemble kalman filter for atmospheric data assimilation[J]. Mon Wea Rev, 129(1): 123-137.

HSIAO L F, LIOU C S, YEH T C, et al, 2010. A vortex relocation scheme for tropical cyclone initialization in advanced research WRF[J]. Mon Wea Rev, 138: 3298-3315.

JACKSON T J, LE VINE D M, SWIFT C T, et al, 1995. Large area mapping of soil moisture using the ESTAR passive microwave radiometer in Washita 92[J]. Remote Sensing Environment, 53(1): 27-37.

JIANG Y B, FROIDEVAUX L, LAMBERT A, et al, 2007. Validation of aura microwave limb sounder ozone by ozonesonde and lidar measurements [J]. Journal of Geophysical Research: Atmospheres, 112 (D24): 6033-6044.

JIN M L, DICKINSON R E, 2000. Interpolation of Surface radiative temperature measured from polar orbiting satellites to a diurnal cycle: 2. Cloudy-pixel treatment[J]. Journal of Geophysical Research, 105(D3): 4061-4076.

JÖNSSON P, EKLUNDH L, 2004. TIMESAT—a program for analyzing time-series of satellite sensor data[J]. Computers & Geosciences, 30(8): 833-845.

KIESEWETTER G, SINNHUBER B M, VOUNTAS M, et al, 2010. A long-term stratospheric ozone data set from assimilation of satellite observations: High-latitude ozone anomalies[J]. Journal of Geophysical Research: Atmospheres, 115(D10): 985-993.

KIM M J, ENGLISH S, BAUER P, et al, 2008. Comparison of progress in assimilating cloud-affected microwave radiances at NCEP, ECMWF, JMA and the Met Office[J]. NWP SAF 23th, Oct2008, 2008.

KINNISON D E, BRASSEUR G P, WALTERS S, et al, 2007. Sensitivity of chemical tracers to meteorological parameters in the MOZART-3 chemical transport model[J]. Journal of Geophysical Research: Atmospheres, 112(D20): 365-371.

KLEESPIES T J, MCMILLIN L M, 1990. Retrieval of precipitable water from observation in the split window over varying surface temperature[J]. Journal of Applied Meteorology, 29: 851-862.

KLEESPIES T J, VAN DELST P, MCMILLIN L M, et al, 2004. Atmospheric transmittance of an absorbing gas. 6. OPTRAN status report and introduction to the NESDIS/NCEP community radiative transfer model [J]. Appl Opt, 43(15): 3103-3109.

LI Z L, LI J, SU Z B, et al, 2003. A new approach for retrieving precipitable water from ATSR2 Splite-window channel data over land area[J]. International Journal of Remote Sensing, 24(24): 5095-5117.

LI Z, CRIBB M C, CHANG F L, et al, 2004. Validation of MODIS-retrieved cloud fractions using whole sky imager measurements at the three ARM sites[J]. In Proceedings of the 14th Atmospheric Radiation Measurement (ARM) Science Team Meeting, Albuquerque, New Mexico, 22-26.

LIU Q, WENG F, 2005. One-dimensional variational retrieval algorithm of temperature, water vapor, and cloud water profiles from advanced microwave sounding unit (AMSU)[J]. IEEE transactions on geoscience and remote sensing, 43(5): 1087-1095.

LIU Z, RABIER F, 2002. The interaction between model resolution, observation resolution and observation density in data assimilation: A one-dimensional study [J]. Quart J Roy Meteor Soc, 128: 1367-1386.

LIU Z, SCHWARTZ C S, SNYDER C, et al, 2012. Impact of assimilating AMSU-A radiances on forecasts of 2008 Atlantic tropical cyclones initialized with a limited-area ensemble Kalman filter[J]. Mon Wea Rev, 140: 4017-4034.

LORENC A, 2003. The potential of the ensemble Kalman filter for NWP—A comparison with 4D-VAR[J]. Quart J Roy Meteor Soc, 129: 3183-3203.

MADDEN H H, 1978. Comments on the Savitzky-Golay convolution method for least-squares-fit smoothing and differentiation of digital data[J]. Analytical Chemistry, 50(9): 1383-1386.

MASSART S, AGUSTI-PANAREDA A, ABEN I, 2014. Assimilation of atmospheric methane products into the MACC-II system: from SCIAMACHY to TANSO and IASI[J]. Atmos Chem Phys, 14: 6139-6158.

MCNALLY A P, DERBER J C, WU W, et al, 2000. The use of TOVS level-1b radiances in the NCEP SSI analysis system[J]. Quart J Roy Meteor Soc, 126: 689-724.

MCNALLY A P, WATTS P D, 2003. A cloud detection algorithm for high-spectral-resolution infrared sounders[J]. Quart J Roy Meteor Soc, 129: 3411-3423.

MCNALLY T, 2007. The use of satellite data in polar regions[J]. ECMWF seminar proceedings on Polar Meteorology.

NIU T, GONG S L, ZHU G F, et al, 2008. Data assimilation of dust aerosol observations for CUACE/dust forecasting system[J]. Atmospheric Chemistry and Physics Discussion, 8(13): 3473-3482.

PARRISH D F, DERBER J C, 1992. The National Meteorological Center's Spectral Statistical Interpolation analysis system[J]. Mon Wea Rev, 120: 1747-1763.

PLATNICK S, KING M D, ACKERMAN S A, et al, 2003. The MODIS cloud products: Algorithms and examples from Terra[J]. IEEE Trans Geosci Remote Sens, 41(2): 459-473.

PRICE J C, 1990. Using spatial context in satellite data to infer regional scale evapotranspiration[J]. Geoscience and Remote Sensing, IEEE Transactions on, 28(5): 940-948.

PRIHODKO L, GOWARD S N, 1997. Estimation of air temperature from remotely sensed surface observations [J]. Remote Sensing of Environment, 60(3): 335-346.

SAVITZKY A, GOLAY M J E, 1964. Smoothing and differentiation of data by simplified least square procedure[J]. Analytical Chemistry, 36(8): 1627-1639.

SCHAEFER J T, 1990. The critical success index as an indicator of warning skill[J]. Weather Forecasting, 5 (4): 570-575.

SCHUTGENS N A J, MIYOSHI T, TAKEMURA T, et al, 2010. Applying an ensemble Kalman filter to the assimilation of AERONET observations in a global aerosol transport model[J]. Atmos Chem Phys, 10(5): 2561-2576.

SHI J C, JIANG L, ZHANG L, et al, 2006. Physically based estimation of bare-surface soil moisture with the passive radiometer[J]. IEEE Transactions on Geoscience and Remote Sensing, 44(11 part1): 3145-3153.

SKAMAROCK W C, KLEMP J B, DUDHIA J, et al, 2008. A Description of the Advanced Research WRF Version 3[C]. NCAR Tech Note NCAR/TN-475_STR, pp133.

STEINIER J, TERMONIA Y, DELTOUR J, 1972. Smoothing and differentiation of data by simplified least square procedure[J]. Analytical Chemistry, 44(11): 1906-1909.

STEPHENS G L, 1978. Radiation profiles in extended water clouds. II: Parameterization schemes[J]. J Atmos Sci, 35: 2123-2132.

STEPHENS G L, VANE D G, BOAIN R J, et al, 2002. The CloudSat mission and the A-Train: A new dimension of space-based observations of clouds and precipitation[J]. Bull Am Meteor Soc, 83(12): 1771-1790.

SUSSKIND J, BARNET C, BLAISDELL J, ET AL, 2006. Accuracy of geophysical parameters derived from Atmospheric Infrared Sounder/Advanced Microwave Sounding Unit as a function of fractional cloud cover [J]. J Geophys Res, 111: D09S17.

SYEDA M, ZHANG Y, PAN Y, 2002. Parallel granular neural networks for fast credit card fraud detection [C]. Proc of the 2002 IEEE International Conferenee on Fuzzy Systems.

TORN R D, HAKIM G J, 2009. Ensemble data assimilation applied to RAINEX observations of Hurricane Katrina (2005)[J]. Mon Wea Rev, 137: 2817-2829.

TORN R D, HAKIM G J, SNYDER C, 2006. Boundary conditions for limited-area ensemble Kalman filters[J]. Mon Wea Rev, 134(9): 2490-2502.

WAN Z M, 2008. New refinements and validation of the MODIS land-surface temperature/emissivity products [J]. Remote Sensing of Environment, 112(1) : 59-74.

WANG H, HUANG X-Y, SUN J, et al, 2014. Inhomogeneous background error modeling for WRF-Var using the NMC method[J]. Journal of Applied Meteorology & Climatology, 53(1): 2287-2309.

WANG J R, SCHMUGGE T J, 1980. An empirical model for the complex dielectric permittivity of soils as a function of water content[J]. IEEE Transactions on Geoscience and Remote Sensing, (4): 288-295.

WANG P, LI J, LI J, et al, 2014. Advanced infrared sounder subpixel cloud detection with imagers and its impact on radiance assimilation in NWP [J]. Geophys Res Lett, 41: 1773-1780.

WANG X, 2010. Incorporating ensemble covariance in the Gridpoint Statistical Interpolation(GSI) variational minimization: a mathematical framework[J]. Mon Wea Rev, 138: 2990-2995.

WANG X, 2011. Application of the WRF hybrid ETKF-3DVAR data assimilation system for hurricane track forecasts[J]. Wea Forecasting, 26: 868-884.

WATERS J W, FROIDEVAUX L, HARWOOD R S, et al, 2006. The Earth Observing System Microwave Limb Sounder (EOS MLS) on the Aura Satellite[J]. IEEE Transactions on Geoscience and Remote Sensing, 44(5): 1075-1092.

XU D, LIU Z, HUANG X-Y, et al, 2013. Impact of assimilating IASI radiance observations on forecasts of two tropical cyclones[J]. Meteor Atmos Phys, 122: 1-18.

YANG Y, LIU G, 2001. Multivariate Time Series Prediction Based on Neural Networks Applied to Stock Market[C]. IEEE International Conference on Systems, Man, and Cybernetics.

YU, H B, DICKINSON R, CHIN M, et al, 2003. Annual cycle of global distributions of aerosol optical depth from integration of MODIS retrievals and GOCART model simulations [J]. J Geophys Res, 108 (D3): 4128.

YUAN H, DAI Y, XIAO Z, et al, 2011. Reprocessing the MODIS Leaf Area Index products for land surface and climate modelling[J]. Remote Sensing of Environment, 115(5): 1171-1187.

ZHANG F, SNYDER CHRIS, SUN J Z, 2004. Impacts of initial estimate and observation availability on convective-scale data assimilation with an Ensemble Kalman Filter[J]. Mon Wea Rev, 132(5): 1238-1253.

ZHANG Y, 2008. Online-coupled meteorology and chemistry models: history, current status, and outlook[J]. Atmos Chem Phys, (82): 2895-2932.

ZHAO K, XUE M, LEE W C, 2012. Assimilation of GBVTD-retrieved winds from single-Doppler radar for short-term forecasting of Super Typhoon Saomai (0608) at landfall[J]. Quart J Roy Meteor Soc, 138: 1055-1071.

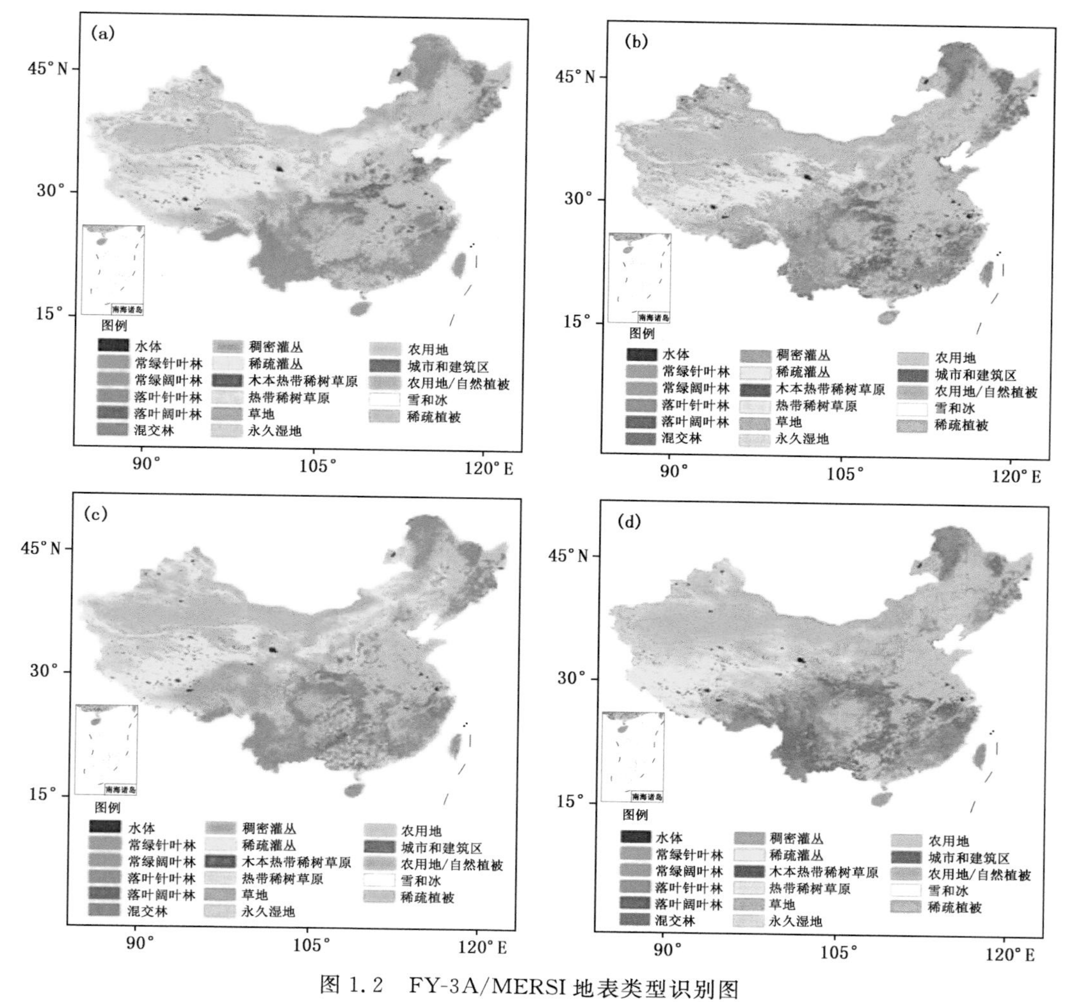

图 1.2　FY-3A/MERSI 地表类型识别图

(a)2012 年 2 月地表类型识别图；(b)2012 年 4 月地表类型识别图；

(c)2012 年 8 月地表类型识别图；(d)2012 年 11 月地表类型识别图

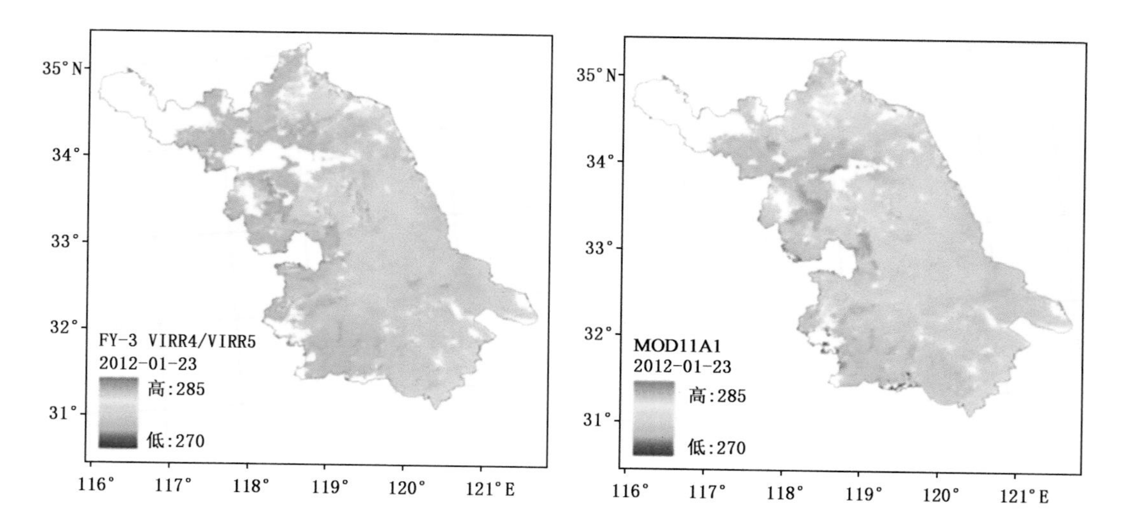

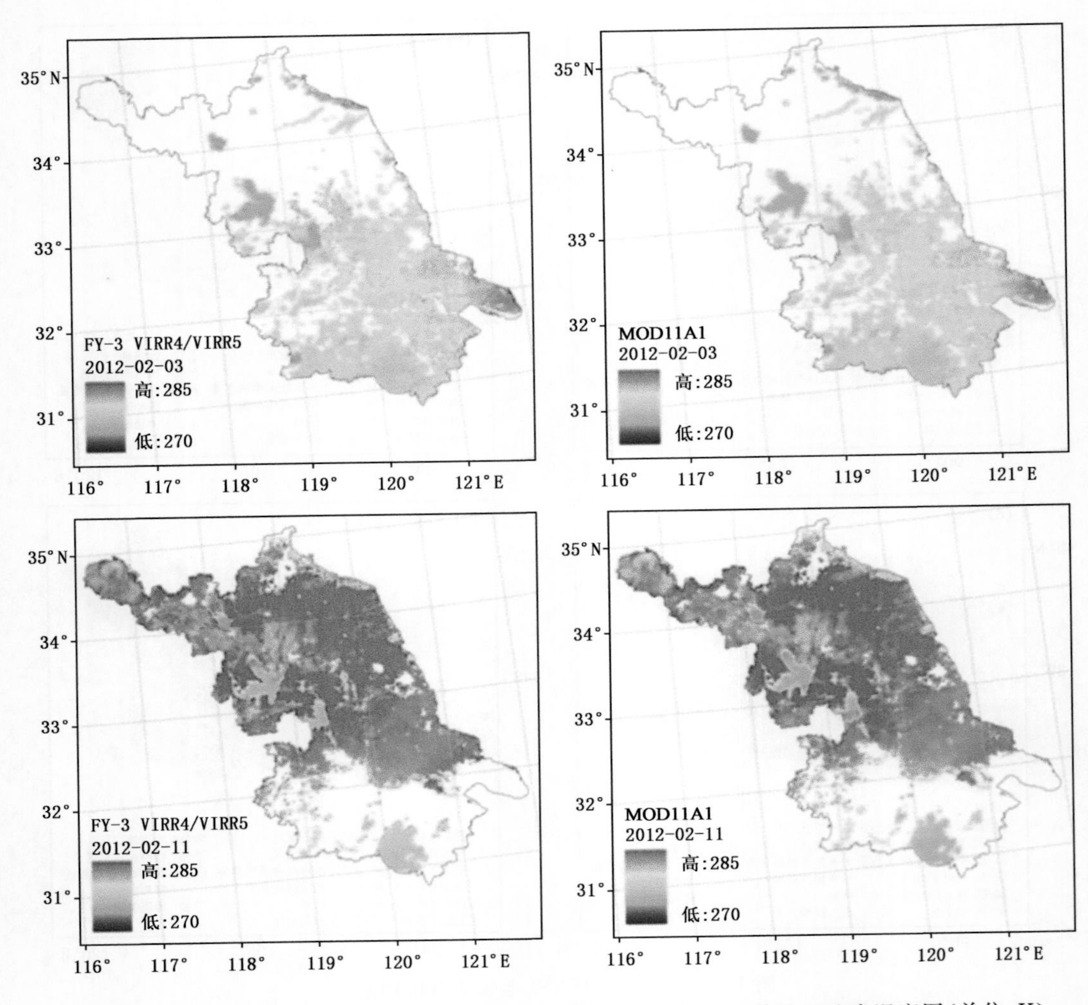

图 2.3 2012 年 1 月 23 日(上)、2 月 3 日(中)及 2 月 11 日(下)江苏地区地表温度图(单位:K)(左边为 FY-3 VIRR4/VIRR5 通道组合 LST 反演结果,右边为 FY-3 VIRR4/MERSI5 通道组合 LST 反演结果)

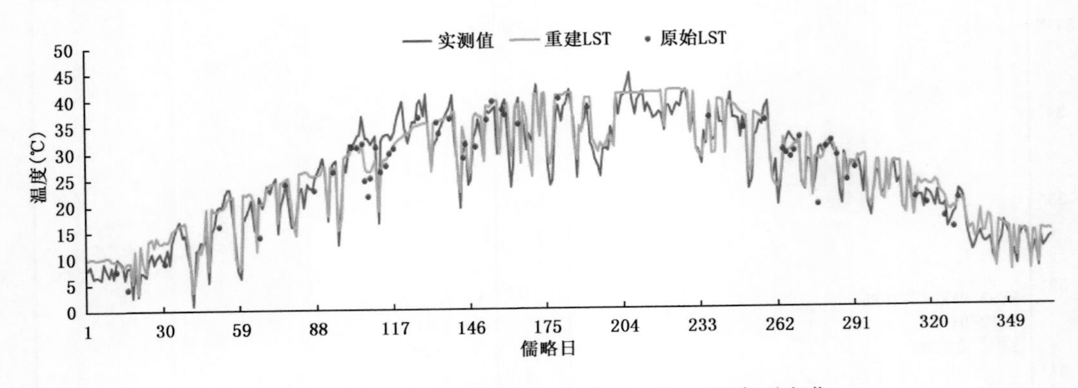

图 3.7 射阳站点 2011 年重建前后 LST 时间序列变化

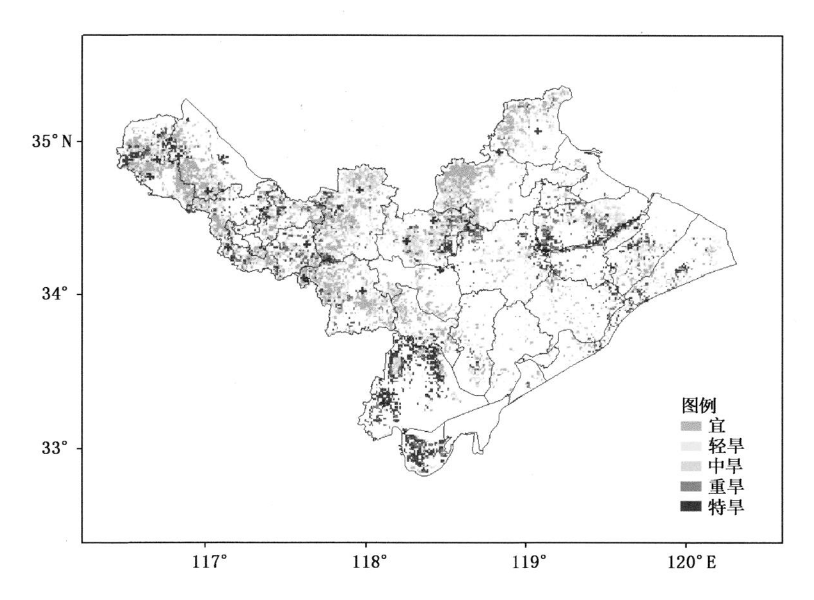

图 3.14 江苏淮北地区 2011 年 2 月 2 日干旱等级监测结果图

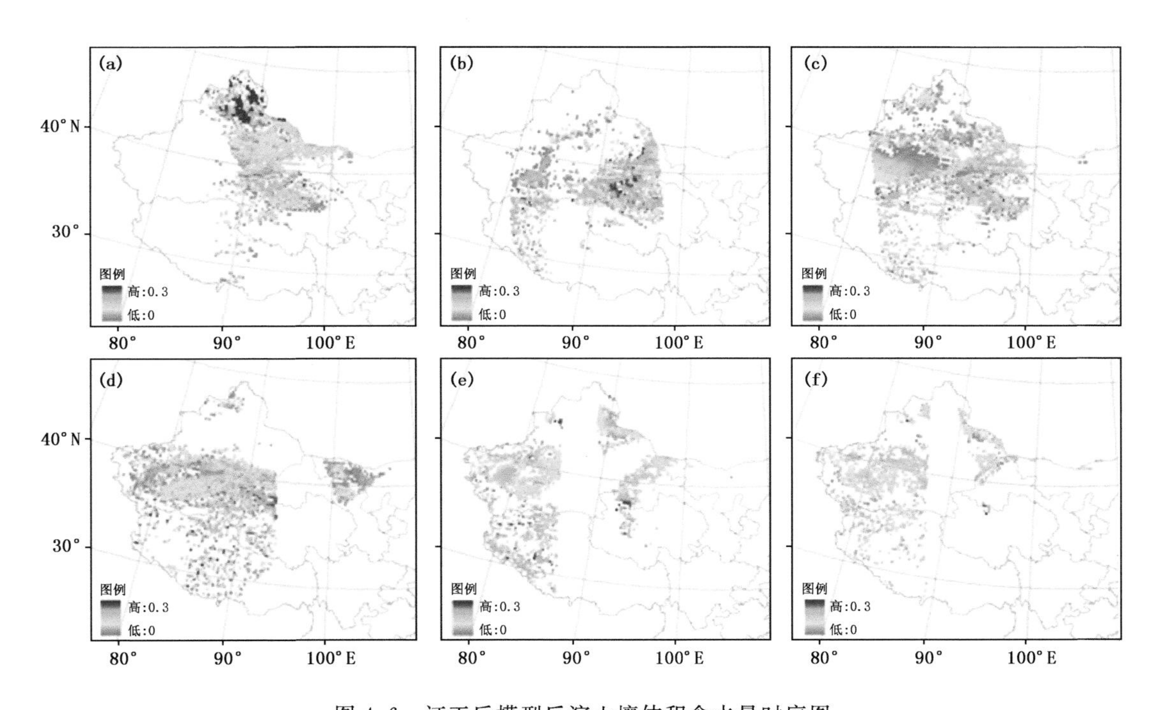

图 4.6 订正后模型反演土壤体积含水量时序图

(a)2011-03-08;(b)2011-03-28;(c)2011-04-08;(d)2011-04-28;(e)2011-05-28;(f)2011-06-08

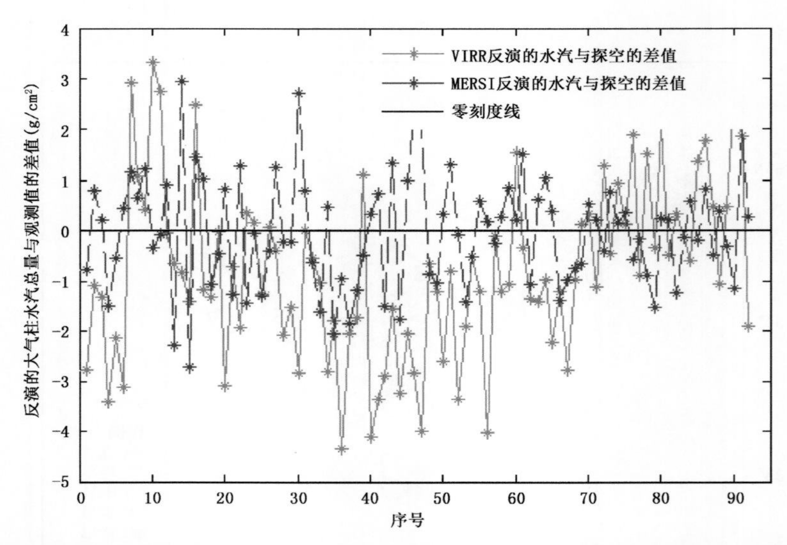

图 6.6　MERSI 和 VIRR 反演的大气柱水汽总量分别与探空观测到的水汽含量的差值对比图

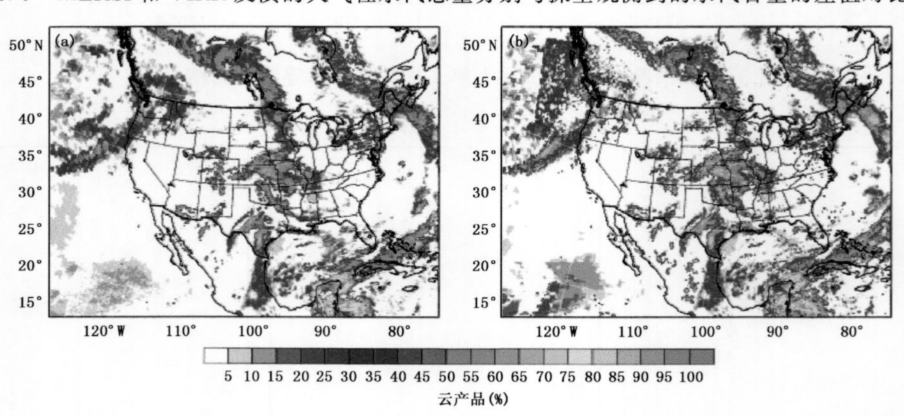

图 8.14　2012 年 6 月 3 日 19 时的 MMR 云覆盖云产品(%)对于不同试验组合:方案 1(a)和方案 2(b)的结果

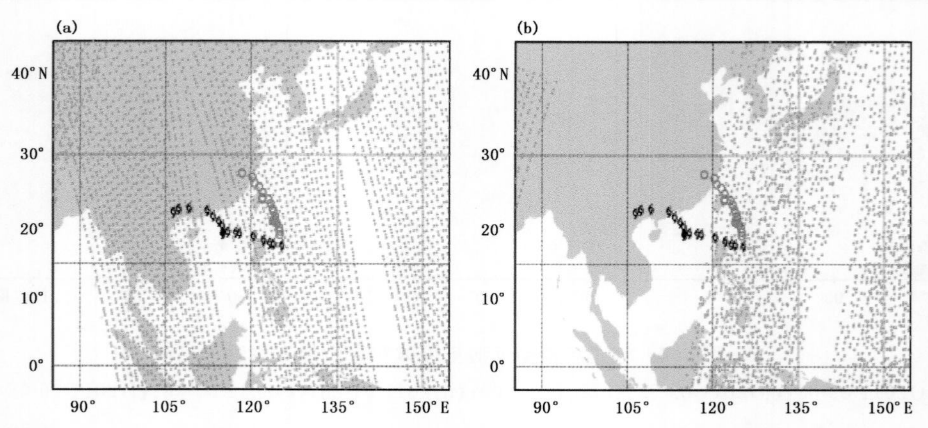

图 12.12　(a)为 2012 年 7 月 18 日 06 时 AMSU-A 和 IASI 同化窗内的辐射率资料分布，
(b)为 2012 年 7 月 19 日 00 时的 AMSU-A 和 IASI 同化窗内的辐射率资料分布(橙色点为 AMSU-A，
绿色点为 IASI;黑色符号为台风“韦森特”从 7 月 20 日 00 时—25 日 00 时的路径，
红色符号为从 7 月 29 日 18 时—8 月 3 日 06 时的台风“苏拉”的路径)

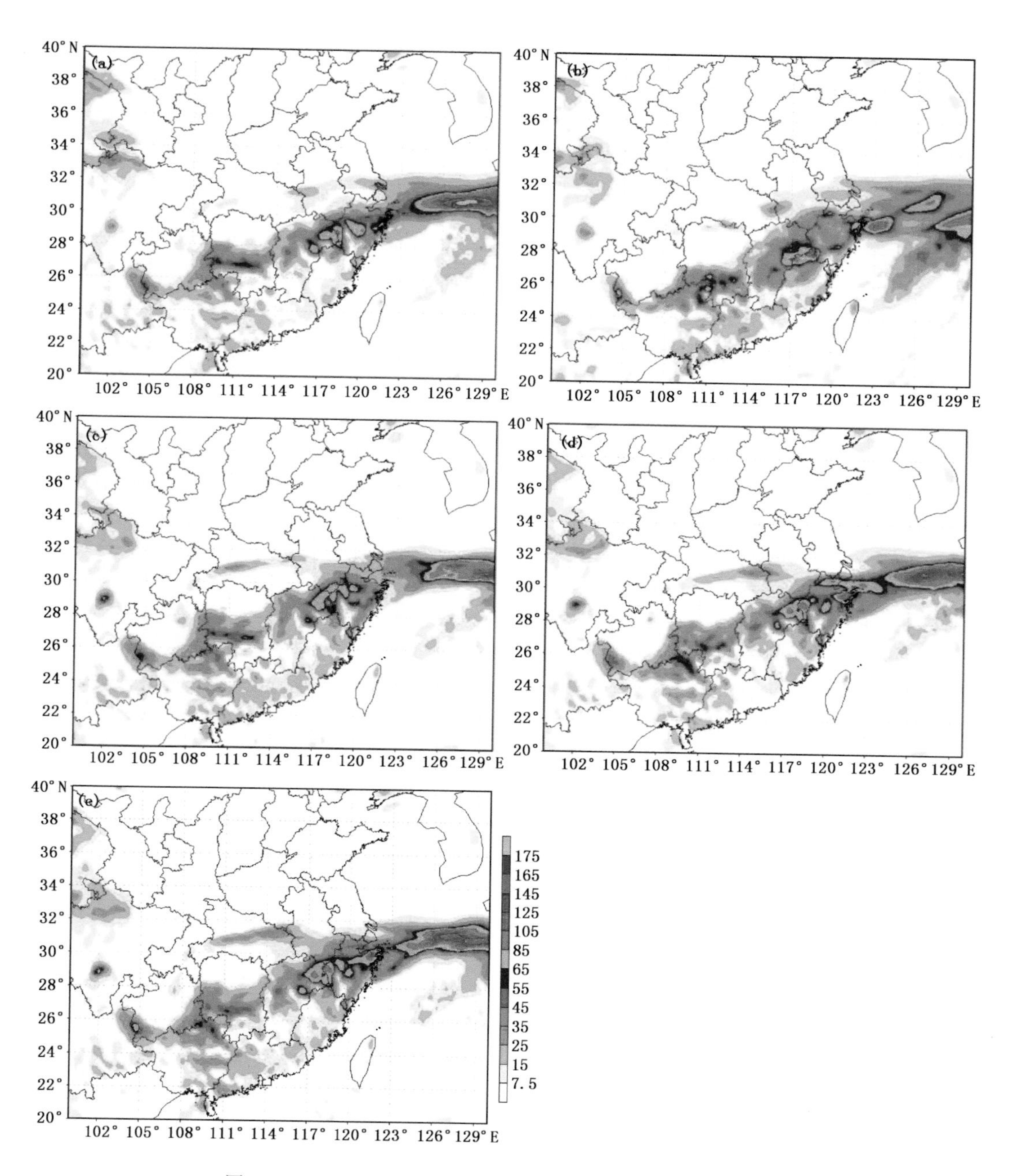

图 11.7　2014 年 6 月 26 日 24 h 累计降水量图(单位:mm)
(a)CTL 试验;(b)DA-IASI CO_2 试验;(c)DA-AMSUA 试验;(d)DA-MHS 试验;(e)DA-ATOVS 试验

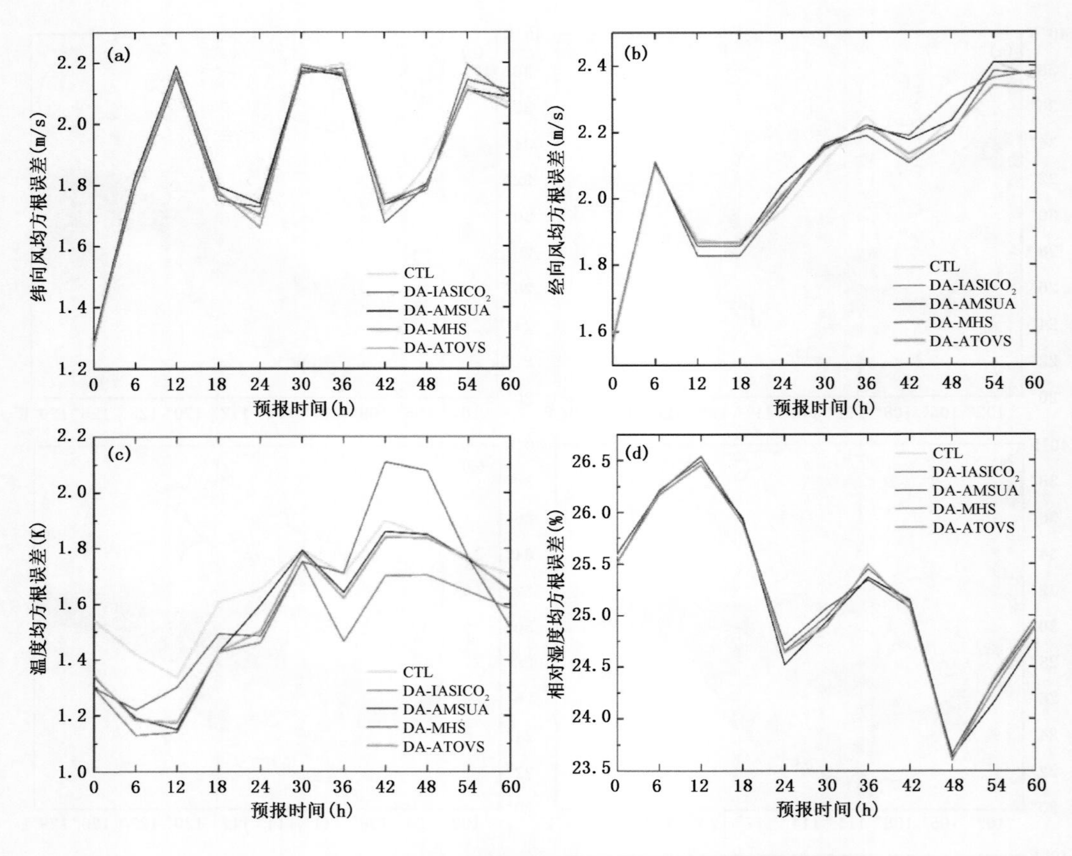

图 11.10 850 hPa 均方根误差随预报时间变化关系趋势图

(a)纬向风;(b)经向风;(c)温度;(d)相对湿度

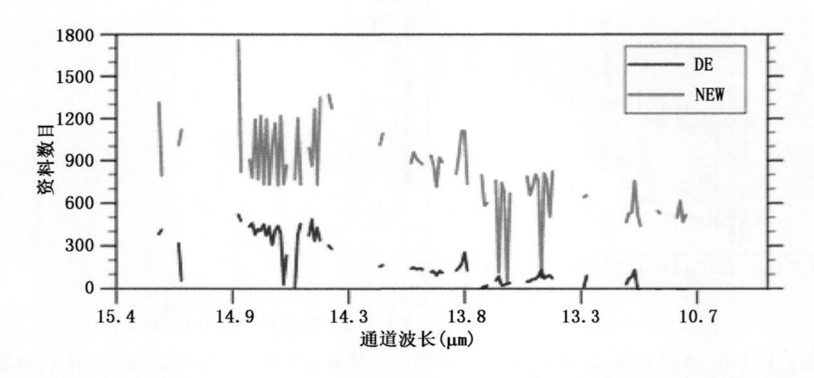

图 12.2 2011 年 9 月 14 日 18 时,默认云检测设置(DE)和新的云检测设置(NEW)得到的未受云影响的资料数目

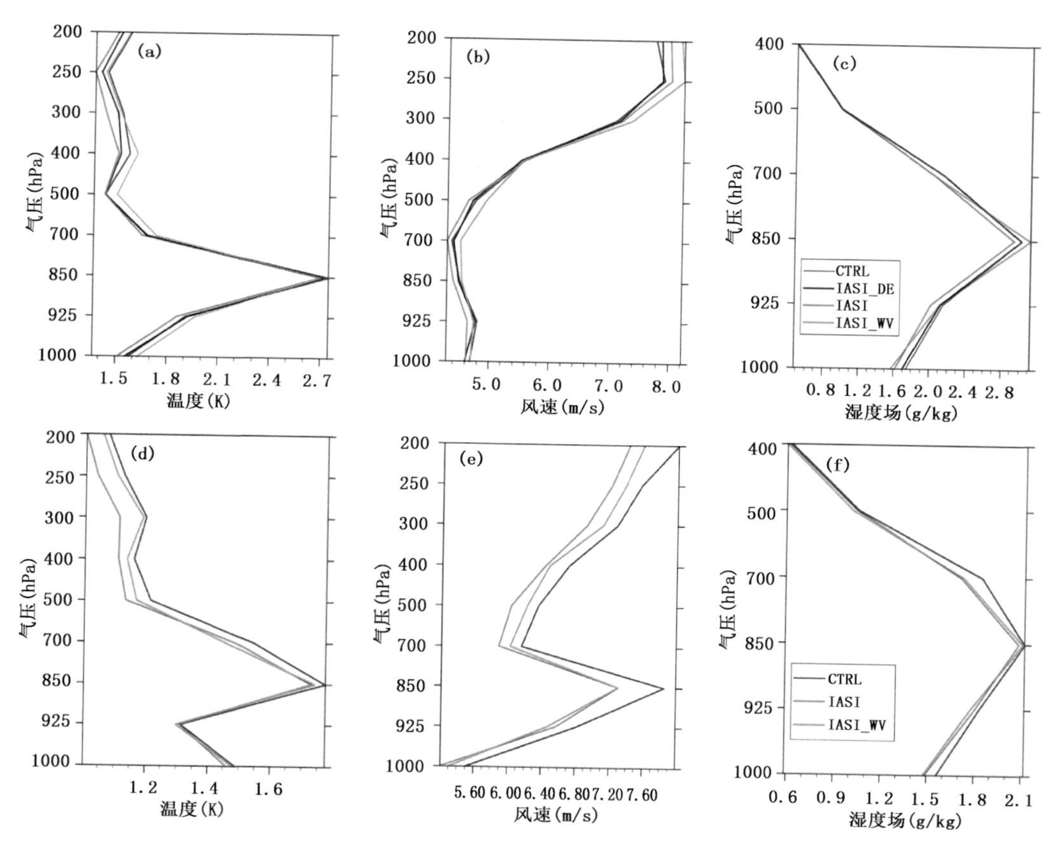

图 12.5 “玛利亚”个例：对于 ERA-Interim 再分析资料 48 h 预报的 RMSE，包括温度(a)、风速(b)、湿度场(c)；“鲇鱼”个例：对于 ERA-Interim 再分析资料 48 h 预报的 RMSE，包括温度(d)、风速(e)、湿度场(f)

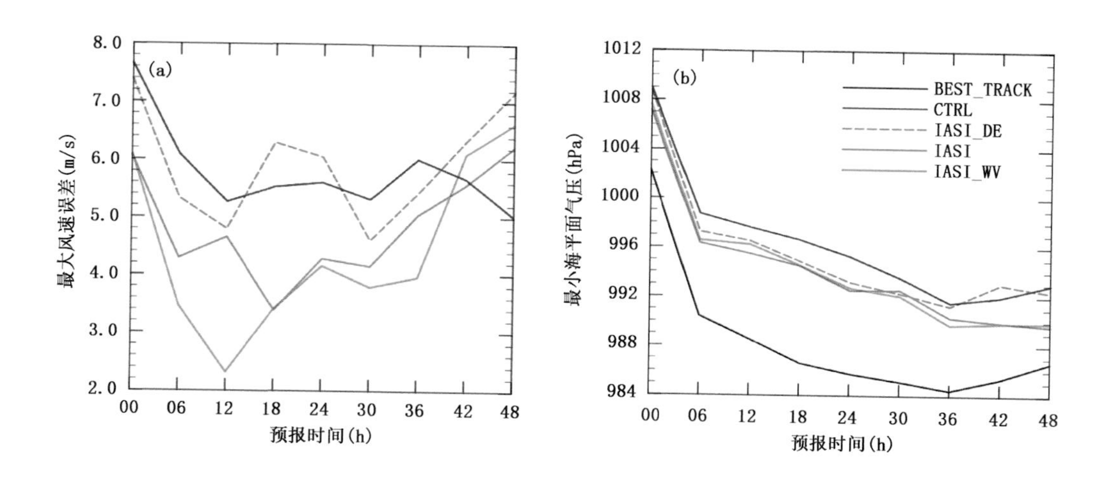

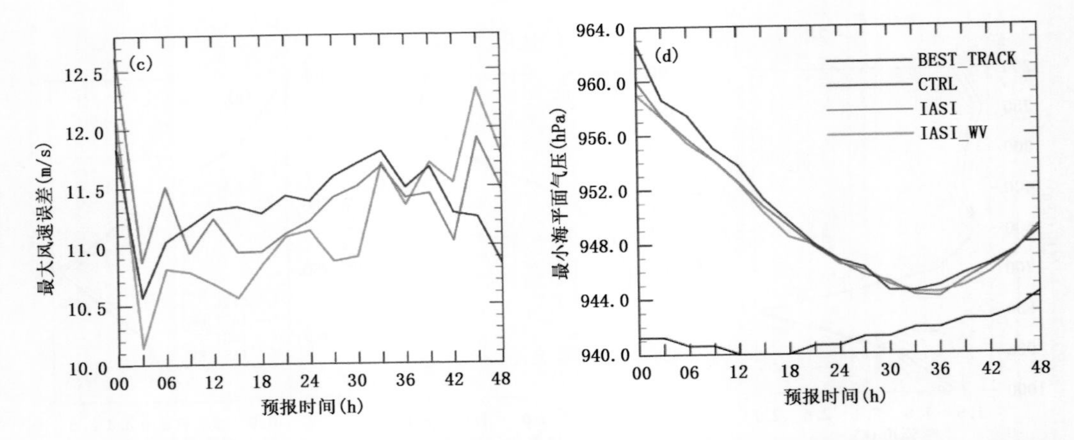

图 12.8 “玛利亚”个例中，从 2011 年 9 月 12 日 00 时—14 日 18 时时间平均的绝对最大风速误差(a)，最小海平面气压随预报时间的变化(b)，“鲇鱼”个例中，从 2010 年 10 月 18 日 12 时—21 日 06 时的时间平均得到的绝对最大风速误差(c)，最小海平面气压随预报时间的变化(d)

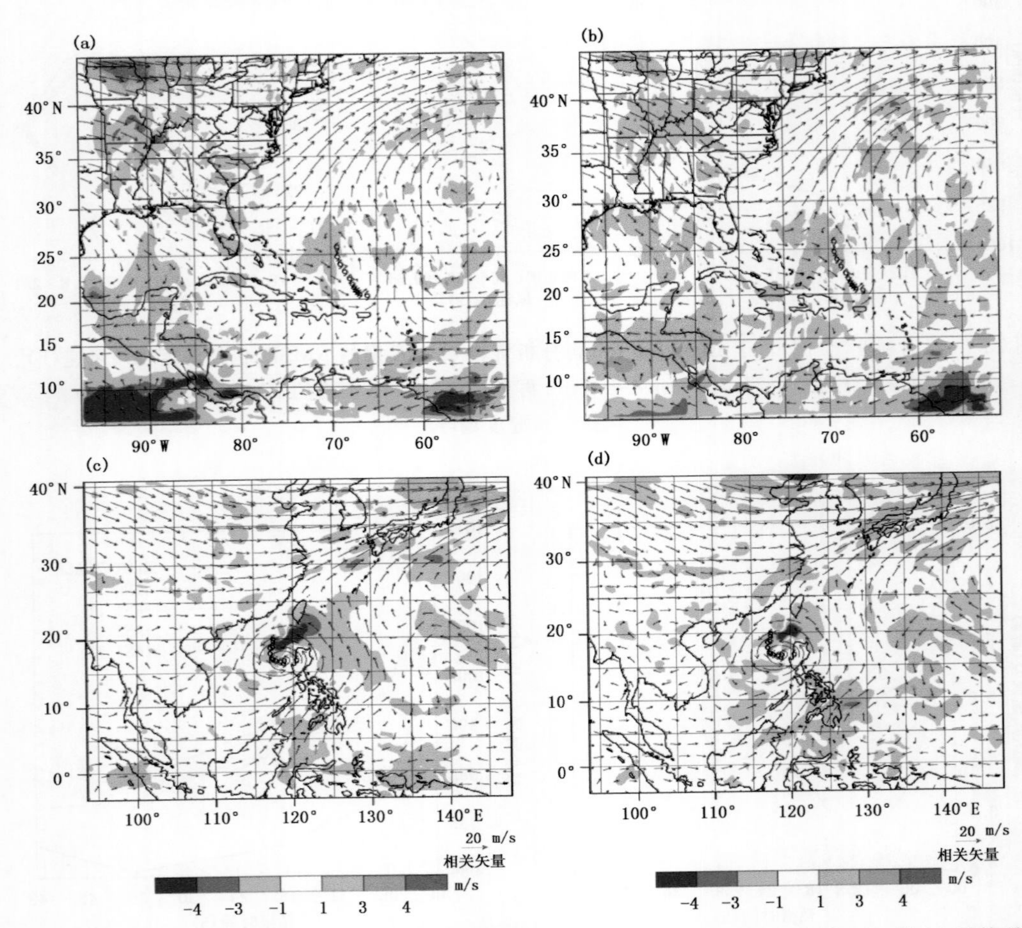

图 12.9 “玛利亚”个例中，“IASI”和“CTRL”试验的基于 2011 年 9 月 12 日 06 时—14 日 18 时的时间平均的 U 风场在 700 hPa(a)和 500 hPa(b)上的分析差异；“鲇鱼”个例中，IASI 和 CTRL 试验的基于 2010 年 10 月 18 日 12 时—21 日 06 时的时间平均的 U 风场在 700 hPa(c)和 500 hPa(d)上的分析差异

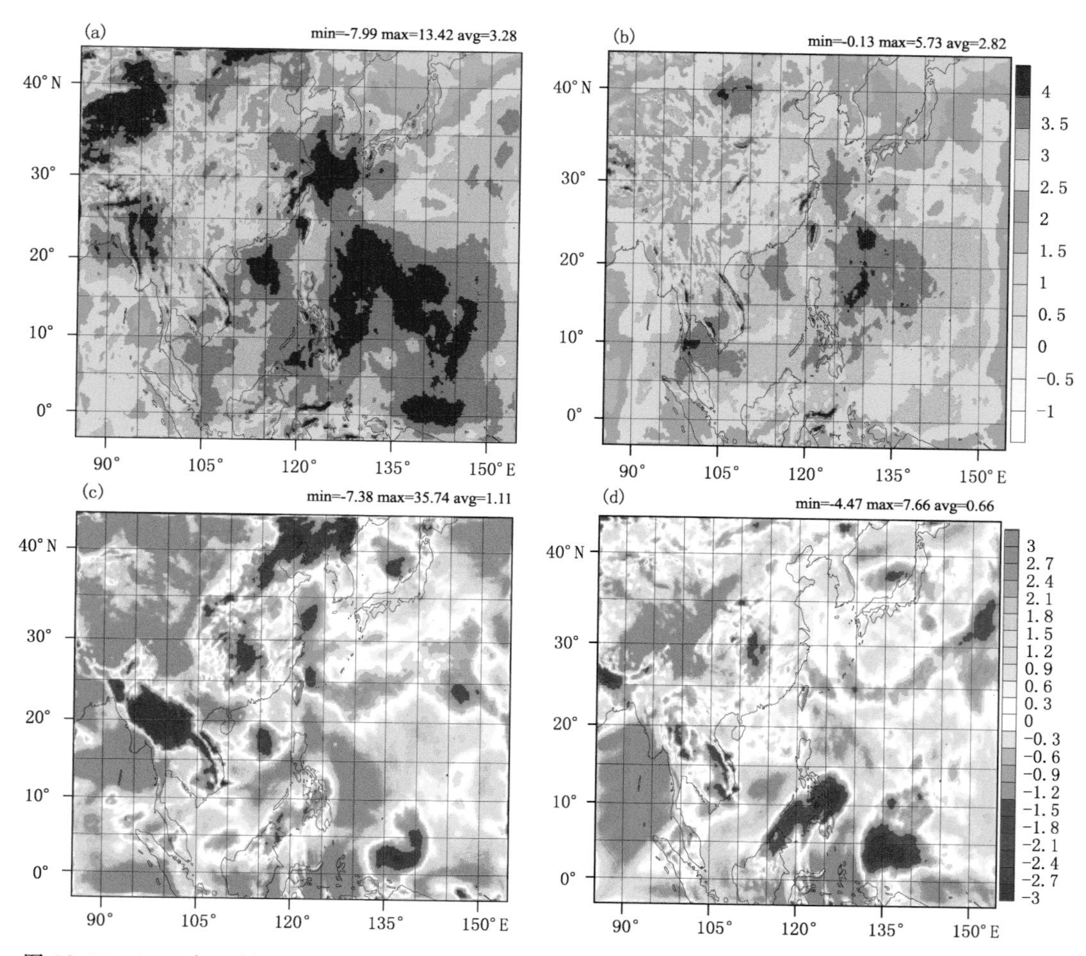

图 12.15　2012 年 7 月 19 日 00 时和 2012 年 8 月 1 日 00 时第 9 个模式层的和 ERA-Interim 分析的平均温度差异风场（单位：m/ s）(a、c)和温度（单位：K）(b、d)

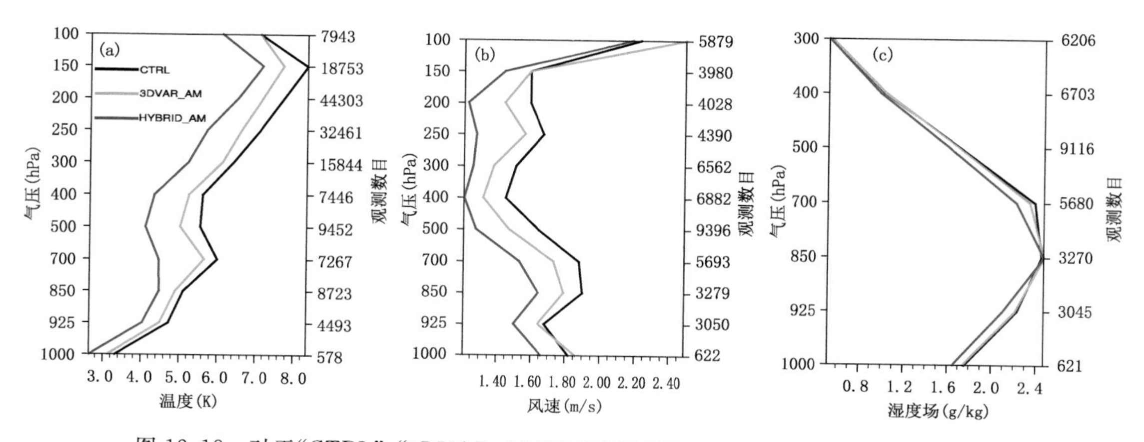

图 12.18　对于“CTRL”,“3DVAR_AM”和“HYBRID_AM”试验相对于 ERA-Interim 再分析资料的 48 h 预报的 RMSE

(a)温度;(b)风速;(c)湿度场

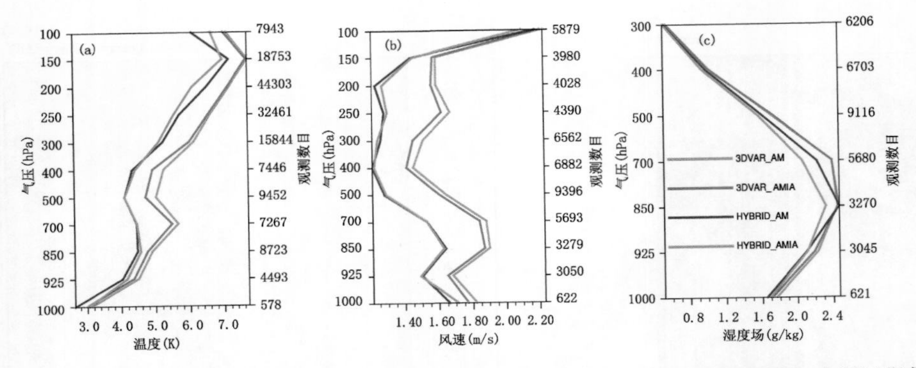

图 12.19　对于“3DVAR_AM”,“3DVAR_AMIA”,“HYBRID_AM”和“HYBRID_AMIA”试验相对于 ERA-Interim 再分析资料的 48 h 预报的 RMSE

(a)温度;(b)风速;(c)湿度场

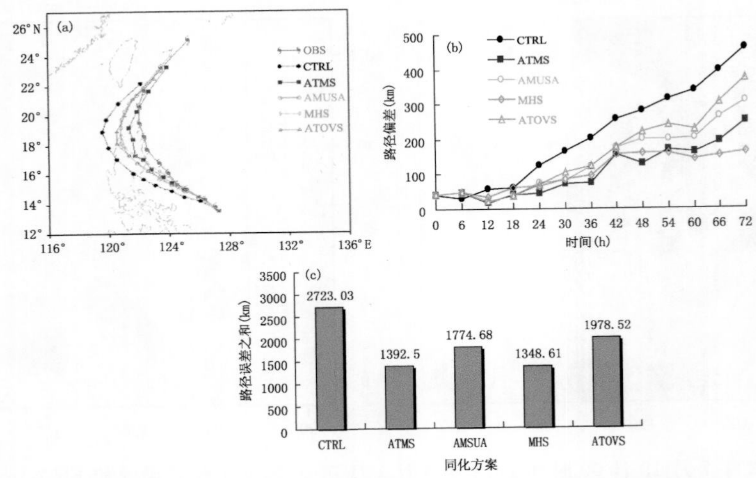

图 13.7　台风“红霞”模拟路径(a)、模拟路径误差(b)及路径误差之和(c)

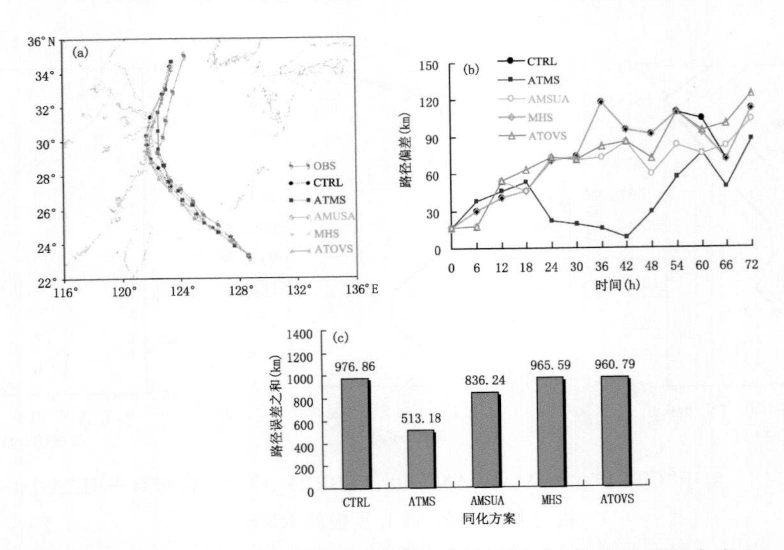

图 13.8　台风“灿鸿”模拟路径(a)、模拟路径误差(b)及路径误差之和(c)